中国经济伦理学年鉴

CHINESE ECONOMY ETHICS YEARBOOK

(2020)

王小锡 主编

南京师范大学出版社

Chinese Economy Ethics Yearbook

图书在版编目(CIP)数据

中国经济伦理学年鉴.2020/王小锡主编.—南京：南京师范大学出版社，2022.5

ISBN 978-7-5651-5198-9

Ⅰ.①中… Ⅱ.①王… Ⅲ.①经济伦理学—中国—2020—年鉴 Ⅳ.①B82-053

中国版本图书馆CIP数据核字(2022)第047984号

书　　名	中国经济伦理学年鉴(2020)
主　　编	王小锡
责任编辑	秦　月
出版发行	南京师范大学出版社
地　　址	江苏省南京市玄武区后宰门西村9号(邮编:210016)
电　　话	(025)83598919(总编办)　83598412(营销部)　83373872(邮购部)
网　　址	http://press.njnu.edu.cn
电子信箱	nspzbb@njnu.edu.cn
照　　排	南京开卷文化传媒有限公司
印　　刷	南京迅驰彩色印刷有限公司
开　　本	787毫米×960毫米　1/16
印　　张	23.25
字　　数	409千
版　　次	2022年5月第1版　2022年5月第1次印刷
书　　号	ISBN 978-7-5651-5198-9
定　　价	115.00元

出 版 人　张志刚

中国经济伦理学年鉴

（2020）

编辑说明

为全面系统地展示我国经济伦理学的发展历程，总结我国经济伦理学学科建设和学术研究的成就，促进国内国际的学术交流，由教育部人文社会科学重点研究基地中国人民大学伦理学与道德建设研究中心和南京师范大学共建的经济伦理学研究所决定编辑出版从 2000 年起的《中国经济伦理学年鉴》（以下简称《年鉴》）。

《年鉴》的内容主要包括学者介绍、特稿、论文摘要、著作简介、伦理学前沿、学术活动和主要课题等。《年鉴》主要反映当年度我国经济伦理学的发展状况，设置了《特稿》《伦理学前沿》栏目，并介绍国外经济伦理学相关中译本著作。尽管我们力图通过与学界同仁的共同努力，使《年鉴》以较为完美的形态出现在读者面前，但是《年鉴》的编写工作琐碎繁杂，疏漏之处在所难免，恳请读者和学界同仁谅解。

《年鉴》学者介绍按姓氏笔画排序，其他学术信息按时间先后排序。

为便于《年鉴》编辑工作的顺利开展，我们请有关专家学者在每年的 1 月底之前将前一年发表的论文（1 000—1 500 字），出版的著作（2 000 字左右），参与的主要课题、学术活动等参照往年《年鉴》的出版格式，发送至编辑部邮箱。自 2014 年起，我们在中国人民大学、湖南师范大学、清华大学、中南大学、东南大学、湖北大学、首都师范大学、上海师范大学、华中师范大学、中南财经大学等伦理学重点研究单位设立了特约编辑，相关学校的各位专家学者可将学术信息发给本单位特约编辑整理后一并发送至编辑部邮箱。

《年鉴》的编纂工作得到学界同仁的真诚关注和大力支持，许多作者主动帮助收集和提供相关资料。在《年鉴》的编纂过程中，博士生刘祥苑、蒋丽红、张琳、王璐、史文娟和硕士生杨尹凌翰、黄雨欣、赵晴、林梦喆、张丙楠、沈洁、张容、程雪斌、张萌、汪洋、辛洁、卢斌、沈琪章、陈佳庆、陈宇、陆雨佳、陈璟、贺鹏豪、李慧敏、吕艺飞、范佳美、张媛等协助做了大量的辅助工作，《年鉴》的顺利出版有他们的辛劳。《年鉴》的编纂与出版还得到了江苏省优势学科建设工程和南京师范大学出版社的大力支持，对此，我们表示由衷的谢意！

《中国经济伦理学年鉴》编辑部邮箱：zhgjjllxnj@163.com。

CONTENTS

学者名录

刘　玮 …………………………………… (1)

刘淑萍 …………………………………… (2)

汤建龙 …………………………………… (3)

蒋颖荣 …………………………………… (4)

雷瑞鹏 …………………………………… (5)

臧峰宇 …………………………………… (6)

学者介绍

刘玮，男，1980年生，四川成都人，北京大学哲学与经济学双学士，清华大学伦理学硕士，香港中文大学哲学博士。现为中国人民大学哲学院副教授、博士生导师，伦理学与道德建设研究中心研究员，北京大学外国哲学研究中心兼职研究员，爱尔兰三一学院柏拉图中心兼职研究员。曾在美国加州大学伯克利分校、普林斯顿大学、德国慕尼黑大学等高校担任访问学者。

热爱教学，以“细读哲学经典，培养研究能力”作为教学理念，带领学生深入阅读和理解西方哲学、伦理学、政治哲学的经典著作，并通过阅读、讨论、翻译和写作的训练，帮助学生切实提高科研能力。2019年荣获“中国人民大学十大教学标兵”称号、中国人民大学第十届青年教师基本功比赛一等奖、第十一届北京市青年教师教学基本功比赛人文组一等奖第一名。

主要研究方向为古希腊哲学、西方伦理学史、西方政治哲学史。出版了《马基雅维利与现代性——施特劳斯、政治现实主义与基督教》(2012)和《公益与私利：亚里士多德实践哲学研究》(2019)两部专著，后者在2019年荣获中国人民大学优秀科研成果奖。所主编的《西方政治哲学史(第一卷)：从古希腊到宗教改革》作为“政治哲学史”丛书(七卷本)的一部分，获得2019年第七届中华优秀出版物奖图书奖。在《哲学研究》、《世界哲学》、《哲学动态》、《道德与文明》、《伦理学研究》、《中国学术》、*Antiquorum Philosophia*、*Sophia*、*Frontiers of Philosophy in China*、*Labyrinth* 等中英文期刊上发表论文30余篇。

在撰写学术著作和学术论文之余，投入大量时间和精力组织学术活动和翻译学术作品。特别是主持了“中国人民大学古希腊哲学名师讲座系列”,迄今已举办十一届,在国际古希腊哲学研究领域享有很高声望,其中3部讲稿已经以英文著作形式由哈佛大学出版社、剑桥大学出版社、瑞士施瓦布出版社分别出版,6部讲稿以中译本形式作为“西方古典学研究”系列丛书由北京大学出版社出版。比较有代表性的学术翻译作品还有《男性气概》《依赖性的理性动物》《城邦与灵魂:费拉里〈理想国〉论集》《理解的欲求:亚里士多德哲学导论》,以及《布莱克维尔〈尼各马可伦理学〉指南》(合译)、《柏拉图的伦理学》(合译)等。

凭借在教学、科研和其他学术活动方面的突出成绩,2021年荣获首都劳动奖章。

刘淑萍,女,1967年生,江苏泰兴人,哲学博士,陆军工程大学教授、硕士生导师。中国伦理学会常务理事、全军人文教材统编委员会编委、东部战区医院伦理委员会委员。专业研究方向:军事伦理学、德育。

从教以来,在《中国军事科学》《道德与文明》《学海》《江苏社会科学》《军队政治工作学进展》(全军政工年鉴、国家“2110工程”重点学科项目)等期刊发表论文、研究报告90余篇。出版专著《伦理世界研究》《军事伦理学导论》等5部,主编或参著《现代军事伦理学概论》《在思索中追求崇高的理想》《儒家文化漫谈》《〈军人思想道德修养与法律基础〉案例导读》等出版物20部。主持或参与国家级、省级课题等10余项,主持大学“军人思想品德修养与法律基础”“军事伦理学”等课程建设及教学改革创新,主持或参与“军人思想道德修养自修系统”、“军人道德规范教育系统软件”(全军推广发行)、“培育当代革命军人核心价值观测评系统”、“思想政治育人五维系统”等项目,教研成果获全军教学成果奖、国家社会科学规划课题及教育部课题成果奖、国家多媒体教育软件一等奖、全军政治理论研究成果奖、江苏省社会科学研究成果奖等20余个奖项。荣立个人三等功,获军队优秀科技人才岗位津贴奖、科研标兵等荣誉。

汤建龙，男，1978 年生，江苏溧阳人，南京大学博士、南京师范大学博士后，现为南京师范大学马克思主义学院副院长、硕士生导师，南京师范大学校学术委员会委员、校教学指导委员会委员，江苏省中国特色社会主义理论体系研究中心研究员、南京师范大学社会主义意识形态研究中心研究员，江苏省哲学学会理事，《中国经济伦理学年鉴》执行编辑。被评为南京师范大学“百名青年领军人才”、“中青年拔尖人才”培养对象、“青蓝工程”青年骨干教师，获教育部“全国高校思想政治理论课教师年度影响力提名人物”称号，为江苏省青年思政课教师“领航扬帆”计划培养人选、江苏省团委“信仰公开课”导师，获各级教学科研奖多项。

长期从事马克思主义基本原理、马克思主义哲学、国外马克思主义、经济哲学、经济伦理、生态马克思主义、生态伦理等方面的研究和高校思政课的教学与管理。近年来致力于资本主义经济理性批判、经济理性的界限、生态伦理、社会主义生态文明建设等方面的研究。主持教育部示范马克思主义学院优秀教学科研团队重点选题项目 1 项、国家社会科学基金项目 1 项、教育部人文社会科学项目 1 项、中国博士后科学基金第六批特别资助项目 1 项、江苏省高校哲学社会科学研究重点项目 2 项，参加国家社会科学基金重大项目多项。在《马克思主义研究》《光明日报》《哲学动态》《江苏社会科学》《江海学刊》《中国教育报》等刊物发表论文 40 多篇。多篇论文被《新华文摘》《中国社会科学文摘》和“人大复印报刊资料”等摘编、转载，出版专著《安德烈·高兹当代资本主义批判理论及其中国意义》(2020)和《在萨特和马克思之间：安德烈·高兹早中期哲学思想解读》(2011)2 部，参著《中国经济伦理思想通史(总论卷)》《马克思主义理论学科学术规范和方法论研究》《马克思主义哲学前沿问题导引》《社会主义核心价值观研究丛书：诚信卷》《当代国外马克思主义哲学思潮(第 3 卷)》以及《马克思主义发展史：从成立到第二国际》《资本主义理解史》(第 3 卷、第 6 卷)等多部出版物，参译《英国新左派思想家》等。

蒋颖荣,女,1968年生,江苏南京人,博士,日本中央大学访问学者,云南大学政府管理学院哲学系教授、硕士生导师,兼任云南省民族伦理学会副会长兼秘书长、云南省社会科学联合会第五届委员会委员,曾担任云南大学哲学系系主任、云南省卫生厅伦理委员会副主任委员。

主要从事哲学、伦理学的教学与研究工作,研究方向为民族伦理学、中国伦理思想。在中国哲学、伦理学、人类学/民族学三者的交叉融贯的基础上,提出了“道德民族志”的观念与方法,以民族节日、人生仪式、民族交往为观察和研究的切入点,建构了以“地方性道德知识”“道德记忆”“族际伦理”为核心的民族伦理学的理念体系,引起了学界广泛的关注,展现了民族伦理学研究的学科特质。同时,从观念—思维—文化一体出发,以“万物一体”的伦理观念为要义,尝试研究具有中国底蕴与特色的伦理学,旨在突破伦理学中分门别类的自我限隔,实现彼此之间的融会贯通。这或许代表了未来的研究方向。

主持或参加国家级、省级项目多项,出版专著以及主编、参编著作6部,在《哲学研究》《哲学动态》《道德与文明》《伦理学研究》等刊物上发表论文近40篇,多篇论文被光明网、中国社会科学网、中国民族宗教网等全文转载或论点摘编。主要代表作包括论文《民族志:民族伦理学研究的方法论转向》(《哲学研究》2011年第9期)、《族际伦理:民族关系研究的伦理学视野》(《思想战线》2010年第3期)与专著《民族伦理学研究的人类学视野:以哈尼族为中心的道德民族志》(2015)等。

曾获国家民族事务委员会第二届民族问题研究成果论文类三等奖、云南省高等教育教学成果奖二等奖、云南省哲学社会科学学术成果奖著作类二等奖、中国伦理学会首届和第二届学术成果奖论文类二等奖。

雷瑞鹏，女，1973 年生，河南洛阳人，华中科技大学哲学学院教授、博士生导师，兼校生命伦理学研究中心执行主任、国家治理研究院研究员。

主要学术兼职：WHO（世界卫生组织）伦理学与 COVID－19（新型冠状病毒）专家工作组成员（2020— ），美国生命伦理学创始研究机构 Hastings 研究中心研究员（2019— ），哈佛大学生物医学和健康研究伦理项目研究员（2003—2005），亚洲生命伦理学会副会长（2010—2015），中国自然辩证法研究会理事暨生命伦理学专业委员会副主任兼秘书长（2018— ），中国伦理学会健康伦理专业委员会副主任委员（2018— ），中国医药生物技术协会合成生物技术分会常委（2019— ），中国生物工程学会合成生物学专委会委员（2018— ），湖北省伦理学会副会长（2021— ），女性主义生命伦理学国际网络成员（2002— ），反对器官买卖亚洲专家组（Asian Task Force）成员（2006—2008），国际器官移植学会《伊斯坦布尔宣言》国际协调人（2008— ）。

主要社会兼职：湖北省科协第九届常委会决策咨询与宣传工作专门委员会委员（2017— ），武汉市医学伦理专家委员会副主任委员（2018— ），医疗健康大数据国家研究院专家咨询委员会委员（2019— ），武汉国家生物样本库伦理委员会副主任（2019— ）。

主要研究方向：生命伦理学、科技伦理学、生命科学哲学。主持国家重点研发计划（原“863/973 计划”）项目“合成生物学伦理、政策法规框架研究”、国家社会科学基金重大项目“大数据时代生物样本库的哲学研究”以及教育部人文社会科学规划项目 1 项、国际合作项目 4 项等。先后赴德国哥廷根大学、汉堡大学和慕尼黑大学讲学；应邀参加各类国际学术会议，做主题报告或小组发言 30 余次。在 *Nature* 杂志 Comment 栏目发表国内人文学科领域第一篇论文 *Reboot Ethics Governance in China*（《重建中国的伦理治理》）；在 *Bioethics*、*Hastings Center Report*、*Issues in Science and Technology*、*Asian Bioethics Review*、《哲学研究》、《哲学动态》、《世界哲学》、《科学学研究》、《自然辩证法通讯》、《伦理学研究》、《自然辩证法研究》、

《道德与文明》等国内外权威学术期刊发表论文 80 余篇;独立或合作出版了《异种移植:哲学反思与伦理问题》《人类基因组编辑:科学、伦理学与治理》《疑难与前沿:科技伦理问题研究》等著作。

臧峰宇,男,1978 年生,辽宁沈阳人,中国人民大学哲学院院长、教授、博士生导师,中国人民大学国家治理现代化与应用伦理跨学科重大创新规划平台首席专家,兼任中国辩证唯物主义研究会副会长、全国应用哲学研究会副会长、中国人学学会常务理事、中国人民大学伦理学与道德建设研究中心研究员、南京师范大学公共管理学院客座教授等。主要从事马克思主义哲学、政治哲学与应用伦理研究,曾在《哲学研究》《教学与研究》《中国人民大学学报》等学刊上发表论文 130 余篇,其中 50 余篇被《新华文摘》《中国社会科学文摘》和"人大复印报刊资料"等全文转载或转摘。出版专著《马克思政治哲学引论》《通往智慧之路:以问题开启哲学的沉思》《马克思主义研究论库(第 1 辑):晚年恩格斯哲学经典文本的内在逻辑研究》,译著《不同的路径:马克思主义与恩格斯主义中的黑格尔》《恩格斯传》,主编《比较哲学与当代中国哲学创新》《启蒙、历史观与马克思主义辩证法》《一个甲子的哲学年轮:中国人民大学哲学系/院编年画册·1956—2016》等。入选国家"万人计划"哲学社会科学领军人才、全国文化名家暨"四个一批"人才,为中国人民大学"杰出学者"特聘教授。曾获吴玉章人文社会科学青年奖、霍英东教育基金会青年教师奖、北京市青年教学名师奖等。

近年来主要研究马克思主义正义论与社会主义现代化进程中的哲学问题,提出正义论视域中的"马克思问题",强调秉持"事实—价值"的辩证法,探究马克思主义正义论的实践逻辑,力图在历史唯物主义前提下做道德有效性研究。在相关论文中认为,建构与时代发展要求相适应的马克思主义正义论是必要的,也是可能的。为此需要深思的问题是,马克思对资本主义的批判是否蕴含道德评价?是否可以建构一种马克思主义分配正义论?实现教育、医疗、住宅等领域的正义应当遵循哪些马克思主义原则?

在他看来，“经济”与“道德”在社会发展过程中得到双重实现，马克思把经济活动中的道德看作“本质的、发达的生产关系”，道德力量具有完善市场经济的内在基础。社会主义市场经济倡导人们把握经济生产的价值目的，在实践中形成道德自觉，彰显了社会发展的内在价值。

CONTENTS

目录

特　稿

市场自由的伦理限度 …………………………………………… 甘绍平/ 1
西方经济伦理思想研究及其发展 ………………………………… 乔洪武/ 17

论文摘要

马克思与皮凯蒂经济平等观的比较研究 ……………………… 钟锡进/ 24
马克思政治经济学的伦理维度——以《资本论》第一卷为例
…………………………………………………………………… 张　霄/ 25
乡村振兴视阈下民俗产品开发的伦理导向研究 ………… 王乐琼/ 27
中国农民经济德性的现代转型 ………………… 李志祥　芮雅进/ 28
数字化时代的劳动与正义 ………………………………… 赵林林/ 30
论我国经济与社会权利发展的"中国特色" …… 杜建明　郑智航/ 31
劳动自由是劳动幸福的本质属性 ………………………… 周书俊/ 33
数字时代劳动者权利保护论 ……………………………… 朱晓峰/ 34
热爱工作＝传统式的"上班"？ ………………………… 郑兴山/ 36
高质量发展需要怎样的营商环境 ………………………… 白重恩/ 37
重审劳资交换的正义论争:马克思反对艾伦·伍德 …… 王　广/ 38
"君子喻于义,小人喻于利"别解 ……………… 郭晓东　于超艺/ 40
痨病的现代性隐喻——董玲《消费的道德风险及其防范研究》序
…………………………………………………………………… 万俊人/ 41
经济伦理与美好生活——基于经济运行基本过程的探讨
……………………………………………………… 龚天平　饶　婷/ 42
劳动在何种限度内构成美德 ………………… 李志祥　董淑芬/ 44

儒家经济思想的现代诠释——以《孔门理财学》为中心 …… 袁子悦/47
论劳动政策的伦理意蕴 …………………………… 李耀锋/49
诚信:市场经济信用问题治理的伦理基石 …… 赵建波 余玉花/50
《经济学家》:关注贫困人口的金融数据安全 ………… 熊长论/50
公私对立与公私并济——宋儒对《孟子》中舜的行为的合理性论证
…………………………………………………… 彭 婷/51
"精准扶贫"的伦理基础及其限度 ……………………… 刘松青/53
财富创造中的道德与创新问题研究 ………… [美]乔治·恩德勒/55
既支持财富创造 更聚焦人民安康——论商业保险的立业之本和社会使命 ……………………………………………… 张恒国/57
分配正义的契约论辩护——论诺齐克对洛克财产论的阐释问题
…………………………………………………… 侯杰耀/58
劳动幸福权:通过劳动创造兑现的人之初始权利 ……… 何云峰/59
新时代我国企业共享利益的公正实施机制 …… 郝 云 贺 然/60
公有制合理性的伦理论证 ………………… 李凤华 谢 华/63
习近平关于正确义利观重要论述的多维阐释 …… 毕 霞 韩亚琦/65
资本逻辑与"生命共同体"的当代生成 ………………… 杨建坡/66
论马克思生态哲学视域中的劳动幸福 ………………… 高惠珠/67
马克思劳动内在结构理论的伦理分析 ………… 黄云明 窦星辰/68
经济学家是否拥有太多权力 ……………………………… 熊一舟/70
劳动道德价值赋义生发历史的伦理逻辑 ……………… 田方林/73
道德自我知觉与主观社会经济地位对个体道德行为的影响
…………………………………………… 郭 迪 李彩娜/76
一位经济学家的社会正义理想——理查德·伊利的资本主义批判
…………………………………………………… 彭小瑜/77
现代性·正义性·主体性——乡村发展伦理研究的三个基本维度
…………………………………………… 杨伟荣 王露璐/78
美好生活视阈下体育产业供给侧的改革与善化研究 …… 黄文宾/80

论实践式美好生活的构建 …………………………… 李双套/82
马克思主义视域下的当前中国小农问题——兼评自由市场派和小农经济派之争 …………………………… 张慧鹏/83
《管子》经济思想的内在逻辑、历史贡献及现实意义 …………………………… 罗卫东 李续双/85
社会经济地位、社会资本与健康不平等 ……… 王甫勤 马瑜寅/86
财产权何以可能——论洛克、康德和黑格尔的财产获得思想 …………………………… 丁 宁/88
论商誉的价值——以价值哲学为视角 …………… 卫 霞/89
分配正义:应得视角的再反思 …………………… 颜景高/90
马克思唯物史观叙事中的劳动正义 ……………… 刘同舫/91
劳动幸福观的价值意蕴 ………………………… 谢丽威/93
数字化生活的理性想象 ………………………… 杨庆峰/94
西方左翼批判"资本逻辑"的"尼采资源" ……… 孙 亮/95
双循环是开拓新发展格局的主要思路 …………… 蔡 昉/96

著作简介

金钱的智慧 ……………………… [法]帕斯卡尔·布吕克内/98
萨缪尔森经济伦理思想 …………………………… 裴圣军/98
财富伦理研究 …………………………………… 何棣华/99
伦理的逻辑 ……………………………………… 杨 杜/100
道德资本与社会发展 …………………………… 李志祥等/102
企业伦理学(第4版) …………………………… 周祖城/103
西方经济伦理思想史:经济的伦理内涵与社会文明的演进 …………………………… 徐大建/105
共享伦理研究 …………………………………… 向玉乔/107
经济伦理学 ……………………………………… 唐更华等/109

伦理学前沿

论文简介

神经伦理学挑战下的道德心理重建——一种亚里士多德式路径探索 …… 陈庆超/111

从“熟人社会”到“熟人社区”——乡村公共道德平台的式微与重建 …… 王露璐/113

经典世界的思想配角——论杨朱 …… 陈少明/114

儒学的价值观念与价值系统 …… 李景林/116

美德伦理能成为一种独立的伦理学类型吗 …… 邓安庆/117

新时代加强公民道德建设的重要意义 …… 韩　震/119

新时代公民道德建设与公民道德境界跃迁 …… 龙静云/121

加强人工智能技术的伦理治理研究 …… 杜严勇/122

法律不能回避道德难题 …… 林珊珊/124

重大疫情中共同体秩序建构的哲学思考 …… 梅景辉/125

道德记忆的解析维度 …… 向玉乔/127

从新冠肺炎疫情看生态道德建设 …… 龙静云/128

新冠肺炎疫情的生命伦理学思考 …… 陈泽环/130

公共健康及其优先性 …… 龚　群/132

梁启超对传统伦理文化的创新性发展 …… 阴　玥/133

用伦理治理推动负责任的科技创新 …… 胡明艳/134

新时代坚持以人民为中心的伦理之维 …… 靳凤林/136

网络伦理视域中坚持以人民为中心的发展思想 …… 秦　洁/137

马克思资本主义批判双重维度的统一 …… 吕梁山　郝淑华/139

为什么马克思的道德理论不是一种功利主义 …… 曲红梅　石　尚/140

塞涅卡论幸福:灵魂的合理化或理性化? …… 陶　涛/141

滥食“野味”的伦理审视 …… 曾建平/143

关怀伦理从私人领域向公共领域扩展何以可能——以弗吉尼亚·海尔德的关怀伦理为视角 …………………… 刘 念 李 萍/144
心存敬畏 行有所止 …………………………………………… 江 畅/145
马克思的生命观及对超越焦虑的启示 ………………………… 臧峰宇/146
建构人与自然的和谐共生关系 ………………………………… 王雨辰/148
人类尊严观念:起源、发展及其当代变迁 …………………… 李科政/149
荀子"称情立文"说的制度伦理蕴含 ………………………… 莫医铭/150
在道德与伦理之间——哈贝马斯教授九十寿辰在法兰克福大学演讲侧记 ………………………………………………………… 金雯琦/152
在抗击疫情中彰显道德人格魅力 ……………………………… 晏 辉/153
儒家仁爱与人类命运共同体 …………………………………… 曾振宇/155
疫情防控时期的伦理问题及其管理 …………… 鄯爱红 孔祥利/156
马克思道德理论:非功利主义目的论及其限度 …………………………………………………… 张 彦 李家祥/158
"人的境况"和确定性与不确定性的辩证法——赫勒伦理学建构的现代性线索与方法论旨趣 ………………………………… 杜红艳/160
正义理论的两难:对阿玛蒂亚·森的批评与理解 ……… 刘 科/161
"德位之辩"——论儒家伦理的责任本性 ……… 吴先伍 张 婧/163
市域社会的治理逻辑:发展趋势与伦理选择 …… 陈 忠 吴 伟/164
庄子善恶观探本 ………………………………………………… 汪韶军/166
呼吸机分配的伦理难题 ………………………………………… 王 珏/168
对环境的关爱如何可能——论斯洛特道德情感主义的环境美德伦理思想 ………………………………………………………… 孔文清/169
道德是否有界限——以黑格尔的"道德世界观"论述为例 ……………………………………………………………… 庄振华/170
从碳基伦理到硅基伦理——人工智能时代的伦理学浅论 ……………………………………………………………… 蓝 江/172
社会正义理论研究的价值建构与经验进路 …………………… 顾 肃/173

论都市马克思主义的资本主义城市空间批判思想——基于不平衡地理发展理论的视角 …………………………………… 孙炳炎/174
中国传统伦理道德中的公私观及其现代辨析 …………………………………… 李　萍　杨　勇/175
技术伦理下智能投顾算法治理问题研究 ………………… 李瑞雪/177
论人性的丑陋与崇高——在人与自然关系限度内 ……… 曹孟勤/178
环境美德伦理的理论渊源及其实践性突破 ……………… 陈庆超/179
人类命运共同体的伦理向度 ……………………………… 贺　来/180
危机之下人类还有未来吗 ………………………………… 邓安庆/182
食物伦理规则 ……………………………………………… 任　丑/183
诚实条件性争论中的善意谎言悖论——以塞拉斯的道德视角为线索的反思 ……………………………………………… 王　玮/185
《民法典》的四大伦理精神 ………………………………… 曹　刚/186
道德难题与自由伦理学——马克思伦理学的原初命题与布伦克特的回答 ……………………………………………… 吴照玉/187
道德判断能通过科学实验检验吗 ………………………… 李大山/189
环境公共性价值信念与美好生活的全生态考量——实践的环境伦理学的当代视野与范式创新 ……………………………… 袁祖社/190
具有道德直觉能力的机器人是否可能 …………………… 何　瑶/191
抗疫精神的集体主义内涵 ………………………………… 高国希/193
马克思的道德批判的意义 ………………………………… 张文喜/194
伟大抗疫精神是时代精神的新丰碑 ……………………… 杨义芹/195
哈贝马斯的商谈伦理对社会秩序整合的意义及其限度 …………………………………………… 夏明月　华梦莲/196
先秦法家功利思想的结构性矛盾及其演进 …… 王浦劬　赵　滕/199
“君子不器”读解 …………………………………………… 吴先伍/200
赫费论道德与幸福 ………………………………………… 高　慧/201
社会主义核心价值观融入法治建设的重大成果 ………… 马新彦/203

大力推动新时代公民道德建设提质量上水平 …………… 靳　诺/204
马克思对道德虚无主义的超越 ……………………… 张守奎/206
荀子“天论”中的人学观 …………………………… 纪洪涛/207
促进道德与审美的统一 …………………………… 赵菲菲/209
健全科技伦理治理体制 …………………………… 江　畅/210
守好科技伦理底线 ……………………………… 杨　明/212
仁:中华法系的重要文化基因 …………………… 龙大轩/214
运用辩证思维奏响新时代爱国主义乐章 ………… 王永贵/215
儒家伦理学是一种情感主义的美德伦理学 ……… 邵显侠/217
勇德:中国传统文化建设的必修课 ……………… 张再林/218
道德共同体中的动物地位与人类责任 …………… 张　燕/220
人类物种完整性的道德意义 ……………………… 李亚明/222
西方资本主义的时弊:从数据资本到数据剥削
…………………………………………… 田　锋　吕金伟/223
传统儒家公私观及其对新时代公民道德建设的启示
…………………………………………… 涂可国　孙秋英/225
弘扬优良家风　营造见贤思齐的社会氛围 ……… 刘　琳/227
当代西方哲学的规范性转向 ……………………… 李　红/228
负责任创新、价值设计与人工智能伦理——访范·德·霍文教授
…………………………………………………… 晏　萍/230
人工智能伦理建设的目标、任务与路径:六个议题及其依据
…………………………………………………… 陈小平/230
先秦墨家、法家功利主义技术思想之比较研究
…………………………………………… 阚　迪　陈　凡/232
公共健康伦理与生命伦理 ………………………… 朱彦明/233
转向依赖性:麦金太尔论德性的立足点 ………… 潘麒羽/235
俄狄浦斯悲剧与自由意志的彰显 ………………… 刘清平/237
朱熹“道心人心”说的现实意义 ………………… 赵　玫/238

把握新时代追求美好生活的辩证关系 …………………… 马纯红/240
传统家风文化与儒家德性伦理 ………………… 刘培功 李 青/241
美好生活须有美好需要 …………………………………… 刘志洪/243
《庄子》论“孝”的逻辑演进 ……………………………… 张文虎/244
与道合一:周敦颐生命伦理的精神与境界 ……………… 张舜清/246
西方元伦理学百年发展历程的回顾与前瞻 …… 陈 真 王桂玲/247
知识论视野下的道德分歧与道德共识 …………………… 喻郭飞/249
自由意志只能趋善避恶 …………………………………… 刘清平/250
俭德的三重意蕴 …………………………………………… 王 颖/252
不懈探索人与自然和谐共生的科学路径 ………………… 张云飞/253
自由伦理学的世界主义论证 ……………………………… 张永义/255
在满足人的需要中生成文化 ……………………………… 姜晶花/256
常识道德:哲学分析的起点和终点 ……………………… 刘 作/257
马克思生态伦理思想及其当代价值 ……………………… 王 萌/259
立德树人要往实里去 ………………………… 朱晓民 黄雪莉/260
伦理学研究需要面向现实生活 …………………………… 李志祥/262
面向深度科技化时代的中国智慧 ………………………… 段伟文/264
亚里士多德会与非道德主义者做朋友吗 ………………… 刘甘霖/265
今天我们需要向尼采学习什么 …………………………… 邓安庆/267

著作简介

幻象与真实:重检先秦人性论 …………………………… 池 桢/269
伦理世界研究 ……………………………………………… 刘淑萍/270
中国伦理学 70 年 ……………………………………… 王小锡等/270
成人之道:儒家伦理文化 ………………………… 唐凯麟 陈仁仁/273
社会转型时期伦理热点问题十五讲 ……………………… 喻文德/275
信息文明的伦理基础 ……………………………………… 段伟文/277
努斯鲍姆“好生活”伦理思想研究 ……………………… 郑 琪/277
在明明德:大学的伦理之基 ………… 杨 斌 姜 朋 钱小军/279

新理性直觉主义作为道德形而上学的奠基 …………………… 陈　海/280
董仲舒德育思想当代价值研究 ……………………………… 杨　丽/281
人工智能的伦理和治理 ……………………………………… 郭　锐/282
儒家角色伦理——21世纪道德视野
……………………………………………… [美]罗思文　[美]安乐哲/283
德性伦理生活化反思 ………………………………………… 童建军/284
伦理学与公共事务(第七卷) ………………………………… 李建华/285
康德伦理学:解读、研究与启示 ……………………………… 邓晓芒/286
生命科学领域前沿伦理问题及治理 ………………………… 黄小茹/287
文化伦理学批评理论研究 ……………………… 聂珍钊　王松林/288
伦理与无限:与菲利普·尼莫的对话
……………………………………………… [法]伊曼努尔·列维纳斯/289

学术活动

数字伦理前沿论坛(2020)暨中国科技新闻学会数字传播伦理专业委员会揭牌仪式 …………………………………………………… /291
传染病突发事件的伦理问题探讨:“传染病突发事件的伦理与监管在线研讨会”会议纪要 ………………………………………… /293
“疫情中的传播伦理与社会治理”云论坛 ……………………… /295
“科技伦理与公共治理”跨学科研讨会 ………………………… /298
新基建数据伦理研讨会暨国家社科基金重大项目推进会 ……… /299
“疫情之下的道德教育”系列云端论坛 ………………………… /300
新时代教师伦理学与师德建设学术研讨会 …………………… /302
第十七届全国科技文化与社会现代化学术研讨会 …………… /303
“嵩山论坛——华夏文明与世界文明对话”2020年年会 ……… /305
第二届“马克思主义与中国传统文化高端论坛”纪要 ………… /306
古典德性与现代文明暨《柏拉图〈法义〉研究、翻译和笺注》研讨会
………………………………………………………………… /309

第十四届建构中国生命伦理学研讨会 …………………………… /312
第四届中国电影伦理学学术论坛 ………………………………… /313
中外生态哲学研译双修学术论坛 ………………………………… /315
“科学道德与伦理教育”——中科院学部2020科技伦理研讨会
…………………………………………………………………… /316
第六届全国马克思主义伦理学论坛 ……………………………… /317
湖南省伦理学会2020年学术年会 ……………………………… /318
四川省医学会第二十次医学伦理学学术会议 …………………… /319
第八届教育伦理学术研讨会 ……………………………………… /320
世界百年未有之大变局与中国生态文明理论和实践创新暨2020年
中国环境伦理学环境哲学学术年会 …………………………… /323
2020年第十一届伦理学名家论坛 ………………………………… /324
“交叉学科背景下的科技伦理”高端论坛 ……………………… /326
“中国马克思主义伦理学与新时代”高层论坛 ………………… /327
纪念中国伦理学会成立40周年暨2020年中国伦理学大会 …… /330
2020年中国伦理学大会疫情防控伦理论坛 ……………………… /331
第二届智能社会科学论坛暨“人工智能的治理与伦理”学术研讨会
…………………………………………………………………… /332
第二届中国管理思想与商业伦理高端论坛 ……………………… /333
“开源精神与共享伦理”:第七届全国赛博伦理学研讨会 ……… /334
2020年“国家治理与社会伦理建设”会议综述 ………………… /337

主要课题

立项课题 ………………………………………………………… /340
结项课题 ………………………………………………………… /350

特稿

市场自由的伦理限度

甘绍平

在西方伦理学史中，亚里士多德、康德、边沁、密尔、霍布斯、洛克、卢梭都是彪炳史册的思想巨星、体大思精的学术泰斗，但在思之深刻、见之深远方面毫不逊色的亚当·斯密，却无法享受如此驰名宇内、光耀千古的隆重地位。在伦理学原理的研究中，德性论、功利主义、义务论、契约主义作为核心道德理论各霸一方，形成了四足鼎立、大体恒定的学术格局，尽管斯密的卓越贡献与功利主义和契约主义的理论各自的精进密切相关，但是他未能被列入其中的任何一派。斯密的这种看似不公的历史待遇或许与著名的“亚当·斯密问题”脱不开干系。斯密既是道德哲学教授，更是市场经济学说之父。作为伦理学家，他写了《道德情操论》，力陈同情原则；作为经济学家，他撰了《国富论》，强调自利原则。按照传统的并且直到今天仍然十分盛行的观点，道德与市场是完全对立的两极，斯密的道德学说与其经济理论正相冲突，在他身上体现了市场与道德之间的矛盾，这就是所谓“亚当·斯密问题”。即便是在当今，“亚当·斯密问题”仍处于悬而未决的状态。例如，根据调查，尽管德国有一多半的民众已经长久地生活在市场经济中，并享受到了该体制所带来的极大的物质繁荣，但他们仍会拒斥市场与竞争。在他们看来，市场经济与团结的道德要求是截然对立的，企业在竞争中只致力于盈利，市场经济里的企业活动本身没有道德质量。可见，或许正是由于斯密问题产生的困扰，他在伦理学史中的尴尬地位也就不难理解了。

一

按照斯密本身的立场，所谓“亚当·斯密问题”根本就是一个伪问题。因为斯密的理论贡献恰恰就在于，他揭示了市场经济这一人类发明的伟大工具或重要机制，通过极大激发人们的自由活力和创造性潜能，而产生出了历史上前所未有的道德的结果；他的这一发现，在人类伦理学思想史上毫无疑问具有里程碑式的重大意义。

早在斯密之前,曼德维尔(Bernard dc Mandeville)在其《蜜蜂的寓言》中就提出过私之恶能够成就普遍的公益这一思想。他指出,蜜蜂都是个体性的而且也是自私的,在没有任何道德动机导引的情况下它们却建构出了一个繁荣的整体。曼德维尔由此得出一条结论:个体的私欲恰恰才是社会繁荣的源泉。两代人之后,斯密提出了类似的观点,他把蜜蜂的工程视为所谓看不见的手的效果,在看不见的手的导引下,无数单个的自利之聚合可以走向一种整体益处的产生与优化。

曼德维尔的蜜蜂工程到了斯密这里转变成了市场经济。在斯密看来,作为人类社会最古老的发明之一,市场经济是一种以行为主体的自利为动力,以行为主体的劳动分工为前提,以建立在供求关系基础上的价格确定为手段,以自由竞争为持续激励,通过自主交换来满足所有当事人之需求,从而实现整个社会普遍富裕的自发的、匿名的调节机制;它体现了一种通过看不见的手(即市场的分工、供求、价格与竞争机制)而使所有的人的自利活动相互激发与相互作用,最后导向全社会的普遍受益的精巧模式。

市场机制第一个因素就是行为主体逐利的动机。大家都知道斯密有句名言:我们的晚餐并非来自屠宰商、酿酒师和面包师的恩惠,而是来自他们对自身利益的关切。自利是所有参与市场经济者的唯一动力,当然这同时也取决于市场经济系统内在的逻辑要求:如果企业家无法获得应有的利润,则他自然就会被淘汰出局。

市场机制的第二个因素就是劳动分工。因为劳动分工才会引发市场交换,故劳动分工是市场经济得以存在的前提条件。斯密认为,劳动分工之所以成为人类社会的一种必然现象,原因就在于劳动分工是经济繁荣的重要源泉,它极大增强了劳动者的技能、经验与知识,明显地激发了社会生产的能力以及劳动者创造性的活力。"在亚当·斯密看来,劳动分工是所有进步的源泉以及一个民族繁荣之最强大的杠杆。其好处只有在一种交换经济中才能显现。交换过程之决定性的因素是市场。"

市场机制的第三个因素是基于供求关系上的价格生成与确定。劳动分工必然导致商品交换,面包师生产面包不只是为了家人食用,酿酒师做那么多的酒的目的也在于出售。当市场上的供求双方对商品的价格达成一致时,则商品被出售,买卖获得成功,双方各自的需求得以满足。对于商品的价格而言,出售者期待越昂贵越好,购买者则希望越便宜越佳。而商品价格的最终确定,并不取决于买卖的任何一方,而是取决于市场中商品的供求关系。如果某商品供者多而求者少，则价格下降；反之，如果商品的供者少而求者多，则价格上升。市场价格反映了商品的存量之多少。同时，价格也成为供求双方下一步行为的指示器：对于供方而言，如果某商品出现了高价，则投资就会被吸引过来，供者就会数量大增，而东西多了，则价格自然就会下降；对于求方而言，如果出现高价，则就会降低购买的意愿，商品越来越多却卖不出去，价格自然也会降低。在这种供求双方的作用下，商品短缺的状况很快就可以得到克服，商品的价格也就难以保持高位。在商品价格的调节下，生产会朝着正确的方向得以组织与运作，而最好的产品与最低的售价的出现也会大大有益于普通消费者。在供求关系的平衡中形成的物品的价格，直接反映了产品生产者劳动的价值，使得在时空中各自完全分离的劳动者们单个的决断，有了一个共同的导向，让形形色色的、其观念与立场截然各异的人群，获得了一种一致的追求。

市场机制的第四个因素是生产者之间的良性竞争。只要生产不是由独大的一家来垄断，则不同生产者之间的竞争就不可避免。任何一位生产者都希望自己的产品受到市场的接纳，赢得消费者的欢迎，而要做到这一点，则只有让产品的质量提高、品种多样且价格下降。同样的逻辑也适用于其他生产者。一个成功出售其产品者的成就，或许很快就会被做出更大努力的竞争者所取代，市场上旧有的商品也有可能迅速被质量更高、价格更优惠的新产品所排斥。市场经济就是这样在竞争的作用下通过创造性摧毁的过程，而产生了有益于整个社会大众的结果。

总而言之，市场经济是一种以人的自利心为基础、以自由为价值导向的极有效率的经济模式，它通过一只看不见的手，让所有的市场参与者在交换活动自我获利的同时，不自觉但却又是有效地促进了整个社会的公益。市场经济的最大贡献，在于它创造了以往任何一种其他组织形式都难以实现的、任何一个历史阶段都不曾想象的巨大的社会繁荣。它第一次使整个社会进入了一种生存的必需品在正常条件下不再匮乏的幸福时期，使所有的人理论上都有机会享受物质产品的丰富、基本需求的满足、健康状况的改善、人均寿命的提高、闲暇时间的增长和公共服务的实现。众所周知，一个不可否认的事实是，欧洲曾经有一个几千年以来在技术、科学和经济上都不如大部分亚洲国家的历史，五百多年以前，也就是在文艺复兴时期，西欧与中国、印度、伊斯兰地域也还是处于大致相同的发展水平上。重大的突破开始于市场经济成为主导的经济形式。恰恰是市场经济的系统运用才使得西欧国家在经济发展上站到了世界的前沿。市场经济呈现出一种在自由与和平的前提下,通过合作与竞争来满足所有当事方之需求的行为模式,它不仅贯穿与支配了经济领域,而且也对社会其他领域,包括政治与文化,产生了深刻的影响。不仅企业家要拉住顾客,政治家也应赢得选民,作家也需吸引读者。竭尽全力满足民众的需求,成为一种时代的主张。诚然,严酷的竞争会导致差异与分化,市场经济难以避免民众的贫富不均,然而这一经济形态所引发的财富的极大增长,会通过向社会提供物美价廉的产品、普遍的公共服务而使得穷人及其他弱势群体也能享受到经济繁荣所带来的"外溢效应"。

如上所述,市场经济是人类社会文明创造的一种调节生产与消费的有效机制,它能使分散在世界各个角落的由自利驱动的主体的行为,全然导向一个统一的着力点,从而让社会整体最终因此而受益。从市场经济能够带来极大满足民众需求之结果的意义上讲,它与道德是有关联的,而且还应当说是不矛盾的,甚至可以说市场经济可以解读为是有道德上积极成效的。当然,作为一种人造的机制,市场经济并不是有生命的行为主体,因而其本身并没有道德之举动的能力。道德行为源自行为主体建立在自由意志基础上的能动选择。而市场经济是一种人造的作用模式,它并没有自主选择的能力,而是依照既定的逻辑必然性运行,故市场经济本身不存在道德与否的问题。我们说,市场经济与道德有关联,有道德上积极的意义,这里包含有两个层面的内容:一是市场经济能够导致有道德意义的结果;二是市场经济的运行逻辑中能够反映出一些重要的伦理原则。

第一,市场经济能够导致有道德意义的结果。市场经济占支配地位的时代有别于自给自足的自然经济的时代。而中世纪以前的人类社会基本上为自然经济所统治。在自然经济时代里,物质财富的相对匮乏是一种基本特征,整个社会的财富占有处于一种限量的状态,财富的相对增加是以对他人的剥削与掠夺为代价的,而不是来自对资源的有效利用。因而零和博弈成为社会经济的首要原则,即一方之得需以另一方之失为代价,于是得方之收益与失方之损失相加的总和一直保持为零而不变。由于财富的增加意味着从一只口袋掏出好处送进另一只,一方的益处必然导致另一方的损失,故整个社会对赢利之冲动均持鄙视的态度,经济繁荣在前现代化的环境里没有值得称道的价值。传统的伦理道德适用于小众的透明群体,它强调中道、适度、公正、近爱、顺应自然、禁止利息增殖。在传统社会里,经济服务于家政需求,在政治共同体中得到整合并从属于一种等级性的世界秩序及其伦理与政治法则。在柏拉图看来,对需求的满足应达至适度,逐利是一种不自然的冲动，财富会通过享乐的欲望而窒息人的心灵。

可见，传统社会的伦理道德不论是“黄金规则”还是基督教的“爱的律令”，甚至也包括近代康德的绝对命令，都对逐利冲动持消极乃至敌视的态度。它们推崇与讲究的是适度、公正、近爱和团结的美德以及更高的精神教养，而认定市场经济是一种以自利为基础，以盈利为导向，奉行竞争原则，追求无度的物质主义的行为模式。按照传统的道德观，人类的道德感是通过培育和训练提升起来的，就像肌肉越练越强那样。但是现代有许多人对这种道德资源可以通过运用而越用越多的观点持怀疑甚至否定的态度。这不妨分别从行为主体与行为对象两个方面来看。从行为主体的角度看，道德只会是在运用中趋向短缺。例如，在诺贝尔经济学奖得主阿罗(Kenneth J. Arrow)看来，伦理行为是一种有价值的事务，但储存有限，越用越少。像利他主义、慷慨大度、团结或国民义务，都是稀缺资源，持续使用早晚会有枯竭之日。因而道德能量应运用于最有需要的地方，如家庭、朋友以及市场手段所无法解决的社会问题。从行为对象的角度看，所谓感恩的边际效应也会令行为主体心寒，以致其道德储存逐渐透支。感恩的边际效应是指：受助者在第一次获助时会心存感激，但多次获助后就有可能觉得理所当然。连贯的援助能够使受益人的感激递减且要求提高。假若帮助停止，则感恩就有可能转变成愤怒与仇视。本来的热心帮助换回的很可能是冷酷的伤害。这样，驰援者的道德激情就难以为继。中国古代有关“升米养恩人，斗米养懒人，石米养仇人”的说法，也证明了这一点。

如上所述，在道德感是储备有限，还是越用越多的问题上，两种立场泾渭分明、相互对立。对于这种分歧，斯密有其独特的看法。首先，与霍布斯倡导的消极悲观的人的图景不同，作为经济学与道德哲学教授的他秉持一种积极现实的人的图景。一方面人是自爱自利的，但另一方面人也是充满同情心与责任感的。而同情则构成了人间道德的基础。其次，斯密认为，在一种贫困的前提下，道德感的提升是非常困难的。道德者要想实现其理想，决不能依靠利他主义的激情，而是要靠贫困状态的改变与消除。斯密的思路如下：伦理问题如果没有经济问题的解决作为前提，自己也就根本解决不了。因而从某种意义上讲，伦理学的基础在于经济学，而经济学的原理则又根植于人的自利的本性与动机。换言之，只有基于人的自利的冲动，经济学才能够说明财富如何产生的疑问，只有财富充分涌现与丰富，社会的道德问题才有望从根本上得以解决。

于是，斯密道德学说的首要任务就在于为自利正名。他认为，应将自爱、自利与无度的自私严格区分开来,后者是以他人利益的牺牲与社会公益的损害为代价的。就自利而言,“实际上这里涉及到完全其他之事务,即关涉到人对其自身以及对其亲属的关注。人首先需顾及自身,这并不是自私自利。市场经济在现实中所应用的推动力,是理所当然的、合乎理性的、合乎义务的每个人对其自身和对其亲属的顾及”。人毫无疑问是道德主体,有拥有尊严和自由的欲求。但同时人也服从于生物学、社会学及其他自然与社会条件的制约,这些既定条件对当事人的行为起着形塑的作用,其中自利便是一个重要的因素。在斯密看来,自利是人的一种与生俱来、值得肯定的本性。人生而以自利为行为动机,这构成了一种无可改变的事实。只是在外来强制下它才会短期受抑。但一个共同体之经济、政治、文化发展的动力,恰在于个体之人对生存安全、物质富裕、精神认可的追求。从这个意义上说,自利才是所有的人获得发展与强盛的主要原因。借此斯密便提升和巩固了自利的价值地位,而与当时如日中天的以共同利益为行为导向并强调仁慈与近爱的基督教道德学说形成了对立。

在此基础上,斯密对逐利体现了市场经济体系内在的逻辑要求这一现象予以了阐释。在竞争激烈的市场中,逐利是行为主体最根本的驱动力,它反映出了行为者的内生需求与存在理由,甚至可以说折射了其道德义务。对市场经济的许多道德批评强调说企业家的逐利应合理适度,而不能陷入对利润的无穷竞争之中。这种批评完全偏离了市场经济的固有铁定法则。企业家永远无法知道自己的对手在做什么,因此他只能追求利益的极值,否则就有可能在残酷的争夺中被淘汰出局。

因而,逐利成为企业家参与市场活动唯一的使命。企业家的道德在市场经济的环境下,并不在于基于善良意志而捐款赈灾、支持科研、奖掖教育、扶贫济困等这些所谓社会责任的履行,在企业家的德性清单中,创造就业、提高雇员福利亦不算是首要任务。企业家的伦理道德或社会责任最重要的体现,就在于基于盈利的期待与激励为全社会的消费者提供物美价廉的产品与服务,通过满足其需求的方式增进其福利,这也就构成了鉴别企业行为之道德质量的唯一标准。正如德国经济伦理学家霍曼(Karl Homann)所言:“不道德与道德行为的界线在于,一面是牺牲他人的逐利,另一面是给他人带来益处的逐利。在市场经济中这些对于他人的利益并不表现为‘施舍性给予’,而是以良好的、廉价的、创新的产品的形式以及通过规范的市场过程提供的服务。”

值得指出的是,企业家的道德性并不在于其行为的善良动机,因为他的动机就是为了盈利；企业家的道德性在于其行为的结果，那就是理论上说整个社会所有的人恰恰是因企业家的盈利而普遍受益。斯密发现市场经济是一种智慧的机制，获利冲动、劳动分工、自由竞争等核心要素得以组合与调节，其结果是这种经济模式既满足了行为主体逐利的需求，也为社会创造了巨大的财富，财富的丰沛与富余足以使社会最底层的群体也能相应受惠，故市场经济成就的物质繁荣可以支撑起整个社会的共同富裕。

斯密的发现特别向我们揭示了现代社会完全不同于小众透明的自然经济的社会，在后一种社会里，如要达到人际关系和睦协调的目的，需要强调的的确是家庭的孝道与朋友的友情。而在一种匿名的、陌生人的大社会里，个体普遍的流动性、深化的劳动分工、漫长的生产销售链条，都使得对当事人行为的直接控制与迅速制裁难以实现。新的经济形态所渗透的是新的运行法则，以前从一只口袋里掏出益品装进另一只口袋的零和博弈，需为行为主体相互合作从而创造出前所未有的崭新收益的正和博弈所取代。而这里起决定性作用的就在于为传统道德所不齿的自利原则。而斯密的功绩恰恰就体现在：他揭示了在现代社会里，道德并不呈现为单向的利他主义与无私精神，而是表现在通过满足所有人之需求的供求关系而呈现出来的一种相互性的机制。并非仁慈爱心推动着我们为他人提供产品与服务，而是我们自己对利益的追逐导致了他人从中受益。故自利作为一种生产力可以服务于他人与社会，市场经济的逐利机制可以借助于众多个体利益的独特组合而令所有人的最大互助与团结得以实现。从这个意义上讲，谋求长远的利益甚至被视为企业的一种道德义务，因为这种逐利活动可以最持久地普惠于全社会的消费者，从而使所有的社会成员均从中得到好处。令人窃喜的是，企业家履行这种道德义务，无须当事人的道德自觉。一旦市场机制运行，只要企业家参与市场活动，他自然就会做出这种道德之事。企业家一进入市场，就会遭遇经济竞争的挑战，而残酷的竞争不会保护和怜悯任何一个人。如果他人创造了更加物美价廉的产品与服务，则自己的产品就会滞销，资本就会贬值，优势就会丧失。但恰恰正是这种强大压力导致了产品价格的稳步下降，质量的逐渐提高，革新的持续加速，整个社会富裕水平的普遍上升。从这个意义上讲，企业家自动便是一个有道德的人。赚了钱的企业家当然有义务帮助弱者，但驰援之道并不在于捐款输血，而是通过投资让弱者也参与创业活动，依靠市场机制解决贫困问题。对于企业而言，投资不是做出牺牲，而是着眼于对回报的期待。依照相互性原则，穷人命运能否改善取决于富人是否也能从中得益。

总之,市场经济之道德并不在于参与人的素质之高尚与动机之善良,而在于市场经济这一机制本身的功能与结果的合道德性。道德在这里并不表现为自我上的特征,而是通过一种结构性的作用得以显现。然而,与行为主体纯粹的善良动机相比,市场之善、商业之善、贸易之善是更为强劲的向善与至善的力量。市场经济的道德性昭示了市场的驱动可以改进社会这一现实,它证明了在一种匿名的、巨大的陌生人世界里,行为主体的自利可以通过一只"看不见的手"的运作而成为社会繁荣的动力源泉,可以转变成为"一种机制化的近爱"。如果说所有的人的自我发展机会的自由以及所有的人的团结构成了一项重要的道德标准的话,那么在现代化世界的条件下,具备着逐利与竞争之本能的市场经济便是达到这一目标最合宜、最有效的机制。"市场经济的道德优势就在于,它体现了迄今为止所知的实现所有的人的团结的最好的方式。"

市场经济的这样一种表现特征——道德不在于行为主体的个人动机,而是在于其行为的最终结果——使我们对道德哲学中的后果主义,产生了更为深刻的体验。后果主义不追求道德动机的纯粹性与道德原则的绝对遵守,而是顾及道德规则的可贯彻性、可执行性以及全部行为结果的最优和最佳,特别是强调所有相关者最大利益与需求均得以满足。市场经济恰恰能够对道德后果主义做出完美的阐释。"在市场经济中,道德并不在于道德的或利他主义的动机,而是根植于市场经济过程的结果里。所有的人的福祉并不取决于行为者的善意,而是取决于框架秩序,这一秩序借助于自利而使各方期待的结果产生出来。"市场经济之道德的这种不是以纯粹的善良意志、暖人的利他主义为基点,而是以名声在传统思想中并不正面的自利为基础的特征,并不意味着道德本身的衰败,而是意味着在现代社会的条件下,自由与团结这样的道德价值要想真正切实有效地得到落实,就必须通过一种全新的方式。因此,我们首先需要改变的不是企业家的道德素质,而是那种不适应现代世界要求的传统的道德观念。

第二,市场经济的运行逻辑中能够反映出一些重要的伦理原则。如前所述,市场经济是一种人造的机制,其本身无所谓道德与否。但其结果会带来道德意义与价值。与此同时,在市场经济运作的逻辑必然性的作用下,企业家的行为也能够体现出某些道德原则。

一是自由原则。市场经济在所有的当事人面前都呈现为一种自由的体系,甚至可以说是历史上所出现过的最少强制的行为系统。在市场经济的条件下,人不再被束缚在一种毫无尊严的枷锁里,也不再被控制在无所不在的监控之中，更无须被禁锢在某种政治的、宗教的或道德的信念之下，从原则上讲，所有的市场成员均享有一种至少是形式的自由，即自由地占有与支配其私有财产，自由地追逐自己的利益，自由地签订买卖合同并通过契约进行无统治、无支配的合作，自由地交换所需的物品与服务，自由地选择消费品的种类及工作岗位。一句话，当事人可以依据自身的需求与偏好独立自主地决断所有的事务。由此可见，市场经济不仅仅是人们相互联系的一种纽带和相互交往的一种机制，而且也体现了某种价值，即充分尊重人的自主性。“在寻找合宜的契约方以及依照自身想法交易契约形式的可能性中，一种在自由社会里得到确保的自由权利便获得了表达。”总之，市场经济为人的空前的解放创造了前提，它激发了人的潜能与热情，鼓舞了人获得成功与绩效的意志；同时，由于自由孕育着风险，市场经济在使人享有决断自主的时刻也训导了当事人勇于迎应选择所带来的风险、肩负自由所蕴含的责任、承担失败所导致的代价。可以说，市场经济为人的道德成熟得以培育和锤炼提供了重要场所与平台。依赖于人的自由，市场经济才能够产生与运行，反过来，市场经济的存在和发展也使人的自由得以强化与提升。

二是平等原则。在市场经济中，竞争构成了一个核心的要素。而竞争则意味着平等。所有参与竞争者只要进场，就失去了任何特权，而享受着一种法律面前的平等地位。反之，一旦特权与强权出现，则竞争也就立即停止。平等的竞争也意味着和平与无暴力。市场竞争体现着一种平和的、无统治、无支配、无暴力的文明交往状态，竞争的任何一方都无法阻止对方提供更加物美价廉的优质产品与服务。平等的竞争并不意味着伤害。所有竞争参与者都认可竞争这一程序，对获胜的结果抱有高度的期待，对失败的可能坦然予以接受，成功并不归功于他人的仁慈与恩惠，惨败则只能说明自己努力不够或机遇不佳。市场就是通过奖掖与鼓励优秀者，惩罚与淘汰劣质者而使全体民众获益，推动社会的持续进步。竞争失败者并没有经历什么伤害，他应将痛苦的反思转化成全面提升自己并力争在下一次竞争中获胜的巨大能量。

三是诚信原则。市场经济是契约经济，契约行为依靠可贵的品性——信任与诚信作为价值支撑。诚实守信、言行可靠的企业家会为市场所奖赏，而欺骗、毁约的行为则必然导致当事人在市场上永无立足之地。

四是效率原则。市场经济排斥强制也拒绝说教，它能够通过自身的运行逻辑，利用人们趋利避害的本性而促进公益的生成。例如环保困境的破解就是如此。所谓生态专制或喋喋不休的启发教育,都无法证明自己是解决环境问题的最佳途径。最佳的途径在于:全方位引入价格调节机制,将环境因素标上高昂的价格纳入市场主体的考量之中,这样才能使所有当事人的行为被引导到环保的方向,行为主体在为自身节省费用的同时,又为生态保护做出了贡献。

二

如上所述,斯密所倡导的市场经济是人类社会创造发明的一种精巧的调节生产与消费的有效机制。作为一种人造之物,其本身无所谓道德与否。但从市场经济能够带来极大满足民众需求之结果的角度来看,它与伦理道德是有关联的。一方面,市场经济能够导致有道德意义的结果;另一方面,市场经济的运行逻辑中能够反映出一些诸如自由、平等、诚信等重要的伦理原则。单从这个意义上讲,在以自利为驱动的市场与以团结为标识的道德之间就没有什么矛盾和冲突,一只看不见的手就可以弥合自利与团结之间的裂隙;所谓斯密问题就的的确确是一个伪问题。尽管市场经济能够释放人们自由的潜能并促进社会公益的剧增,但为什么还有那么多的人对市场经济这一行为机制深感不满乃至嗤之以鼻呢?问题就在于市场经济并不是万能的,要想满足人类社会复杂的需求仅仅靠市场经济是远远不够的。这里有两个层面的内容值得考量。首先,许多社会事务并不能被置于市场经济的调节领域,而是需要有其他的机制作为替代,以弥补市场作用的不足。其次,市场经济的正常健康运行,需要有其本身所无法建构出来的框架条件的保障,否则它就会产生出一系列自身所难以解决的问题从而走向自毁,故市场经济需要靠国家动用外在力量对其偏失予以矫正。总之,市场经济是一种自由的经济,拥有着自由的价值内蕴,但市场经济的自由不是万能的且还包含有自毁的趋势,故需要有人为的外在干预与纠偏,一句话,市场自由亟须伦理的限制。

我们先看第一点,市场经济不是万能的,许多社会事务应靠其他机制的引导调节,从而弥补市场经济的局限性。

大家知道,市场经济是一种非常有效的人类生产与交换活动的组织工具,同时它也体现为一种行为规则,能够使人类社会所有的活动都整合进市场的价值体系的运作逻辑之中,甚至把所有的社会关系都转变成为市场关系。当经济学成为主导学科,市场规则侵入所有的社会领域,包括以前完全不属于市场交换范畴的领域如政治、法律、医疗、教育、艺术、体育、家庭、朋友及公民义务,当所有的事务都可以转变成为能够标价买卖的商品,一句话，当市场价值牢牢掌控了我们的一切，则人类就进入了一种哈贝马斯所言的由经济学导致的生活世界的殖民化的状态，而当一个市场经济转变为市场社会的时候，我们便处于一种前所未有的价值危机之中。

我们的生活世界被经济力量殖民化的恶果就在于，人类许多重要的事务会遭到价值上的贬损。众所周知，市场的要旨在于满足社会大众的需求，但是需求本身有着道德价值上的差异，例如观赏歌剧的需求与看斗牛的需求之间在价值上就有很大的不同，而市场不会给由其所满足的需求下判断。当一种无法辨明道德是非的市场经济将所有的事物都视为商品，当所有的事物都用同一的经济标准被度量的时候，则那些本身具有完全不同于普通商品的目的与意义的事物，其珍贵的道德价值便会在市场经济的估价与交易中遭到严重的贬损。“如果在人类交往中所有的事物都只有作为给予和回报的交换来理解的话，则我们生活中某种重要的东西实际上就丧失了。”世界上有许多存在，它们具有某种神圣性故特别值得我们珍视，它们无法成为可以买卖的商品，不可能用金钱来衡量，不是等价交换的对象。如果我们让它们进入市场，就会扭曲其性质而贬低其应有的价值。

人的权利与尊严不是商品，而是每一个人的专属事物，具有绝对的内在价值，不可能被标定价格进入市场并听任盈利原则的左右。因而将人降低为物品、使人成为获利之工具的人口买卖必须绝对禁止，这种市场交易行为没有将人视为拥有尊严的主体，大大损害了其价值。人的义务不是商品，履行陪审员之职责，构成了每位满足陪审员条件的公民的基本义务。它的选择方式是抽签，被抽到者就应该积极认真履行自己应尽的义务，而不可以雇用顶替者。“为何不允许呢？因为我们相信，公民义务不应被视为私产，而是针对公众的责任。”

总之，人间的事务千变万化，人际关系复杂多样，不同的情况需要有各异的规则来调节应对，市场经济、金钱买卖不可解决所有的事情。市场经济作为一种调控手段，其地位不能无限拔高。“经济只有一种服务性的功能，它必须为个体与社会更重要的价值提供可支撑的基础。”例如道德就是这样一种具有更重要的内在价值的事物，其地位无法由经济考量所取代。“在我们的道德权衡中，我们并非用不同的偏好来权衡其他，而是确立不可交易的事物。有我们可以贴标签的东西，也有我们无法贴的东西。且道德首先是与后者相关，与我们不抛向市场的东西相关，比如人，或性、共同体，公正以及荣誉。”一句话，经济本身只是人们达到某项目的的手段，而这个目的就是作为人类伦理最高价值的自由之需要，是个体之人对其身心的全面掌控与全面发展。“比经济更重要的事物有无限的多:家庭、社会、国家、所有的社会整合形式,直到人性,再有即是宗教、伦理、审美,简言之,人道与文化。所有这些巨大领域……比经济更为重要。”

我们再看第二点,市场经济的正常健康运行,需要有国家建构的框架条件的保驾护航,否则它就难以避免从自由到自毁的命运,换言之,市场自由亟须伦理道德之约束与矫正。

市场经济是一种自由的经济,它充分调动每一位参与者自身的潜能与积极性投入创造巨大的物质与精神财富的事业之中,从而导致了整个社会各个阶层因此均受益这样一种道德的结果。但是市场经济的正常运行,需要有它自身所无法建构的外在条件作为前提,如果没有这种前提,市场经济内生的自由竞争力量就会自发地造成垄断和贫富极度分化的现象,这一现象发展到一定程度,就会引发自由竞争不再继续进行以及市场机制走向彻底的失灵。所谓外在条件,是指国家制定的由相应的法律法规构成的市场经济运行的框架结构,这一框架条件对市场自由予以一定的合理限制,消除市场经济从自由走向自毁的潜在隐患,通过对市场机制健康运行的保障而服务于整体和长远的自由,促进全社会普遍和共同的福祉。总之,市场经济的框架条件是这一自由经济得以存活并保持永久活力的前提与基础。

我们前面说过,市场经济与道德有关系,具备道德上的积极意义,是从两个层面上说的。一是市场经济能够导致有道德意义的结果;二是市场经济的运行逻辑中能够反映出一些诸如自由、平等、诚信等重要的伦理原则。现在我们谈到市场经济有赖于其自身无法产生的框架条件,而这一框架条件的出现恰恰又为市场经济与道德的关联提供了第三个层面的内容,即市场经济的框架条件本身拥有着丰富的道德意蕴。框架条件为每一位市场竞争参与者划定了同一条起跑线,整个市场经济的参与者行为的道德水平,并不取决于当事人自觉的德性与善良的动机,而是取决于这一框架条件的道德含量。在激烈的市场竞争环境下,行动者的逐利冲动具有市场逻辑上的必然性,盈利可以说是企业的唯一动力。当然这并不意味着个体的德性就完全不重要,毕竟良好的道德形象可以作为一种资本来增强行为主体受信任的程度。但在竞争的条件下,个体道德不能持续地遭受经济利益上的损失。在市场经济的前提下,道德须被嵌定在一种普遍有约束力的、对所有竞争参与者均起作用的规制之中,这一充满道德要求的框架条件不仅不会压抑个体的自利冲动,而且甚至还会强化企业家的逐利行为,借此让所有人从中受益,让广大民众的团结精神得以实现,同时还能杜绝不道德者从中渔利。在激烈的市场竞争环境下,伦理道德主要并不体现在个体的行为性质,而是内蕴于市场经济的框架条件之中,行为主体在良好的框架规制的保护下,其道德行为能够在竞争中获得巨大的益处,而这最终又造成整个社会各个阶层均受益的结果,故"现代社会与意图脱节而与机制相连"。从这个意义上讲,市场经济所倡导的道德不是个体意图性的道德,而是一种机制化的道德。这样,我们就需要破除一种传统观念,即认为市场与竞争是不道德的,必然会导致社会的不端与民众的困苦。恰恰相反,应当保护市场与竞争,鼓励逐利之冲动,借由框架条件的设置使市场经济得以改善并获得更大的解放。"用发展与建构一种框架条件来改善和解放市场,这一框架条件如此地引导逐利冲动的活力,以至于所有的人都能够融入这一生产性的过程之中。只有这样,一个自由、和平、公正以及所有的人的团结的世界,才能产生于一种高度的繁荣水平之上。"

这一渗透着道德意涵的市场经济的外在框架条件首先需要扼制的,是能够导致最终垄断的绝对的自由竞争。正如赫费(Otfried Hoeffe)所言:"'市场自由'不是一种绝对的,而是一种比较性的概念。绝对的自由市场既不是人们期望的,也从没有存在过。"要看一个市场是否自由,须满足两个条件:一是私有财产权的存在;二是充分和自由的竞争,不得有垄断。而绝对的自由竞争的结果,则必然是几个强者为了谋求高额利润而结盟为卡塔尔、托拉斯,他们利用市场自由而获得巨大的权力,最终形成对本行业的垄断状态。垄断的后果是严重的:更高的产品价格、更差的市场服务、技术进步的停滞、新企业难以进入市场和竞争的彻底消失。为了避免市场的这种自毁力量的恶果,国家所制定的框架条件中就应有反垄断的法律制度,如此市场参与者的自由竞争才能得到保障与持续。

市场经济的外在框架条件其次需要扼制的,是能够威胁社会安全的贫富两极分化。市场经济从表面上讲是一种自由的经济,理论上说所有的人都可以站在同一起跑线上参与竞争。但是实际上人与人之间在资金、能力、经验上差别巨大,于是自由竞争的结果便是两极分化,一部分胜者强者掌握了海量的社会财富,另一部分败者弱者则陷入贫穷、病患、失业等困境。对于这些在贫困的极端情况下甚至连生存都无法保障者而言,自由只是一种形式的自由,他们虽有选择的权利,但根本就没有选择的能力,他们缺乏实质的自由,即真正可以落实的选择自由。而自由竞争导致一部分失败者陷入极端贫困等社会问题,却又是市场自由原则本身所无法解决的。

惨痛的历史教训表明,毫无限制的市场竞争有可能最终导致人间悲剧与惊天大难,因而国家就有责任运用框架条件的设置对市场的自由竞争予以调节。具体而言,就是建构各种税收机制,为全体社会成员包括所有的弱势群体,编织起一个法定的涵盖医疗、事故、养老、失业等内容的社会保险及社会救济体系,从而不仅使处于社会最底层的民众拥有其生存所必需的、符合人的尊严的物质生活保障,以便抗拒各种风险,而且还要为其就业与创业提供必要的支撑,使其成为市场经济发展的新的活力资源。国家所建构的社会保险体系以及所制定的固定价格、最高价格、最低价格、最低工资等,目标就在于不仅让弱势群体拥有形式的自由,而且也应为其获得实质自由做出贡献。国家的这种通过社会财富的再分配而对自由市场的干预行为,从表面上看是对市场参与者短期行为的限制,但从实际结果来看他们的长期自由却因此而得到了保障。而国家在进行社会财富再分配时,并不是依靠富人、强者、胜者的善良意志,而是有赖于一种社会调节机制:你赚钱越多,说明你对社会的贡献就越大,你只有给他人带来好处,才可以使自己受益。所有的自由竞争参与者自利的欲求并没有受到压制,而是朝着有利于社会弱势群体的方向牵引。

至于为什么国家有义务对社会财富进行再分配,让穷人也能享有经济繁荣带来的成果,使其最起码的物质生活条件得以保障,许多的论证都可以为此提供支撑。毫无疑问,最强大的是来自人权原则的理据:从社会弱势群体的视角来看,他们不仅享有消极性的自由权利,而且也要求国家采取切实有效的措施,使自己积极性的经济社会权利也获得实现,否则,消极性的自由权就没有实质性的意义。“属于人权的有诸如财产权、个体自由发展权。这就包括对经济生活的自由参与,消费者的职业自由、企业家的自由。不满足于消极性的自由权利,人权理念也要求对市场进行附加的限制,从而使市场的自由前景不至于转向非自由。”与此相关联的是,国家对市场经济所设置的框架条件中,基本上是由相应的法律法规所构成的,而法律系统在现代环境下,就一定要渗透着人权与公正的精神。

而经济社会权利与“社会安全”的概念是密切相关的。众所周知,在关于国家功能的理解的问题上,人类经历了一个长期的探索过程。亚里士多德认为,国家存在的目的在于推进善的实现。何谓善?善即是指服务于人的福祉与幸福的事物。而所谓福祉主要不是指物质意义上的,而是精神、文化、品格上的。但是到了近代的政治思想家们那里,国家的作用被理解为是为民众的人身安全和公民的自由权利提供保障。这特别表现在,当民众之间出现宗教分歧与政治利益的纷争之时，只有国家才能作为立场中立的主管予以调停裁判，在不偏袒其中某一方的前提下，阻止公民陷入相互残杀争斗的血腥灾难。国家就是这样建构在统治者与民众为维护个体人身安全所订立的契约的基础之上的。这是16—17世纪近代国家建立初期的基本图景。到了19世纪，随着市场经济的自由发展、传统职业衰败、农业人口流失，自由竞争的结果是两极分化和城市贫民的出现。整个社会逐渐划分成为经济强势的资产阶级与贫困潦倒的劳工大众，由经济的不平等和财富分配的巨大差距所引发的阶级对立与矛盾日趋尖锐。当贫富差距过于悬殊时，城市贫民尽管其人身安全不受太大的影响，但其物质安全问题却极为严重，持续常态的贫困甚至可以导致生命危险。当劳苦大众没有丝毫希望，只有反抗才能拼出一条活路时，就会掀起大规模的社会政治运动，他们试图通过革命来改变这种不公正的状态，其结果便是整个社会急剧动荡，原有的自由竞争的经济秩序也就无法维持下去了。可见，经济上的自由竞争的发展，会引发由经济不平等所造成的阶级矛盾，这就又回到了一部分人加害于另一部分人的状态了。如果此时国家仍然保持中立，以暴力方式对既有秩序予以维护，听任两极分化的继续以及强者对弱者的压迫，其结果实际上便是偏袒资产阶级的一方，就像16—17世纪宗教战争时期国家偏袒一方那样。过去是宗教战争，一种教派侵害另一教派从而损害后者的人身安全，因而国家必须出手干预，从而维护民众的生命安全。今天则是经济战争与阶级斗争，强势的有产阶级利用经济优势侵害无产者，最终导致后者的生命安全无法保障，因而国家必须干预，从而维护民众的基本生存、经济稳定和社会秩序。这就是国家意识到社会经济发展到了这一阶段，已出现一种与传统的针对个体的"人身安全"概念完全不同的新的"社会安全"的概念的缘由。所谓社会安全，是指对民众应创造生存、就业的条件，建构健康、事故、失业、养老方面的保险，从而弱化市场经济自由发展带来的最坏后果，为公民的实质自由的实现提供基本的前提。社会安全不同于传统的人身安全，人身安全仅仅意味着公民享受针对国家对私人个体与社会生活的无端侵害的那样一种防御权，这是一种消极性的权利，且人身安全很难获得绝对的保障，除非每位公民都能尽享时时刻刻被一群保镖严密看守的待遇。而社会安全则意味着国家的积极干预，国家须提供实实在在的物质条件，保证民众拥有最低限度的私有财产，防止最弱势者受到饥荒与贫困之苦，维护其社会经济生活的正常持续。如果说在近代国家出现的初期，国家是建构在统治者与民众为维护个体人身安全所订立的契约的基础之上的话,那么到了 19 世纪,又产生了一个新的契约,即此时国家亦是建构在统治者与民众为维护个体的社会安全所订立的契约的基础之上的。新契约的核心内容就是社会安全。于是国家便有了维护个体人身安全和保障社会经济安全的双重任务。

三

市场经济是一种自由的经济,它是自由主义精神在经济领域中的一种具体化、现实化。古典自由主义是人类进化的文明成果,它挣脱了传统的集体性约束,否定了将所有的人置于一种整体性、预制性的生存目标的观念,把对公民"生命、自由、安全、幸福"的承诺作为一切社会建制的出发点。支配人的行为的不再是传统束缚与宗教权威,而是出于自主性的自我约定的人际规则,借助于这些规则,人们追求个体最大利益的满足。人不再是为了国家而存在,相反地,国家是为了普遍公民的自由与安全的保障才能赢得自身存在的理由。故国家对个体的限制必须是基于国家建构的目的,而国家本身的行为空间则受制于合法的约束。由此,古典自由主义生发出了一种崭新的社会、经济与政治模式,它不仅实现了行业解放、农民解放、商业解放,为现代工业的兴起创造了前提,而且也带来了历史上前所未有的巨大的物质繁荣与技术进步,大众生产与大众消费的模式使处于各个阶层的人群都获得了生活改善的机遇。根植于自由精神的市场经济也导致了社会价值观念的巨大转变,所有的人都追求自己的生活目标,而不会被限定在某种好生活的恒定的标准之下,这就包括对私有制的肯定,对逐利的理解,对契约的赞颂,对风险的承担,对失败的容忍,对竞争的认同。

从这个意义上讲,市场经济本身能够产生合道德性的结果。当然市场自由的施展以及市场经济的持续生存,需要有市场自身所无法创造的框架性条件的约束与保护,这一框架性条件充满着伦理道德的意蕴。也就是说,市场经济本身本来就是拥有道德关联性的,只是仅靠市场经济的道德性结果还是不够的,且没有约束与限制的市场经济还会导致其自身的毁灭,所以才需要有外来的干预,而这又是一种道德性的干预。这种道德性干预的目的仅仅在于对市场经济的支撑、支持、支援、提高与改善。

(载《中州学刊》2020 年第 1 期)

西方经济伦理思想研究及其发展

乔洪武

今年恰逢1984年第一届孙冶方经济科学奖颁发35周年和1949年12月16日中央人民政府通过《关于成立中国人民大学的决定》70周年。借此机会，我首先向会议主办方孙冶方经济科学基金会、会议承办方中国人民大学表示衷心的祝贺！其次，我还要对教育部社会科学司表示感谢，因为正是他们的批准，我们的获奖著作《西方经济伦理思想研究》当初才得以立项，并成为教育部2010年哲学社会科学重大攻关招标项目。此次获奖的著作，正是该重大项目的最终成果，2017年结项鉴定被评为优秀。第三，我还要对推荐这套著作参评第18届孙冶方经济科学奖及我工作的机构武汉大学经济与管理学院表示感谢！最后，我要衷心感谢孙冶方经济科学基金会和本届评奖的所有评委，正是你们科学、公正的评价，才使我们在82部参评著作中最终获此殊荣！

借此机会，与各位来宾分享我的研究心得和获奖体会。孙冶方经济科学奖颁发35年来，此次将唯一一部著作奖授予《西方经济伦理思想研究》，这当然是对我们的莫大鼓励，也反映出我国经济学界对于将经济学原理的技术分析同哲学分析有机结合之研究范式的充分肯定。美国经济学家彼特·鲍特克曾说，没有历史、政治、文化和道德的经济学会陷入干巴巴的技术分析风险。但是，没有以厂商理论为基础、只是基于逻辑推演和事实的政治经济学，也会陷入只有纯粹的观点和理想的风险。经济学原理和政治经济学原理可以连接起来，用来探索科学的、世界性的哲理。经济哲理中包含着经济伦理思想。2001年诺贝尔经济学奖获得者斯蒂格利茨曾指出："有些人认为经济学家应该坚持自己的原则，道德的讨论超出了他们的能力范围。我们应当牢记亚当·斯密是一名道德哲学教授。经济学的准则是关注如何分配资源以及这种分配方式对他人的影响。任何影响他人的行为都毫无疑问地应该归为道德范畴。"

经济学与哲学伦理学这两大学科本是同源的。只是在"边际革命"之后，西方经济学的主流标榜自己"价值中立"的立场，追求实证主义的研究方法，开启了经济学"去伦理化"模式。西方经济学中有关福利的经济理论与伦理学联系本来一直密切，英国经济学家李特尔甚至认为，福利经济学是伦理学的一个分支，因为由边沁创立的功利主义中的"最大快乐原理"，就是把数学应用到伦理经济学的问题上。所以,“快乐”(或者称“享乐”)经济学有其确定的功利主义伦理基础。而在“快乐”经济学之前,西方经济学只有“财富”经济学,斯密和李嘉图所研究阐述的是国民财富而不是国民福利。在庇古之前,“福利”二字很少使用,经济学家大多使用“满足”二字。但显而易见,“福利”比“快乐”的伦理意义要大得多,因而福利经济学一般认为是从庇古开始的。庇古继承了边沁的理论,认为社会福利是每个人福利的总和,经济福利是总福利的一部分,即直接或间接与货币尺度发生联系的那一部分。按照功利主义的看法,如果货币收入的边际效用对一切人都一样,那么满足就达到最大量;而当货币对一个人的边际效用小于另外一个人时,他就比另一个人更富有。这时把收入从相对富裕的人转给相对贫穷的人,因为它牺牲较弱的欲望而使较强烈的欲望得以满足,一定能增加满足的总量,增进社会的福利。因此,功利主义价值判断认为,经济平等可以提供最大量的快乐,即实际收入的平均分配将使满足达到最大。

20 世纪 30 年代,庇古的福利经济学受到罗宾斯等人的批判。他们认为,庇古的福利经济学以基数表示效用数值的大小,以及个人间的效用是可以比较的论点没有科学根据。继罗宾斯之后,卡尔多、希克斯、勒纳等从帕累托的理论出发,也对庇古的旧福利经济学进行了批判。新福利经济学家根据帕累托最优状态和序数效用论,认为福利经济学应当研究效率而不是研究公平,只有经济效率问题才是最大福利的内容。第二次世界大战以后,阿罗在 1951 年出版的《社会选择与个人价值》中提出,若排除人际效用的可比性,而且在一个相当广的范围内对任何个人偏好排序集合都有定义,那么把个人偏好总合为社会偏好的最理想方法,要么是强加的,要么是独裁的。不可能存在一种社会选择机制,使个人偏好通过多数票规则转换为社会偏好。由此,阿罗的“不可能定理”成为新福利经济学的一大理论基础。正是遭到罗宾斯、阿罗等人的批判之后,福利经济学在很长一段时期里处于极度衰落状态,其复兴过程也较为缓慢。

针对 20 世纪主流新古典经济学日益严峻的“伦理贫困化”问题,西方经济学内外兴起了一股旨在“重建经济学伦理之维”的理论浪潮。阿马蒂亚·森是这一运动中无可争议的领军人物,他重建经济学与伦理学内在联系的实质性研究主要集中于两个方面。一是批判和超越西方现代经济学的微观行为基础,即通常被称作“经济人”或“理性选择”的标准行为假设,重建一种“伦理相关的动机观”。二是批判和超越以“帕累托最优”为唯一规范评价标准的新古典主义福利经济学,以及以经济增长为首要目标的传统发展经济学，重建一种“伦理相关的社会成就观”，即一种在伦理上更站得住脚的社会评价框架。在森看来，正是基本行为假设和社会成就评价框架的极端“去伦理化”，应该为20世纪主流新古典经济学的理论“贫困化”负主要责任。

森指出，西方现代经济学的“去伦理化”和“贫困化”问题，不仅显著地存在于实证（预测）经济学方面，同时也存在于规范经济学，特别是专司社会福利评价的“福利经济学”中。在他看来，现代福利经济学“去伦理化”的集中体现是，以所谓的“帕累托最优”（即“经济效率”）作为评价社会福利性的唯一标准，拒绝考虑任何其他类型的伦理价值规范。其造成的理论“贫困化”，首先在于现代福利经济学完全不顾及人际福利分配问题：处于“生产可能性边界”上的每一种社会福利状态，无论代表的是平等还是极度不平等的分配状态，都被认为是“最优的”，并且这些“最优”状态之间互不可比。这意味着，遵奉“帕累托最优”为圭臬的现代福利经济学，没有为诸如“分配正义”“经济平等”这类重要的社会伦理价值留下任何立足之地。除此之外，现代福利经济学的“贫困化”还体现在，它所遵奉的“帕累托最优”标准在逻辑上不兼容于现代社会普遍认可的几种重要伦理规范，如个体选择自由、民主或反独裁。社会选择理论中的阿罗“不可能定理”为此提供了一个绝佳的明证。在森看来，上述两种“贫困化”的罪魁祸首在于，现代福利经济学以“帕累托最优”为唯一标准的社会福利评价，建立在一个极其狭隘的“信息基础”之上。这种狭隘性集中体现在两个方面。一是否认除个人“效用”之外的任何其他信息在社会福利评价中的相关性，森称之为“福利主义”教条。二是规定个体“效用”是“人际不可比”的。森指出，阿罗的“不可能定理”可以被认为是“福利主义”（排除对任何非效用信息的使用）和极其贫乏的效用信息（特别是回避效用的人际可比性）联合造成的结果。基于评判的社会选择可以不考虑个人间的效用比较，但基于利益的社会选择不可能避免个人间效用比较。如果允许个人间效用比较，阿罗“不可能定理”就不再成立。由此，森提出了实施福利经济学伦理重建的总体方向和途径：打破现代福利经济学隐含设定的“福利主义”信息限制条件，拓展社会福利评价的“信息基础”。在他看来，要想把包括分配正义、经济平等、个人自由以及各种优先性关注（如罗尔斯“差别原则”体现的那种优先性关注）在内的丰富多样的伦理考量，连同“经济效率”标准（它并非必须以“帕累托最优”的形式出现），整合到一个社会福利评价的一般框架中，从而消除福利经济学的理论“贫困化”，关键是要打破以“效用”概念——无论赋予它何种解释和何种属性——排他性地刻画个体福利状况的“信息一元主义”教条,必须以某些不同于“效用”的概念和信息来表征个体福利状况(尽管某种恰当定义的“效用”概念仍可能起到间接或辅助性作用)。森认为,最有效的重建途径是,以他本人提出的“可行能力”概念替代“效用”概念,作为社会福利评价的信息基础。正是这种内在的信息多元性,赋予“可行能力”概念解福利经济学伦理贫乏之困的巨大潜能。例如,“可行能力”概念内含的许多要素(至少原则上)是可测度和人际可比的,故而以之为信息基础的社会福利评价,允许包含对分配正义、经济平等或利益优先性的充分考量。“可行能力”概念一方面视个人的“自由权”或“消极自由”(森称之为“自由的过程方面”)为其必要的内在构成要素,另一方面从整体上又反映个体享有的“积极自由”(森称之为“实质性自由”或“自由的机会方面”)。此外,基于“可行能力”概念建构一个类似于“帕累托最优”的经济效率标准,同样是可能的。森对“可行能力”视角的创造性运用,首先体现在他有关经济社会发展之本质与过程的理解方面。事实上,以“可行能力”来看待发展的观念,已被公认为森最具特色、最富创造力的思想成果之一。这一思想已经对包括联合国在内的多个世界性组织以及许多国家的发展政策和行动议程产生深远影响。例如,它构成了 1990 年以来联合国发展计划署每年发布的《人类发展报告》(HDR)——特别是用来反映各国发展水平的“人类发展指数”(HDI)——最重要的理论基础和思想根源。

正是因为上述贡献,阿马蒂亚・森成为 1998 年诺贝尔经济学奖得主。颁奖公告说:“阿马蒂亚・森在福利经济学基本问题研究方面做出了多项关键性的贡献。其贡献包括社会选择的公理化理论、对福利和贫困指数的定义、对饥荒的经验研究。这些研究紧密地联系在一起,表现出了对分配问题的一般关注以及对社会最贫困者的特殊关注……而且,通过把来自经济学和哲学两大领域的分析工具结合在一起,森在一系列重大经济问题的讨论中恢复了伦理的维度。”事实上,正是基于森半个世纪以来卓有成效的工作,人们才逐渐认识到在经济学和伦理学两大知识领域之间重新建立起有效联系的必要性、紧迫性和可能性。“重建经济学的伦理之维”才得以在当代西方学界引起广泛共鸣。这也正是我们率先在国内展开西方经济伦理思想研究的重要动因之一。

在西方经济学学说中挖掘整理和归纳评价经济伦理思想,是一项非常困难的任务。它需要研究者除了具备良好的西方经济学专业知识外,还应具有扎实的哲学伦理学素养。德国弗莱堡大学教授维克多·J.范伯格认为，自亚当·斯密的两大名著相继出版后，“道德和经济学之间的关系一直是学术界感兴趣的话题”。关于这个问题的研究大致分为两类。“第一类论著以某种方式讨论在经济理论内部道德判断的潜在作用，判断什么该做什么不该做。(同时)也关注规范经济论述建立的基础：评价的最终标准的理性根据。”“第二类把伦理或道德作为人类行为的一个方面。因此也成为经济学家所研究的经验事实的一个组成部分。从本质上说，这方面的贡献关注作为经验科学的理论经济学，在其对人类行为的分析中对于伦理或道德的解释性角色和重要性。”范伯格的评价告诉我们，在西方经济学的学说中研究经济伦理思想，一方面应当注重学习、归纳和总结西方哲学家从伦理到经济的范式，对于经济理论内部的道德判断潜在作用的研究；另一方面应关注作为经验科学的理论经济学，在其人类行为的分析中对于伦理或道德的解释性角色的研究。这就特别需要具备经济学和哲学伦理学双重专业素养的学者，对这两个学科进行整合，从浩如烟海的经济学大师们的论著中，挖掘他们在经济伦理方面的深邃洞见，由此发掘出西方经济学论著中蕴含的经济伦理思想的富矿。孙冶方奖评委对我们著作的肯定，说明我们成功地实现了经济学与伦理学跨学科研究，凸显了西方经济伦理思想的核心价值和理论闪光点、历史价值和现实价值。

经济伦理的本质是什么，我们可以从最早正式提出这一问题的马克斯·韦伯的研究中获得答案。首先，经济伦理是指“扎根于各种宗教的心理与实际联系中的行动的实际动力”，但“从来没有一种经济伦理只取决于宗教。相对于一切由宗教的或者别的(就宗教而言的)‘内在’因素所决定的人对世界的看法来说，经济伦理显然有一种在最高程度上由经济地理的与历史的现实决定的纯属固有规律性的标准”。其次，“‘伦理的’尺度就是这样一种尺子，用它来衡量人的价值合乎理性的信仰的特殊方式，作为衡量‘好习俗’这个评价所要求的人的行为的准则”，“这个意义上的伦理的准则观念可能对行为具有很深刻的影响”。也就是说，韦伯认为，经济伦理既是激发经济行为的精神动力，又是评价人们经济活动是否合乎道义的标尺，并以此来影响人们对经济体制和经济行为的选择。西方经济伦理思想在不同文明时态和形态下具有不同的价值取向，且由于国别地理、历史文化传统和经济学各个流派的不同，无论是作为认可的激励经济活动的动力而言，还是作为评价经济行为和经济体制的标准来说，它们并不具有何为最优的唯一性。这正像经济学本身到目前为止还不是一门精确的自然科学一样。但是,在市场经济与城邦经济、封建自然经济等非市场经济交锋中诞生出来的自近代以来的西方经济学说,及其中包含的经济伦理思想,既铭刻了欧洲社会由非市场经济向现代市场经济转型各个历史时期经济伦理变迁的依赖路径,又为现代市场经济的长期发展规定出若干必须遵循的道德准则。它的发展变迁,对于非市场经济国家实现向市场经济转型显然具有重要的启示作用;对于初步完成市场经济转型进而深化改革以完善自身的市场经济国家,同样具有可供借鉴的宝贵作用。例如,在当前复杂严峻的国际环境之中,我国上下已形成一个共识:创新是中华民族实现伟大复兴的第一推动力,抓创新就是抓发展,谋创新就是谋未来。如何才能够形成一个全面创新的可持续发展态势呢?哈耶克提出,苏格拉底早就说过,承认我们的无知是开启智慧之母。一种文明之所以停滞不前,并不是因为进一步发展的各种可能性已被完全试尽,而是因为人们根据其现有的知识成功地控制了所有的行动及当下的境势,以至于完全扼杀了促使新知识出现的机会。由于每个人的知识是有限的,世界上的知识是分散的,人类文明进步有赖于个人在追求其目标时,能够使用比其本人拥有的更多的、分散在更多人身上的知识。尤其是实践知识,它是在各种特定的环境和主观的时空协调中至关重要的知识,而又是不能用正式的方式表达,只能靠主体通过实践渐渐获得的知识。只有让人不受任何阻挠地发现和认识这些分散的知识,才能不断打破他自己无知的限度。米塞斯的学生柯兹纳认为,哈耶克对知识不完备性的重视是其对西方现代经济学的决定性贡献,因为现代新古典微观经济学和福利经济学都是建立在"完全信息"(也即完备知识)的基础之上的。"如果承认市场过程由发生着系统性变化的、有关彼此情况的个体性知识的模式所构成,如果承认那些使得社会成员能够最完全地利用'不会全部赋予任何单个人的知识'的社会制度的规范性意义,那就会给微观经济学理论与福利经济学带来革命威胁。……哈耶克关于知识的洞见,要求对这些领域的理解进行一场综合性的、完全的(或动态的)主观主义革命。"哈耶克关于人的知识不完备性和知识的分散性(即人不可能是全知全能的)的洞见,将导致一种新市场观的诞生,将市场秩序描绘成一个发现过程。因此,西方现代经济学达成一个共识:经济理论光有三大传统柱石——天赋要素、技术和偏好,还不够完备。第四大柱石就是制度(institution)。制度安排对于一个社会是激励还是窒息创新至关重要。一个国家选择并确立宽松与自由、开放与放开的制度安排,是激励创新之母。没有激励创新的制度环境,光靠抓人才、挖人才,创新将非常稀缺,也难以为继。所以,西方经济学家睿智的哲学伦理学思想对新时代的中国改革开放仍具有启示价值,正像凯恩斯在《就业利息和货币通论》的最后所言:“事实上统治世界者,并不是政客,而是经济学家及政治哲学家之思想,其力量之大,往往出乎常人所料。”

（载《中国社会科学评价》2020 年第 1 期）

论文摘要

马克思与皮凯蒂经济平等观的比较研究 钟锡进，伦理学研究，2020(1)

皮凯蒂主要从收入与财富分配角度对经济平等问题进行考察，通过对大量历史数据的统计分析，梳理出收入与财富分配不平等的历史演变及未来发展趋势，同时在实证研究的基础上，将不平等产生的根源归结为资本收益率恒高于经济增长率($r>g$)，并根据该经济模型，提出以全球资本累进税作为经济不平等的解决方案。皮凯蒂与马克思同样发现了资本与不平等的关系，然而在经济不平等的根源与解决路径上，却有着本质差别，马克思从批判庸俗平等理论出发，站在人类解放的理论高度，指出实现经济平等的根本路径。

一、皮凯蒂对经济平等的实证考察

经济不平等的根源分析：在皮凯蒂看来，资本主义市场经济条件下的资本收益率总是高企于经济增长率($r>g$)才是产生经济不平等最根本的原因。实现经济平等的征税方案：皮凯蒂认为，加强对资本的征税，是抑制全球资本集中、阻止不平等不断上升的有效手段。皮凯蒂的全球累进资本税，是指针对个人在全球范围内的净财富征收年度累进税。个人应纳税的财富就是个人所有的资产减去负债后所得的净财富，这里的资产是指包括了不动产、金融资产以及商业资产等所有形式的资产，通过直接向净财富征税累进税，从而保证对最大的财富征收最多的税。皮凯蒂的经济平等观强调结果平等，具体体现为对财富与收入不平等问题的关注。

二、马克思的经济平等观

马克思对平等的关注，从来都是建立在现实的物质基础上的，因此，某种意义上而言，马克思平等观的核心就是经济平等观，他所强调的平等就是要实现实质平等，不是资产阶级理论家的形式平等，也不是庸俗社会主义者的工资平等。对狭隘经济平等理论、脱离物质基础平等观、庸俗社会主义平等理论进行批判。对经济不平等根源的政治经济学分析，确定扬弃资本主义私有制的不平等解决方案。

三、对皮凯蒂与马克思经济平等观的比较分析

理论共通之处：一是他们都关注平等的经济基础，与那些只重视建构纯理论数学模型，而不愿去回答现实世界中复杂问题的经济学家不同，皮凯蒂的研究更加具有现实指向性，他从现实世界存在的问题出发，关注客观存在的不平等问题，并致力于解决现实生活中经济不平等问题，这一点是与马克思非常相似的。二是在经济不平等的历史、现状与发展趋势上，皮凯蒂与马克思得出了相同的结论。三是在资本主义市场经济能否克服不平等的问题上，皮凯蒂得出了与马克思相似的结论。

差别：首先，从理论研究的目标来看，皮凯蒂的研究以维持资本主义制度为前提，他的研究更多的是如何在资本主义制度的条件下，更好地实现经济平等，因此皮凯蒂的研究仅仅是从分配的角度研究不平等问题，而并不触及资本主义私有制制度，这是与马克思的研究存在的最根本的差别。其次，尽管皮凯蒂与马克思都认为资本与不平等之间存在密切关系，资本收益率在不平等结构中起着非常重要的作用，然而他们却是从不同角度进行论证，皮凯蒂从资本收益率总是大于经济增长率这个不等式，去论证资本与不平等之间的关系，而马克思则是从利润率下降规律与财富及贫困的积累之间的关系来进行剖析的。最后，皮凯蒂对经济不平等的研究依然停留在分配领域，他从财富分配的角度分析不平等的根源，而在如何实现经济平等的问题上，同样是从分配理论的角度出发，旨在依靠税制创新，以全球累进资本税这种财富再分配手段实现经济平等。

马克思政治经济学的伦理维度——以《资本论》第一卷为例　张霄，伦理学研究，2020(1)

马克思在《资本论》中对资本主义社会的政治经济学批判同时也是一种伦理学批判。我们从中可以看出马克思持有的一些伦理观念：一是包含选择自由和自我实现的自主自由，二是包含身份尺度和价值尺度的劳动对等的平等原则。马克思在资本主义社会的所有权关系中得出这些伦理观念，也通过这些观念批判资本主义社会的所有权关系。马克思是借助“经济关系的人格化”概念讨论这一问题的。这个概念为马克思的伦理学提供了基于“第三人称视角”的认识论图景。这一图景为开发“第一人称视角”的规范伦理学奠定了基础。

一、形式自由与实质自由：从选择自由、自我实现到自主自由

马克思在这里所说的自由是意志自由。它在流通领域表现为商品所有者可以自由买卖的意志。这意味着,资本家和工人作为买卖双方,可以自由地决定买什么和卖给谁。如果说流通领域存在形式自由与实质自由的背离,那么在生产领域,即在具体的劳动过程中,也同样存在着形式自由与实质自由的背离。马克思的自由观是一种可以被归结为自主自由的实质自由观,其中包含选择自由和自我实现。单独强调选择自由和自我实现都是不完整的、形式上的。更为重要的是,这里提及的自主自由强调把自我内在的道德能力和外在的社会联系结合起来。因此,它是一种伦理自由,而非道德自由。道德自由是一种看待自由的主体化视角。它是一种从内在自我出发寻求某种建立在独立自我概念基础上的自由观。而伦理自由不是从内在的自我出发,而是从现实的伦理关系出发看待自由问题。它强调自我和他人在共同体中的和谐关系。但这种和谐关系的落脚点在自由上。这就意味着,自我不仅依赖这些关系,同时也能控制这些关系。马克思的名言“每个人的自由发展是一切人的自由发展的条件”就是对伦理自由最好的诠释。马克思之所以持有这样的自由观,源于他对现代社会商品生产和交换体系的深入研究,以及在此基础上对现代人同一性(identity)问题的理解。

二、形式平等与实质平等:从等价交换到对等劳动

马克思在这里谈到的平等身份,是一种每个人都可以享有的现代意义上的社会认同。这一身份通过法律的确认获得普遍性。只不过,这种认同是由商品交换关系定义的。在这个普遍性的基础上,人们获得了现代社会才有的尊严概念。但在马克思看来,这个尊严概念是抽象的、不切实际的。其一,对工人来说,他以商品占有者的身份获得平等的对待。这种情况只发生在流通领域。但工人之所以是工人,就在于他是要进行生产劳动的。不生产就不能称其为工人。其二,这是因为,对资本家来说,工人只不过是一种生产机器。这意味着,工人被物化了。只要有机器可以代替工人的地方,到处可以看到失业的工人。资本主义社会的奴役比传统社会的奴役采取了更加隐蔽的方式,即把人对人的不平等的奴役关系隐藏在物与物的等价交换关系之中。从劳动对等的原则来看,只有在生产领域平等地共同劳动,才能实现真正的实质意义上的平等。

三、所有权与利己心:经济关系的人格化及其道德

马克思在“经济关系人格化”这个概念中谈论的经济伦理问题是一种认识论的图景。伦理学研究当然缺少不了以“第三人称”为视角的认识论图景。但伦理学研究也不能缺少以“第一人称”为视角的图景。这个图景是行动的图景。从认识论的图景看伦理行动，行动的图景是自在的图景。从行动的图景看认识论，认识论只能提供行动视野但并不能提供行动的规范性理由。而现代规范伦理学恰恰是从“第一人称视角”讨论人应该如何行动。马克思主义伦理学不缺“第三人称视角”，但“第一人称视角”是需要开发的。

乡村振兴视阈下民俗产品开发的伦理导向研究 王乐琼，伦理学研究，2020(1)

民俗产品是乡村产业链中的重要一环，对乡村振兴有重要的促进作用。从现实来看，当前我国民俗产品开发中存在着较为明显的文化、功能和技术等方面的缺失，这些缺失也暴露了民俗产品开发中伦理导向的阙如。因此强化以“人”为中心的设计伦理导向，辅之于以“用”为中心的技术伦理导向、以“和”为中心的生态伦理导向和以“适”为中心的经济伦理导向，规范引导民俗产品开发，均衡和稳定民俗产品中人与人、人与物、人与自然之间的和谐关系，兼顾并融合经济发展和文化传承的双重价值，为乡村振兴提供人文支撑。

一、开发民俗产品对乡村振兴的重要意义

民俗产品是呈现我国乡村美丽景色的重要载体。民俗产品是我国乡村经济发展的助推器。民俗产品是乡村旅游开发的明信片。乡村民俗产品是以乡村民俗资源为依托，为满足旅游消费或异地消费为目标的产品，是现代消费型产品的重要组成部分。优秀的民俗产品不断深度挖掘乡村文化价值内涵，凭借其实用性、艺术性、纪念性、地域性等特征，增强了乡村旅行的吸引力，成为新时代乡村旅游开发的明信片。

二、当前民俗产品开发中存在的主要缺失

其一，人本性缺失，即民俗产品物属性与当代设计以人为本的思想存在差异。其二，文化性缺失。民俗产品同质化与当代设计创作独特性存在差异。其三，功能性缺失。民俗产品历史性与当代设计消费现代性存在差异。其四，技术性缺失。民俗产品的技术性与当代设计科技创新性存在差异。这四个方面的缺失，虽然说不能完全归之于伦理价值的阙如，但是在很大程度上暴露出乡村民俗产品开发缺乏应有的伦理导向的现状。进而言之，就是没有很好疏解经济价值与社会价值、工具理性与目的理性、技术性与人文性之间的紧张关系，换言之，乡村民俗产品开发没有很好地体现人与人、人与乡土社会和人与自然的和谐关系。

三、强化民俗产品开发伦理导向的四个维度

民俗产品设计,作为一种人为造物的设计,既体现了哲学和伦理的气质或理念,也在实践中建构着人们对设计的理性认知和对设计行为有度把控的准则。一是以"人"为中心的设计伦理导向。造型元素情感化,产品形态是情感化最直观的体现;色彩元素情感化;使用方式情感化,巧妙的使用方式会给现代用户带来愉悦感,留下美好的印象。二是以"用"为中心的技术伦理导向。乡村振兴中民俗产品应该紧紧把握设计以"用"为中心的发展方向和趋势,设计的主题应该和人们的生活需要紧密相连,更好地体现民俗产品"物尽其用,备物致用"的设计理念。三是以"和"为中心的生态伦理导向。生态伦理,即人类处理自身及其周围的动物、环境和大自然等生态环境的关系的一系列道德规范。① 民俗产品形态表现。民俗产品应以民俗文化元素为基础,以"可持续"的生态伦理哲学为指导,形体上以简约化设计为主。② 民俗产品结构实现。民俗产品开发中,要求在产品设计阶段充分考虑废旧产品零部件回收、拆卸要求。③ 民俗产品材料选择。民俗产品设计要回归自然生态意境,在材料选择环节以贴合自然、低碳环保为主旨,提倡运用乡村元素,使用乡村生态材料。四是以"适"为中心的经济伦理导向,指的是民俗产品及其相关价值对于人和社会在经济上的意义。

中国农民经济德性的现代转型 李志祥、芮雅进,齐鲁学刊,2020(1)

在漫长的自然经济时代,中国农民在乡土依恋中形成了重利求稳、勤劳节俭、信任互助、关爱家园等独特的传统经济德性。在现代市场经济的洗礼下,中国农民在传统经济德性的基础上又新生了诸多现代的市场经济德性。研究农民经济德性的现代转型,培养中国农民的现代经济品质,用中国农民特有的经济德性摆脱西方的"现代化陷阱",对于推进农业现代化建设具有非常重要的意义。

一、中国性、农民性与现代性

只有确定了中国性、农民性与现代性彼此能够兼容,才有可能进一步谈论与现代化相符合的中国农民经济德性问题。

(1) 中国性与现代性。中国社会与现代性关系的特殊之处在于,"中国社会具有与现代性的起源地欧洲不同的社会形态和文化传统,现代性对它来说属于外来文化",从这个意义上说,"中国性"不仅与"现代性"兼容,而且还能拓展"现代性"的内涵。

(2) 农民性与现代性。中国农民能够顺利适应现代市场经济的要求,并且能够在现代工业社会中发挥巨大作用，这就表明："农民性"不仅能够与"现代性"兼容，并且能够为"现代性"提供新的力量。

二、中国农民的传统经济德性

超常稳定的农业生产生活方式，铸就了中国农民独特的传统经济德性。

(1) 源于农业文明的重利求稳。农民不同于富有理想色彩的知识分子，他们大多是现实主义者，摆脱不了现实可见利益的局限，更强调自己(特别是家庭)的实际利益。从这个意义上说，中国农民经济德性的核心就是"重利"。中国传统农民的"重利"是和"求稳"联系在一起的。因为在自然经济中，农民不具备承担风险的能力，一旦冒险失败，农民就连最基本的生存保障都会丧失。

(2) 源于小农经济的勤劳节俭。中国传统社会的典型农民是封建小农，自给自足的生活方式居于主导地位。在漫长的传统社会中，中国农民的勤劳节俭精神已经深入骨髓，这是其他国家的农民所不能比拟的。这种勤劳精神，一方面体现为劳动时间长；另一方面体现为劳动条件苦。

(3) 源于熟人社会的信任互助。正如费孝通先生所指出的，中国传统乡村社会是一个"'熟悉'的社会，没有陌生人的社会"，中国乡村的熟人社会通常由三种因素构成：一是血缘因素；二是地缘因素；三是业缘因素。

(4) 源于乡土生活的"家""乡"情怀。中国传统社会是一个乡土社会。在缺乏流动性的乡土生活中，农民对"乡"这个生活的根本场所和"土"这个生活的根本手段充满了依恋。

三、我国农民经济德性的现代化转型

现代化过程，就是现代工业文明取代传统农业文明的过程，在经济生活中主要体现为市场经济取代自然经济的过程。

(1) 商品经济解放了农民的致富欲望。改革开放之后，中国农民经济生活最根本的变化就是从自然经济转向了商品经济。其结果是：千百年来受到抑制的重利欲望得到了极大解放，中国农民对金钱、财富的欲望不断膨胀，既有可能打碎传统道德的束缚，也有可能无视现代法律的羁绊。

(2) 市场生活激发了农民的创新精神。在这个过程中，中国农民爆发出了巨大的创新精神，但是，中国农民的创新精神有两个局限：局限之一就是缺乏现代科技知识，创新局限于模仿。局限之二是缺乏现代冒险精神，创新受制于求稳。

(3) 陌生人社会催生了农民的规则意识。在市场统摄了经济生活之后,中国农民开始由熟人社会迈向了陌生人社会,中国农民开始接触陌生人社会的经济行为规则。在与陌生人打交道的过程中,中国农民形成了初步的规则意识。

(4) 致富欲望削弱了农民的生态意识。从自然经济进入市场经济,“物”变成了“商品”,变成了“货币”,乡土世界的意义也随之发生了变化。

四、中国农民经济德性的发展思考

在外来现代性的冲击和诱惑之下,中国农民已经认识并迎接了新兴的市场经济。在这个意义上说,中国农民一只脚已经跨入了现代社会。

(1) 中国农民不可能完全具备现代市民的经济德性。一方面,农民与市民的根本区别在于其“乡”“土”性,离开了乡土性,农民就不成其为农民。另一方面,农民与市民一样,也构成了市场经济的一部分。

(2) 中国农民优秀的传统经济美德可以弥补现代化的部分缺陷。从这个意义上说,中国农民应该“大力弘扬有助于缓解‘见物不见人’问题的血缘亲情理性和遏制过度掠夺自然倾向的地缘生态理性”,为引导经济德性的现代发展做出特殊的贡献。

(3) 中国农民现代经济德性的培育离不开政府的大力支持。一方面,政府必须提供充分的市场信息,指引农民生产发展的方向,开拓农产品的销售渠道。另一方面,政府必须提供先进的科技支撑,开发先进的种苗、工具和技术,提高农民的生产力。

数字化时代的劳动与正义 赵林林,北京师范大学学报(社会科学版),2020(1)

随着人类社会步入数字化时代,数字劳动成为当今时代的典型劳动形式。马克思在批判异化劳动的基础上阐述了资本与劳动之间的对立关系,对机器体系的发展做了科学预见,从而为在政治经济学批判视域中检视数字化时代的人类劳动奠定了基础。对“受众劳动”和“非物质劳动”的概念史考察,引发了数字劳动有无“物质性”的争论以及是否存在异化和剥削的问题。基于历史唯物主义的立场,马克思科学阐明了物质性劳动的基础地位,同时,在马克思的政治经济学批判语境中,数字劳动者依然遭受着异化及剥削,这种生存境遇要求我们在现实中科学把握资本逻辑,从共享上规范数据所有权,在制度上坚持以人民为中心,从而重构数字化时代的劳动正义原则。

一、数字化时代的人类劳动

劳动作为人自身的活动展现了与其自身不可分割的“自然力”，但是生产力的发展、分工的扩大化以及社会关系的改变，使人不得不在相互交往中同劳动对象、劳动资料分离，劳动者创造的财富成为外在于自身的存在，成为自身的对立物。数字化时代的人类劳动，更多的是借助于信息网络和与之相关的数字技术来表征自身，相较于充当固定资本的机器体系，工人作为可变资本在生产中依然发挥着支柱性作用。然而，时代的发展使得数字劳动成为当今社会具有霸权地位的劳动形式。马克思指出，劳动在资本生产的意义上，仍然是财富的“唯一尺度和源泉”。

二、数字劳动的物质性争论及其异化

非物质劳动理论指出了数字劳动本身及其产品的非物质性，也突出了数字劳动与用户网络活动的亲缘性，为互联网产业的数字劳动形式研究提供了理论指导，但是，“非物质劳动”理论的含混性，使得它对数字劳动范畴的界定并没有完全澄清数字劳动有无“物质性”的问题。新兴信息数字技术的应用，产生了劳动主体越努力越能够为资本创造丰富数据的后果；数字资本支配了劳动，使人之为人的自由自觉活动异化为数字形态的虚拟存在，进一步加大了劳动遭受剥削的深度和广度。

三、重构数字化时代的劳动正义原则

一是重构当今时代的劳动正义原则，需要在不断批判资本消极作用的前提下，承认资本推动文明发展的历史进步性，发展数字经济，培育和壮大数字资本，发挥数字资本促进中国社会发展的正向价值，创造实现劳动解放的客观物质条件。二是规范数据所有权，意味着承认劳动主体在数字生产中相互协作的社会性意义，肯定劳动主体共同享有数字劳动成果的正当性。在当代中国，政府依法对人民负责，应当以法治和税收规范数字资本所有权，促进数字资本良性发展，确保数字劳动成果为广大人民群众共同享有。三是以人民为中心，马克思劳动理论的正义思考，根本价值点在于通过批判资本主义制度来阐明实现共产主义制度，实现人的自由全面发展所具有的历史合法性和现实合理性。

论我国经济与社会权利发展的“中国特色” 杜建明、郑智航，河南大学学报(社会科学版)，2020(1)

经济与社会权利是公民享有的一类重要权利，也是我国政府重点发展和保障的一类权利。新中国成立以来，我国政府坚持经济与社会权利优先发展的人权发展路径和同社会发展相适应的基本原则,推行经济与社会权利的均衡化发展和普惠化发展,强化政府以西部大开发和财政转移支付为主要履行义务方式的积极行动,逐步走上了一条具有中国特色的人权发展道路。梳理这条与西方社会明显有别的人权发展道路,总结其历史演进中的"中国选择""中国特征"和"中国方案",对于全面认识中国特色人权发展道路具有重要意义。

一、引言

在众多学术理论研究及其学术成果中,大多数学者更多局限于微观领域技术主义路线的文本阐释、学说评述和中国化应对,这种研究路径为经济与社会权利的具体化和中国化奠定了理论基础,但受制于微观领域的局限性,经济与社会权利的研究本身只能囿于法条主义的逻辑分析和意义阐释,而缺少中外人权发展道路的比较分析和我国人权发展历程的历史分析,这就使人权研究在整体上缺乏必要的理论自觉,难以对中国人权发展的历史成就和现实不足进行必要的理论反思和学术前瞻。只有对中国发展道路、发展模式、发展经验进行理论总结和学术探索,才能在中国改革发展的历史实践中寻找理论创新的养分和因子。

二、我国经济与社会权利发展的历史轨迹

经济与社会权利是公民享有的一类重要权利,也是中国重点发展和保障的一类权利。新中国成立以后特别是改革开放以来,中国坚持经济与社会权利优先发展和同社会发展相适应的基本原则,推行经济与社会权利的均衡化发展和普惠化发展,强化政府以西部大开发和财政转移支付为主要履行义务方式的积极行动,逐步走上了一条具有中国特色的经济与社会权利发展道路。

三、经济与社会权利优先发展的"中国选择"

西方国家坚持的是政治权利优先于社会权利的发展思路,而中国则坚持社会权利优先于政治权利的发展思路。在中国政府看来,经济与社会权利问题是有关公民摆脱贫困、提高社会福利的问题,而大力推进公民经济与社会权利的优先发展,正是社会主义优越性的主要体现。因此,中国在基本完成国家权力建构以后,就将发展重心转向了经济与社会权利的发展轨道上。中国在国家权力建构基本完成以后没有像西方一样优先发展政治权利,而是优先发展经济与社会权利。

四、我国经济与社会权利发展的"中国特征"

改革开放四十年来的发展伴随着我国城乡二元结构的逐渐破除,消除

广大社会成员在社会福利享有和保障中的身份差异和地域阻隔，就成为深化体制改革和协调城乡经济发展的题中应有之义。保障公民平等地享有经济与社会权利，需要国家在提供医疗卫生、基础教育、社会保障、基础设施等公共产品和公共服务时大体相等地对待处于不同地区的社会公众，使社会服务政策和措施具有广泛性、协调性和公正性，从而实现公民经济与社会权利的均衡化发展。随着体制改革的深入和社会转型的加速，我国社会福利制度的改革势在必行。从补缺型福利向普惠型福利的过渡中，我国公民经济与社会权利的实现也必然发生显著的变化。

五、我国经济与社会权利发展的"中国方案"

由于受制于社会发展阶段的限制和城乡二元结构的影响，中国经济与社会权利在发展过程中存在着一定的不平衡性。这种不平衡发展既给社会的稳定性带来了一定的影响，又让公民在社会心态上产生了波动。面对这些客观现实，中国政府加大了在经济与社会权利发展方面积极行动的力度，逐渐形成了解决我国经济与社会权利发展问题的"中国方案"。

劳动自由是劳动幸福的本质属性　周书俊，上海师范大学学报（哲学社会科学版），2020(1)

劳动自由表明人的劳动不再受资本或其他任何因素的"限制"，然而这种自由至今仍然无法完全实现。尽管如此，劳动自由也不会丧失殆尽，劳动者在某种程度上能够"自由地"展现人的本质。然而，只有充分实现了劳动自由，劳动才是幸福的，而不再是不幸的；劳动才是人的本质的展现，而不是人的本质的丧失。因此，劳动自由才是劳动幸福的本质属性。

一、劳动人权

在一定的社会历史条件下，劳动是人们通过劳动工具变革客观对象的一切社会实践活动的总和，这种劳动是人为了满足自身的需要和愿望而遵循客观规律进行的活动。人在劳动过程中除了人化劳动对象之外，也从劳动对象那里汲取某种物质、能量和信息，从而实现劳动者自身的进步和劳动者自身的改变。正是通过劳动中脑力和体力的消耗，人与对象发生某种关系，并感受到生命存在的价值和生活的快乐。劳动不仅创造了人本身，也是社会进步的根本动力和源泉。在资本主义私有制条件下，资本占统治地位，劳动在资本面前总是处于从属地位，劳动成为"异化劳动"，劳动人权成为劳动的"无权"。

二、劳动自由

劳动人权所追求的最高目标就是劳动自由,而劳动自由则是劳动幸福的本质属性。马克思主义认为,自由是对必然的认识。劳动作为人的本质性的活动,只有当它是自由的,才能展现人的本质性,而只有当它摆脱外在的规定性和约束,它才是自由的。所谓摆脱外在的规定性和束缚,最核心的在于劳动本身应该是目的而不是手段。也就是说,劳动只有不再是谋生的手段,而是人的第一需要时,劳动才是自由的。没有了剥削所依据的生产资料私有制,就彻底消除了剥削。列宁指出:"要终止资本对劳动的剥削,只有采取一种手段,就是消灭劳动工具的私有制,所有工厂和矿山以及所有大地产等等都归整个社会所有,实行由工人自己进行管理的共同的社会主义生产。"

三、劳动幸福

从总体上看,在私有制条件下,所谓的劳动权利,本质上只能是货币的权利、金钱的权利;所谓的劳动幸福还只是现象的呈现,单纯从感性上来理解,是无论如何不能做出正确判断的。"微笑服务"掩盖着多少抱怨和血泪,而"同意"的背后隐藏着多少不为人知的痛苦和愤怒。如果我们抛开了历史,劳动幸福就变成了空洞、抽象的东西。事实上,所谓"异化劳动"使劳动者丧失了劳动幸福权,却造成整个资本主义的进步的说法,只有在这种情况下才是正确的,即资本主义达到了高度发达的生产力水平,而这恰恰是未来取得"劳动幸福"的全部条件,即马克思"人的解放"的全部基础。

数字时代劳动者权利保护论　朱晓峰,浙江大学学报(人文社会科学版),2020(1)

数字化问题是中国当代经济社会发展中的一个重要议题。对于身处数字化进程中的每个劳动者而言,数字化工作全面而深刻地影响着个人工作和生活的方方面面。以为劳动者提供倾斜性保护为根本宗旨的劳动法,在数字化进程中应当围绕数字化对劳动者所产生的或即将产生的不利影响,从数字化工作带来的工作模式和时空结构的根本性变革以及可能导致的对劳动者个人数据的滥用等问题出发,逐步推进并在立法上承认远程办公权、不回应权、不可及性权等新型权利,并强化对劳动者个人数据权的保护,实现劳动法的自我革新,最终为数字时代的劳动者权利保护提供及时可靠的法律支持。

一、问题的提出

劳动法的核心目标应该是保证劳动者受益于数字化带来的好处，使其在数字化环境中的工作真正变得更好或使其真正从数字化工作中获益，并且，劳动法应该有效应对数字去集体化和去权力化给劳动者带来的风险。而这一目标的实现，有赖于劳动法在解决因数字技术广泛运用而导致的劳动关系界定标准不敷适用之问题的基础上，确立并完善数字时代劳动者权益的保护规则。本文即以此为目标，探讨数字化背景下劳动者权益保护所面临的问题与法律上的解决路径。

二、数字时代劳动者权益保护的前提

数字时代劳动者权益的保护仍然以劳动关系的存在为基本前提。由于数字去集体化、去权力化的特性，数字时代的劳动者具有了相对用人单位这一集体而言的较高程度的自主性和独立性，劳动者与作为集体的用人单位之间的个人依赖关系因为数字技术而进一步弱化甚至消失。在此背景下，劳动法要为数字时代的劳动者提供保护，首要的工作是结合数字化工作形式的特点，对劳动关系的界定标准进行创新，从而将数字时代的劳动者纳入劳动法的涵摄范畴，并以此为基础来构建和完善劳动者权益保护规则。

三、数字时代工作空间灵活化与劳动者的远程办公权

数字化技术在工作领域的广泛运用所带来的最显著的变化是工作空间结构的革命性变革，远程办公应运而生。远程办公是数字化技术在经济活动中的发展所带来的劳动合同的特定执行方式，主要包括以在家办公、异地办公和移动办公等模式取代本地办公。远程办公的优势显而易见：对劳动者而言，它有助于减少通勤时间，在工作时间安排上也具有更高的自主性和灵活性，可以更好地平衡工作与生活的关系；对用人单位而言，它有助于减少办公场所等方面的开支，帮助员工提高工作积极性和工作效率等。

四、数字时代工作时间自由化与劳动者的休息权

随着数字化办公形式出现的办公时间与空间在基础结构上的深刻变化，导致劳动者的工作领域与私人生活领域不再泾渭分明。这种变化固然为劳动者享有更自由灵活的工作时间并且为用人单位提高工作效率提供了可能，但劳动者单方面的办公时间的灵活化也使劳动法为劳动者提供的用于劳动力恢复的时间保护标准被削弱甚至瓦解。

五、数字时代的工作可及性与劳动者的不回应权

随着数字化进程的深入,传统办公时空界限被打破,数字可及性与可支配性的滥用将会导致劳动者的休息时间被侵占。对此,劳动法应及时回应以保护劳动者的基本权益。

六、数字时代的去隐私化与劳动者的个人数据权

在数字化进程中,由于用人单位的工作流程逐渐联网,用人单位通过数字技术开展新的控制和监管也成为可能,劳动者个人数据保护领域的挑战愈加严峻。数字技术在工作领域的广泛运用一方面导致劳动者的个人数据急剧增加并且可能被完整地存储起来;另一方面,通过大数据领域新的应用程序的运用,数据收集和存储者可以将这些个人数据汇总并完整再现特定劳动者的个人形象与特征,这就意味着,用人单位可以通过数字技术全面掌握劳动者的一切信息。对此,劳动者却可能全然不知,既不知道自己的哪些信息被用人单位导出,也不知道用人单位通过这些信息获得了哪些认知,这实质上意味着劳动者处于信息不对等的不利地位。

热爱工作=传统式的"上班"? 郑兴山,社会科学报,2020-01-02

在现代企业管理的契约关系中,如何让员工发挥主体性,推动企业创造更大价值,需要管理者、员工的共同努力。国务院近日印发了《关于进一步做好稳就业工作的意见》,支持企业与职工集体协商,采取协商薪酬、调整工时、轮岗轮休、在岗培训等措施,保留劳动关系。面对个体价值观变化和技术的因素,企业应顺势而为,并在企业文化构建、劳动合同的合理实施等方面具备清晰的认知。

在人工成本快速提升的当下,从企业的角度,提高收益、降低经营风险特别是用人风险是决策者一直在思考的问题。从风险规避的视角来看,企业与劳动者之间需要明确用工的方式及和各自的责权边界。企业用工存在一定的风险,这种风险与用工合同形式、劳动关系的存续时间长度、任务颗粒度(清晰度)有很大的关联。

第一,合同形式是影响用工风险的重要变量。第二,合同周期也是影响用工风险的重要变量。第三,从劳动者承担的任务清晰度的性质来看,工作任务可分解性、清晰度、颗粒度是影响企业用工风险的一个重要因素。

从社会发展趋势来看,个体价值观的变化和技术的快速变化推动者人们愿意更多地选择灵活用工(劳务合同)的方式。2018 年,来自中国河南实验中学教师顾少强的“世界那么大,我想去看看”的辞职申请被认为是史上最具情怀的辞职申请。它道出了很多人向往工作生活平衡、能自由选择工作和生活的心声。的确,时代变了,观念变了。人们热爱工作,但不想传统式的“上班”。

变化的价值观促使个体更愿意考虑灵活雇佣关系并选择自由的、弹性的工作方式。从技术来看,变化的技术为灵活雇佣关系的实现也提供了极大的支持。技术打破了人们联结的空间和时间制约,使个体之间、个体与组织之间、组织与组织之间的协作和沟通更加有效率,推动着个体更加偏好能力导向下的灵活雇佣关系。

面对个体价值观变化和技术的因素,企业可以顺势而为。对应任务的颗粒度小、完成任务时间短的用工情形,企业衡量任务绩效的难度小、成本也较低,这种情形下采用劳务合同和劳动合同都可以使用。如果市场中存在不少套利的空间(如各地税基不同、社保优惠力度不同等情形),选择劳务合同则能节约成本。如果税收和社保缴纳政策一致,市场税基及税收优惠力度、社保缴纳比例没有差异,则选择劳动合同和劳务合同的差异就不会有明显结果不同。其次,如果市场中存在不少套利的空间,即便对应那些任务颗粒度粗、工作成果交付周期长的用工情形,企业也可以与奋斗者保持强大的心理契约和默契关系并采用灵活用工方式。这样,一方面能通过这些奋斗者的远见卓识和洞察力为企业做战略性的贡献;另一方面,也可采取灵活用工方式与这些奋斗者注册的第三方独立平台签订智客/创客服务的劳务合同,更好地对其实行经济激励。

高质量发展需要怎样的营商环境　白重恩,社会科学报,2020－01－02

《中共中央国务院关于营造更好发展环境支持民营企业改革发展的意见》12 月 22 日印发,这一全文总计 28 条、约 5 500 字的民企新政,聚焦为民企营造更好的发展环境。对民企来说,改善营商环境是重中之重。

高质量发展需要市场在资源配置中起到越来越大的作用,而营商环境是市场在资源配置中起决定性作用的前提条件,因此高质量发展需要更好的营商环境。但同时,高质量的发展,也为营商环境带来更大的挑战。

一、营商环境的指标需要更全面

从世界银行对各个经济体营商环境的排名数据来看,我国近年取得了巨大的进步,尽管我国在排名上已经取得很大的进步,但不能沾沾自喜,在营商环境改善方面还有很长的路要走。世行发布的营商环境排名并不全面、准确,存在一定的缺陷。

为什么如此受人关注的排名体系会出现这样的结果?原因在于这个排名体系并不完善。世界银行营商环境的10个分项数据,包括开办企业、建筑许可等等,是通过普华永道会计师事务所和世行邀请的其他专家根据各个国家政策文件中关于营商环境的条例,量化衡量做成一件事需要花多少时间,需要费多少精力,需要耗多少金钱;并让普华永道等公司在每个国家试图设立一个有代表性的企业,看具体过程中会遇到什么困难,最后综合得出的评分。这基本上是按照书面上的规章制度,对各个国家的营商环境进行排序,这其中有两点问题:一是这10个方面本身并不全面,二是书面上的规章制度和实际执行情况可以有很大的差别。

还有哪些重要的方面没有在营商环境排名中得到反映?对中国企业来说,他们所面临的一些问题,比如:① 政策的稳定性。② 对投资者的保护。③ 市场准入方面的障碍。④ 市场监管。⑤ 对外开放。⑥ 税赋。⑦ 人才环境没有得到反映。

因此没有好的营商环境就不可能获得高速经济增长。根据中国过去41年的改革经验,尽管大部分时间里我国按照世行的指标来看,营商环境并不出色,但我们却获得了快速的增长。我们认为,世行营商环境指标主要反映书面的情况,而不完全反映实际的情况。

改善营商环境要注意三点,为了能更好地实施条例,实质改善营商环境,我特别强调三点:一是治理结构方面,要提供一站式服务。二是行业协会要了解、反映市场主体主观感受。三是重点突破一些领域。总而言之,在改善营商环境方面,中国政府已经做了很大的努力,在各项指标上都有了很大的进步,但我们还需要做更大的努力!

重审劳资交换的正义论争:马克思反对艾伦·伍德 王广,哲学研究,2020(2)

艾伦·伍德(Allen W. Wood)以较早提出并始终主张“马克思并不认为资本主义是不正义的”这一观点而闻名。笔者试图通过解读马克思的经济学手稿及《资本论》等著作,辨析和澄明伍德的误读,进而说明马克思在资本主义与正义问题上所持的真正看法。

一、伍德的论证

伍德的观点及其论证,主要体现在他1972年发表的《马克思对正义的批判》、1979年发表的《马克思论权利和正义:对胡萨米的回复》,以及2018

年发表的《马克思反对从正义出发批判资本主义——对段忠桥教授的回应》这三篇文章中。根据段忠桥教授的概括，伍德是基于三个理由而主张“马克思并不认为资本主义是不正义的”，其中第三个理由是：按照马克思的论述，在资本对剩余价值的占有之中，不包含不平等或不正义的交换。伍德同意这种概括，并一一做了回应。本文集中分析伍德的第三个理由。

伍德之所以主张“马克思并不认为资本主义是不正义的”，是因为在他看来，资本家和工人的交换——资本家付给对方工资、工人交给对方劳动力，是一种平等交换、等价交换，因而也是一种正义的交换。

伍德的论证实际上包含以下逻辑环节：(1) 资本家用工资来购买工人的劳动力，这是发生在两者之间的“唯一交换”；(2) 在这种“唯一交换”中，资本家付出的工资和工人的劳动力是“用等价物交换等价物”；(3) 这种“唯一交换”符合等价交换原则，因而是一种平等的交换和“正义的交换”。

二、来自马克思的反驳

马克思在《1857—1858 年经济学手稿》《1861—1863 年经济学手稿》以及《资本论》等文本中，明确提出了与伍德的论证迥然不同的观点。笔者将其概括为以下三个方面。

第一，马克思指出，资本与劳动的交换实际上包含两个性质完全不同的行为，而伍德忽视了马克思的这些分析。

第二，根据马克思的论证，无论“从工人方面来看”还是“从资本方面来看”，劳资交换都不是伍德所谓的“用等价物交换等价物”的平等交换，因而也不是伍德所主张的“正义的交换”。

第三，马克思认为，只有在简单交换中才有所谓平等交换，而劳资交换作为“交换价值的进一步的发展”，并不存在伍德所谓的平等交换或“正义的交换”。

三、马克思对正义：“揭示”而不止于评判

通过以上分析，可以看到，伍德对马克思的误读集中体现在三个方面：一是伍德将资本家用工资购买劳动力这一行为看成发生在双方之间的唯一交换，而马克思将其明确规定为两个在本质上绝不相同的行为；二是伍德认为劳资交换是一种等价交换，而马克思从工人方面、资本方面分别指出，等价交换只是外在的表象，劳资之间实质上是不等价交换；三是伍德认为劳资交换是一种平等交换、“正义的交换”，而马克思对此同样持反对意见，认为劳资交换是一种不平等交换，因而也就不是伍德所说的“正义的交换”。由此，我们可以得到马克思对正义的以下看法。

第一,马克思并不认为资本主义是正义的。

第二,马克思不止于以不正义之名谴责资本主义。按照马克思思想的真实逻辑,他是要揭示深藏在资本主义社会深处的客观历史规律,而不满足于仅仅用不公平、不平等、非正义等道德话语来谴责资本主义。

第三,马克思要“揭示”正义背后的资本主义历史规律。在对观念与现实的关系问题上,马克思的唯物史观始终坚持,人类在物质生产的实践活动中建立一定的社会关系,“又按照自己的社会关系创造了相应的原理、观念和范畴”。

马克思之所以为马克思,马克思主义之所以为科学社会主义,就在于既不认同资本主义制度和资本剥削是正义的,又不止于仅仅谴责资本主义制度和资本剥削的非正义,而是要科学揭示正义话语背后资本剥削的秘密和资本主义制度产生、发展、消亡的历史规律,用科学的理论引领实践的开展。这一运思路径,是对马克思和正义之争“唯一合理的回答”。

“君子喻于义,小人喻于利”别解 郭晓东、于超艺,道德与文明,2020(2)

以“德”分君子、小人,则“君子喻于义,小人喻于利”一语宣说的是一条道德原则;以“位”分,则可视为一条政治原则。作为政治原则来讲,“君子喻于义,小人喻于利”一语有两层内涵:一是有“位”之“君子”不当与民争利;二是有“位”之“君子”当以“义”化民,此不仅合孔孟先富后教之义,且孔子“为政以德”的思想亦得以充分体现。就此而言,以“位”分君子、小人,似更合乎“君子喻于义,小人喻于利”一语的本旨。

一

就《论语·里仁》“君子喻于义,小人喻于利”一语来说,从表面上看,就“德”与“位”两方面说似乎都可以解释得通。事实上,古今学者在解《论语》的这句话时,就存在两解。不过,或以“德”言,或以“位”言,不同的诠释不仅使得《论语》此章的章旨完全不同,而且其背后思想史的意义也相去甚远。

二

钱穆、杨伯峻两位先生以“德”分“君子”“小人”。后宋学兴起,以“德”区分“君子”“小人”,遂成为主流的诠释。在朱子看来,“君子”“小人”的差别,只体现在道德上一件事情是否可做。“君子”考虑的是道德上的正当性,而“小人”只顾及眼前一己之私利。以道德标准来分判“君子”与“小人”,更重要的是强调做事的动机。在宋儒那里,作为德行意义上之“君子”

与“小人”的分判又表现在公私之别上。从某种意义上说，以道德的标准来区别君子、小人，在义理上似乎显得格局更为宏大，故两位先生以“德”划分。

三

董仲舒的说法是我们目前看到就“君子喻于义、小人喻于利”一语最早做出发挥的文本，汉人去古未远，其说当为我们重视，恐怕不能简单地如杨伯峻先生所说的“不必过信”，或如钱穆先生所说的“何必拘守董氏之言以为解”。董仲舒在《举贤良对策》中认为“君子喻于义”，即所谓“皇皇求仁义常恐不能化民者，大夫之意也”，实际上是从正反两方面对一个有“位”之“君子”在政治上提出了其应有的要求：一则是追求仁义而不与民争利，二则是努力做到以仁义导民，这二者皆是从有“位”之“君子”的角度来说的。

四

“明明求财利，常恐困乏者，庶人之事也”，前文提及的俞樾、钱穆、杨伯峻等人均认为这是董仲舒对“小人喻于利”的理解。庶民之所以只能“喻于利”，与先秦两汉儒家对庶民之定位有着密切的关系。在汉儒看来，百姓是瞑而不觉者，因此，在“义”与“利”的取舍之间就会更倾向于取“利”而舍“义”。然而，庶民之所以从“利”而忘“义”，也是由他们的生存状况决定的。《大学》之终章讲“絜矩之道”，在“位”之“君子”需以絜矩之道推之，从而能让天下百姓皆利其所利，由此可见“君子喻于义”与“小人喻于利”实一体之两面。

五

就“君子喻于义、小人喻于利”一语的诠释来说，如果仅就“德”上论“君子”与“小人”，固然是继承了儒家传统“义”重于“利”的看法，但同时却必然将“义”与“利”分为截然对立的两个面向，推其极致，则不免完全取消了普通人欲“利”的合法性。它固然可以指导我们如何成为一名有德行的“君子”，但对于儒家而言，事实上他们并不满足于“成己”，同时还要“成物”，“君子”为政以化民成俗为务，则道德之诉求亦自然是其题中应有之义。

痨病的现代性隐喻——董玲《消费的道德风险及其防范研究》序

万俊人，道德与文明，2020(2)

经过现代医学的防治努力，结核病得到了有效控制，已大为减少，可该词内含的另一层意思“消费”却在现代社会蔚然成风，几乎成为一种生活时尚。此“消费”一词之所谓也，亦吾读董玲君《消费的道德风险及其防范研究》一书所得之第一印象。

一、远超经济学范畴的消费问题

现代“消费文化”是始于18世纪英国“消费革命”的重大成果,没有这样一场不断扩展和深入的“消费革命”,就不可能生成现代社会的“消费主义文化”,这似乎是毋庸置疑的现代史事实。可是,一旦消费问题不再只是经济学问题而是社会文化问题,它所需要的理论解释和解答也就远远超越了经济学的理论范畴。晚近百年来先后出现的“消费伦理(学)”“消费社会学”,甚至“生态(环境)伦理”等诸多新生交叉学科,便是这一趋势的显证。

二、当消费主义成为一种现代文化和文明

消费,包括消费方式、消费水平和消费能力等,已经逐渐代替以往的政治、经济和文化元素,进而成为现代社会最基本的社会识别与社会价值评价的核心元素或标准。董玲博士敏锐地看到了消费社会所面临的“道德风险”,包括“消费者的异化”与“消费社会的信任危机”(或“人际关系的冷漠”),以及“消费社会的生态风险”(或消费社会所造成的“人与自然矛盾的尖锐化”)三个主要方面。消费问题及其所引发的连带效应的确正受到越来越广泛而强烈的关注,这便使得有关消费问题的讨论变得复杂和严肃起来。

三、消费社会的风险很可能不只是道德的

既然把消费问题看作“消费社会”的问题,其所带来的风险自然也就不只是道德风险,而是整个社会的风险。无论我们是否认可后现代主义对现代社会的后现代文化刻画,都不能不正视我们已经步入了一种被媒体、广告所中介化的消费主义文化/文明之中,它潜伏着各种各样的消费陷阱和危机,而现代人却又比以往任何时候都更难找到走出符号幻境和符号消费囚笼从而实现自我解救的出路。这才是“消费社会”可能导致的最大风险,它远不只是一种现代人和现代社会的“道德风险”,而根本就是现代社会和现代人自身的风险。

经济伦理与美好生活——基于经济运行基本过程的探讨 龚天平、饶婷,伦理学研究,2020(2)

在建设现代化经济体系以便满足人民美好生活诉求的过程中,经济伦理对美好生活的支持价值不应忽略。就两者关系而言,美好生活是经济伦理的价值理性,经济伦理是美好生活的工具理性。美好生活是物质富裕、自由公正、平等和谐、人与自然和谐共生等美好价值的整全性、立体化呈现的生活。从经济运行基本过程角度看,经济伦理通过为经济生产确立创造财富的伦理目标、为经济交换确立自由公正的伦理要求、为经济分配确立平等和谐的伦理规范、为经济消费确立人与自然和谐共生的伦理理念来协调、保证经济有序运行,推动资源优化配置,从而为人类生存和发展并走向美好生活提供优质服务。

一、为经济生产确立创造财富的伦理目标:经济伦理对美好生活的服务

美好生活首先是物质富裕即财富充足的生活。因此经济伦理在经济生产中主要体现为生产伦理。生产伦理为经济生产确立的第二个伦理目标或要求是效率。具体生产的效率和社会财富取向对于美好生活具有积极价值。虽然财富充足并不必然带来美好生活,但它是美好生活的必要前提。但是,具体生产的效率和社会财富取向对于美好生活的意义也是有限的,而且这种取向往往遮蔽美好生活伦理目标。当经济主体接受美好生活目标的价值规约和引导,让经济生产总是行进在正确的轨道上,不断地创造社会财富,这即是在不断地创造善、增进善,从而就把经济生产转化成为善的生产。而经济主体对美好生活目标的这种接受行为和经济生产向善的生产的转化,也就是经济伦理与美好生活的契合并对美好生活的支持。

二、为经济交换确立自由公正的伦理要求:经济伦理对美好生活的助益

美好生活也是自由公正的生活。经济交换是人们相互交换自己的劳动和劳动产品的过程,它以分工为前提,联系着生产和由生产决定的分配和消费,是经济运行的又一个重要环节。交换伦理为市场交换确立的伦理目标或要求,就是与交换关系及其性质相适应的自由公正。以经济伦理学视角观之,一方面要以自由公正的交换伦理进行约束和规导,使其只能作为一种工具而存在;另一方面要通过制度安排将其控制在所属领域,汲取其自由公正的伦理精神而非交换本身,使其不至于侵入社会生活。这样,作为经济伦理表现的交换伦理才能为社会生活的自由公正、道德高尚提供条件,奠定社会生活转变为美好生活的基础。

三、为经济分配确立平等和谐的伦理规范:经济伦理对美好生活的支持

美好生活还是平等和谐的生活。经济分配是指经济产品的分发和配给,是联系经济生产和消费的中间环节。经济伦理体现于经济分配中就形成分配伦理,经济公正就是分配伦理为经济分配确立的伦理目标或要求,意味着经济分配是合乎效率和道德双重标准的,即既是促进效率提高和财富增长的,又是推动道德进步和伦理和谐的。经济分配还指通过国家来实现的国民收入再分配。经济分配的平等和谐对美好生活具有积极价值。作为一种伦理价值判断标准,平等和谐既是对经济分配的要求,也是对那些与经济分配相关联的其他方面,如性别、同医疗卫生条件和生命健康相关的预期寿命、教育和其他社会属性(阶层和地位)等的要求。

四、为经济消费确立人与自然和谐共生的伦理理念:经济伦理对美好生活的驰援

美好生活更是人与自然和谐共生的生活。经济消费具有明显的伦理价值,即它是人类生存与发展的前提。消费同人与自然的关系深度相涉和密切相符,意味着消费要追求人与自然和谐共生。经济消费的人与自然和谐共生对美好生活具有积极效应。作为一种伦理价值判断标准,人与自然和谐共生既是经济消费的要求,也是政治、社会、文化等方面的要求。

五、结语

美好生活就是物质富裕、自由公正、平等和谐、人与自然和谐共生等美好价值的整全性、立体化呈现。而这些美好价值同时也是经济伦理的价值诉求,即经济伦理通过为经济生产确立创造财富的伦理目标、为经济交换确立自由公正的伦理要求、为经济分配确立平等和谐的伦理规范、为经济消费确立人与自然和谐共生的伦理理念来协调经济运行过程,保证其有序运行,推动资源优化配置,使社会财富为人类生存和发展提供优质服务,以便人类走向美好生活。因此,就经济伦理与美好生活的关系而言,美好生活是经济伦理的价值理性,经济伦理是美好生活的工具理性,或者说经济伦理是为他的,是为美好生活而存在的,美好生活是为己自足的,是因经济伦理而敞开的。人类走向美好生活的征途是漫长而艰难的,但在这一途程中,与美好生活具有密切联系的经济伦理非但不能悬置,反而大有可为。

劳动在何种限度内构成美德 李志祥、董淑芬,理论学刊,2020(2)

从目的论美德伦理学角度看,一方面劳动可以视为幸福目的的构成部分,从而具有一定的内在价值,其核心是它能够在多大程度上实现人的本质;另一方面劳动可以视为达致幸福目的的必要手段,从而具有一定的工具价值,其意义在于它所服务的目的。在劳动时间日益解放的现代社会,重新思考劳动在何种限度内构成美德,有利于识别劳动的本质要求及其合理边界,避免陷入似是而非的美德陷阱。

一、劳动美德的观念冲突

冲突的核心问题在于:是不是劳动时间越长越好?多长时间的劳动才构成美德?

1. 由“996 工作制”引发的美德争议

在法定劳动时间固定的情况下,劳动时间的延长就意味着加班时间的延长,劳动时间越长就意味着加班越多。由此不难看出,在这种努力—成功的逻辑中,一种错误的“勤劳”观念已经被粉饰成了一种美德陷阱,一种使人偏离幸福生活的陷阱。

2. 传统社会:劳动美德的观念分歧

在传统社会,也就是在前资本主义社会,人们在劳动美德方面存在着一定的观念分歧。这种分歧主要体现为:统治阶层通常会忽视劳动美德问题,而被统治阶层则非常重视劳动美德问题。但是,这两个阶层在劳动美德观念方面的差异仅仅体现为一种观念分歧。

3. 现代社会:劳动美德的观念冲突

现代社会对于劳资双方劳动时间冲突的解决办法是制定“法定劳动时间”。要求在法定劳动时间之外加班需要支付额外的加班费用。这个办法仅仅是从社会层面和法律层面上解决了劳动时间冲突问题,但没有从根本上解决劳动时间冲突问题。

二、劳动的价值分析

从目的论美德伦理学的角度看,劳动具有双重价值:一方面,劳动作为幸福目的的有机组成部分,具有一定的内在价值;另一方面,劳动作为达致幸福目的的必要手段,具有一定的工具价值。

1. 何为劳动

综合起来,劳动包含两个方面的规定性:一个是质的规定性,它涉及劳动的目的和性质;另一个是量的规定性,它涉及劳动的过程和成果。任何一种劳动都可以从质和量两个方面来予以分析。

2. 劳动的内在价值

劳动在什么意义上具有内在价值呢?我们所说的“劳动”是指人的劳动;我们所说的“价值”也是相对于人而言的价值,而不是与人无关的价值。从这个意义上说,劳动的内在价值只能从劳动的质中寻找。从这个意义上说,劳动的内在价值必须超越生存目的,指向人之为人的本质实现。

3. 劳动的工具价值

工具价值不同于内在价值,它自身不作为目的存在,而仅仅作为服务于其他目的的、“因他物之故而选择的”工具存在。劳动的工具价值,与劳动的质有一定关联,更与劳动的量有主要的关联。

三、劳动的美德分析

在美德伦理学的三分法中,最主要的问题在于:将“勤劳”与“懒惰”“过劳”区分开来的度是什么?从哪里可以找到这个度?

1. 劳动的内在价值与勤劳的上限

承认“过劳”,就意味着“勤劳”有个上限。一旦突破了这个上限,勤劳就变成了过劳。从这个意义上说,劳动时间的长短一方面取决于现有劳动力的消耗速度,另一方面取决于未来劳动力的再生速度。劳动自身对自己的唯一限制是使劳动具有可持续性,即一种有价值的理想劳动力需要多少时间才能再生出来。一旦高于这个上限,劳动就无法得到可持续发展。

2. 劳动的工具价值与勤劳的下限

我们仍然可以采用理念状态推演法,假设一种极端的、只具有工具价值的劳动状态。显然,这种状态下的劳动时间,基本上就可以确定为勤劳的下限。只要低于这个下限,必然就有人的生存和发展需求得不到满足。

3. 过劳、勤劳与懒惰

高于体面生活所需要的最低劳动量,低于身心全面发展所能接受的最高劳动量,处于二者之间的劳动量都属于勤劳。过劳过分抬高了劳动的价值,为了实现劳动的价值而牺牲了其他身心方面的发展。低于体面生活所需要的最低劳动量就是懒惰。

四、自愿过劳总是美德吗

自愿过劳则是一种美德,尽管“过劳”自身不是美德,但“自愿”足以给“过劳”提供额外的美德补偿。对此,我们需要严肃地追问一下:自愿过劳总是一种美德吗?

1. 被迫过劳与自愿过劳

既然所有有意识的、经过选择的行为都是出于自己的理性和意志,那么在区分被迫过劳与自愿过劳时,标准不应该是过劳是否出于自己的理性和意志,而应该是过劳是否出于自己内心的价值认同。

2. 误读个人幸福的自愿过劳

这种自愿过劳者将过劳与劳动者自己的幸福联系起来,认为过劳是通向个人幸福的必由之路,或者是过劳本身就构成了个人幸福,或者过劳的后果构成了个人幸福。将幸福等同于事业成功,有可能使一个人变成一个片面的人,从而失去很多属于人的幸福。

3. 谋求他人幸福的自愿过劳

另一部分自愿过劳者则是因为谋求其他人的幸福，是一种价值超越。它已经超越了美德伦理学的范围而进入到了一个更高的道德境界。

懒惰是一种远离幸福的恶，勤劳是一种利人利己的德，而过劳最为复杂：被迫过劳是一种外在强加的恶，追求个人幸福的自愿过劳是一种理性误读引发的恶，而谋求他人幸福的自愿过劳则是一种超义务的德。

儒家经济思想的现代诠释——以《孔门理财学》为中心　袁子悦，孔子研究，2020(2)

近代中国经历着从传统向现代的转换，儒学作为传统文化的主干，与现代化之间存在诸多矛盾和不适应之处。陈焕章为建立儒学与现代性的关联，在《孔门理财学》中，他重新诠释了儒家传统的义利关系，阐发了新的四民观，使儒家经济思想变得切实可用，并能够在中国现代进程中发挥积极作用。陈焕章对儒家经济思想做的现代诠释，一方面是想要达到保存儒学、昌明孔教的目的；另一方面，他在试图用儒学为资本主义在中国的发展开辟道路，同时也希望以儒学的经济思想限制或消除资本主义发展的弊端，体现了近代中国的知识分子为追求保存儒学和走向现代化问题上的双赢所做的努力。

一、陈焕章与《孔门理财学》概况

从方法论来说，陈焕章不是首个运用近代西方经济学理论来研究中国古代经济思想的人。1897 年梁启超发表《〈史记·货殖列传〉今义》，用为《史记》逐句作注的形式、用近代经济学观点来诠释古代的经济思想。

从研究对象来说，陈焕章是儒家经济思想史研究的开拓者。陈焕章不同于梁启超，陈氏是哥伦比亚大学政治经济系毕业的博士，接受过经济学的专业训练并熟悉西方经济学原著，他的书自然具有较高的理论水平。在书中我们随处可见对于西方经济学名著的引用，如马尔萨斯的《人口论》、纳索·威廉·西尼尔的《政治经济学大纲》、亚当·斯密的《国富论》、塞利格曼的《租税各论》以及大卫·李嘉图的《政治经济学》等等。他用自己较高的经济学素养赋予了儒学以新的面貌。

二、对儒家义利观的现代诠释

"利"具有正当性，"义"以"利"为基础：陈焕章指出，孔教认可所有庶民、农民、工匠、商人获利的正当性，因为孔子从未发表过任何反对庶民谋利的言论，并且对于以经商闻名的子贡，孔子也未曾谴责其谋利。庶民谋利不仅具有正当性,且对整个社会而言,理财活动是道德教化的基础。

(1) 利分公私,对于私利的追求应分阶层对待。陈焕章总结孔子的义利之辨,认为孔子为两个阶层制定了不同的标准:一方面认可广大庶民阶层谋利以积累个人财富,对他们而言,理财活动先于伦理活动;另一方面禁止位居社会上层的官员和士人们谈论利,对他们而言,伦理活动应先于理财活动。

(2) 义利一致,以“义”制“利”。于义利关系问题,陈焕章认为孔教主张义利一致,真正的“利”其中必定蕴含着“义”,而与“义”相抵触的“利”从长远来看根本就不是“利”,这两个名词本质上是相同的,只是采用不同术语表达而已。

综上所述,陈焕章力图传达的是一种符合现代精神的财富观念。在他的诠释中,儒家的义利观念强调了国家社会以及广大群众积累财富的重要性和正当性,符合当下在中国发展资本主义经济的潮流,说明了儒学仍然切实可用,并未落后于时代。

三、对儒家四民观的现代诠释

伴随着资本主义工商业的迅速发展,长久以来形成的“重农抑商”的思想也逐渐走到了历史的尽头。对于儒教中有关“士、农、工、商”关系的说法,陈焕章在《孔门理财学》中也着重予以了阐发。

(1) 以劳动分工原则为基础的四民划分。关于四民体系的划分,陈焕章指出这只是基于劳动分工原则的一种职业区分,而并非种姓制度,体现的是四民平等。

(2) 孔教重视工商业,且认为工为富国之本。在讲中国古代人口政策的时候,陈焕章就论述了发展工商业对于国家的重要性。

不仅如此,陈焕章还论证了孔教对于工业资本的重视,认为工是富国之本。综上可见,陈焕章在《孔门理财学》中呈现了新的四民观,他论证了四民体系的划分只是基于劳动分工原则的职业区分,发掘了孔教对于工商业的重视,尤其是对工业资本的重视。

四、结语

陈焕章认为孔子不应该为中国的衰弱负责任,相反,中国的衰弱恰是由于没有遵循孔子教义。在《孔门理财学》当中,他很巧妙地对孔子的面貌做了一个分割,所以在书中我们可以看见两个孔子:一个是被后人所误解的孔子,以及由此产生的有悖于儒教经典的思想或制度;另一个是他所认为的真实的孔子,以及流传下来的符合儒教真精神的思想和制度。最终他试图传达的观念是希望人们了解和认识到真正的儒家精神，并以此继续服务现实，指导中国走向现代化。

论劳动政策的伦理意蕴　李耀锋，上海师范大学学报（哲学社会科学版），2020（2）

劳动政策是社会安全的必要保证，是形成公正合理的社会阶层结构的调节器，对于一个国家的经济社会发展全局具有至关重要的影响，从政策制度层面注重社会劳动关系的有效协调，成为国家治理体系和治理能力现代化的核心议题之一。劳动政策作为调节劳动关系的重要手段，它是体现社会道德价值及其规范的标尺。在经济社会发展进程中，一系列公共政策是否尊重劳动、保护广大劳动者的根本利益和促进社会核心价值观的弘扬，是衡量公共政策是否具有道德合法性的基本标准。

一、劳动政策伦理的基本内涵

劳动政策是指为了调节社会劳动关系，由政府制定的用以保障劳动者基本权益的各类政策、法规和条例等规范的总称。它是调整或矫正劳动关系的重要手段，是最基本的社会政策之一，对于一个国家的经济社会发展全局具有至关重要的影响。对劳动政策的全面理解，需要厘清与之密切相关的"劳工政策"概念。首先，"劳工"一词在现代以前是指工人，主要指服苦役的人；现代意义的劳工是指产业工人，包含农民工。劳工政策是指以工资劳动者（劳工）为政策对象，以解决劳工问题为主要内容，通过规制调整劳动关系的社会政策。

二、劳动政策伦理的核心价值

第一，劳动就业是民生之本、和谐之基；第二，重视公共政策对劳动者基本权益保护的固化；第三，建构张弛有序的劳动生态环境，保障劳动者的休息权利。

三、劳动政策伦理实现之路径

劳动政策的伦理分析是对劳动政策内涵及其本质的社会价值合乎道德性的认识和把握。其中，促进劳动就业，对劳动者基本权益保护的固化，保障劳动者的休息权利等是劳动政策伦理包含的核心价值。劳动政策伦理建构的实践路径主要包括：从顶层设计层面把握劳动政策伦理内涵；切实尊重原创性劳动创造社会财富的基本价值理念；促进劳动就业与社会保障以消除贫困，实现社会均衡发展；以政策法规推进劳动教育在建构人的全面发展中起基础性作用；树立劳动关系建构的国际化视野，以彰显劳动政策内在的共同价值等。

诚信:市场经济信用问题治理的伦理基石 赵建波、余玉花,大连理工大学学报(社会科学版),2020(2)

诚信道德与经济信用密切相关,是解决市场经济信用缺失的一种手段。遗憾的是,人们对于道德在市场经济信用问题治理中的作用还没有足够的认识。当前有学者从经济视角出发研究市场经济信用问题,忽视诚信道德的伦理约束作用,这种逻辑方式缺乏对市场治理限度的探究。实际上,诚信是市场经济信用治理的伦理基石。它可以有效整合制度、技术、文化、伦理等资源,发挥协同治理的功效。当前,中国市场经济信用治理,需要在制度形塑、社会导引、道德文化治理层面践行诚信,助推市场经济信用问题治理。

一、经济视角下"市场自我治理信用问题"观点的反思

"市场自我治理信用问题",即依靠市场自我完善来解决市场经济信用问题。从市场自我治理信用的观点来看,市场有其自身的运行逻辑,信用交易中短暂的机会主义失信行为固然存在,但是多次的信用交易博弈能够产生对市场主体的信用约束,失信主体最终将被市场淘汰,守信将成为信用主体存活的唯一方式。

二、诚信道德在市场经济信用问题治理中的功能

道德进入经济领域,试图以道德视角解释、预测和治理经济信用问题,就要遵循经济规律,在适用的经济维度内说明市场信用中的伦理问题。把市场经济信用缺失完全归咎于道德失信,认为道德伦理可以单独解决市场经济信用问题的观点是不可取的。诚信可以有效整合制度、技术、文化、伦理等资源,参与其中,发挥协同治理的功效。

三、市场信用问题治理过程中诚信道德的践行途径

市场信用缺失不仅是对信用秩序的破坏,还会侵蚀社会风气,导致机会主义牟利行为增加,最终会伤害社会道德伦理根基。为此,需要制度、社会和道德多种因素的合力来强化诚信道德的引领作用。

《经济学家》:关注贫困人口的金融数据安全 熊长论编译,社会科学报,2020-02-27

数字金融服务为全球穷人带来了很多好处,但也使他们更易遭受电子欺诈,隐私权也难以得到保障。2月1日,英国《经济学家》杂志发表文章,对贫困人口的数字金融安全问题进行了探讨。对于那些想要帮助贫穷国家中最贫困者的人来说,手机就像一根魔杖。移动货币账户帮助实现了“普惠金融”——让数千万个拥有手机却没有银行账户的人可以使用金融服务,但它们也有缺点。

数字金融服务伤害穷人最明显的方式就是让他们更容易遭受欺诈。世界银行下属的“扶贫咨询组织”(CGAP)在一份新报告中引用了2016年的研究结果。研究发现,在菲律宾,83%的受访者曾是手机诈骗的目标,17%的人遭受了损失。在坦桑尼亚,27%的受访者曾是手机诈骗的目标,17%的人遭受了损失。在加纳,这一数字分别是56%和12%。

诈骗犯只需一个电话号码就能进行最基本的诈骗。他可能发来一条短信,对你获得某项大奖表示祝贺,但需要事先支付一些费用。你的身份可能会被盗,导致你不得不偿还支付给他人的贷款。冒名顶替者在注册新的用户身份识别卡(SIM)时可能会盗取你的移动货币账户。穷人可能特别容易受到这种骗局的影响。他们不太可能拥有装有复杂安全软件的智能手机。

不仅仅是钱会被偷,手机上存储的所有其他数据也是如此。然而,通常情况下,很多数据已经被它的主人免费赠送出去了。许多“免费”应用程序实际上是以客户数据为代价的。在每个国家,人们在没有理解甚至没有阅读他们所同意的内容的情况下,通过点击“同意”按钮愉快地出售了自己的隐私权。

对此,“扶贫咨询组织”提出了三项政策建议。首先,要接受“消费者同意”模式已经不可挽回地破产的事实,并将管理数据的责任交给服务提供商。第二,赋予消费者对其数据的完全合法权利,允许他们免费查看、更正和移动数据。第三是任命“隐私代表”,他们的任务之一就是检查各种算法本身是否存在偏见。

人们通常认为,穷人不介意为了获得贷款和其他服务而放弃一些隐私。事实上,关心隐私并不是富人的专利。在印度和肯尼亚进行的研究表明,即使是非常贫穷的借款人也会愿意支付更高的利率或等待更长的时间来获得那些能够承诺对贷款人提供的数据进行保密的贷款。让科技巨头相信改善穷人的数据安全符合他们的商业利益或许是最好的,但这需要做更多的工作。

公私对立与公私并济——宋儒对《孟子》中舜的行为的合理性论证

彭婷,道德与文明,2020(3)

学界对“孟子论舜”争议不断、难成共识。对此,宋儒提出的公心与私意对立和公义与私恩并济两种观点。这对人们树立道德责任意识,做出正确的道德判断与行为选择,合理协调公私生活,均有积极借鉴。

一、以公心作为舜的行为的合理依据

透过朱子、张栻为代表的宋儒主张公心与私意对立的公私之辨,可以把握宋儒论证舜的行为的道德出发点。

(1) 孝亲与守法之公心是必然的主体道德责任意识。朱子从圣贤人格及其道德动机和人伦道德规范角度论证舜的行为,而不是仅从杀人者当伏法的正义论视角加以考量,并杜绝不同功利效应之权衡的后果论。并且他论证了,出于道德动机并遵从普遍道德法则与人伦规范的公心或主体道德责任意识,是舜与皋陶的合理行为的必要前提。同时,朱子强调执法、守法的重要性,说明他也充分考虑到杀人者当伏法的矫正正义问题。

(2) 孝亲与守法之公心出于伦理角色的客观合宜要求。宋儒阐发的公心与私意对立观论证了,动机的道德性、行为的规范性以及伦理角色的客观合宜性,是合理行为的必要道德前提。这一公私观也能排除种种不合理主客观因素所引发的孝亲与执法的随意冲突。此外,通过"观圣贤用心"的察识功夫及求"至正之公理"或顺"性之理"的涵养功夫,克除种种主观情欲和私自用智,改变个体的行动意向,使行为出于道德责任心。

二、以公义与私恩并济处理社会正义与血亲伦理的关系

在亲人杀人犯法的伦理变故下,作为天子的舜又应该如何看待家庭责任和社会责任的关系?对此,张九成、朱熹与张栻等宋儒结合历史典故诠释《孟子》"封象有庳"章,见解独到地提出公义与私恩并济的观点,有助于人们妥善处理公私事务之间的关系。

(1) 公义与私恩并行不相害的伦理原则。宋儒公私观还涉及社会存在领域的公私并存。基于公共政治生活与私人家庭生活二元并存的事实,政治公义原则与家庭私恩原则应该各行其道,不相侵害。舜处置亲人之所以合理,就在于他遵从了公义、私恩各行其道而不相害的伦理原则。

(2) 公义与私恩两济的政治哲学依据。宋儒认识到,犯罪者与其亲属既属于父子、兄弟的家庭私人关系,又属于罪犯同守法公民甚至公职人员的公共政治关系。如此,舜便身处政治与家庭的双重领域,拥有双重角色和伦理责任。正是基于这种强烈的双重伦理责任意识,亲情伦理与社会正义的关系才不是无关个人痛痒的客观认知,也不是依凭个人感性经验或抽象同一伦理原则的价值选择,而是行为主体基于自身伦理角色认同的自我道德规定。

三、解决血亲伦理与社会正义之间伦理困境的道德智慧

舜明明身处恩义不能两全的原则性或规范性伦理冲突之中,如何能做到"不以公义废私恩,亦不以私恩害公义"?可这恰恰体现出,儒家解决血亲伦理与社会正义之间伦理困境的高明道德智慧。

(1) 以恩义不相害的伦理底线思维化解私恩与公义冲突。宋儒倡导恩义不相害,并不是让人们在公义与私恩面前不作为。相反,宋儒主张,坚守公义必须以不废弃私恩为伦理底线,尽私恩也必须以不损害公义为伦理底线。这种伦理底线思维彰显出儒家解决恩义伦理困境的独特性与优越性。因此,在宋儒看来,无论谁危害社会政治事务都必须依公义、公法处置,表现出鲜明的公共政治责任意识;但同时,宋儒也坚决捍卫私恩,具有极强的家庭责任意识。

(2) 以"仁至""义尽"避免公义和私恩发生冲突。朱子的"仁至""义尽"命题蕴含着规避公共政治责任与血亲家庭责任相冲突的思路。首先,人们要主动承担起这两种责任。其次,家庭与公共政治两种责任既并立而行,又界限分明。最后,要避免私恩与公义发生冲突,须防患于未然。

四、结语

宋儒不止主张大公无私或存公去私的一元价值取向,还主张公私并行的二元价值取向。同时,这两类公私概念有不同的价值意涵。人们做公私价值判断时,首先要分辨在何种意义上使用公私概念。并且,大公无私并非很多人所认为的那样——群己意义上社会群体利益高于个体利益,而是道德意义上主体道德心对个体的主观情欲与私自用智的超越与道德规范。

"精准扶贫"的伦理基础及其限度 刘松青,伦理学研究,2020(3)

贫穷一般意味着物质财富占有量的匮乏,但财富的匮乏有时又被看作一种恶,一种需要消除的症状;因而,在现实的语境中,不遗余力地消除贫穷就成了一种公认的善。然而,贫穷也许会招致"恶"的发生,但贫穷本身并不意味着恶,如果剥离贫穷的多元赋值,从一种价值中立的立场来看待个体的贫穷,尤其是那些基于某种生活理念弃绝物质享受的个体,那么,贫穷就不一定是恶,也并不意味着可行能力的剥夺。因此,从这个意义上讲,"精准扶贫"的伦理基础不是基于"贫穷是恶"的道德判断或"贫穷可能导致恶"的伦理叙事,而应该是某种"社会正义"。我们需要意识到,"贫穷"的表现形式是多样的,"精准扶贫"应有其限度;同时,我们还要意识到,相对于消除贫穷,守护财富匮乏者的自由和尊严是一种更基本的正义。

一、“颜子之贫”与“颜子之乐”

孔子说:“贤哉,回也! 一箪食,一瓢饮,在陋巷。人不堪其忧,回也不改其乐。贤哉,回也!”(《论语·雍也》)换句话说,颜回吃的是粗茶淡饭,住的是破屋烂房,别人看了都会于心不忍,而颜回自己却甘之如饴,并且还能向善好学,可谓是品行高尚。颜回位列孔门七十二贤之首,被后世尊为“亚圣”,除了“不迁怒,不贰过”以及“不违仁”之外,还要归功于颜回箪食瓢饮、贫贱不移与安贫乐道的精神。换句话说,颜回之所以配享“亚圣”之尊号,似乎跟他的“贫穷”有着千丝万缕的关联。这种虽处贫穷困厄之境,亦好学循道自得其乐的精神,至北宋以来,被人称为“孔颜乐处”。这种精神不仅成为众多文人追求的一种境界,也成了官方向大众推广的道德范本或精神楷模。对于“颜回”是否需要精准扶贫的问题,不同的人可能会有不同的回答。因为,如果我们只是单纯从财富占有量的多寡来衡量的话,便很容易识别和认定谁是穷人;而如果从动机、成因及其对待贫穷的态度等方面来看的话,它们的“贫穷”又是千差万别的,对于这些人而言,我们似乎很难断言,经济上的富足就一定好过他们已有的生活。因而,我们可以说,将贫穷视为“恶”、视为需要我们坚决予以消除的症状的观点似乎就有些片面,需要我们重新进行审视。

二、贫穷非“恶”

首先,从人的自然需求来看,人的吃穿用度其实是非常有限的,如果为了维持基本的生存和生活,人没有必要追求过多的物质和财富,因而,对于一个自然主义者而言,超出生存需要的财富就是一串没有意义的数字。并且,也不是所有人都迷恋物质与金钱。一些较为原始的部落可能连货币都没有,他们过着刀耕火种的原始生活,然而也一样繁衍生息。一些隐迹山林的高人韵士,不计功名不为物累,逍遥自在,对他们而言,物欲名利反而是需要克服的东西。其次,从一种犬儒主义的视角来看,凡尘俗世中的一切都不值得动心,他们主张从各种世俗价值和观念中超拔出来,返璞归真,去过一种无拘无束纯朴自然的生活。他们将物质财富方面的欲望和需求降至最低,追求一种非物质的生活、德性的生活。再者,从个体的成长和发展来看,我们也没有必要“谈贫色变”。贫穷固然会对人的发展和成长造成一定的制约和限制,但是贫穷在一定程度上也可以磨炼一个人的性情和品格。简言之,一个人如果生来富贵,生活会优厚充实,如果一个人生来贫穷卑微,饱经忧患,那生活可以磨炼他的意志,锤炼他的品格,使其走向成功。因而,从这个角度来看,对于贫穷之人,我们需要做的,只是创造必要的平等的机会,为他的成长和发展提供应有的条件。总之,贫穷非病亦非恶,它只是一种经济上的状况,它不能说明贫穷的人一定无能,也不能说明贫穷的人就是好吃懒做,就是卑微低贱,在道德上是可耻的人。

三、"精准扶贫"的伦理基础及其限度

"精准扶贫"可以做的,就是不管什么时候,如果处于贫穷状态的人想要改变贫穷的状况,不会受到外部条件的限制,不会因为贫穷而丧失了基本的可行能力。简而言之,如果贫穷只是一种收入状况,无关一个人的德性、能力和生活态度,那么,基于社会正义的视角,对贫穷的干预就要首先考虑每一个人的价值诉求,以及每一个人对尊严与自由的要求。在贫穷问题上,我们不能将正义等同于财富或资源的分配正义,我们还必须看到"贫穷"背后的观念与价值冲突。对于什么是良好的生活,我们不能简单地从物质财富占有之多寡来衡量。守护"穷人"(或"人")基本的自尊是社会正义的基本要求,它一方面要保证各种价值和善的平等分配,同时也要保证穷人(或"人")在不同的价值和善之间能够自由地做出选择,并且在制度上确保其有退出某种选择的通道和可能。"精准扶贫"为建设美好社会提供了一种良好的现实路径,是一种正义之举,但"精准扶贫"不能等于"强制扶贫",它应该既为"穷人"安贫乐道留下足够的空间,也应该为想要脱贫的人以及不想要脱贫的人提供脱贫的可能性条件,从而也为构筑一种更理想的制度空间和理由空间留有余地。

四、结语

"贫穷"是一种社会现象,是一种生活情形,但它并不是"恶",也不应该被视为某种"恶"之源。"精准扶贫"的伦理基础应该是社会之正义,而一个正义的社会不仅要关注每一个人的物质生活,也应该考虑人的自由和尊严。

财富创造中的道德与创新问题研究 [美]乔治·恩德勒(Georges Enderle)著,张琳、陆晓禾译,伦理学研究,2020(3)

创新和创造财富的问题对中国来说至关重要。戴维·S. 兰德斯(David S. Landes)认为创新文化对欧洲的工业革命至关重要。目前许多中国企业在将发明转化为可行的经济和金融解决方案方面存在的问题,《中国 2030 年报告》(*China 2030*)中有一整节专门论述了"中国通过技术融合和创新实现增长"。

一、全球化、可持续性和金融化背景下财富创造的相关性

全球化可理解为一种正在形成的国际体系。全球化的特点是,由于信息技术革命和运输通信成本的极大降低,世界的互联性不断增强。这个正在形成的体系事关多方面的"全球转型",包括政治、文化和环境的全球化、移民和有组织暴力范围的扩展。全球化集中体现了财富创造问题的关键背景,可持续性则决定了财富创造的关键特征。可持续性定义,有两个特征对于财富创造尤为重要:代际观点和三重维度。金融化使交易几乎完败人际关系;效率精神成为最终判断标准;而且,当脱离道德考量时,金融化导致了贪婪的愈益野蛮的表达。在金融化的背景下,财富创造的问题在三个方面有着特殊重要性。第一,投资银行开发了大量新的、高度复杂的金融产品,即便金融专家也很难理解这些产品。第二,华尔街的商业模式已经从金融服务转变为自营交易。第三,从宏观的视角看,有充分理由质疑金融服务业在经济和社会中的作用。

二、财富创造的概念理解

财富创造的七个特点:第一,城市和当地社区的繁荣有赖于私人财富和公共财富的适当结合。公共产品对于跨国体制和机构的重要性越来越大,并且常常成为它们的动力。没有一个合理稳定的金融体系,这样的公共产品,国家的和国际的金融就不可能繁荣,甚至会一蹶不振。第二,财富被理解为经济上相关的私人资产与公共资产的总和,不仅包括金融资本,还包括物质的(即自然的和生产出的),人力的(从健康和教育来看)和"社会的"资本(罗伯特·帕特南意义上的信任关系)。第三,财富的"创造"不只是占有或获得财富,而是构成一种特殊形式的财富增加。第四,财富创造不是短期的事情,而是需要有长期发展的视野。第五,人们常犯的一个错误是,认为创造的过程仅仅是一个生产过程,然后是一个分配过程,就像俗话说的那样,"先要烤好馅饼,然后才能分配馅饼"。第六,任何经济系统的一个基本组成部分都是其动机结构。第七,这种全面意义上的财富创造兼具物质的和精神的方面,因此是一种高尚的活动。为了应对一国、一地区或整个世界的重大挑战,企业、政府和公民社会必须共同努力,不仅要实现广泛的社会目标,而且更具体的是要创造财富,因为市场本身无法产生公共财富。首先要提出的是,将人权定义为非竞争性和非排他性的公共产品,并在规范伦理学意义上来理解(也就是说,不是在描述—分析的意义上,如它在上一节中的情况)。其次要提出的是,财富创造的生产维度与分配维度之间的相互联系。再者,人权作为公共产品来保障,不能仅仅依靠利己动机。

三、中国财富创造中道德与创新结合的一些建议

第一，中国的经济发展高度集中在国内生产总值（GDP）及其增长上，导致了过去30年来令人惊奇的高增长率。第二，自20世纪90年代以来，中国的收入和财富不平等现象显著加剧。第三，正如《中国2030年报告》所强调的，技术融合和创新对经济增长起着至关重要的作用。第四，私人与公共之间的区别和平衡与中国的财富创造高度相关。第五，将人权理解为公共产品是对上文引用的无形公共产品和服务概念的补充，因为它描述了财富创造的基本伦理维度的特征。

既支持财富创造　更聚焦人民安康——论商业保险的立业之本和社会使命　张恒国，学习时报，2020-03-09

商业保险是极具公益特征和公共产品性质的金融工具和服务产业。其对财富创造的助力支持，对经济的可持续发展，对人民生命、生产、生活的呵护，是经济价值和社会价值的高度统一。当我们对财富和财富创造进行更加符合经济伦理的定义之后，我们对保险业致力于社会财富创造的机理和意义内涵的理解认知就能进一步深化和升华，这将促进我们通过先进的理念和实践来创新财富的创造，推进行业的发展，既支持财富创造，更聚焦人民安康。

企业是经济发展的基础力量。企业的发展也应该以人民为中心，只不过企业关联的更多的是人民的经济需求或社会的经济功能。所以，企业发展的立业之本，一定要以为人民创造财富效用和保护其经济利益的持续安善为中心。有大格局的企业，都是将自己的商业努力转换成社会的广泛刚需、公共资源或准公共产品，从中获得应有的回报，而不是将消费者或民众的需求藏掖为自己的私有资源甚至封存起来。

财富创造必须是可持续的，一切经济活动是可持续的，企业的经营也应该是可持续的。而保险的重要功能之一就是保障经济活动的可持续性。保险作为金融的一大门类，是为人民幸福生活和经济生产稳健而存在的，已成为全球经济生活中不可或缺的一种商业依赖。在我国也日益受到政府和民众的重视和认同。国务院关于加快发展现代保险服务业的若干意见指出，保险是现代经济的重要产业和风险管理的基本手段，是社会文明水平、经济发达程度、社会治理能力的重要标志。加快发展现代保险服务业，对完善现代金融体系、带动扩大社会就业、促进经济提质增效升级、创新社会治理方式、保障社会稳定运行、提升社会安全感、提高人民群众生活

质量具有重要意义。商业保险从诞生到现在,已有数千种产品或险种,无论是财产保险还是人身保险,无论是责任保险还是信用保险,无论是意外伤害还是健康养老,保险的服务无处不在,保障条款各异,但核心还是为人民的幸福生活和社会的安定。

笔者认为,保险业发展的根本目标不能外在于行业的快速增长,而应内在于更可靠、更高效地为经济社会保驾护航。统而言之,从国家战略和行业愿景来审视,未来的保险业发展,要立足于服务国家治理体系和治理能力现代化,把发展现代保险服务业放在经济社会工作整体布局中统筹考虑,以满足社会日益增长的多元化保险服务需求为出发点,以完善保险经济补偿机制、强化风险管理核心功能和提高保险资金配置效率为方向,改革创新、扩大开放、健全市场、优化环境、完善政策,建设有市场竞争力、富有创造力和充满活力的现代保险服务业,使之成为完善金融体系的支柱力量、改善民生保障的有力支撑、创新社会管理的有效机制、促进经济提质增效升级的高效引擎和转变政府职能的重要抓手。

分配正义的契约论辩护——论诺齐克对洛克财产论的阐释问题 侯杰耀,哲学动态,2020(4)

诺齐克通过阐释洛克财产论建立了自己的分配正义理论。为了论证获取原则的正义规范性,诺齐克把洛克但书(Lockean Proviso)的含义重新阐释为"不损害他人的处境",但诺齐克忽视了个人占有在货币出现前后发生的根本变化,"不损害他人的处境"条款无法处理货币占有的不平等事实。由于对洛克财产论的错误阐释,诺齐克没有意识到:在货币时代,同意的逻辑已经存在,分配正义的实现需要一个基于同意的契约政府作为保障。

一、诺齐克论财产的焦点:洛克但书(Lockean Proviso)

诺齐克阐释洛克财产理论的路径是将洛克经验层面上的占有逻辑转换为具有正义规范性的自我所有理论,这一转换的基础是重新解释洛克但书的规范意涵。因此,洛克但书能否支撑获取原则的正义规范性成为了诺齐克分配正义理论的关键。洛克但书的规范解释不仅关乎获取原则的正义性,而且决定了诺齐克理论中权利、自由等概念的合法性。诺齐克对洛克但书的阐释存在两个致命问题,他武断地摘取了洛克财产论的一部分资源作为论据,而忽视了洛克财产论的整体思考结构。

二、货币视角下诺齐克对洛克财产论的错误阐释

货币的出现使财产占有作为一个规范性问题进入分配正义的语境。

货币带来的规范性问题实际基于货币产生的经验事实——人的欲望扩张。生活在货币时代的人们无法接受“不损害他人的处境”的单薄限制，正如沃尔德伦所认为的，“获取原则在我们的道德中并不是理所当然的，也不是直观自明的”。

三、契约政府在货币时代的必要性

诺齐克的分配正义理论犯了一个核心错误，即试图用一个非同意、非契约的规范性条款赋予财产占有以正义规范性。这一思路在货币时代会彻底失败。诺齐克错误地理解了洛克但书在洛克整体思想结构中的作用，洛克的财产论并不支持个体经由自我约束自发产生社会规范，基于财产的个人自由不是洛克的核心价值关切，人人都必须加入契约政府才是洛克财产论的目的所在。

四、结语:个体自由与社会资源的关系

本文通过考察诺齐克对洛克财产论的阐释，在根本上回应了分配正义的核心问题——个体自由与社会资源在分配正义中的关系，这是诺齐克阐发洛克财产论的初衷。分配正义需要在尊重个体自由的同时保障个体应当享有的社会资源，分配正义的如此实现需要一个基于同意的契约政府，因此，政府或国家的契约性质是当代分配正义研究的理论归宿，这是洛克财产论给予今人的重要问题意识与思想资源。

劳动幸福权:通过劳动创造兑现的人之初始权利　何云峰，湖北大学学报(哲学社会科学版)，2020(3)

劳动幸福权是每个人与生俱来的不可转让的权利。这种权利是人的所有权利的源泉和基础，其他所有权利都是该权利的衍生和拓展。人的应有权利，包括生存权、发展权、解放权和尊严权等各种应有的权利都是通过劳动幸福权而得到解释和说明的。但是，法律并不能直接保护劳动幸福权，而只能将应有权利法定化，使其成为法定权利。所以，法律是规定法定权利和义务的社会规范系统。法定权利是依据应有权利而明确的。而应有权利必须要有终极价值支撑，那就是劳动幸福权。这样，劳动幸福权不是一种具体的权利事项，而是所有权利的总根源、总钥匙。劳动幸福权要基于“劳动确证人的类本质，克服各种异化，回归自由劳动，使人获得属人的属性”这样的人性假设基础才能加以解释。马克思恩格斯关于“劳动创造人”和“只有自由劳动才是幸福的”假设必然推论出劳动幸福权是每个人通过劳动创造把人从其余动物中提升出来的初始权利，也是人人都拥有的通过自身努力去克服劳动消极因素从而发挥其积极因素的平等权利。

一、劳动幸福与劳动幸福权

我们对劳动幸福是这样定义的:“所谓劳动幸福(Labor felicity),简单来说就是指人通过劳动使自己的类本质得到确证所得到的深层愉悦体验。”要注意的是,幸福是更深层次、更持久、更加发自内心的愉悦,而快乐是表层、短时、感官性的喜悦。更为重要的是,劳动幸福虽然是一种愉悦体验,但其因果关系不是感官受到刺激和快乐之间的“刺激—反应”关系,而是人的类本质得到确证与深层愉悦之间的因果关系。人在劳动中获得人的类本质,被确证为属人的存在了,所以人才是幸福的。所以,劳动幸福不是简单的感官受到刺激之后的那种高兴情绪,而是更加纯洁和神圣的超越感。劳动幸福权就是通过自己的劳动创造实现做人的权利,也是不做动物、不做兽类的权利。

二、劳动幸福权与劳动的二重性

劳动具有二重性,一方面它积极地确证人的类本质,另一方面它又消极地具有折磨性和奴役性。人类社会的发展本质上就是在劳动二重性的矛盾运动中得以进步的。从劳动的积极性来说,劳动本应该是幸福的,从它的消极性来说由于生产关系等多方面因素,劳动幸福的程度可能没有达到应有的程度。于是,就需要不断地消除各种消极因素,以保障劳动幸福的程度不受人为的损害。这就是劳动幸福权的保障和维护问题。

三、劳动幸福权:一切权利的总根源

劳动幸福权是人通过劳动创造确证人的类本质,把自己从一般动物中提升出来的权利。为了做到这样具有人性的人,首先必须要有生存权利的保障,同时还必须消灭各种非人性的生活条件,从各种奴役力量下解放出来,以相对的自由劳动形式获得自我发展,不断提高自身的存在尊严。这样,生存权是前提,解放权、发展权和尊严权共同从不同方面保障和实现劳动幸福权。劳动幸福权为生存权、发展权、解放权、尊严权等各种应有权利提供了根据。

新时代我国企业共享利益的公正实施机制 郝云、贺然,伦理学研究,2020(4)

企业共享利益是新时代共享发展的重要内容。它不仅包括劳动与资本共享利益,还包括不同所有权资本共享利益等。在资本主义社会,虽然也出现过为缓和劳资矛盾和抑制通货膨胀所提出的分享利益模式,诸如净利润分享、纯收入分享及员工持股等分享经济模式，但由于不能从根本上解决资本所有权绝对垄断利润的地位以及资本主义生产方式下的资本与劳动的对立关系，要素地位及分配制度都存在着不平等，企业共享利益难以实现。要解决这个问题首先要研究企业要素地位的平等性及对分配关系的影响，反思资本主义生产方式下企业利益共享困境。

一、资本主义生产方式下企业共享利益的困境

资本与劳动作为生产基本条件，在生产和再生产过程中处于核心地位。在资本主义私有制的生产方式条件下，资本与劳动的关系反映了资本家与工人的关系。劳资的矛盾具有对立性，这决定了资本与劳动很难共享企业的利益。首先，在生产资料私有制条件下，由于劳动力所有者与资本所有者的地位不平等，利益共享较难实现。劳动力要素在生产过程中处于从属地位，没有主导权，导致生产过程中的地位不平等。其次，由于劳动的所有权与使用权的分离，使劳动创造的剩余价值不归劳动者所有，从而不分享剩余价值。所有权与资本主义生产方式带来了资本与劳动事实上的不平等，从而对使用价值的分割（财富的分配）不公平，不可能实现共享性。再次，劳动者虽然对自身劳动力有所有权，但是这种权利没有转化为资本，没有资本化，没有分割剩余价值的权利。最后，在资本主义生产方式下，不仅劳动力所有者无权支配劳动，且自身也成为资本所有者的资本。

随着资本主义社会劳资矛盾的激化，许多学者也提出了关于缓和劳资关系的办法，提出了共享经济（分享经济）的概念。在资本主义社会发展过程中出现了几种利益分享模式。一是净利润分享模式。二是纯收入分享模式，工人与资本所有者按一定比例分配企业所得纯收入。三是员工持股模式，企业员工利用工资的一部分来进行投资持有企业的股份，分享企业作为股权所有者的利益。这三种利益共享模式的共同特点是剩余价值的共享，但其实施中由于资本所有者的控制权没有得到实质性的削弱和改变，资本所有者得到了利益的确定性或者没有受到损害，而工人却没有得到实质性的共享利益，或者在共享中存在收益的不公平性。

二、新时代我国企业共享利益实现的可能性

社会主义社会消除了资本对劳动的剥削关系，使劳资关系由根本冲突转变为平等合作。进入新时代，我国将共享发展作为社会发展的目标，中国特色社会主义为企业实现利益共享创造了可能性。第一，公有制为主体的社会主义基本经济制度是企业共享利益实现可能性的根本条件。所有制形式是社会生产方式的主要内容，决定了一个社会的基本经济制度的性质。第二,与社会主义公有制相适应的按劳分配为主体、多种分配方式并存的分配制度使企业利益分配更加公平。第三,中国特色社会主义价值目标的人民性为实现真正的企业利益共享提供了重要保证。人民性是马克思主义最鲜明的品格,中国特色社会主义以马克思主义为指南,始终把人民立场作为根本立场,为人民谋福利,以实现共同富裕为最终目的。

新时代中国特色社会主义企业制度改革也彰显了企业的人民利益原则,为企业共享利益提供了动力机制。随着我国现代企业制度的改革与发展,管理权与所有权的分离,员工持股制度的逐步推行,利益的共享基础有了一定的可能性。新时代的共享利益是在共享发展理念的指导下,通过人人参与、人人共建的方式,实现人人平等、有尊严地共享企业发展成果。

三、新时代我国企业共享利益的公正机制实施方案

鉴于新时代我国企业共享利益实现的基本条件已经具备,我们就需要进一步研究如何进行企业共享利益的公正实施机制的建设,具体可以从如下方案中思考。第一,毫不动摇巩固和发展公有制经济。公有制经济是人民群众利益的根本所在,也是实现共享利益的根本保证。坚持公有制经济的发展,能够切实保证要素地位的平等性,确立劳动者在企业利益分配中的平等地位。第二,加强混合所有制的平等合作。混合所有制改革促进了资本所有者与劳动者利益共同体的形成,在很大程度上促进利益共享的实现。第三,发展公平的企业员工持股新模式。企业员工持股是一种由企业内部员工购买并持有企业股票,从而实现与企业经营管理者共享企业剩余和企业增长利润的一种股权激励制度。第四,明确劳动力产权。我国将社会主义制度与市场经济相结合建立了社会主义市场经济制度,消灭了剥削制度,为劳动者的权利保障、劳动力产权的确立提供了良好的制度环境。劳动者作为劳动力的所有者拥有了劳动力产权,也就保证了劳动者分享劳动力收益的权利。第五,充分发挥政府公正调节职能。社会主义市场经济体制要发挥两个方面的作用。一方面,遵循市场经济的规律,发挥市场在资源配置中的决定性作用;另一方面,以维护社会公平正义、实现共同富裕为目标,更好地发挥政府的作用。第六,建立风险共担机制。企业利益共享不仅要收益共享,还要风险共担,需要建立风险共担机制。我国现代企业的治理结构要适应新时代的新要求,保障所有要素所有者的利益和资金安全,尽快建立资本所有者、企业管理者以及劳动者的风险共担机制,实现风险分配的公平性,因为,承担风险的不平等是利益分享不平等的重要内容。

总之,在社会主义市场经济制度下,企业共享利益是企业发展的必然选择和必然要求。事实证明,企业只有朝着共享利益的目标发展,才会有不断的创新和利润的增长,只有正确处理好企业与劳动者的关系才能实现企业可持续地长久发展。企业共享利益也为保障劳动者的权利、维护社会分配正义、实现共同富裕和最终实现人的自由发展提供有效的解决途径。

公有制合理性的伦理论证 李风华、谢华,伦理学研究,2020(4)

所有制不仅仅是一个经济问题,同时也是一个伦理问题。英美伦理学通常将私有制置于其财产理论的中心位置。这一做法事实上将公有制边缘化,甚至将它污名化为一种错误的制度。这一观念在中文学界也有较大的影响。从实践来看,它不符合中国的基本经济制度,理论更是充满了谬误。本文尝试从公有制的价值地位、公有制与私有制的关系以及理想财产权利论证的路径角度,分析公有制在财产权利体系中的位置。在此之前,先澄清几种常见的否定公有制的伦理意见。

一、否定公有制的几种伦理观点

从伦理角度来看,否定公有制的意见不外乎两大类,一个是直接从人性或权利出发,认为公有制本身就是坏的或不合乎人性的,或者其对立面是好的,故公有制就是坏的;另一个是从工具的意义上讲,公有制的作用是坏的,它将损害我们的善或利益。从被损害内容来区分,又可以对公有制的工具性价值区分为自由等精神权利与物质利益。因此,全部否定公有制的批评意见,大体可以归纳为如下三种具有代表性的意见。

第一,私有制是一种自然权利,公有制违反人类的自私动机。

第二,从工具的角度来看,私有制保障自由。

第三,公有制交易成本高,有害于社会福利。

上述这些公有制的否定意见已经形成一个相当深厚的学术与思想传统,在这几种基本观点的周围生成了诸多相关的判断。对所有这些观点和判断以及相应的论据一一辨正,需要几代人的精力,也不是本篇文章的任务。下面我们来看公有制的道德基础以及它在财产哲学中的地位。

二、公有制的道德基础

公有制的道德基础主要包含两个方面的内容:公有制自身作为一种价值的理由;公有制与其他价值的关系。首先,公有制能够为人们的道德直觉所接受,构成一种道德意义上的基本直觉理念。这意味着,它本身就足以成为一种价值追求,而无需其他先决条件。其次,公有制还有另外两种重要支持性价值,即平等与团结。平等也是一种基本直觉理念,它与“天下为公"存在着一定的相互支持。但应当注意的是,在财产权上平等不一定要求公有制,它也可能主张资源平均分配的私有制。最后,公有制的功能性价值是一种以社会总效用为依归的社会效率。从社会福利的角度来看,效率大体可以归为两大判别标准:帕累托改进与社会总效用。

综合前述公有制的自身价值以及与相关价值的关系来看,作为一种社会价值的公有制是值得社会欲求的。当然,这只是一种初步的价值,值得坚持,我们还不能把它轻率地、无差别地套用在各种财产权利上。财产哲学应当深刻意识到公私之间边界问题的复杂性与困难性,而不可简单用"一大二公"或"私有财产神圣不可侵犯"之类的口号来取代艰难的理论探索。

三、公有制应当处于财产哲学的中心

公私之间的边界,理应根据不同的环境与条件而有差别。这在很大程度上是一个实践问题,但实践也不能脱离理论的指导。在理论上,在探讨划分边界的依据之前,首先要追问的是,在理论建构的意义上公私两者何者构成理论的中心,用更通俗的话来说,何者的理论地位更重要。本文对公有制赋予一个更加重要的位置,其理由是,理论上,公有制构成私有制的逻辑起点、结果限制以及公私边界的自身性质。

英美伦理学主流都推崇私有财产制,这里不去深究该主张的具体环节,仅仅指出所有私有财产神圣论的两个基本困难:一是私人财产的起源,一是私人财产的后果。首先,从财产起源来看,私人财产无法构成财产哲学的初始条件,财产的最初形式必须是人类共有财产。其次,从私人财产体系的后果来看,财产哲学在肯定其一定的合理性的同时,必须正视它的结果限度。最后,财产制度——无论公有与私有——以获得社会认可为前提,而社会认可本身是公共所有的。无论如何,这种有关财产的法律和习惯——亦即社会认可——本身也是一种公共所有的知识或态度,它是无法私有化的。

四、以公有制作为财产哲学的路径起点

本文的立场是,财产正义的研究起点应当是公有而不是私有。要达至财产正义,在逻辑上我们需要先确认公共财产的内涵与具体归属,才有可能合理把握公私财产的边界。在权利的现实构建过程中,人们对于公共财产的基本内涵只能有一个原则上的认可,并据此确定私人财产的边界。随着经济社会条件的变化,公共财产的基本内涵和具体归属往往发生变迁,并进而导致私人财产权利的扩展或者收缩。因此,有理由认为,在财产哲学中,公有制以及公私财产边界处于一个更为核心的地位。

习近平关于正确义利观重要论述的多维阐释 毕霞、韩亚琦,河海大学学报(哲学社会科学版),2020(4)

习近平关于正确义利观的重要论述,已成为我国外事工作的重要价值导向。这一科学观点的形成,是一个以马克思恩格斯国际关系思想为理论之基、以中国传统义利思想为文化之源、以中国共产党人政治伦理智慧的演进为历史之维的建构过程。在理论之基上,习近平关于正确义利观重要论述继承了国家利益观、国际主义思想、自由人联合体思想、道德和正义原则的理论精髓,实现了马克思恩格斯国际关系思想向当代形态的转换;在文化之源上,习近平关于正确义利观重要论述科学地把握传统义利关系中"义""利"的价值定位,实现了对传统义利思想的超越;在历史之维上,习近平关于正确义利观重要论述是对毛泽东无产阶级的革命的功利主义义利观、社会主义义利观等中国共产党人政治伦理智慧的演进发展,实现了义利关系由国内战略向国际战略的视域转换。

一、理论之基:马克思恩格斯国际关系思想

马克思恩格斯关于国际关系的思想是马克思主义的重要内容,是马克思恩格斯分析考察国际社会历史演变规律的思想集合,通过对以资本主义国家为主导的国际关系本质的揭露,对国际关系的演化趋势做出预见性的思考,为中国共产党"洞悉国际政治的秘密"提供了理论依据,对中国理解国际关系的发展变化和制定外交战略提供了有益指导。在丰富的马克思恩格斯国际关系思想中,国家利益观、国际主义思想、自由人联合体思想、道德和正义原则是习近平关于正确义利观重要论述建构的理论依据。

二、文化之源:中华传统义利思想

义利之辨是古今哲人在研究"人"时从未中断、也无法回避的价值命题,是中华传统文化孕育的智慧成果,不仅依旧影响着当代个人和群体的价值取向和思维自觉,更是一个国家治国理政的文化基因。探究习近平关于正确义利观重要论述建构的文化源头可以发现,儒家尤其是先秦儒家的义利思想在中国主流价值理念中具有较为明显的道德伦理表征,后来的哲人基本上是对这一主流价值观的丰富与升华。习近平关于正确义利观重要论述的"义""利"内涵,实现了对中华传统义利思想的超越升华。

三、历史之维:中国共产党人政治伦理智慧的演进

中国共产党人的政治伦理智慧在促进中国社会革命、建设和改革的历程中,发挥了重要的思想引领作用。在扬弃传统义利思想的基础上,中国共产党人将马克思主义的立场、观点和方法融入其中,形成了毛泽东无产阶级的革命的功利主义义利观、社会主义义利观以及习近平关于正确义利观的重要论述。同时,不同历史时期的各个外交战略也以延伸内政的方式,彰显了这一时期国家的政治伦理价值。

资本逻辑与“生命共同体”的当代生成 杨建坡,南开学报(哲学社会科学版),2020(4)

习近平总书记指出:“人与自然是生命共同体。”如何理解这一思想的精神实质是一个理论问题。全球变暖、灾害频发、生态恶化,特别是新冠病毒全球大流行,这些现实问题也促使我们在哲学层面进行反思,深入思考长期讨论的问题:当今时代,人与自然究竟是什么关系?生态危机的背后逻辑是什么?如何实现人与自然和谐共生?本文尝试分析人与自然的内在联系,讨论科学技术的发展对人与自然“生命共同体”关系的影响,探讨资本扩张对这一关系的“侵入”与“分离”,进而尝试提出解决问题的可能出路。

一、马克思视域中“生命共同体”的内在维度

不同于传统哲学依赖理性或尊崇自然科学而摒弃主体或排除感性、从外在寻求根据的思维,马克思从主体的自由自觉的和无限丰富的实践活动、从人的内在本质活动中遵循“世界”的根据和原则,来理解人、理解自然以及两者的关系。在马克思看来,人的对象化的感性实践活动具有生成性、丰富性,并在自身中已经把外在对象世界的客观存在作为自身的一个环节包含其内了。因此,实践的感性活动是世界生成的起点,是人与自然内在的、直接的统一。人与自然界是密不可分的一体关系,是“生命共同体”。这种共同体关系表现为相互交织的三个维度:物质交换关系、主客交互关系、情感交会关系。此外,在马克思看来,人与自然界的“生命共同体”关系还具有更为深层的联系,那就是历史性、生成性的维度。自然界的产生与发展蕴含着目的性,这个目的就是产生出人,这也是自然界必然的生成性和进化史。如同人类不应当损伤自己的身体一样,我们也不应当损害作为自己的“无机的身体”的自然界存在物。保护自然等于保护我们自己。

二、冲突与异化:“生命共同体”的当代发展困境

伴随着人类改造和利用自然能力的不断提高,人类的理智能力与心智水平也不断发展。特别是随着资本主义的兴起和资本的扩张,资本主义生产方式对人们生活方式的连根拔起的再塑和科学主义对生活世界的无孔不入的宰制,“人是目的”的观念日益成为人类的价值尺度和生存信条。人类开发自然、驾驭自然的进度与程度愈演愈烈而不可遏制,最终,人类在享受战胜自然的成果的同时也尝尽了不知敬畏的恶果。人们主要从三个方面寻根究源、探索出路:思想观念问题、科学技术问题、市场运作问题。生态危机的根源在于资本的扩张,在现代科学技术的“帮助”下,资本获得了统治一切、化约一切的“魔力”。资本的本性决定了它必将吞噬一切,弥漫在各个角落,因为“资本只有一种生活本能”——增殖自身。在资本逻辑的现代条件下,人与自然“生命共同体”关系的冲突与异化日益加剧,主要表现在以下三个方面:自然界对人类社会的影响日益加深、“资本逻辑”获得统治一切的权力、人与自然“生命共同体”被异化。

三、转化与升级:人与自然和谐发展的现实逻辑

面对资本逻辑引发的人的生存危机以及由此直接导致的生态危机,我们的出路在哪里呢?笔者认为可以从以下几个方面深化认识,转换思维方式,探求出路:在不断深化“生命共同体”关系中开创人类生命的新价值;转变人与自然的交互方式,开创“生命共同体”联系的新模式;限制资本扩张,转变生产生活方式。

论马克思生态哲学视域中的劳动幸福 高惠珠,上海师范大学学报(哲学社会科学版),2020(4)

基于马克思、恩格斯经典著作中的生态哲学思想,揭示了劳动幸福的自然基础和自然前提,并运用马克思关于“劳动是物质变换”的理论,说明劳动的幸福指数不仅和物质变换的历史类型紧密相连,而且由于这一物质变换过程在人“自身自然”与“身外自然”、人的自然性与社会性、人的能动性与受动性的辩证统一中进行,具有“双类、双向、双重”的特征,故在劳动幸福的判定中,生态维度不可或缺。从历史唯物主义的生态维度(或马克思主义生态哲学视域)对劳动与劳动幸福进行研究,尚未引起理论界的足够重视,故本文对此予以初步探讨,以期引起哲学界同仁的共同关注。

一、劳动幸福的自然基础和自然前提

马克思认为人是“有生命的自然存在物”、人必须依靠自然界才能生存、劳动是“感性对象性活动”。从马克思生态哲学的视域看,人与自然的关系是人类面临的既古老又现实的永恒主题,对于讨论人与社会的关系具有基础性意义。这对劳动幸福的研究,无疑具有重要指导作用。对人而言,失去了“对象性活动”的现实场域——“自然界”,劳动何以存在?失去劳动的自然基础与自然前提,劳动幸福更无从谈起。而这一“自然基础”和“自然前提”,是人与生俱来的。正是在这个意义上,“劳动幸福”是“人与生俱来不可剥夺的权利”说,才能被理解。

二、“劳动幸福”的存在论根据:马克思的物质变换理论

马克思透过劳动的各种具体历史形式,在最一般的意义上点出了劳动的存在论实质——物质变换,即劳动本质上是人和自然之间的一种物质变换关系。虽然劳动的形式和类型可以多种多样,但物质变换是其存在论的本质,之所以称为“物质变换”而非“创造”,是因为“人在生产中只能像自然本身那样发挥作用,就是说,只能改变物质形态”。在马克思的劳动理论中,这一物质变换过程具有三重要义:这一物质变换过程具有双向同步性和辩证性;劳动的幸福指数与物质变换的历史类型紧密相连;劳动幸福的判定,生态维度不可或缺。

三、以马克思生态哲学思想认知“劳动幸福”的重要现实意义

从生态哲学的视域进一步研究“劳动幸福”问题,对于我们落实党的十九大精神,全面建设中国特色社会主义,增进全体社会主义劳动者的福祉,具有重要的现实意义。第一,有助于在理论上完整理解“劳动幸福”的深刻内涵,纠正某些认识上的片面性。第二,有助于在社会建设中坚持全面性,克服实践上的片面性,促进劳动幸福的总体实现。第三,有助于劳动者克服对“劳动幸福”的单向认识,增强做全面发展的新时代劳动者的自觉性。由此可见,从生态哲学的视域审视劳动幸福,可以使劳动幸福论更适应新时代的要求。

马克思劳动内在结构理论的伦理分析 黄云明、窦星辰,上海师范大学学报(哲学社会科学版),2020(4)

劳动是人满足自身需要的社会实践,是人生命的本质表现,是人自由的创造性活动。劳动者、劳动工具和劳动对象是劳动的主要构成因素。马克思认为劳动内在构成因素经历了从以劳动对象为主导因素,到以劳动工具为主导因素,再到以劳动者为主导的结构变化。劳动内在结构的变化对劳动者自由的影响具有伦理二重性,某个方面劳动自由的增加往往与其他方面劳动自由的减少相伴发生。从历史发展的总趋势看,劳动内在结构的变化归根到底促进劳动解放和劳动自由,人的全面自由发展从根本上表现为人的劳动活动摆脱劳动对象和劳动资料的束缚,使劳动真正成为自由活动，实现人的本性的复归。

一、马克思的劳动本质论和劳动构成因素论

劳动是人从自然界获取生存资料的社会活动，是人和动物的活动相区别的标志。从不同的角度出发，马克思分析劳动构成因素的侧重点不同，综合来看，马克思认为劳动的构成因素包括：劳动者、劳动活动、劳动对象、劳动工具（劳动生产资料）和劳动成果。马克思通过对劳动因素的内在结构演化过程的分析，透视人类历史的发展进程。马克思关于人类历史三种社会形态的划分就是依据劳动内在结构的历史演化进行的。

二、马克思的劳动内在结构演化理论

马克思在《1857—1858 年经济学手稿》中，将社会历史划分为三种形态。“人的依赖关系（起初完全是自然发生的），是最初的社会形态，在这种形态下，人的生产能力只是在狭隘的范围内和孤立的地点上发展着。以物的依赖性为基础的人的独立性，是第二大形态，在这种形态下，才形成普遍的社会物质变换，全面的关系，多方面的需求以及全面的能力的体系。建立在个人全面发展和他们共同的社会生产能力成为他们的社会财富这一基础上的自由个性，是第三个阶段。第二个阶段为第三个阶段创造条件。”马克思社会历史三种形态划分的依据是劳动者的生存状态，劳动者生存状态的变化是劳动内在结构变化衍生的结果。它可被分别理解为：劳动对象居于核心地位的时代、劳动工具居于核心地位的时代、劳动者自主自由的时代。

三、劳动及其内在结构演化的伦理二重性

马克思认为自由是衡量人类社会进步的根本伦理尺度，社会的理想伦理目标是人的自由全面发展。劳动是人的本质属性，劳动自由是自由的根本体现。考察劳动的伦理价值，关注的核心是劳动自由度。劳动及其内在结构的演化对劳动自由的影响都是正面和反面双向的。一方面，劳动使人感受到的是对生命的否定，是体力和精力的付出，是劳累和疲倦，是对自由的限制乃至否定；另一方面，劳动丰富和发展人的生命，成就和完善自我，使劳动者拥有越来越多的自由。人的自由权利的增加往往意味着自由受到更多限制。随劳动内在结构由劳动对象为主导，到劳动工具为主导，再到劳动者为主导的历史演化，人类文明不断发展。未来社会是劳动者主导的社会，是劳动自由、劳动幸福的社会，是人的自由全面发展的社会。

经济学家是否拥有太多权力 熊一舟编译,社会科学报,2020-04-02

近几十年来,经济学家在美国公共政策的制定中发挥了日益重要的作用。人们一度认为,经济学家的专业知识能为政府决策带来科学的精确性和严谨性,但金融危机及随之而来的一系列社会问题引起了人们的反思。经济学家掌控大权是否弊大于利?美国《外交事务》杂志2020年3/4月刊发表了纽约大学经济学教授、2018年诺贝尔经济学奖得主保罗·罗默(Paul Romer)的文章《惨淡的王国:经济学家是否拥有太多权力?》(*The Dismal Kingdom: Do Economists Have Too much Power?*),围绕近期出版的两本相关著作对该问题进行了探讨。

一、经济学家的社会角色

1960年以后,任何人想要讨论美国公共政策的几乎任何方面,从如何使汽车更安全到是否要废除草案,从如何支持住房市场到是否监管金融部门,都必须讲经济学。他们认为,经济学家承诺提供专业知识和基于事实的分析,他们将为政府干预带来科学的精确性和严谨性。

本雅明·阿佩尔鲍姆(Binyamin Appelbau)在他的新书《经济学家的时刻:假预言家、自由市场和社会断裂》(*The Ecowomists' Hour: False Prophets, Free Markets, and the Fracture of Society*)中阐述了这一点。但这本书和尼古拉斯·莱曼(Nicholas Lemann)最近写的另一本《交易人:交易的兴起与美国梦的衰落》(*Transaction Man: The Rise of the Deal and the Decline of the American Dream*)都得出了同样的结论:经济学家掌控大权弊大于利。

这两本书都很有说服力,而且都是记者写的,这些局外人用历史的视角来看待经济学家在美国社会中不断变化的角色。阿佩尔鲍姆追踪了自20世纪60年代以来经济学家在一系列政策问题上的影响力。正如人们所预料的那样,经济学的语言和概念帮助形成了有关失业和税收的辩论,但它们也影响了国家如何处理征兵、如何管理航班和铁路旅行,以及法院如何解释限制公司权力的法律。阿佩尔鲍姆写道,经济学家们对美国公共政策的无数干预加在一起,其影响已不亚于一场“革命”——本意是好的,但结果却出乎意料,远非良性。

莱曼则记录了另一场相关的革命。在20世纪上半叶,尤其是在大萧条灾难之后,人们普遍认为,公司的力量必须受到其他同等规模的组织——教堂、工会,最重要的是一个强大的国家政府的制约。但在随后的几十年里,新一代的经济学家认为,对公司运作方式的调整——更多的敌意收购,更多地依赖公司债务,以及当股价上涨时给高管们更多的奖金,将使市场能够自我调节,从而不再需要政府的严格监管。他们的建议很快就变成了现实,尤其是在刚刚放松监管的金融领域,他们的建议催生了垃圾债券和其他一些问题。和阿佩尔鲍姆一样,莱曼得出结论,经济学家对市场的盲目接受使美国社会变得更糟。

美国和其他国家的选民也对经济学家不再信任。在2016年英国"脱欧"公投前夕,时任英国司法大臣迈克尔·戈夫(Michael Gove)被要求说出支持他"脱欧"立场的经济学家的名字。他说:"这个国家的人已经受够了专家。""我没有要求公众信任我。我要求公众相信他们自己。"大多数英国选民听从了他的建议,投票决定离开欧盟,无数经济学家的警告遭到诅咒。

经济学家应该把这一结果当作一种警告,警醒自己进行重大的调整。经济学家大卫·科兰德(David Colander)和克雷格·弗里德曼(Craig Freedman)在2018年的一篇文章中指出了调整的方法。他们认为,经济学家在20世纪建立了越来越复杂的模型来指导公共政策,许多经济学家在这个过程中变得狂妄自大。为了重新获得公众的信任,经济学家应该回归他们19世纪祖先的谦逊,强调自己知识的局限性,并欢迎其他人——专家、政治领袖和选民来填补空白。

二、当"成本与收益"成为判断标准

阿佩尔鲍姆的书开篇讲述了20世纪50年代经济学家不受重视的现状,但正如接下来的章节所显示的,经济学家们走出了困境——不仅仅是美联储,整个政府都是如此。从成本效益分析如何被广泛用于评估有关健康和安全法规的过程中,我们可以看到这一转变。

当美国国会在1966年设立交通运输部并要求其提高机动车安全性时,议员们并没有要求监管机构衡量拟议新规的潜在成本和收益:毕竟,没有人可以决定一个人的生命价值。但经济学家托马斯·谢林(Thomas Schelling)和W. 基普·维斯库西(W. Kip Viscusi)不同意这种观点,他们辩称,人们实际上的确为生命赋予了美元价值,尽管这是含蓄的,而且经济学家也可以计算出来。

监管机构最初拒绝了这种做法,但随着对烦琐的安全规定的抱怨越来越多,一些人开始动摇了。1974年,美国交通运输部通过成本效益分析,否决了一项要求卡车安装所谓"曼斯菲尔德围栏"(Mansfield bars)的提议,该提议旨在防止1967年导致女演员杰恩·曼斯菲尔德死亡的事故再次发生。监管机构计算出,在每辆卡车上安装这些铁条的成本将超过这些铁条所能挽救的生命价值的总和。不过,当时他们认为一条生命的价值是20万美元,但为了应对选民要求减少交通事故死亡人数的压力,经济学家和监管机构逐渐上调了这个数字。最终,由于车祸造成的生命损失的估值开始超过安装围栏的成本,监管机构强制要求安装围栏,选民得到了他们想要的结果。

这种结果之所以可能出现,是因为尽管道德风险很高,但经济风险却不高。没有一家公司会因为政府是否强制要求安装围栏而面临数十亿美元的损益。结果是,没有人有动机利用其庞大的财政资源来破坏监管程序并使其决策产生偏见,而"不问,不说"的体系——即把经济学家当作"哲学家国王"运行得相当好。而当潜在的收益或损失扩大到数百亿或数千亿美元时,就像他们在决定是否监管金融部门、防止占主导地位的公司恶性竞争,或阻止制药公司让人们对止痛药上瘾时所做的那样,问题就出现了。在这种情况下,对于一个有很大利害关系的公司来说,安排一个顺从的经济学家扮演"哲学家国王"的角色是再容易不过的事情了——这个人愿意保护公司的鲁莽行为不受政府干预,而且是以客观和科学的专业知识的名义。

三、两个重要问题的根本区别

也许没有人比艾伦·格林斯潘(Alan Greenspan)更了解当经济学家成为哲学之王时,将如何指导公众分辨对错——当时华盛顿正在放松对许多行业的监管,格林斯潘是美联储主席。格林斯潘在2002年对一群商业经济学家说:"不受约束的市场创造了一定程度的财富,促进了更文明的生存。"在他的整个职业生涯中,格林斯潘致力于给金融机构更多的回旋余地,并通过这样做帮助创造了导致金融危机的条件。他是以经济学的名义这样做的。事实上,在公众的意识中,他使这一学科人格化了。

在美国房地产市场崩溃冲击全球金融体系的十年前,次贷对人们的影响已经很明显了。但在1998年,格林斯潘领导下的美联储拒绝了忧心忡忡的消费者维权人士的要求,即对其监管的银行的次贷活动进行审查。今天创纪录的低失业率表明,十年过去了,尽管金融危机最直接的伤害已经愈合,但更深的创伤依然存在。工人的工资增长缓慢,危机造成了全球范围内大规模的长期的收入减少,也许还会导致许多国家的民粹主义者对政治制度更持久的反弹。

简而言之,一个将回答规范性问题的责任委托给经济学家的体系在风险较低时可能会产生许多合理的决策,但当强大的行业被纳入其中时,它将造成巨大的失败并导致巨大的损害。只要几次巨大的失败,就能抵消那些较小的成功的干预所带来的积极影响。

而要求经济学家为人类生活设定一个价值混淆了两个重要问题的根本区别,这两个问题影响着每一个政策决定。一个是经验主义的:如果政府采取一种政策,会发生什么?另一个是规范性的:政府应该采取这一政策吗?经济学家可以用证据和逻辑来回答第一个问题,但却很难回答第二个问题。事实上,答案在于每个人对对与错的认识都不同,并随着时间的推移而演变,就像人们的政治观点一样。没有哪位经济学家对是非问题有独到的见解,也没有哪位经济学家应该在有关社会应如何运作的基本决策上有特别的发言权。

劳动道德价值赋义生发历史的伦理逻辑 田方林,伦理学研究,2020(5)

人类社会中,劳动的道德价值赋义表现为一个从生存伦理缘生、实践伦理转生、人本伦理新生再到幸福伦理强生的历史过程。厘清劳动道德价值赋义生发的这一历史进程并深刻揭示其内在的伦理逻辑,有助于我们在当前深入理解和把握新时代劳动道德价值观,推动新时代中国特色社会主义事业的不断前进。

一、劳动道德价值赋义的生存伦理缘生

劳动道德价值赋义是从生存伦理的需要开始的,通过生存伦理的需要得到缘生,这主要出现在原始社会和阶级社会。在不同的阶级状况中,人们对劳动的价值认知与生存需求不同,对劳动的道德价值赋义也就各异。

原始社会,人类通过采集、渔猎等原始生产劳动从自然界获取必需的生活资料。面临共同的生存挑战,氏族或部落内所有劳动根本相同,一律平等,不可或缺,无所谓高低贵贱与善恶美丑,人类对劳动尚无明确的道德价值赋义。阶级社会以来,统治阶级与被统治阶级的分化与对立,逐步生发出对劳动的道德价值赋义。不仅统治者鄙视劳动,劳动者自身也厌恶劳动。劳动被整个社会赋予低贱、下作之类的负面道德价值。劳动者常被称为贱民、群氓、草芥,被视为"会说话的牲口""机器的附庸",或者"赚钱的工具"。这类现象在中外历史上普遍存在。

资本主义社会里,一方面,资产阶级普遍把体力劳动视为物质财富的根本来源;另一方面,技术发明与生产监管等脑力劳动受到资本家的逐步重视。资本的逐利本性使得劳动的地位有所抬升,道德价值赋义有所改善,甚至被以"天职"概念赋以神圣的宗教信仰价值。然而,该时期脑力劳动的发展根本上是为了更好地驾驭体力劳动。在资本的逐利本性驱使下,资产阶级尽管对劳动有所重视,然而这对工人阶级的生存与发展来说,并非一种道德上的肯定,而依然具有否定意义。因此,在生存伦理视域中,资本主义社会对劳动的消极道德价值赋义没有根本性转变。

二、劳动道德价值赋义的实践伦理转生

劳动道德价值赋义通过生存伦理得以缘生,又在实践伦理中得到转生,马克思、恩格斯赋予了劳动道德价值以新意义。一是马克思、恩格斯从人与自然的实践关系唯物地阐释了劳动在人类生存中的重要地位与作用。二是马克思、恩格斯从人与动物的异同关系辩证地剖析了劳动对于人类的界分意义。其他动物不可能具有真正的劳动,劳动只是属于人类独有的高级活动,展现出高度的自觉性和能动性,根本上区别于其他动物的本能活动。三是马克思、恩格斯从人与自身的发展关系深刻揭示了劳动对于人类的发展意义。在《1844 年经济学哲学手稿》中,马克思指出:“劳动是人在外化范围之内的或者作为外化的人的自为的生成。”四是马克思、恩格斯从人与现实的改造关系深刻论述了资本主义条件下人的劳动异化现实。囿于资本主义私有制,工人受资本家雇佣而被迫劳动,处于一种严重异化的劳动状态。五是马克思、恩格斯从人与社会的理想关系科学地展望了未来共产主义社会中劳动对于人的自由解放作用。

马克思、恩格斯既从本然层面科学解析了劳动在人类社会发展中的重要地位与作用,也从实然层面深刻批判了劳动在资本主义社会的异化现实。特别是,他们从应然层面合理展望了劳动在共产主义社会的理想状况:各出所愿,各尽所能,各得所需。劳动不仅应当而且能够真正成为人自由发展和自我完善的“第一生活需要”,真正地解放人和实现人。在此意义上,“‘劳动解放’是马克思劳动伦理思想的根本旨趣”。“劳动人道、自由、公正原则是马克思劳动伦理思想的基本原则。”因而,劳动道德价值赋义在马克思、恩格斯那里得以彻底转生,劳动所包含的人道、正义和良善等积极道德价值自此掀开一页新的历史篇章。

三、劳动道德价值赋义的人本伦理新生

劳动道德价值赋义通过生存伦理和实践伦理的转化过程进入到人本伦理的新生,中国革命和建设赋予劳动道德价值以新意义。首先,群众观点和群众路线为人本伦理中的劳动道德价值赋义奠定了政治基础。其次,人民民主专政的国家性质为人本伦理中的劳动道德价值赋义提供了制度保障。再次,中国革命与建设的历史进程为人本伦理中的劳动道德价值赋义提供了实践需求。中国革命与建设的目的是为广大人民求解放、谋发展，这显然离不开人民群众的积极劳动。

改革开放以来，我们党在中国特色社会主义建设中，不断解放和发展生产力，以更明确的劳动道德价值赋义鼓励群众勤劳致富，体现出对人民当家做主的人本伦理关切。一是明确赋予劳动在搞建设求富裕中的正当性道德价值。二是明确肯定脑力劳动在社会主义建设中的积极道德价值。三是在国家层面正式赋予劳动以积极的道德教化价值。作为人民群众自己的政党，我们党在革命与建设实践中，紧密结合国情，紧扣时代脉搏，切实以人民为本，对劳动主体给予政治正名、制度保障和道德辩护，对劳动及其道德教化价值做出明确肯定。这一积极的劳动道德价值赋义提高了人民的劳动干劲，丰富了劳动成果，实现了人民的自由解放和翻身做主，不仅继承和实践了马克思的劳动道德价值观，还在新的历史时期带来了劳动道德价值赋义的人本伦理新生。

四、劳动道德价值赋义的幸福伦理强生

在全面小康、社会和谐、人民幸福的至善追求中，劳动的道德价值赋义从以下几方面获得了新时代的幸福伦理强生。一是对劳动正义性的鲜明凸显。劳动既是生存之本，也是发展之道，更是正义之源。新时代中国，劳动更是人民的一项充满尊严的权利。二是对劳动至善性的全面认知。在阶级社会，劳动既无尊严，也不体面，既无自由，也阻发展。劳动只是强加于人民身上的一副丑陋枷锁、一种沉重负担。新中国肯定了人民劳动对于社会主义建设的积极作用。新时代中国，劳动的良善性道德价值则得到全面肯认。三是对劳动光荣性的高调宣扬。新时代中国，习近平总书记深刻指出："劳动是人类的本质活动，劳动光荣、创造伟大，是对人类文明进步规律的重要诠释。"四是对劳动精神性的道德引领。新时代中国，经济繁荣，科技发达，国力强盛，人民生活蒸蒸日上，但还存在发展不均、创新不足等短板。全面小康和对更美好幸福生活的向往，还需要全国人民在新时代劳动精神的鼓舞下继续勤奋劳动。

总体而言，人类对劳动的道德价值赋义反映着社会的阶级状况，体现着社会的主流立场，呼应着社会的时代要求。不同时期的劳动道德价值赋义之所以不同，利益追求为其根本经济动因，阶级差异为其直接社会缘由，阶级立场是其深层政治根基。劳动道德价值赋义从生存伦理的缘生、实践伦理的转生到人本伦理的新生，再到幸福伦理的强生，深刻反映出人民群众从受剥削压榨到顽强斗争、翻身做主再到追求幸福的内在逻辑。

道德自我知觉与主观社会经济地位对个体道德行为的影响 郭迪、李彩娜,陕西师范大学学报(哲学社会科学版),2020(5)

个体是否做出道德行为,不仅与其道德自我知觉有关,还会受到其先前行为的道德与否及主观社会经济地位等因素的影响,但具体机制尚不清楚。通过两个实验考察在不同道德范畴中被试道德自我调节的内在机制,结果发现:在禁止性道德范畴,低主观社会经济地位被试在回忆先前不道德行为后更可能做出不道德(欺骗)行为,高主观社会经济地位被试的道德行为则更稳定。在指定性道德范畴,个体的道德同一性水平会显著预测其助人意愿,而与其先前行为的道德与否和主观社会经济地位无关。研究结果揭示了不同道德范畴中个体道德自我调节机制的复杂性,对不同道德范畴中个体道德行为的提升具有实践意义。

一、引言

本研究将在控制道德同一性这种稳定的个体差异特征的基础上,关注不同社会经济地位个体在不同道德范畴中道德自我调节的特点。本研究采用两个独立实验,在不同道德范畴中分别探讨(回忆)先前道德行为对随后的禁止性和指定性范畴中道德行为的影响,及不同主观社会经济地位的个体差异。我们预期,在回忆自己做过的不道德事件后,被试会做出更多的道德行为和更少的欺骗行为(假设 1a);回忆自己做过的道德事件后,被试会做出更少的道德行为和更多的欺骗行为(假设 1b);尤其是主观社会经济地位低的个体,这种道德波动现象更为明显,对于主观社会经济地位高的个体,这种道德波动现象可能不存在(假设 2)。

二、主观社会经济地位与道德自我知觉对禁止性道德行为的影响

实验一结果表明,与回忆道德事件和中性事件相比,低主观社会经济地位被试在回忆不道德事件后欺骗行为显著增加,与道德净化效应相反;高主观社会经济地位被试在 3 种条件下的欺骗行为则无显著差异,未发现道德行为的波动现象,均不支持道德自我调节的负反馈机制。总之,当考虑主观社会经济地位时,即无论是否控制道德同一性,个体在禁止性道德范畴中的道德自我调节均不遵循负反馈机制。此外,低主观社会经济地位组被试在 3 种回忆条件下的欺骗行为间差异显著,而高主观社会经济地位组被试在 3 种道德行为回忆条件下的欺骗行为无显著差异,表明高主观社会经济地位启动组被试的道德行为更为稳定,支持假设 2。

三、主观社会经济地位与道德自我知觉对指定性道德行为的影响

实验二在指定性道德范畴的结果表明,不考虑道德同一性时,不论主观社会经济地位高或低,回忆先前不道德行为组被试的助人意愿显著高于回忆先前道德行为组被试,说明道德行为确实存在动态变化,在一定程度上支持道德自我调节负反馈机制的观点。当控制道德同一性后,回忆启动的主效应不显著,不支持假设1a和假设1b,说明道德行为存在一致性,即在指定性道德范畴中,个体是否对他人做出亲社会行为主要受其道德同一性水平的影响。最后,实验二并未发现主观社会经济地位与回忆启动的交互效应,不支持假设2,表明在指定性道德范畴,高低主观社会经济地位个体的道德自我调节过程无显著差异。

四、道德自我同一性和主观社会经济地位对道德自我调节的作用讨论

本研究的贡献在于:第一,发现了在禁止性道德范畴中高、低主观社会经济地位个体的道德自我调节模式存在差异;第二,验证了道德自我调节是一个复杂的过程,不一定遵循负反馈机制。未来研究应更多关注在什么情境下、什么人会做出一致性或补偿性的道德/不道德行为,探索道德自我调节负反馈机制应用的边界条件;第三,证实了道德自我同一性对个体道德自我调节,尤其是指定性道德范畴中的自我调节的重要意义,本研究结论对于未来研究采用干预技术促进个体在指定性道德范畴中做出更多道德行为富有一定的参考价值。

一位经济学家的社会正义理想——理查德·伊利的资本主义批判

彭小瑜,首都师范大学学报(社会科学版),2020(5)

在19世纪末和20世纪初的美国,社会主义运动在整体上处于困难境地,但是社会主义思想并不因此就失去对社会发展的重大影响。当时在美国处于顶尖地位的经济学教授、美国经济学会的创始人之一理查德·伊利(1854—1943)就曾经对资本主义进行了深入的剖析和批评,并且明确肯定了社会主义一些主要观点对推动社会改革的积极意义。笔者曾经就英国经济史著名学者R.H.托尼的资本主义批判写过长文,本文探讨的历史语境则由英国转向美国。

一、伊利如何看待社会主义

《美国劳工运动》(1886)和《社会主义与社会改革》是当时伊利系统论述社会主义的作品,不过出版这两部著作时他已经需要刻意地申明,他是本着"保守主义"的精神在讨论问题:"作者的意愿是看到社会的和平进步,看到以往历史发展的成就能够被保存下来。但是他不会感到吃惊,如果有人指责他是激进分子。"伊利相信,对资本和金钱的崇拜者而言,"一切致力于维护富有者财产的倾向就是保守主义,一切其他的倾向就是社会主义”。

二、能够具体落实的社会改革措施

伊利是赞成社会改革的,但是他仅仅支持和平的工会运动和其他合法的活动,反对抛弃一切传统,反对用暴力摧毁和重建整个社会。他主张从三个方面进行改革:工资水平和公平工资的争取、劳工组织的社会改良作用、市政改革和城镇公用事业。

三、经济活动的道德准则究竟多重要

伊利高度认可工人改善劳动条件和提高工资待遇等斗争目的,但是决绝地否定暴力手段的正当性与合法性。他对所有制问题的思考和看法比较复杂,但是对全盘国有化在原则上是不认可的。无政府主义绝不是社会进步的手段。良好道德的普及是任何健全社会所必需的,当然也是公平的社会经济关系所必需的。伊利的这个看法是他以及其他基督教社会主义者的一个基本立场。

四、余论:“一种民间传说”

伊利害怕社会主义吗?在充满强烈反社会主义情绪的美国社会,他恐怕不得不害怕。他曾经被指认为社会主义者,并因此面临迫害的威胁。他在原则上一直倡导社会改良,倡导“改进现存的制度,而不是彻底抛弃之”。那么他信奉资本主义吗?他显然不是一个资本主义者。他曾经说过,有些人因为自己所拥有的土地下面发现的黄金或者石油而发了财,“假如我以这种方式获得了财富,它们在法律上虽然归我所有,在道德上它们只不过是给了我一个新的机会去推进人类社会的进步。也就是说,在伦理上,这些财富不是属于我自己的”。这是一种带有基督教社会思想色彩的社会主义伦理。

现代性·正义性·主体性——乡村发展伦理研究的三个基本维度

杨伟荣、王露璐,哲学动态,2020(6)

现代性选择、正义性建构和主体性批判是乡村发展伦理研究的三个基本维度,对应解决乡村现代化发展过程中出现的“乡村性”消解、城乡关系断裂和乡村发展异化三大基本问题。其中,现代性选择维度以“乡村性”觉醒为基础,致力于实现不同乡村性和多样现代性之间的互融共进,从而为不同国家和地区的乡村提供可选择的现代性实践形式;正义性建构维度以城乡融合发展为导向,致力于推动城乡发展关系的正义转向及其共生平等发展,并以此为乡村自主发展创造条件;主体性批判维度以乡村发展异化为对象,致力于开展农民抽象主体性和虚假主体性的双重批判,并以此为乡村发展进行合理的价值选择。三个维度的研究内容紧密联结、交互补充,共同构成了乡村发展伦理研究的基本框架。

一、以“乡村性”觉醒为基础的现代性选择维度

斯泰西·利·皮格(Stacy Leigh Pigg)、詹姆斯·弗格森(James Ferguson)等人对地方现代性发展问题的关注不仅成功地将发展伦理研究引入发展中国家及欠发达地区,更激发了世界范围内的“乡村性”觉醒。所谓“乡村性”觉醒主要是对包括乡村等欠发达地区在内的地方性和本土性发展价值的强调。中国是典型的农业大国,有接近一半的民众都生活在农村。因此,优先发展农村、农业,实现发展成果全民共享是中国社会主义现代化发展的价值取向和根本目的。

二、以城乡融合发展为导向的正义性建构维度

中国社会根源于乡村社会,其现代化发展长期以城乡关系的断裂以及乡村的依附性发展为代价,因此,国内的发展伦理研究特别关注城乡发展关系的协调和正义问题。21世纪以来,城乡不平衡发展过程中的正义缺失问题成为社会关注的焦点,“新农村建设”“城乡统筹”“美丽乡村”“新型城镇化”等战略的提出,在某种程度上都是对城乡非正义发展关系的矫治。乡村发展伦理并不反对乡村城市化,只是强调城市化并非乡村现代化的唯一路径依赖,即有些乡村需要城市化,有些乡村可以“就地现代化”。

三、以乡村发展异化为对象的主体性批判维度

发展伦理强调,发展就是提升一切个人和一切社会的全面人性,发展的真正任务就是消除一切异化——不论是“丰裕的异化”还是“苦难的异化”。中国的发展伦理研究通过揭示农民主体间的异化问题介入乡村发展领域,注重开展抽象主体性和虚假主体性的双重批判。但是,集中对“大户”立场的抽象主体性和“资本”立场的虚假主体性进行批判,在于发现并关照乡村弱势群体尤其是小农未能充分享受乡村发展成果的事实,希望通过有效的伦理规约实现政府发展战略与市场发展手段的有机结合,从而为包括中农在内的小农群体谋求更多的利益和福祉。

四、结语

概而言之,作为乡村发展理论与乡村伦理研究的有机结合体,乡村发展伦理研究致力于运用发展伦理学的价值理念、伦理原则和道德规范来解决乡村现代化发展过程中出现的“乡村性”消解、城乡关系断裂和乡村发展异化三大基本问题,并以此确立以“乡村性”觉醒为基础的现代性选择、以城乡融合发展为导向的正义性建构和以乡村发展异化为对象的主体性批判三个基本维度。

美好生活视阈下体育产业供给侧的改革与善化研究 黄文宾,伦理学研究,2020(6)

体育产业作为政府重点扶持的朝阳、绿色产业,无论是现实定位,还是应然目标,都需要服务于新时代美好生活建设的大格局。为此,就必须处理好效益与公平、个体与集体之间的关系,既要借助政府、市场及社会的合力来推进自身的充分发展,也需要兼顾到发展成果由全民共享的社会主义本质。我国体育产业目前的发展,无疑距离上述目标和要求有一定的距离。这种距离,又尤其体现在供给侧一端:体育物品生产的量和质,都有进一步提升的空间;体育市场交易及体育竞技过程中,尚存在一定的异化现象;体育资源的分配环节,存在相对的正义缺失。

一、美好生活的源流及其在新时代的定位

美好生活作为人类社会的永恒追求,主要包含物质基础及社会正义两大内容。新时代中国社会主要矛盾的转变,一方面表明满足人民日益增长的美好生活需要,是今后政府治理和社会发展的根本目标;另一方面点出不平衡、不充分发展是达成目标的主要障碍,以及解决问题的着力点——供给侧的有效改革及分配正义的不断完善。

(1) 传统社会对"美好生活"的诠释。自人类诞生起,无论古今中外,都将美好生活作为人类社会的追求目标。古代中国对于美好生活的设定,往往以温饱的物质生产、良善的社会教化及融洽的君臣关系为标志。相较之下,西方传统对美好生活则主要借由正义理念来诠释。纵观以往思想家对美好生活的阐释,从内容上分,主要包括物质生活的充实、社会秩序的正义两大层面;从主体上分,则涉及个人及城邦的"善"两大类别。这些思想资源为新时代中国人民追求美好生活提供启迪:一者,美好生活离不开物质层面的满足,也必然包含对精神文明的追求;二者,美好生活不仅预示个体生命的差异追求,也指向社会整体的正义秩序。

(2) 新时代"美好生活"的提出。马克思及其后继者所描绘的共产主义理想,无疑可以被视作美好生活所要求的物质丰盈与精神高尚、个体自由与社会和谐一体并在的高度浓缩和概括。当然,因为受现实制约,无论是马克思恩格斯所处时代、苏联建设时期,还是改革开放初期的中国,都尚不具备对此加以实践的条件。经过改革开放四十多年的建设,我们国家的物质生产和人民生活水平取得了前所未有的成绩。新时代我国民众的主要需求从物质文化需要转变为美好生活需要。这预示着美好生活“不仅对物质文化生活提出了更高要求,而且在民主、法治、公平、正义、安全、环境等方面的需求日益增长”。

(3) 实现“美好生活”面临的困境。新时代社会主要矛盾解决的着力点,从以往“落后的社会生产”转变为“不平衡不充分的发展”。一方面,意味着人民美好生活需要在目前尚未获得足够的物质支持,我们必须继续坚持经济建设的核心地位,继续推动社会的长足进步,以解决“不充分发展”的问题。另一方面,也表明美好生活必然依赖于社会正义的有效推进,唯有“不平衡发展”问题得到有效解决,和谐社会才能真正落地。

二、美好生活背景下体育产业的发展环境及供给侧问题

人民日益增长的美好生活需要,一方面为体育产业发展提供了前所未有的便利与机遇;另一方面也给体育产业发展提出了更多、更高的要求。就体育产业现阶段的发展状况而言,直面并解决供给侧存在的问题,又成为促成其自身有效发展、助力体育强国建设的重中之重。

(1) 新时代体育产业发展的机遇与挑战。新时代背景下人民物质生活的充裕及对文化生活的向往,无疑在经济、时间及动力等方面为体育消费和体育参与提供了广泛的群众基础。国家对于社会主义建设的总体布局,则为体育产业发展提供了大量政策红利。当然,人民日益增长的美好生活需要,在给体育产业发展带来机遇的同时,也对之提出了更高的要求和更大的挑战,集中体现为体育产业需要在新时代有效推进供给侧的深化改革。

(2) 体育产业供给侧现状及问题。从美好生活视角来看,供给侧总量和质量的提升,主要解决的是“不充分发展”问题;供给侧的文化精神与产品设施的匹配,以及资源分配正义的推进,则重在弥补“不平衡发展”问题。

三、体育产业供给侧的改革理念与善化路径

满足民众多样化、多层次的美好体育生活需要,不仅是体育产业需要承担的使命,同时也是实现自身长久健康发展的必备条件。为此,我国体育产业发展就必须秉持效益与效率双管齐下、效益与正义相辅相成、传统与现代相互成就、个体与集体彼此兼顾等理念,以尽力避免发展过程中的短视及分化等问题。

体育产业分配正义的推进,一方面有利于自身更为和谐、高效的发展,另一方面也是对“先富带后富,实现共同富裕”发展思路的切实执行,以防止资源分配的二次不公。对此,需要政府、市场及社会的合力来促成。第一,政府要在资源的宏观调控方面把好关,对落后区域、弱势群体的体育权益,给予一定的倾斜性保障。第二,市场则可以借助其创新成果,利用"互联网+体育"的平台,更及时、准确、高效地提供体育相关资源的利用讯息。第三,社会需要培育相应的慈善精神,完善相关的体育公益机制。

论实践式美好生活的构建 李双套,伦理学研究,2020(6)

马克思对美好生活的认识源于其哲学革命。那么,马克思是如何论述实践式美好生活的?是如何认识实践式美好生活的?对于社会来说,如何构建实践式美好生活,对于个体而言,实践式美好生活的伦理意义在哪?

一、何为美好生活:哲学革命带来的视角转换

一般而言,美好生活是主观和客观的统一,既是人们的主观体验,又是不同历史阶段人们生活的客观状态;美好生活是现实和理想的统一,既是人们需求得到满足后的幸福感,又是人们需求满足后提出更高要求的价值理想。人类用哲学的方式思考美好生活问题始于古希腊。在古希腊,哲学家们对美好生活的认识,指向的并不是物质上的获得感,而是指向合乎德性、寻求理性、充满智慧的生活,寻求德性、理性、智慧就成了实现美好生活的前提和目的。到了中世纪,要想获得美好生活只有依靠无所不能的上帝,上帝是终极存在。对美好生活的探讨成为了神学问题。到了德国古典哲学那里,哲学家们同样将寻求生活的终极目的作为实现美好生活的前提,认为只有寻求到了这个终极目的,才可能实现美好生活。过去的哲学家们都着眼于寻求终极美好,如"共相""理念""上帝""实践理性"和"绝对精神"等,试图为美好生活设定一个永恒不变的标准,在此基础上构建出终极的美好生活,这给人类无限希望。但是他们脱离人类社会历史发展客观进程,无法在此岸世界为人类寻找到通达美好生活的路径。

马克思立足于"现实的个人",批判了以往哲学脱离了人的历史存在。在马克思看来,人类要实现美好生活,就要回归到"现实的个人"的生活世界中,分析他们所处自然、社会环境状况。相较于"什么是美好",马克思更关注"怎么样实现美好"。马克思认为劳动才是创造美好生活的基础。正是通过对劳动性质的分析,马克思剖析出了资本主义社会不能给予人类美好生活的原因,这样马克思就对实践式美好生活的思索从哲学层面推进到了政治经济学层面,也从宏观层面推进到了微观层面,从抽象层面推进到了具体层面。

二、实践式美好生活何以可能:财富、时间、个性与共同体

美好生活的实现终究是“一种历史活动,不是思想活动”,这种历史活动指向的是依靠“物质生产实践”实现美好生活。也就是通过批判资本剥削劳动,建立真正共同体,在真正的共同体中,现实的个人通过自由自觉的劳动,将自己的本质能动地复现在对象世界中,在创造具有丰富性对象化世界的过程中不断创造出具有全部丰富性的个人,以实现每一个人的自由发展。所以,这种历史活动的实现依赖于社会财富的继承和创造(对象化世界)、自由时间的拥有(自由自觉的活动)、自由个性的实现和真正共同体的建立。

三、实践式美好生活何以兑现:社会建构的视角

美好生活的实现是建立在物质财富的继承和创造、自由时间的拥有、自由个性的实现和真正的共同体的建立等四个方面的理论指向上。而这些价值追求的现实旨归就是通过创造更多社会财富为美好生活提供物质基础,通过提升劳动的幸福度来增加人们的自由时间,通过彰显自由个性提升美好生活的质量,通过构建真正的共同体搭建美好生活的制度框架。

四、实践式美好生活的伦理意义:美好生活的个体建构价值

对于个体来说,如何根据实践式美好生活的要求,建构个人的幸福生活呢?首先,致力于个人利益,尤其是经济利益的满足。马克思把“现实的个人”作为美好生活的构建前提。其次,实现自由时间的自由本质。再次,彰显个体的自由个性。最后,努力成为真正共同体的构建者。个体与共同体是相互促进的,个人的美好生活需要个体成为真正共同体的构建者,并在真正共同体中实现个人的美好生活。

马克思主义视域下的当前中国小农问题——兼评自由市场派和小农经济派之争　张慧鹏,现代哲学,2020(6)

本文基于马克思主义立场观点方法,对自由市场派和小农经济派的争论进行回应,论证在生产走向社会化的过程中,小农家庭经营必然走向消亡,但小农的消亡是一个长期的历史过程,对此要有足够的历史耐心。着眼长远,我们要通过农民的组织化来改造传统小农经济,走中国特色社会主义农业农村现代化道路。

一、当前中国关于小农问题的两种对立观点

1. 在价值层面,是否应该继续维持小农家庭经营?

自由市场派学者以经济学家为主,他们把农业当成单纯的产业,从经济效率方面来评价小农经济的优劣。小农户作为单纯的市场主体,与专业大户、产业化龙头企业等新型农业经营主体一样,都是为了利润而经营,本质上没有不同。小农经济派学者以社会学家为主,他们从多个角度论证小农户存在的合理性。一是为农民提供基本的社会保障,维护社会的稳定。

2. 在事实层面,是否能够长期维持小农家庭经营?

自由市场派学者的观点简单明了,小农经济得以存续是由于户籍制度、土地制度等构成的城乡二元结构限制了土地、劳动力等生产要素的自由流动,扭曲了市场机制,保护了落后生产方式。中国发展的方向应该是进一步深化市场化导向的改革,实现生产要素的自由流动。一旦市场机制充分发挥作用,小农经济必然要在市场竞争中被淘汰。小农经济派学者强调小农家庭经营的韧性。

二、小农问题讨论中马克思主义的失语

在当前关于小农问题的讨论中,马克思主义几乎处在失语状态。占据主流的自由市场派和小农经济派都在不同程度上批评马克思主义的分析。自由市场派以经济学家为主,他们追求效率为先,推崇私有产权、自由市场机制,自然不能接受马克思主义关于土地公有制、计划生产等政策主张。小农经济派学者以社会学家为主,他们站在维护农民群体利益的立场上,一方面强烈批评主流市场派带有浓厚新自由主义色彩的理论和政策主张,另一方面批评马克思主义与自由主义经济学一样,都把农民当成理性经济人,并且过度迷恋土地的规模化经营。

三、小农消亡的历史必然性

马克思恩格斯都有着悲天悯人的情怀。他们对包括农民在内的广大劳动人民有着深切的同情,对资本主义制度造成的灾难性后果进行毫不留情的揭露和批判。但是,他们绝不像空想社会主义者一样从道德上谴责资本主义的罪恶,也不会像形形色色的小资产阶级一样美化传统的小生产。他们始终坚持生产力标准,尊重历史发展的客观规律性。他们既批判资本主义的罪恶,也高度肯定资本主义的历史进步性。

四、小农消亡的现实曲折性

马克思恩格斯创立的历史唯物主义,是关于人类社会发展一般规律的科学。这些规律是从漫长的人类历史中总结提炼出来的,其时间尺度动辄几百年甚至几千年上万年。只有在这样宏大的历史尺度下,才有可能看清整个人类社会发展的一般规律。从宏观角度看,历史的发展似乎是线性的。回到中观层面,就会发现事物的发展不是直线式的,而是螺旋式上升的。而具体到微观层面，则会发现很多的偶然性。把宏观、中观、微观视角综合起来，其实也是历史唯物论和辩证法的结合，就是恩格斯讲的必然性存在于偶然性中并通过大量偶然性表现出来。从历史唯物主义长时段的视野来看，小农经济的衰亡是必然的，这是客观规律所决定的，不以人的意志为转移。但这个过程本身也是长期的、曲折的，甚至在某些时期还有可能出现反复。

五、当前中国小农户的性质和演变动力

社会主义市场经济中的小农户已经是商品生产者，在高度开放的市场环境中进行竞争，追求利润最大化。市场竞争推动了农业经营主体的分化。尽管中国农业的适度规模化经营和现代化水平已经进步很快，但和发达国家相比，我国的农业仍然缺乏竞争力。改革开放以来，中国前所未有地融入开放的世界经济体。中国以廉价的劳动力等比较优势参与全球分工体系，成为名副其实的“世界工厂”。得益于经济全球化，中国经济持续快速发展，一跃成为世界第二大经济体。与此同时，中国的农业也面临着来自国际的竞争。面对发达国家高度现代化的农业，我国小农农业经营规模小、装备和技术水平低、劳动生产率低，几乎毫无招架之力。

六、历史必然性和历史的耐心

我们批评小农生产的落后性，并不是主张要人为地加速小农的消亡。对于小农的改造，我们要有足够的耐心。一方面，我们要看到，规模经营是现代农业发展的重要基础，分散的、粗放的农业经营方式难以建成现代农业。另一方面，我们也要看到，改变分散的、粗放的农业经营方式是一个较长的历史过程，需要时间和条件，不可操之过急。

七、超越农业资本主义和传统小农经济

随着农业生产方式和农民生活方式发生变化，城乡社会结构和空间结构也必然要随之而变化。有些乡村必然要衰落甚至消失，对此不必太伤感。中国地区差异极大，乡村的振兴是整体的振兴，不是每一个村都要振兴，都能振兴。人口的适度集中更加有利于二、三产业的发展，也更有利于提高公共服务的供给效率。对于有条件实现振兴的乡村，应该依托集体经济组织，整合资源，构建种养加销全产业链，推动一、二、三产业融合发展，发展壮大集体经济，使全体村民共享改革发展成果。

《管子》经济思想的内在逻辑、历史贡献及现实意义 罗卫东、李续双，湖南大学学报(社会科学版)，2020(6)

《管子》一书包容了丰富且系统化的经济思想。《管子》在人类经济思想史的发展演变进程中发挥了极其重要的作用,也直接影响了后世经济制度的建立与经济政策的制定,直至今天仍然具有重要的现实针对性与实践借鉴意义。

一、《管子》经济思想的内在逻辑

《管子》经济思想的内在逻辑可以概括为:立足成就王道霸业目标,基于人性趋利避害前提,遵循“衡无数”规律,围绕“轻重论”主线,紧紧抓住粮食与货币两大重点,从分工与贸易、价格与货币、财政与官营、信贷与生产、消费与就业、国计与民生六个方面进行有效调控。

二、《管子》经济思想的历史贡献

一是率先提出了理性人假设及供求规律思想。理性人假设与供求规律是现代经济学的基石。《管子》趋利避害的人性假设与现代经济学的理性人假设具有极高的相似度。二是我们从《管子》这部书的经济思想中已经清晰地认识到了市场机制的不足,强调要加强宏观调控,并以“轻重论”为主线提出了系统的宏观经济调控思想及具体的政策措施。三是在《管子》的思想体系中,分工与贸易正是由趋利避害的人性所驱使的。四是初步形成了以民为本、和谐发展的理念。《管子》提出了比较系统的以人为本及构建和谐社会的思想与富有实操性的政策举措。

三、《管子》经济思想的现实意义

一是管理社会与调控经济必须顺应万物之“轨”,“不通于轨数而欲为国,不可”(《管子·山国轨》)。从经济学的角度看,这个“轨”就是客观经济规律。我们可以利用客观经济规律,但不能违逆它,否则将会受到惩罚。二是要注意粮食安全。像中国这种大国,就只能参与不完全的国际分工,需要保护自身产业体系的相对完整,坚持无农不稳、无工不富、无商不活的基本原则,秉持粮食自给自足基本战略,保住粮食安全底线。三是管子主张防止贫富两极分化,认为贫富分化会导致社会不稳定。四是在《管子·轻重甲》论述了实施扶贫的必要性。同时,管子强调对贫穷者进行扶植需要摸清情况,然后根据具体情况进行扶持。

社会经济地位、社会资本与健康不平等 王甫勤、马瑜寅,华中科技大学学报(社会科学版),2020(6)

本研究将社会资本作为中介解释机制并通过“中国综合社会调查(2015)”数据,建立结构方程模型并检验相关假设。分析发现:社会资本部分地解释了社会经济地位与健康后果之间的关系,但不同维度的社会资本产生的影响有所差异。高社会经济地位群体与朋友社会交往的频率高,进而增加了他们的健康优势;对于低社会经济地位群体而言,社会信任缓解了他们由于低地位所带来的健康劣势。尽管不同社会经济地位群体的社会包容度存在显著差异,但这种非正式的社会规范并未对不同群体的健康不平等产生显著影响。

一、问题提出

对健康不平等的解释包括宏观、中观和微观等多种机制,这些阐释路径都为健康不平等的研究奠定了根基,而作为人们通过社会关系获得有价值资源的重要工具,社会资本在其概念提出之初就被用来研究和解释社会不平等的产生机制。与此同时,社会资本也是社会不平等的再生产机制,即不同社会经济地位群体自身的社会资本就存在差异,而这些差异在资源获取过程中进一步扩大了社会不平等。社会资本作为影响人们健康水平的关键变量,不同学者对其操作化测量有着很大的分歧,它的哪些维度能够解释不同社会经济地位群体的健康不平等,在以往研究中也很少论及。同时,国内关于健康不平等的研究不多且出现较晚,社会资本在社会经济地位与健康的关系中发挥怎样的作用有待进一步探索,这正是本研究的意图。

二、文献综述与研究假设

一是社会经济地位与健康不平等:在医学社会学领域,社会经济地位被看作是影响健康水平的基本因素。二是社会资本与健康不平等:研究发现,社会资本与健康之间存在正相关关系,本研究将这些观点统称为“正向促进论”。三是社会经济地位与社会资本:经对诸多学者的研究进行分析,我们可以认为,社会经济地位与社会资本之间存在正相关关系。四是社会经济地位、社会资本与健康不平等:综合以往关于社会经济地位、社会资本与健康关系的研究发现,一方面社会资本可以对健康产生影响,另一方面又受到社会经济地位的影响。

本文提出社会经济地位影响健康的四个假设:(1) 社会经济地位越高的居民,其健康状况越良好。(2) 个体的社会交往状况在社会经济地位对健康的影响过程中发挥中介作用。(3) 个体的社会信任状况在社会经济地位对健康的影响过程中发挥中介作用。(4) 非正式的社会规范状况在社会经济地位对健康的影响过程中发挥中介作用。

三、研究设计

一是变量设计:根据受访者目前的身体健康自评情况,将其重新编码为1—3,分别对应“不健康”“一般”“健康”。核心自变量是社会经济地位,中介变量为社会资本,性别、户口、年龄和婚姻情况是控制变量。二是数据来源与分析模型:本研究使用的数据来自“中国综合社会调查(2015)”。通过 SPSS 来实现数据清理和描述性统计,同时用 Amos 实现模型估计工作。

四、数据分析

一是自评健康的影响因素分析:男性处于较高层次健康状况的可能性更大;与农业户口的居民相比,城镇户口居民并不具有明显的优势;年龄与健康的关系呈现负相关。与单身群体相比,在婚群体的自评健康水平更高;居民的社会经济地位与自评健康水平之间存在正相关关系。二是社会资本中介效应分析:社会交往频率越高,自评健康处于较高层次的概率就越大;居民的社会信任水平越高,自评健康水平越高;社会包容在健康不平等的解释机制中不具有解释力。整体而言,社会资本作为社会经济地位与健康之间的中介机制是成立的。

财产权何以可能——论洛克、康德和黑格尔的财产获得思想 丁宁,吉林大学社会科学学报,2020(6)

在对财产权何以可能的这一根本性问题的回答中,洛克、康德和黑格尔的解释起着支配性作用,而且他们的思路呈现为一个在逻辑上有递进关系的表现形式:从洛克以劳动为中介的经验性占有过渡到康德以普遍意志所确立起来的理智的占有,再过渡到黑格尔对自由的思辨性理解所表现出的直接性占有。这个颇具正、反、合的发展理路使财产权由近代的自然法或自然状态的经验性视域转移到德国哲学的先验视域中去了。这在更高奠基的角度上使近代的政治哲学建构有了更深入的发展。

一、劳动获得财产及其限制

我们可以把洛克取得财产的途径把握为一个逐次递减的阶序:从真正的财产所有者上帝过渡到人;出于对上帝的模仿,人以对自身人格的拥有为基础延伸到人的行动,而后再以行动之所及取得对物的占有。洛克便从内外两个层面为财产权设置了两条界限:(1) 所得物品仅供我们享用为限度,不得浪费或使物品发生腐烂;(2) 在取用财产时,所剩余的不会对别人造成影响。超出这两条设定,便不会产生有效的财产占有。劳动的占有作为“感性的占有”仅是一种偶然性的获得,所以它有较强的任意性,也会随之带来一系列的后果。这就会使占有者根本无法在法权的意义上拥有它,对这种“感性的占有”的扬弃乃是一种思想上的获得。

二、理智的占有与普遍意志

在康德的哲学建构中，财产权不再立足于单纯经验的占有，而是奠基于一种先验的视角。自由是这种先验哲学的逻辑前提和基础，财产权则是自由的运用导致的结果。自由作为“纯粹理性的基本事实”，在实践领域有其实在性的运用。由于自由的运用是由上而下的立法，所以实践行为作为对法则的遵从就是一种义务。由于法权哲学的普遍法则是自由的外在应用的直接体现，那么外在自由的消极面与积极面必然在这一普遍法则中具体贯穿着。财产获得就是私人法权的具体内容。康德区分了两种占有方式，即经验性的占有和理智的占有，并断言：如果真正存在关于外部事物的上述法权，“就必须预设一种理智的占有”。经验的占有作为法权命题都是分析命题。所有个体的普遍意志构成了财产获得这一先天综合命题得以可能的条件和基础。在康德这里，能为一个先天综合命题提供保障的中介显然不是一个约定或主观的东西，它自身必须保持先验的视角。也就是说，普遍意志绝不是单个意志的相加，它自己必须就是整体，它要求自己是一个普遍客观的东西。

三、财产作为自由的直接显现

黑格尔也认为财产权是自由的一种运用，自由是财产获得的理论前提和基础。但黑格尔对自由的理解与康德存在着差别，他使处于先验层面的、具有很强形式特征的自由成为了真正现实的东西。这种差别决定了康德仍然以外在结合的方式探讨财产占有，而黑格尔则把这种占有纳入到对自由作为现实整体的探讨中去了，所以，对自由的探讨决定着黑格尔财产权的基本思路。黑格尔的人格自由的直接显现作为财产获得的表现形式，具有两方面的特征：(1) 它能获得对物的直接占有；(2) 这一占有又有普遍性的认可相伴随。这两点分别是洛克和康德对物之占有所持的观点。也就是说，黑格尔以对自由的充分界定使财产获得了当下的直接性，同时又有法权上的普遍性。它以克服洛克和康德主客二元的表现为契机，实现了经验性占有与理智占有的统一。从这个角度来说，黑格尔是以思辨逻辑为基础，在更高的层次上实现了对洛克和康德的综合。

论商誉的价值——以价值哲学为视角　卫霞，中国人民大学学报，2020(6)

商誉作为一种客观的社会现象，本身属于一定具体的价值体系。传统观点仅看到商誉可以成为促进优质产品(以顾客为主体)、获得超额收益

(以经营者为主体)等的手段价值。但从整个社会价值体系的角度而言,对商誉的追求和维护,更具有人和社会发展的一定文化意义和价值目标的性质。在市场经济法治化建设的过程中,应进一步完善对商誉权的立法和司法设置,如明确侵害商誉权的主体界定、分析商誉侵权的构成、落实侵权责任及赔偿方式等,为全方位形成以人为本、尊重知识产权的社会主义市场经济和文化环境开拓新的局面。

一、商誉与商誉的价值

所谓"商誉的价值",本意是把商誉作为一个现象客体,研究其与人和社会的关系。从价值哲学角度,一般可从两个方面进行考量:一是经济价值的角度,如有关商誉的"总计价账户论"认为,商誉本身可使企业创造的整体价值多于各单项资产的个别价值总和;"超额收益论"认为,商誉能使企业本身获得超过相同资本投入的其他企业进而得到超额收益,等等。二是社会价值的角度,即将商誉各相关因素当作一个整体,考察其对人和社会的意义,如商誉的文化价值、道德价值、法律价值等。从这两个角度探讨商誉的价值,尽管有一定联系但不可混同。它们是"存在者的存在"与"存在者的价值"之间的联系与区别的问题。

二、商誉的价值:工具性与目的性之统一

在价值分类问题上,价值学界一般用一种普遍且简明的"顶层"分类的标准,按其在主体活动中的地位和性质,归纳为"工具(手段)价值"与"目的价值"两大类。"工具(手段)"指达到目的所依赖的条件和过程,可以充当工具者,即具有工具价值。"目的"指主体所需要的目标和结果,构成主体自身存在和发展本身要素的内容和效果,即具有目的价值。商誉的价值,也需要从这两个方面加以思考。

三、商誉的价值与市场法治

任何法律和法治的核心问题,实质上都在于规制并落实主体的权力与责任、权利与义务的统一。本文集中就现实中比较突出的商誉权及侵权问题做具体的分析。

分配正义:应得视角的再反思 颜景高,天津社会科学,2020(6)

罗尔斯阐释的分配正义原则引发了广泛的思想回应,他的平等倾向更是引起了西方平等主义思潮的复兴,并在一定程度上影响着中国分配正义理论的建构。实际上,无论是依据要素分配原则,还是平等分配原则,或者按需分配原则,都可以追溯到亚里士多德的应得分配理论。本文拟从应得分配的视角，重新考量分配正义原则的演进及其实践样态，以期形成具有中国特色的分配正义话语。

一、应得分配的理论建构

亚氏最早确定了分配正义研究的基本内涵和话语体系，进而开启了影响至今的应得分配理论。对于现代社会而言，人人都应该得到一定程度的社会物品，这不是社会慈善的表现，而是社会正义的要求。现代意义上的分配正义观念，在政治经济学的基础上，创造性地转化了社会财富初次分配的应得原则，它用促进经济效率的"市场要素"替代了日趋保守的"阶层差异"，推动了社会财富收入分配依据的"政治—经济"范式转型，从而实现了分配正义理论的创新性发展。

二、应得分配的平等倾向

资本主义基本制度对私有产权的坚定捍卫，决定了资本所有者、特别是垄断资本所有者在初次分配中的支配性地位，劳动者只能获得维持其"劳动力"基本生存的生活资料。面对不同阶层之间的贫富分化趋势及其社会后果，西方资本主义国家不得不改变所谓的"守夜人"形象，往往通过税收等再分配政策加大调整力度，试图培育稳定的中产阶级，构建小资产者所向往的丰裕社会，正是在这个意义上，以服务公共政策为导向的当代分配正义理论应运而生。但分配正义在资本主义私有制条件下根本无法实现，因为它们没有充分认识到生产资料所有制对分配机制的决定性作用。

三、应得分配的共享诉求

中国特色社会主义市场经济制度的根本目标是实现人民群众的根本利益，新时代中国特色社会主义已经开启了"共享发展"的初步探索。中国社会主义市场经济体制下的收入分配机制，既要脱离行政权力的干涉和渗透，又要约束资本要素索取财富分配权限的扩张意向，进而让全体劳动者共享改革开放的发展成果，不仅如此，它还承担着切近共产主义社会"各尽所能、按需分配"理想的任务，这是一个有待开启且意义重大的历史性课题，也是有待推进的中国特色社会主义分配实践进程。

马克思唯物史观叙事中的劳动正义 刘同舫，中国社会科学，2020(9)

马克思唯物史观叙事中的劳动正义思想，既在政治哲学层面揭示了资本主义时代私人生活与公共领域在正义观念上的矛盾，又在世界历史的理论层面阐明了将人的劳动前提建立在既有秩序之上的资本逻辑及其现实展开。

一、马克思唯物史观叙事中劳动正义的层级结构

马克思的劳动正义思想具有由内及外的层级结构划分,也指向相互对照的多样层级性发展。马克思立足于“现实的人”及其存在方式的理论视域,在唯物史观的理论叙事中将劳动视为人的存在根基,使劳动的正义性诉求成为人类历史前进的内在动因,并在阐释人与世界的现实关系中形成了人、自然和社会“三位一体”的矛盾性结构,其在现实的社会历史进程中表现为劳动正义、生产正义和社会正义深度耦合而成的系统性正义层级结构。以劳动正义为基点的层级结构与唯物史观的理论叙事框架具有内在逻辑的一致性,马克思在分析人类劳动形式演变的过程中,夯实了其正义思想历史性观念的唯物主义基础,实现了正义思想从劳动本质维度向生产领域、社会整体结构的深入推进。在物质资料生产领域的核心层次,生产方式与生产关系的复杂矛盾必定使得劳动正义范畴带有多样性现实特征。随着生产方式的正义问题延展到社会关系的总体层次,马克思转而从社会存在的视角求索现实正义的深层根据,在肯定生产正义为社会正义必要条件的同时,强调基于物质生产发展来获取伦理、政治、文化等领域所滋生的正义观念,促使这些正义观念为社会正义总体的存在提供合理性论证,从而为走向自由人联合体指认正义性存在方式的基础。

二、马克思对劳动“非正义性”的前提批判与历史解构

马克思从资本主义私有制的根源对劳动的“非正义性”进行了前提性批判。他指出,资本主义生产关系中使资本价值得以保存和实现增殖的正义尺度,以及经济生活中人们所渴求的自由、平等的正义秩序,都是资本主义私有制伪造的虚假“外衣”,都要依靠私有制和资本力量共同构筑的“锁链”才能获得保证。马克思在《资本论》中着力批判了资本主义制度,深刻透视资本主义私有制度下劳动的“非正义性”及其对人的否定力量。资本主义在私有制基础上所建立的经济运行规律,开启了对劳动力无情的压制和奴役的历史进程。马克思认为,资本主义制度本身带有剥削的非正义属性,资本主义剥削的形成根源于私有制内生的普遍性社会关系,进而明确了资本主义制度建基于阶级对立的实质,而剥削的秘密隐藏于生产劳动的合法性支撑之下,“资本主义生产过程在本身的进行中,再生产出劳动力和劳动条件的分离。这样,它就再生产出剥削工人的条件,并使之永久化”。马克思批判了资本主义制度的剥削本性及其不断衍生的消极力量,认为私有制所安排的社会关系遮蔽了劳动的正义性价值需要。他从制度根源上对资本主义劳动的非正义因素所展开的批判,在唯物史观的叙事中是关于

历史前提的批判。他将资本主义社会生产置于人类历史演进的过程中，指明资本主义生产方式在私有制度支配下无法克服的必然矛盾及其所昭示的暂时性、阶段性的历史“正义性”。

三、劳动关系悖论的求解与劳动正义的实现

马克思在对资本生产的“非正义性”进行历史解构和前提批判时，澄明了“资本正义”“经济正义”在现实生产过程中的剥削实质。马克思对资本逻辑支配下劳动方式的剖析涵盖经验事实和社会历史现实的双重维度，体现了逻辑与历史相统一的研究方法。马克思所解析的劳动正义问题，归根结底旨在揭秘劳动能力与劳动所得之间的悖论：一是从劳动与资本的外在关系分析“资本正义”“经济正义”与“劳动正义”的异质性矛盾；二是从劳动内部运行的关系探求劳动能力与劳动所得的分立式冲突，并在此过程中从劳动自由和人的自由发展的高度求解劳动关系的悖论，得出资本主义生产方式中劳动关系非正义的阶级性和暂时性特质，明确劳动正义才是真正体现人本质力量的价值诉求。马克思阐明了实现劳动正义所面临的现实障碍，澄清了劳动正义具有符合人类劳动自由本性和现实劳动动态生成的双重特质，以唯物史观的立场和方法扬弃现实的劳动关系困境，为实现劳动正义奠定基础。

四、劳动生产形态的转变与劳动正义问题的重置

在马克思的世界历史理论观照下，劳动正义问题从与资本的直接对立关系中转换到劳动中的“知识产权”领域，劳动正义价值如何实现的问题在资本主义全球化时代被搁置，对劳动正义问题的重构仍然归诸资本主义私有财产法权制度之内。

马克思的劳动正义思想蕴含对社会生活“理应如此”的价值诉求，是从理想的价值状态出发批判现实社会并超越现存状况的实践哲学，促使人们在全球化发展的现代社会中挖掘和培植劳动正义的规范资源并形成价值共识，最终促进人们在社会交往中实现“自由联合”和团结协作。

劳动幸福观的价值意蕴　谢丽威，学习时报，2020－09－28

习近平总书记指出：“劳动是财富的源泉，也是幸福的源泉。人世间的美好梦想，只有通过诚实劳动才能实现；发展中的各种难题，只有通过诚实劳动才能破解；生命里的一切辉煌，只有通过诚实劳动才能铸就。”这是对马克思主义劳动价值论的继承与发展，为新时代劳动幸福观的确立奠定了思想根基。面对人民日益增长的美好生活需要，厘定和明确劳动幸福观的价值意蕴尤为必要。

劳动幸福观内蕴着在改造自然中体味万物演化的恩泽。马克思彻底批判了资本主义条件下的异化劳动,为作为人之自由本质确证与展现的劳动进行了正名。人改造自然的劳动过程,是在对自然的保护和优化中感知自然的伟大与神奇、享受自然的慷慨与恩泽的过程。这正是我们今天在人与自然所构成的生命共同体中沉淀和体悟劳动幸福观的前提与根基。而新时代人民美好生活的幸福旨归,只有通过保护绿水青山、创造金山银山的劳动实践才能实现。

劳动幸福观意味着在变革社会中感受人际关系的和谐。劳动是对作为社会关系之总和的人的类本质的最好证明,是推动人类社会文明进步的根本力量。人在这种全新的劳动关系和社会关系中感受到的是相互承认、平等尊重、宽容接纳的主体间彼此证成关系。每一个人的诚实劳动,都在创造个人价值和社会价值,都是在为国家富强、民族振兴、人民幸福做出积极贡献。

劳动幸福观确证着在完善自我中彰显主体超越的意义。按照马克思主义的观点,人的劳动超越了动物种的尺度和需要,能够按照美的规律来创造世界并在这个过程中达成自我确证。即人在劳动中确立了真正主体的自觉自主意识,敞开了存在于世的意义空间,实现了对自身独特价值的标注与诠释。人类劳动史,既是人类社会文明进步史,更是人类在自我认知、自我完善、自我超越中自由创造美好生活的主体发展史。新时代中国特色社会主义为广大劳动者的自由拼搏、自我实现和主体超越打开了无限广阔的空间,这是一个通过诚实劳动创造美好生活的新时代,是一个通过自我奋斗成就自由幸福的新时代。

新时代劳动幸福观传承和发展了马克思主义的劳动价值理论,使劳动超越了单纯生理满足意义上的身体活动和纯粹物质回报意义上的经济行为,具有了和谐共生、有序交往、自我实现层面上的伦理意味和审美旨趣。劳动在推动社会文明进步、开创美好幸福生活、实现人类自由全面发展中彰显了新时代的巨大生机与活力。因此,我们必须牢固树立劳动最光荣、劳动最崇高、劳动最伟大、劳动最美丽的观念,让全体人民进一步焕发劳动热情、释放劳动潜能,通过劳动创造更加美好的生活。

数字化生活的理性想象　杨庆峰,社会科学报,2020－11－19

城市的数字化转型对于提升城市治理水平和加快高质量发展都有至

关重要的意义。但是，在城市数字化转型时不应忽略信息无障碍的重要性，应使数字化城市在精准、经济和高效的同时，也能够是普惠、包容和公平的。

数字化生活已然在中国各大城市涌现，利用数字技术、被大数据画像以及围绕数字化权利的各种争论成为争论的日常形式。以上海为例，2017年上海的产业数字化进程已经全国第一，2020年上海将全力推动城市数字化转型，这一转型的核心是全面打造数字化生活。总体上来说，数字化生活是对数字化生存的实践扬弃。从数字化生存到数字化生活经历了三种形式的扬弃。

第一，数字化生存到数字化生活是技术现实应用对实验室探索的扬弃。第二，数字化生存到数字化生活是技术实践对技术想象的扬弃。第三，数字化生存到数字化生活是现实生活对未来畅想的扬弃。

最后，还是需要回到"上海在全面打造数字化生活"的现实本身。然而，基于技术想象与理论创想提出的"数字化生存"概念展现出的问题，数字化生存未必带来和谐世界，数字鸿沟、技术拒绝以及数据伦理等成为打造数字化生活必须要应对和破解的理论难题。这些问题的被解决将极大地推动数字化实践。关于技术的工具论和人类学思维无法说明数字技术带给我们便利的同时还会带来什么这一问题，超越工具论去反思当下数字技术及数字化生活的实质，才是更为紧要的。直面问题，理性而自由地运用理性之思，我们才能够实现数字化城市让生活更美好，最终持有对于数字化生活的理性想象。

西方左翼批判"资本逻辑"的"尼采资源" 孙亮，社会科学报，2020－12－24

在批判"资本逻辑"的学术工作中，挖掘尼采的资源应当小心，采取这一路径极有可能像西方左翼学者那样产生一些问题：将政治经济学批判所要求的对资本主义特定生产方式的本质维度的批判，窄化为对新自由主义现象层面的批判；将资本主义发展必然灭亡趋势的规律性阐发，扭曲为一种偶然性的主体抵抗。

如今，我们都生活在一个被称为资本的抽象结构所构筑起来的现代生活围城之中。而求助于《资本论》，并对其进行解读时，会涉及到如何阅读的问题，如果我们以资本、价值形式出发下放到"人间"，可以顺畅地将此岸直接的真理确立为"资本逻辑"。尼采的学术理论对于西方左翼学者来讲，一直是一份重要的思想遗产，譬如列斐伏尔号称的马克思与尼采的链接、德勒兹对尼采的激进式解读，等等。但是，如何能够以尼采的资源撬动资本逻辑，从而打开资本逻辑的“裂缝”，这在西方左翼那里确实是一份可以尝试的工作。对于这份工作，我们限于篇幅不做更多展开，只是借助尼采对“事件的逻辑化”反思略做说明。

第一，尼采对认知的批判与我们反身性地审视《资本论》阅读中的“下行性”方案。譬如，从资本的视角出发，阐发对当代人的劳动的绝对统治，从而再深入推进到对人的生命的统治、精神的统治，这对我们来讲是十分熟悉的，因为此种阐释语法句式普遍存在。尼采对认知的自我检讨，确实给人在解读《资本论》时做了警醒性的提示，不能够将丰富、杂多、偶然的现实世界完全塑型为资本逻辑毫无节制的推演。

第二，尼采对同化即治理的持续性的揭示与创造资本逻辑裂缝空间的想象。对于批判事件逻辑化来讲，最重要的莫过于让这个逻辑中的持续性链条被打破，这一点尼采认识得很清楚，“治理仍然在继续，逻辑思维是一种秩序的手段，目的是同化，想看到相一致的情况”。在这个意义上，抵抗资本逻辑就是制造与资本逻辑“同一性”不同的“非同一性”，而这正是西方左翼批判话语的生成空间。

第三，“最终起决定作用的是生命的价值”与《资本论》另一种解读。强调生命的价值是尼采在“事件的逻辑化”一节结尾时，对事件逻辑化的回击。当我们回到资本逻辑的阐释方式去阅读《资本论》的时候，当然不能理解为尼采这里所说的是一种谬误的类型。而从另一面看，尼采所说的生命价值的决定性，倒是为《资本论》的阅读打开了一扇窗。

尼采的历史观念、主体观念、辩证法等其实已经融入到当代西方左翼的话语中了，这对于我们提升对当代资本主义的批判当然有很大的帮助。

双循环是开拓新发展格局的主要思路　蔡昉，社会科学报，2020－12－31

构建新发展格局，是与时俱进提升我国经济发展水平的战略抉择，也是塑造我国国际经济合作和竞争新优势的战略抉择。站在“两个一百年”奋斗目标的历史交汇点上，提出加快构建新发展格局，是对“十四五”和未来更长时期我国经济发展战略、路径做出的重大调整完善。中央经济工作会议指出，“构建新发展格局明年要迈好第一步，见到新气象”。

新发展格局，不是放弃以往的发展格局，去追求另外一种不同的发展格局，而是强调协调和兼顾，更加强调当前面临的主要矛盾，或者是矛盾的主要方面，这就是以国内大循环为主体。长期看来，世界经济即使在明年开始复苏,也不会回到原来的水平上。世界经济整体是下行的,人口增长率也是长期下行的。除此之外,作为推动世界经济增长的重要引擎,经济全球化在过去的十年、二十年里也处于走低态势。特别是金融危机以后,全球化出现逆流。新冠肺炎疫情让许多国家意识到供应链不能过分依赖他国,需要考虑自身发展的安全,因此,也出现了内顾发展的倾向。

中国的人口变化趋势是影响经济发展的重要因素。当前世界人口问题的主要矛盾是老龄化,中国存在同样的问题,并且这是一个持续的过程。如果这个过程是匀速、均衡的,那么分析其对宏观经济的影响,以及在中国特有的发展特征就存在一定难度。所以,要应对未来可能出现的挑战,就要实现我们需求的合理增长,提升自身的潜在增长率。

疫情之后面临的诸多短期问题中,就业是需要我们关注的一大重要问题。根据统计局分季度、分月的数据,可以得出一个观察结论,那就是服务业更需要社交距离。然而,目前我国还处于疫情防范阶段,所以,对社交距离要求更多的一些行业的复苏效果差一些。生产和消费的复苏差距,从价格指数的变化中也可以看到:消费品价格的基本变化趋势较为疲软,说明消费需求不够强劲。另外,从消费和城镇收入的关系中也可以看到,消费的制约既有来自社交距离要求产生的制约,也有来自前期经济下滑和收入增长缓慢带来的滞后效应。

针对这一问题还需要做到:一方面,应对周期的任务尚未完成,相关政策还需要落实到位。政策的重点可以有所变化,尽量避免大水漫灌。另一方面,针对就业问题,自然失业也是可以改变的。需要政府提供更好的公共就业服务,更好的培训、职介服务。

著作简介

金钱的智慧 [法]帕斯卡尔·布吕克内著，张叶、陈雪乔译，生活·读书·新知三联书店，2020

金钱是行善的恶，行恶的善。人们称颂它所带来的繁荣昌盛，也批判其所引发的道德败坏。作者从拜金者与蔑金者开始分析金钱的面目，从道德、宗教、幸福、爱情、艺术等几个层面去展示财富的恩惠以及它所裹挟的欲望与禁忌。在法国，假装对金钱漠不关心已是老生常谈，很多人摆出各种理由对雄心壮志表示鄙夷，对荣华富贵表示不屑，对爱恨纠葛嗤之以鼻，但事实证明唯有实事求是才能看穿金钱无所不能的神话。

本书由三部分构成，共十章。第一部分是“拜金者与蔑金者”，由第一章至第四章构成。第二部分是“金牛犊神话三则”，由第五章至第七章构成。第三部分是“财富的恩惠”，由第八章至第十章构成。

萨缪尔森经济伦理思想 裴圣军，天津人民出版社，2020

本书为了厘清蕴含于萨缪尔森经济体系中的哲学思想、伦理精神、价值取向以及经济伦理研究方法论，把握西方主流经济伦理思想，拟运用历史唯物主义方法，遵循诠释学原则，对萨缪尔森的经典著作进行深度解读，通过与国内外经济伦理理论的比较研究，力图达至一种“视域融合”，借以拓展我国经济伦理的研究维度，深化学界对西方经济伦理思想的认识，为我国构建和谐社会提供经济伦理的价值支持。本书首先力图从萨缪尔森的学术旨趣、人生信念中寻找犹太伦理、新教精神以及实用主义伦理学的影响因子，为我们更好地理解西方主流经济伦理思想提供一个崭新和全面的视角。其次通过阅读萨缪尔森，我们就能更好地分析与批判西方经济伦理的理论成果，诸如消费伦理、分配正义、经济周期以及政府调控的伦理困境与抉择等等，为我们解决国内所谓“道德滑坡”“富二代”“官二代”等问题折射出来的经济伦理问题提供参考。最后从西方自由主义内部、马克思主义两个角度，综合国内外学者对萨缪尔森的批判与借鉴，力图到达对萨缪尔森经济伦理思想形成一个比较全面与客观的认识与理解。

全书共六章。第一章的内容是萨缪尔森经济伦理思想的价值取向，该章介绍了萨缪尔森经济伦理思想的心路历程、理性精神和救世情怀。第二章的主要内容为萨缪尔森经济伦理思想的方法论，从萨缪尔森经济伦理思想的发生机制、理论镜像和精神实质三个方面进行论述。第三章讨论的是萨缪尔森经济伦理思想的理论基石，并从萨缪尔森自由伦理的三重面相、效率伦理的三维透视、公平理念的三个向度和市场经济与现代政府之间的伦理规则四个方面进行论述。第四章的内容是萨缪尔森微观经济伦理思想述要，并从萨缪尔森消费伦理思想、交易伦理思想和分配正义三个方面展开讨论。第五章介绍了萨缪尔森宏观经济伦理思想拾粹，分别从萨缪尔森金融伦理思想、就业伦理思想和货币伦理思想三个方面进行论述。第六章的主要内容是对萨缪尔森经济伦理思想的价值解析，并从其理论意义、价值判断和当代价值三个方面展开详细论述。

该书有利于我们认识实用主义伦理学对美国主流经济学的深远影响，有利于我们理解现代经济伦理中的基本问题，有利于我们更好地批判继承西方经济伦理思想。从职业伦理角度、国内经济学发展和世界经济发展趋势来看，该书具有重要的现实意义。该书的方法论意义表现在：从西方经济学发展史来看，萨缪尔森的新古典综合经济学理论体系是西方近代经济学产生以来第三次成功的理论综合；从西方传统伦理思想史来看，中道或中庸思想具有深厚的理论渊源；中庸思想是中国传统伦理思想史的精神内核。无论是从现代经济学的演化逻辑还是从中西方思想传统来看，萨缪尔森经济伦理思想所体现出来的中庸理念既有其逻辑必然性，也符合中国传统理念，必能拓展中国经济伦理研究方法的视野。

财富伦理研究　何棣华，中国社会出版社，2020

本书逻辑严密、较为全面地阐述了财富伦理的相关问题，具有较强的创新性和学术价值，即从财富伦理这个更为广泛的层面入手去探讨其与经济伦理学的关系，不仅阐明了财富伦理的概念、性质和研究领域，论证了财富伦理的正义原则和仁爱原则。还为其他相关领域的伦理研究如经济伦理和消费伦理提供理论指导。同时，此书对现实具有一定的指导意义，即帮助人们认清财富的本质等，并可以为解决社会公平问题提供一定的理论参考。

第一章"财富、伦理、财富伦理概念辨析"首先从财富产生的认识论前提与心理基础、财富产生的技术基础及财富给社会带来的重大变化、从动物进化看财富的功能和财富的主要功能是炫耀方面来阐述财富的产生及其功能。其次,分别介绍了古典思想家、马克思和精神分析心理学对财富本质的揭示。最后,介绍了伦理、道德的含义及其关系、财富伦理概念辨析、财富伦理的学科定位以及财富伦理与政治经济学、经济伦理、消费伦理的关系。

第二章"财富伦理的历史生成与展开"分为两部分,先是通过讲述财富与人的辩证关系、财富伦理的历史起点与演进逻辑和传统社会的财富伦理特征来介绍财富伦理的历史雏形,即传统社会是财富伦理产生和成长的初期。而财富伦理全面展开、丰富并走向成熟的时期是现代社会,通过现代生活方式的确立、人的普遍性本质与异化、财富伦理的主要论域和财富伦理的未来走向来展现。

第三章"财富伦理的动力与基本原则"主要讲述了两个原则,一个是财富伦理的第一个动力——个人对自我利益的追求,并论述了"正义"作为财富伦理第一个原则的合理性;另一个是财富伦理的第二个动力——对意义世界的追求,并论述了"仁爱"成为财富伦理第二个原则的合理性。

第四章"分配正义的实现"则是通过介绍罗尔斯的公平正义理论、诺齐克的持有正义理论和社群主义的多元正义理论来展现当代正义理论的交锋,然后分析了初次分配的正义问题:财富生产领域公正的基本内涵,让市场主体有公平竞争的机会和有效打击损害公共利益和他人利益的行为;第二次分配的正义问题,即政府调节的合理性依据和政府调节的合理手段;第三次分配的正义问题,即慈善公益事业的合理性和营造有利于慈善事业发展的社会环境。

第五章"个人正义与仁爱的实现"探讨了财富伦理两个基本原则在私人领域的实现,即从个人创造财富的自由权利与正义责任和个人享用财富的自由与正义责任来展现个人正义的实现,从出于世俗功利目的的仁爱及其实现、以道德责任和宗教责任为动力的仁爱及其实现、以快乐体验为动力的仁爱及其实现和实现仁爱的合理方式来论述仁爱原则的实现。

伦理的逻辑　杨杜,经济管理出版社,2020

本书以企业伦理为研究对象,以讲"应该"不讲强制和质疑、讲"伦理"不讲道德和说教、讲"分类"不讲统一和普世、讲"逻辑"不讲主观和臆断与讲"公式"不讲概念和因果的"五讲五不讲"为原则,运用逻辑的方法,将企业管理问题分为事理学、管理学、治理学、心理学、伦理学、哲理学和命理学等七个层面，进行了较为系统的论述。全书共由十章构成，并将《华为公司企业伦理文件包》以附录形式呈现，以此展现企业伦理建设的系统性等，为读者提供一定的借鉴和思考。

第一章以“企业伦理的‘三定一变’”为题，先从“HOW—WHAT—WHY”入手，进行企业伦理的定义、定位、定量和变维分析，并向外扩展进一步探寻其与传统伦理和现代伦理的关系，向内则进一步细致地进行企业伦理的变维思考，最后做企业伦理度的测量。

第二章“错综复杂的企业伦理”基于前一章分析的基础上，论述企业已成为新伦理的重要发源地，而且还提出“普遍伦理观”“特殊伦理观”和“辩证伦理观”三个关于社会伦理和企业伦理关系的伦理观。并在分析了企业伦理的四项基本原则后，进一步对企业伦理的界限进行清晰的界定。

第三章“伦理的基本价值判断”分别讨论了伦理的四个基本的价值判断，即目的伦理还是手段伦理；尊重个人还是集体主义；效率第一还是公平第一以及长期利益还是短期利益。

第四章“达则兼济天下的伦理”先从企业文化到企业伦理进行分析，而后在先介绍了企业的十个权益相关者的基础上对企业权益相关者的权益相关度进行展示并试图排序。除此之外，还介绍了企业社会责任标准体系、企业五种责任和“五合”管理。

第五章“不同企业和立场的伦理观”在介绍了几家著名公司的企业伦理文件后，通过企业人伦理三分法将企业伦理分为个人伦理、职业伦理和组织伦理，分析企业家的伦理观和员工的伦理观，并结合事例展现学者从客观立场和批判立场分析问题。

第六章“企业伦理观的分类方法”主要讨论了企业伦理观单向法、企业伦理观两分法、企业伦理观三分法（极端利己、绝对利人、自利利人）和企业伦理观多分法。

第七章“如何达到双赢或多赢结果”讲了双赢的要领和方法，即柯维双赢五要领和杨杜义利兼得九法。并通过“市场的成功”“市场的失败”“企业的失败”和“为何衣食足仍不知伦理”来讲述治懒不治坏的市场机制，而后说明做企业要知敬畏，并讲述了伦理教育的必要性。

第八章“企业伦理用于管理”从对伦理行为的奖惩、可积累的进步才是真正的进步、不同权益相关者的伦理原则和不同类型企业的伦理入手，并通过案例逐步进行分析。

第九章“社会伦理用于企业”选用几个典型的社会伦理观念进行分析，

同时讨论它们在企业中的运用,即从"孔融让梨"看企业伦理;从"雷锋精神"看企业伦理;从"家伦理"看企业伦理和从"做人"看企业伦理。

第十章"财富与伦理"主要讲述财富与伦理之间的关系,从Q型与F型财富伦理观、看待财富的七个视角、追求财富的是非曲直、德、财、才与财商以及商道入手进行探讨,认为不要把企业伦理当作提升企业绩效的手段,而相比之下,才和财的关系应该比德和财的关系更密切,即一个有效的管理者除了有智商、情商和身体素质方面的要求,还需要有财商。

道德资本与社会发展 李志祥等著,南京师范大学出版社,2020

本书是由多位学者从不同方面对道德资本理论的深入拓展之作,至少从三个方面推进了"道德资本"理论研究:第一,它集中梳理了学术界围绕"道德资本"理论展开的学术争鸣,清晰展现了道德资本理论的发展历史;第二,它全面分析了"道德"与"资本(经济)"的相互关系,拓深了道德资本理论的学科基础和内在依据;第三,它广泛阐述了道德资本理论在具体理论领域中的应用,进一步挖掘了道德资本理论的社会应用意义。道德资本理论是一个非常有生命力的理论,充分发挥道德的资本功能,对提升国民的道德素养,促进社会发展具有非常重要的意义。道德能否成为资本?道德何以成为资本?这些理论问题还可以进一步论证。社会需要什么样的道德资本?如何养成一个社会的道德资本?这些实践问题还需要进一步探索。

本书分五大版块展开论述。第一个版块"道德与资本",分析道德与资本的冲突与融合关系,力证道德是一种资本。道德并非只作为资本,资本也总想突破道德的制约,但是,道德线路与资本线路仍然有其交叉融合之点,这个交叉融合点的理论产物之一就是"道德资本"。第二个版块"道德资本的探索争鸣",回顾"道德资本"引发的学术争论,提供"道德资本"范畴的学理依据。支持者认为道德在一定意义上具有资本功能,反对者认为道德不可能也不应该成为一种资本。第三个版块"道德资本的社会价值",将道德资本范畴应用到各种社会问题中,探索道德思考的全新视野。道德资本理论具有非常重要的社会应用价值,其核心在于它提供了一种基于非彼岸力量的"德福一致"证明,找到了一条促进道德生活与社会生活协调发展的可行路径,从而为企业社会责任、资本道德批判以及社会经济发展提供了全新的观察和证成视角。第四个版块"道德资本与中国伦理学",讨论中国伦理学、中国经济伦理学、中国政治伦理学以及中国传统文化的历史发展。“道德资本”理论是中国伦理思想创新发展的产物。中华人民共和国成立以来，中国给理学就在两个基础上奋方发展：一个基础是以现代化为主线、随着时代发展而不断变迁的现实伦理关系，另一个基础是综合了马克思主义伦理思想、中国传统伦理思想和现代西方伦理思想的伦理文化宝库。第五个版块“道德资本与其他道德问题”，以马克思恩格斯道德观为指导，研究当代经济伦理、环境伦理、美德伦理以及共享伦理中的重要问题。道德资本理论是伴随着各种道德理论的发展而发展起来的。在当代中国，科学发展的伦理问题、公民社会的伦理问题、经济生活的伦理问题以及生态环境的伦理问题，都是影响中国社会发展的重要道德问题。

企业伦理学(第4版)　周祖城编著，清华大学出版社，2020

本书因新的问题、新的经验、新的技术如互联网技术应用等对企业伦理学教材进行了修订和完善。本书主要注重企业伦理学基础、面向企业实践、与管理的联系、反映中国伦理思想和体现国际视野等，并新设了“互联网+”，具有一定的时事性。全书由企业伦理学基础、企业经营中的伦理问题和促进企业道德行为的途径三个部分构成。通过定义性研究、描述性研究、规范性研究、解释性研究和对策性研究五类研究来阐述“为什么”“什么”“如何”三大问题。

第一章“概论”主要从企业伦理学的产生、伦理与道德、道德与法律、企业伦理与企业道德、企业伦理学的任务和学习企业伦理学的意义六个角度出发，不仅清晰地介绍了企业伦理学的基础理论，更重要的是说明了为什么要学习企业伦理学。

第二章“企业社会责任”通过对企业社会责任的讨论引出企业道德责任的探讨，包括企业社会责任的代表性观点、企业社会责任的四个基本问题、企业社会责任与可持续发展、企业慈善、企业公民、社会创业、企业社会响应、企业社会业绩等概念的关系，以及企业伦理责任及其履行的必要性和可能性等问题。

第三章“企业道德推理”主要是从伦理学理论入手，先讨论了道德推理的必要性，分析涉及伦理相关行为与伦理无关行为、底线伦理与理想伦理、道德评价、个人道德发展阶段和伦理利己主义，并说明学习伦理学理论的必要性。然后介绍了伦理学理论，即功利主义、义务论、权利论、公正论、关怀论和美德论。并基于前面的分析，讨论了企业伦理规范、伦理分析的步骤和道德责任的问题。

第四章“市场营销中的伦理问题”首先用三种代表性观点介绍了营销与伦理,并且从被调查者、委托人、竞争者和公众不同层面介绍了市场调研中的伦理问题。其次,从产品设计、产品包装、产品安全、强制性产品淘汰和产品召回来介绍产品中的伦理问题。再次,从歧视性定价、串谋定价、掠夺性定价、价格欺诈与误导性定价以及暴利价格来分析定价中的伦理问题。接着,从渠道管理中的伦理问题和直销中的伦理问题来讨论分销中的伦理问题。最后,从广告中的伦理问题和人员推销中的伦理问题来讨论促销中的伦理问题。

第五章“人力资源管理中的伦理问题”介绍了四方面的伦理问题,即招聘选拔中的伦理问题,涉及就业权、聘用自由的伦理问题和就业歧视;薪酬设计中的伦理问题,涉及高管薪酬和同工同酬;劳资关系中的伦理问题,涉及劳资关系、利益冲突、商业贿赂、人员流动、商业秘密与竞业限制、电子监控和个人隐私等概念和问题;工作安全中的伦理问题,涉及工作安全、工作压力及性骚扰等方面存在的伦理问题。

第六章“会计中的伦理问题”首先讲述了会计伦理是建立在会计关系上的伦理要求等,然后从会计人员职业道德,即国外会计人员职业道德准则和《中国注册会计师职业道德守则》;会计活动中的伦理问题,即企业财务中、审计中和咨询中的伦理问题;威胁和冲突的处理,即威胁的识别、评估和处理以及应对道德冲突问题的思路和方法三个方面对会计活动中的伦理问题展开论述。

第七章“环境保护中的伦理问题”首先介绍了人类与环境的关系。其次,从代际公平、国内公平与国际公平三个角度介绍环境公平问题。再次,对当前主要环境问题进行列举。最后,引出企业有环境保护责任的阐述。

第八章“国际经营中的伦理问题”先介绍了国际经营中的伦理准则,即对共同伦理规范的需要、人类命运共同体思想、《联合国千年宣言》倡导的价值和原则、跨国公司的责任、理查德·T.迪乔治的国际经营七准则、经济合作与发展组织的跨国公司准则、综合社会契约论和国际经营中的伦理评价。然后讨论了国际经营中的典型伦理问题:市场歧视问题、转移价格、有害产业转移和品牌控制。最后从文化差异与对伦理问题的敏感度、中西伦理文化比较来介绍中外伦理文化差异。

第九章“社会与企业道德”首先介绍了道德决策模型:莱斯特的道德决策过程模型、曲维诺的个人与情境交互作用模型和琼斯的道德问题权变模型。接下来从有限道德意识、自我损耗理论、自我服务偏差和道德推脱四个角度讨论为什么“好”人会做出不道德决策。再次，通过分析影响企业负责任行为的因素，以及个人、企业、社会三层次体系，阐述促进企业道德行为体系构建的措施。最后，通过强调加大打击违法及严重不道德行为的力度和支持道德行为，提出社会层次方面促进企业道德行为的措施。

第十章“企业道德管理”先介绍了合规管理策略与道德管理策略，然后从计划工作、组织工作、领导工作和控制工作来分析企业道德管理过程，并从利益相关者类型、利益相关者管理原则和利益相关者框架入手阐述利益相关者管理。通过论述企业道德文化建设进而分析道德与利益相结合带来的影响，即企业道德对管理的促进作用，基于卓越道德的竞争优势和战略性企业社会责任与创造共享价值。

第十一章“个人与企业道德”通过案例分析，讨论什么样的生活是人值得过的，并从学习求知、内省自讼、克己自律、积善为德和慎独方面论述我国传统的道德修养的方法。同时提出要学会思考、表达价值观来提升能力以展现个人层面的个人与企业道德的关系。

西方经济伦理思想史：经济的伦理内涵与社会文明的演进 徐大建，上海人民出版社，2020

本书属于思想史研究，其目的是为了解决经济伦理的基本问题。为了这一目的，作者力图以经济伦理研究的基本问题及其演变作为论述的主线，以此来选择西方历史上一些主要的哲学家、经济学家或社会学家作为论述对象，系统性地阐述他们的经济伦理思想并对之进行一些批判，最后对经济伦理的基本问题得出一些借鉴性的结论，从而避免让本书成为一本既缺乏理论框架又缺乏研究结论的杂乱无章的经济伦理思想史资料汇编。本书的基本思路和方法是：首先弄清楚经济伦理的基本问题及其变化形式，聚焦形成研究的逻辑主线；其次根据这些基本问题的历史演变，选择与其密切相关的有代表性的著名经济学—哲学家、政治哲学家和社会学—哲学家的主要著作及相关文献，对他们的经济伦理思想进行分析梳理；最后围绕基本的经济伦理问题，对西方经济伦理思想进行批判性总结，得出自己的结论。

全书分为六个部分，共十五章。第一部分即第一章是经济效率与公平正义——经济伦理的基本问题。该部分根据经济伦理问题的内在逻辑和历史演变从伦理学的基本问题出发，过渡到经济学视野中的基本伦理问题，再逐步过渡到政治经济学、政治哲学和经济社会学等学科视野中的基本伦理问题,来说明经济伦理研究的基本问题,为经济伦理学科的理论框架构建提供一个可供参考的坚实基础,同时形成一条逻辑主线来对西方的经济伦理思想史进行系统的研究。最后,出于经济伦理思想史研究的需要,还简明地讨论了相关的方法论。

第二部分是古代萌芽时期,由第二章和第三章构成。第二章首先对古希腊文明的经济政治状况和哲学思想特征做一个背景说明,然后以此为基础阐明古希腊哲学的主要代表人物柏拉图和亚里士多德的伦理—政治思想,在此基础上再对隐藏于其中的经济伦理思想进行简要的论述和评论。第三章首先对中世纪的经济社会状况以及基督教的形成和发展做一个简单的描述,然后对基督教的宗教伦理思想进行简要的分析,在此基础上再说明中世纪基督教的经济伦理思想。

第三部分是近代形成时期,由第四章至第六章构成。第四章的目的是描述近代资本主义经济活动的产生和发展,分析其蕴含的伦理道德观念,为此后探讨西方的经济伦理思想奠定其社会经济活动和伦理观念的基础。为此目的,第四章首先从近代资本主义生产方式的萌芽、伴随着资本主义生产方式发展所产生的伦理观念和政治制度,以及最后形成的工业社会等诸方面,简要地描述近代欧洲资本主义的产生和发展;在此基础上,继而分析这种社会转型的历史渊源和基础,并概括出资本主义生产方式所需要和蕴含的伦理道德观念;最后再简要地说明,随着近代欧洲资本主义的发展,经济学诞生了,于是才会产生近现代西方的经济伦理思想。第五章首先论述斯密学说的整体思路和框架,然后分别论述斯密的情感伦理学和政治经济学,在此基础上最后论述斯密的市场经济伦理并予以简要的批评。第六章首先探讨穆勒的功利主义基本理论,其次探讨其功利主义视域下的公平正义理论,以说明其经济伦理思想的出发点,在此基础上,最后再探讨其经济伦理思想。

第四部分是现代发展时期Ⅰ,由第七章至第九章构成。第七章论述了新制度经济学派的基本原理,阐明了新制度经济学的奠基人科斯的基本理论及其总体发展,并展开对各派新制度经济学理论的详细探讨,在此基础上又简要地讨论新制度经济学基本理论的经济伦理含义。第八章首先论述罗尔斯所要解决的核心问题和方法论基础,包括他对功利主义的批判,其次讨论他的正义理论及其论证,然后对他的正义理论所蕴含的经济伦理思想做一些探讨。第九章主要讨论阿玛蒂亚·森通过其福利经济学和政治哲学研究得出的经济伦理思想,不仅对经济学的功利主义伦理框架做出了新的解释，而且对经济效率与公平正义提出了富有启发的见解，为我们据以制定经济行为规则的伦理原则提供了新的启示，该章试图对阿玛蒂亚·森的这些贡献做出必要的述评。

第五部分是现代发展时期Ⅱ，由第十章至第十二章构成。第十章首先对马克思的基本思想做一论述，然后再讨论他对经济伦理问题的看法。需要强调的是，这里只探讨马克思本人的学说，而不涉及其他马克思主义者的理论。第十一章探讨韦伯在经济伦理领域中两本主要著作即《新教伦理与资本主义精神》和《儒教与道教》中的观点，以及与此相关的他的社会学方法。第十二章围绕经济发展与伦理道德的关系这一问题，探讨哈耶克社会理论以及与之相关的自由主义政治哲学原则和信息经济学原则，不涉及其货币政策和经济周期理论。

第六部分是经济伦理基本问题的演变，由第十三章至第十五章构成。第十三章基于本书之前的经济伦理思想史论述，对构成了经济学伦理前提的这两个经济行为目的进行探讨和总结；在对它们进行道德评价或辩护之前，还要在事实层面上论述它们的发展变化。第十四章首先讨论西方伦理思想中公平正义概念的抽象语义和实质内容，然后讨论西方经济伦理思想中有关经济活动的规则公平原则和结果公平原则，揭示效率导向的正义原则与公平导向的正义原则两者之间的一致之处与差异之处，以及两者各自的利弊得失。第十五章首先以具体的生产交往方式为基础，从生产关系要适应生产力的发展、道德法律传统要适应生产关系这两个方面出发，阐述社会发展的一般规律，并由此说明，生产力和经济发展水平决定了道德法律传统的具体内容；其次从生产关系的内在矛盾出发，探讨现代市场经济生产交往方式的演变，并由此说明，生产交往方式及其道德法律传统的改进和创新，会导致能够促进经济发展的生产交往方式及其道德法律传统取代不能促进经济发展的生产交往方式及其道德法律传统；最后尝试说明，经济发展决定道德法律传统这一论断，对于解决规范层面上“效率”与“公平”之争所具有的含义。

共享伦理研究　向玉乔，人民出版社，2020

本书聚焦人类社会的共享问题，旨在倡导和弘扬共享主义伦理观，呼吁建立社会发展成果能够得到公正分配的共享社会。而后分析了共享主义伦理观具有的重大的理论意义和现实价值，并提出共享主义伦理观至少应该涵盖十个主要观点。全书由导论、十一章和结语构成，较为清晰地论述了共享主义伦理观。

导论“共享乃万德之源”阐明了共享主义伦理观是对利己主义伦理观和利他主义伦理观进行超越、整合和创新的产物,并分析了哲学理论中包含共享发展理念、共享伦理相关内容的四种主要思想和理论,而后通过历史唯物视角和结合当下我国现实国情来阐述共享伦理问题。

第一章“能否共享:文明社会的核心伦理问题”分别分析了富人与穷人之间的共享伦理;国家与国民之间的共享伦理;当代人与后代人之间的共享伦理;强国和弱国之间的共享伦理。而后提出能否共享是人类进入文明社会之后必须解决的核心伦理问题。

第二章“人类探求共享伦理的悠久传统”深入系统地追溯人类伦理文化传统来研究共享伦理这一伦理形态。首先分别分析了儒家“忠恕之道”的共享内涵及其影响、道家区分天道和人道的共享意蕴及其影响、佛家推崇共享的教义及其影响和西方追求共享的伦理思想传统,随后讨论了当代学者对共享伦理的理论求索。

第三章“共同体意识与共享伦理”通过深入研究人类的共同体意识来深刻认识、理解和把握共享伦理的核心要义。主要阐述存在者共同体与存在者共同体意识、自然界共同体与自然共同体意识、国际社会共同体与国际共同体意识、国家共同体与国家共同体意识以及家庭共同体与家庭共同体意识,最后指出人类是追求共享伦理的存在者。

第四章“共享伦理:在利己与利他之间”首先分析了基于人的自私性的利己主义伦理观和基于人的利他性的利他主义伦理观,在此基础上指出共享伦理是平衡利己与利他的伦理诉求,并阐明仁爱的共享主义就是共享伦理的精义所在。

第五章“时间的共享性及其共享伦理意蕴”先阐述了时间是一种共享性资源,并在此基础上进一步阐明时间性总是在共享的过程中彰显。而后分析了人类共享时间的方式、时间的私有化及其伦理意蕴、工作时间的共享性与职业伦理、闲暇时间的共享性与休闲伦理和时间的长短与人生的价值之间的关系。

第六章“空间的共享性与空间伦理”先区分了宇宙、空间与空间性的概念,并进一步阐明空间的共享性与人类的位置感之间的关系。随后,论述了生态扩张主义对自然界共享性的破坏;私人生活空间、公共生活空间与公共道德;空间私有化及其伦理象征意义;空间的国有化与国际空间正义和空间伦理的内在张力。

第七章“政治权力的共享性与共享政治伦理”从政治伦理的角度出发，先阐述了政治权力是一种共享性社会资源和国民权利是国家公共权力的另一种形式。而后分析了政治权力分配中的核心伦理问题、政治伦理介入政治权力分配的方式和现代民主政治与共享政治伦理。

第八章“财富共享问题与财富伦理”主要探讨财富共享问题以及财富伦理在共享伦理中的重要地位。在分析了当今中国社会需要财富伦理导航的基础上阐述了财富创造者的伦理尊严、财富消费的符号化及其危害性、物质财富分配的公正性问题、财富伦理的慈善维度和财富利己主义的危害性，最后指出，财富伦理是关于财富的自在之理。

第九章“共享伦理之分配正义维度”指明分配正义是共享伦理的核心要义，体现了共享伦理的核心价值取向。在论述分配正义的内涵、实质和实现途径的基础上提出分配正义是共享伦理的最高价值目标。

第十章“共享伦理与推动构建人类命运共同体的中国方案”是从国际伦理的角度切入，先阐述了人类命运共同体的伦理特质，而后分析了推动构建人类命运共同体的现实合理性、需要解决的重大国际伦理问题和国际伦理价值，并进一步讨论了当代中华民族的共享伦理意识。

第十一章“共享伦理的伦理限度”先论述了共享的合伦理性问题，然后提出共享的伦理原则：“己欲立而立人，己欲达而达人”和“己所不欲，勿施于人”，最后阐明共享美德的有限性。

本书结语为“以共享伦理促进共享发展”，分别论述了共享伦理是共享发展的伦理基础，共享伦理的核心价值理念是“共享”、当今中国践行共享伦理的具体路径和共享伦理向国际社会延伸的空间，并提出弘扬共享伦理是当今世界发展的希望。

经济伦理学　*唐更华等主编，经济管理出版社，2020*

本书试从企业利益相关者视角研究经济伦理学的主要问题。全书共由七章构成，基本涵盖了经济伦理学所研究的主要问题，即不仅从微观方面涉及经济领域中行为主体的伦理问题，还从宏观方面涉及到经济生活领域中不同维度的伦理问题。除此之外，在对经济伦理学的相关理论知识进行了介绍的同时，还结合案例进行了分析，具有一定的借鉴意义。

第一章为“伦理学与经济伦理学”先从伦理与道德的概念入手，讲述了伦理与道德的内涵，分析了伦理道德与法律的以及伦理道德与宗教的关系，并解释了伦理相关行为，随后介绍了伦理学的研究对象和伦理学的分类。基于此,阐明经济伦理学的学科性质,经济伦理学的发展演变和利益相关者视角的经济伦理学。

第二章"伦理分析基本工具"先介绍了道德评价的概念、对象以及道德发展的阶段。然后从目的论、道义论、关怀论和美德论四个视角讲述了道德评价工具。最后从个体因素、企业文化因素和其他因素来介绍伦理评价与决策的影响因素。

第三章"企业治理结构伦理"在讲述企业治理结构实质的基础上,介绍了企业治理结构设计原则,随后分析了现代企业的基本特征,即现代企业对物质资本的依赖性与现代企业对人力资本的依赖性。在分析了现代企业的"双重依赖性"的基础上,继续阐述了"企业治理模式创新",并介绍了我国企业治理结构选择的误区与创新。

第四章"员工管理伦理"首先介绍了员工管理伦理的基本原则,随后从员工管理的信任问题、员工管理的尊重与公平问题、员工管理的关怀问题、员工管理的权利问题和员工管理的民主问题入手介绍了员工管理过程中存在的伦理方面的问题,并试图从这四方面入手为员工管理伦理问题给出治理对策。

第五章"营销伦理"先阐明了营销伦理的概念,而后从品牌冒充、包装信息不真实和恶意抹黑竞争对手来讨论市场竞争伦理中涉及的问题;从市场调研伦理问题、价格欺诈、价格歧视、价格垄断和串谋定价来讨论定价伦理中涉及的问题;从广告促销伦理、人员促销伦理和与促销紧密相关的分销渠道问题来讨论促销伦理中涉及的问题;从虚假"零成本"、侵权行为泛滥、违规竞价和隐私泄露来讨论网络营销伦理中涉及的问题。

第六章"生态环境伦理"指出企业经营活动难免对生态环境造成负面影响,所以从原始社会、农业文明时期、工业文明时期和生态文明时期来阐述人类与生态环境的关系,并指明生态环境问题的表现与特征,阐明了企业的生态环境责任以及企业与生态环境保护之间的关系。

第七章"企业社会责任"首先从狭义和广义两方面对企业社会责任的概念进行了界定并介绍了企业社会责任的分类。其次,对企业社会责任的发生机制进行了论述。再次,从萌芽、形成、发展与深化和成熟与国际化来介绍以美国为典型代表的西方企业社会责任实践的四个发展演变阶段。最后,讲述了企业社会责任的基本策略。

伦理学前沿

论文简介

神经伦理学挑战下的道德心理重建——一种亚里士多德式路径探索

陈庆超,哲学动态,2020(1)

如何为道德行动提出合理的心理基础是当代道德哲学无法回避的难题,围绕这些问题出现了不同主义之争。当代一些伦理学家通过研究认知科学企图解决这些难题,神经伦理学随之出现,但它的出现也构成了对传统伦理学的一种挑战,而如何在这种挑战下证成恰当的道德行动理由,研究亚里士多德的相关理论是一种有效尝试。

一、道德心理基础问题的当代显现

道德心理基础问题是随着时间发展而出现的,由德性伦理学家提出而得以呈现。德性伦理的复兴始于安斯库姆在六十多年前发表的《当代道德哲学》一文,安斯库姆在文中指出了当代道德哲学面临的问题:首先,当代道德哲学的研究缺乏合理的心理哲学基础;其次,当代道德哲学讨论中所使用的核心概念无法完整表述亚里士多德的德性概念,即只有道德德性概念的意思表达,无法囊括理智德性;最后,当代道德哲学研究面临两个严峻挑战:如何为道德行动提供合理的心理解释理由?是否有合适的心理理论来弥合行动者理智与情感、知与行之间可能出现的鸿沟?学者们从两个方向解决上述难题:一是从古代经典著作中寻求解答,二是利用自然科学探索科学解答,神经伦理学便是其中的代表。但神经伦理学的出现对传统规范理论构成了挑战,其关于心灵活动的研究结论会在某种程度上消解传统伦理学中的基本概念,存在颠覆传统伦理学的潜在可能。

二、对当前神经伦理学的回应与问题遗留

在论战中,传统伦理学理论及其拥护者也指出了神经科学的不足之处:首先,神经科学的实证研究建立在两个假设之上,支撑这两个假设的证据并不充足;其次,神经科学处理的是脑结构、脑功能的复杂认知问题,目前这方面的研究并不全面;最后,当代神经科学的研究结果是否适用于解释人类道德行动是存疑的。

即使当代神经科学的研究本身存在不足之处,但我们依然需要解决古典的道德理论如何天然具有足够的心理基础这一难题。安斯库姆给出的建议是以柏拉图和亚里士多德考虑问题的方式来为当代道德行动提供心理理由。在此背景下,我们需要复归亚里士多德的伦理思想并从中寻找足够的心理解释力。

三、亚里士多德的道德心理体系

亚里士多德的伦理思想不缺乏心理学基础,其伦理思想包含的心理基础问题主要体现在他有关灵魂的讨论中,其中包含以下两个论断:其一有关政治学或伦理学,他认为幸福就是灵魂功能的本质实现与完好发挥,其二有关生物学,灵魂是动物生命的本质特征,也是动物运动的内在动力。

人们对亚里士多德生物学知识和政治学理论的相互关联性及相互的可支撑性存在争议,有三种主要观点:一种是他的政治学援引了生物学知识作为理论支撑;二是政治学的功能论证为生物学研究提供了方法论基础;三是他的政治学和生物学之间没有必然联系。当代亚里士多德的研究者弗腾堡认为亚里士多德在不同领域研究中的侧重点不同,不能简单将一个领域的知识用于另一个领域的讨论。亚里士多德严谨区分了不同领域知识,这有益于区分当代认知科学与道德哲学。

四、逻各斯的状态与心理动因的自明性

若想理解亚里士多德的灵魂学说,就要正确理解逻各斯。他将灵魂分为有逻各斯和无逻各斯两个部分,而无逻各斯的部分又可以分为两个子部分:造成营养和生长的部分和没有逻各斯、却在某种意义上分有逻各斯的部分。有逻各斯的部分也可以分为两个子部分:严格意义上具有逻各斯的部分和在服从逻各斯的意义上分有逻各斯的部分。逻各斯的划分是理解灵魂结构的前提,也是理解行动心理基础的前提。而逻各斯的应用不仅确保了行动理由的自明性,还可以为道德教化提供心理前提。进一步来说,那些彻底无法教化的本能是兽性。

亚里士多德对心理基础的政治学处理方式可以有效回应多种主义对于行为的心理基础以及行动者的自由意志和道德责任的解构。此外,亚里士多德道德哲学心理基础的在先性和自明性进一步捍卫了政治学中的德性统一观点。

从“熟人社会”到“熟人社区”——乡村公共道德平台的式微与重建

王露璐，湖北大学学报（哲学社会科学版），2020(1)

中国传统乡村社会的“熟人社会”特征使村庄形成了自身稳定而日常化的道德生活形态，也使日常化的公共道德平台在道德评价、道德传播和道德约束等方面发挥了重要功能。伴随着乡村社会生产生活方式变化和人们交往熟悉程度的下降，传统乡村公共道德平台日渐式微。在实施乡村振兴战略的背景中，如何重建新型的乡村公共道德平台？在此，笔者将结合对地处中国不同地区的10个村庄田野调查资料，探讨当前中国乡村社会转型中公共道德平台的式微及其原因，并提出重建契合实施乡村振兴战略的新型公共道德平台的可能路径。

一、“熟人社会”：“乡土中国”的基本特征及其公共道德平台的日常化

所谓公共道德平台，意指在公共生活中形成的具有道德评价、道德传播和道德约束等功能的特定场所、空间或活动。公共道德平台由来已久，在人类社会发展的不同时期和不同区域，公共道德平台的形式与内容也呈现出与生产方式、生活方式、交往方式相适应的不同特征。传统乡村耕种土地的生产方式、世代定居的生活方式和基于“熟人社会”的交往方式，使村庄形成了自身稳定而日常化的道德生活形态，这种日常化的道德生活形态也生成了传统乡村公共道德平台的日常化特征。其一，公共道德平台的日常化，使村庄传统道德习惯在潜移默化中得以传承。其二，公共道德平台的日常化，使村庄成员形成并强化共同的道德价值和道德评价。其三，公共道德平台的日常化，为维系村庄礼治秩序提供了有效的载体。

二、“半熟人社会”：“新乡土中国”的变化与公共道德平台的式微

在“新乡土中国”的背景中，越来越多的农民冲破血缘和地缘关系的限制从事市场化、职业化的生产劳动，乡村社会的生产、生活和交往方式呈现出新的特征。一方面，大量农民外出务工，他们在城市中从事新型的职业劳动，也开始融入城市的日常生活。另一方面，伴随着村庄合并及东部地区大量村庄工业化、市场化进程的加快，一些村庄人口数量大幅提高，外来务工人员迅猛增加。由是观之，伴随着“熟人社会”转向“半熟人社会”，村庄稳定而日常化的道德生活样态被打破，传统乡村公共道德平台失去了其日常化的表现形式。田间、井口、河边、集市、祠堂、戏台等，难以再发挥其在传统乡村社会中强大的道德评价、传播和约束功能。但与此同时，与走向市场化、工业化的村庄生产、生活方式和“半熟人社会”特征相适应的新型公共道德平台却出现了某种“空场”或“断裂”。

三、"熟人社区":重建乡村公共道德平台的基本思路

如果说传统中国乡村是基于日常化的公共道德平台形成的"熟人社会",那么,通过重建与当前乡村生产、生活、交往方式相契合的乡村公共道德平台,增强村庄成员之间的接触、交往和交流,使村庄成为一种新型的"熟人社区",既是实施乡村振兴战略题中应有之义,也是实现乡村振兴的有效路径。近年来,出现在我国不同地区的乡村文化礼堂、文化广场、道德讲堂、家族祠堂、乡村书院等自发而多样、各具特色的文化载体和形式,不断打造出新型的乡村公共道德平台,成为村民自发、自觉、自愿乃至喜爱的聚集和交流平台,也形成了乡村广场舞、乡村春晚、乡村故事会、乡村乐团等道德建设的有效载体。

四、乡村振兴背景中乡村公共道德平台的重建路径

通过对 10 个村庄的田野调查,笔者认为,应当结合村庄经济发展方式和水平、村民居住条件和形式、村庄传统文化习俗等因素,采取多种形式,构建新型的乡村公共道德平台。其一,乡村公共道德平台的重建应充分适应当地经济社会发展水平和农民居住形式。其二,乡村公共道德平台的重建应充分尊重当地民间习俗,吸纳优秀道德传统。其三,乡村公共道德平台的重建应体现乡村多元主体作用,注重发挥"新乡贤"的道德权威力量。概而言之,乡村公共道德平台的重建,应当契合村庄发展水平,体现村庄地方特色,采取多种形式并使其常态化地融入村庄日常生活。

经典世界的思想配角——论杨朱　陈少明,中国哲学史,2020(1)

本文据"经典世界"的观点,把杨朱看成一个从不同学派的视角中交叉呈现的思想形象。这个形象是跨文本、跨时代的,它虽有某种核心性格,但却变现不同的面相。由于其出场通常是被用来陪衬其他的思想主张,因此在历史舞台上总是扮演思想的配角。杨朱思想特征的特殊性,使他在经典世界的思想光谱占有不可或缺的位置。

一、文献不足征

就杨朱而言,人物、作品(思想)与派别,三者关系扑朔迷离,很难勾勒出清晰且充实的思想图式来。相应地也就无法讲清楚杨朱或杨朱学派与非杨朱学派间的关系。也许我们可以换一条思路,根据现成的资料,虽然无法论杨朱,也难以讲杨朱学派,但可以讲杨朱的影响。"影响"没人会否认,有影响就意味着它对思想的历史留下痕迹。分析影响的现象结构,也许是更有趣的事情。下面的论述,将参考"经典世界"的观点。

二、以“经典世界”为背景

“经典世界”是理解中国经典文化的一种观点。这个概念区别于以理论学说为研究中心的思想世界,也不同于以追求过去的真相为目标的历史世界,它是一种以经典文本所载的人物事件为焦点的文化研究。这种视角的选择,基于早期经典文本通常以圣贤人物事迹为基本内容,同时相关故事又在经、子、史的经典衍生系统中得以传播的事实。经典内容的故事化,与早期知识的储存、应用与传播,皆以言传为基本途径的背景相关。

三、“为我”的逻辑衍化

所谓“损一毫利天下不与也,悉天下奉一身不取也。”前半句为孟子的概括,后半句则依韩非的说法,两者就这样被统一起来。新版本的杨朱,既针对孟子的利他主义伦理,也反对韩非的为君主义政治,其伦理理想也有自己的政治导向:“人人不损一毫,人人不利天下,天下治矣。”而且,进一步的诘辩,同样采取以身体为喻权衡利弊的桥段。其特别之处是,既然在个人可为私利付出微弱的代价,那为社会的更大利益是否可付出个人更多代价的问题上,作者借禽子之口,展示存在不可调和的立场。一方面是老聃、关尹,一方是大禹、墨翟。这个含蓄的结语意味着,双方没有共享的思想前提,因而不会达成一致的意见。这是睿智的见识,虽然并非对杨朱问题的解决。

四、配角及其意义

正是这个“为我”在特殊的背景下,被无端同个人主义、自由主义这类西方价值观念联系起来,才造成这种不寻常的舆论效应。至于轻物重生之类的养生观,或者与名家联系在一起的好察辩之类的特征,在新的思想浪潮中基本都被边缘化。因此,尽管杨朱这番出场,扮演一个正面角色,但他依然只是一个配角。他所陪衬的主角,是来自西方的启蒙大师。当然仍是重要的配角,但与做孟子的配角比起来,作用可能是变小了。因为没有他,孟学可能缺乏发展的动力,但不借助杨朱,启蒙在中国依然会长驱直入。

五、结语

杨朱不是一套思想学说的代表。他是一个符号,一个启发重要思想话题的符号。其符号含义的特点不是内涵丰富,而是极端。这种极端导致它与其他常规的思想处于一种紧张的状态。因此一旦你面对它或者想正视它时,就不由自主地想克服它或者支持它。思想就是这样衍生出来的。当然,这是经典世界才可能发生的情形。

儒学的价值观念与价值系统 李景林,中国哲学史,2020(1)

在儒家哲学中,价值非仅哲学的一个部门,而是贯通所有哲学问题并规定了其本质的一个核心和辐射源。儒学以人的存在实现为进路,落实到“心性”的论域动态地展示人性的内涵,而非对人性做静态的分析。儒学即心言性,即情言心,将“知”理解为人的存在所本具的智照、定向和主宰作用。其所主人性本善论,规定了中国文化的价值实现方式。儒学循道德和存在实现进路以建立其形而上学体系,其所言伦理与价值,则是一种真理与应当本原一体,表征人的生命存在之整全性意义的伦理价值观念。

一、心性论域中的人性论

人性论或心性论,是儒家哲学的核心问题。我们讲“人性论或心性论”,并非把人性论与心性论视为平列的两个论题。儒家哲学以人的存在实现为进路,其言人性,乃是落实到“心性”(包括性情)的论域来动态地展示人性的具体内涵,而非像西方哲学那样从人性诸要素与可能性的角度对人性做抽象静态的分析。儒学对“知”这种存在实现义的理解,超越了西方哲学理性与非理性的分别。在这里,“知”的根本义,并非一种单纯对象性的知解作用,它作为人的存在实现历程之本具的智照作用,乃构成为人之存在自身肯定性的本然定向、意志决断和内在的主宰。儒家哲学既主人性本善,又非“悬一性于初生之顷”的人性现成论,而是要在“成性存存”的工夫和修养历程中实现和揭示人性的整体内涵。这一人性论的系统,乃构成了中国文化的形上基础,同时亦规定了其价值实现的方式。

二、“原始的伦理学”义的伦理价值观

在西方哲学中,本体论、宇宙论、知识论、价值论和道德伦理等问题,分属于不同的哲学部门。近代以来,西方哲学凸显了价值与事实、应当与实在的区别和对立。休谟断言,我们从事实的判断无法推论出道德的判断,康德更由此做出了理论理性与实践理性的明确区分。而这种价值与事实、应当与实在分立的观念,实可溯源到西方古代的哲学。如海德格尔所说,“伦理学”“逻辑”“物理学”等学科的区分产生于柏拉图学派。在他看来,前苏格拉底、柏拉图时代的思想,乃是一种先于理论与实践以及“逻辑”“物理学”与“伦理学”诸学科部门分别的原初意义上的“思”。此“思”,乃发生于理论与实践、事实与价值的“区分之前”。

如前所述,儒学从人的整体实现的角度来理解人,“知”乃是人的存在所本具的一种智照或自觉作用,而非脱离人的存在之实现的一个独立的和首出的原则。因此,儒家哲学所处理的人与周围世界的关系,首先展现为一种以物我之存在实现为前提的“天人关系”，而非以思维和存在之分别为前提的“主客关系”。这个“天人关系”，是天、人各在其对方中映现为一整体的、而非一种二元分立的关系。这种观念，可以称作一种内在关系论的观念。从这一点出发，我们才能较确切地了解儒学道德伦理观念之精神特质。

三、旁通而上达的价值系统

孔子毕生求道，以“闻道”为人生之最高目标。形而上者谓之道，故求道必上达于天乃能至。孔子讲“君子上达，小人下达”，自谓“下学而上达，知我者其天乎”，又自称“五十而知天命”，并以是否知天、畏天作为判分君子小人之标准。此上达于天的“闻道”境域，乃表现为一立体纵贯的形态，儒家这一“上达”的维度，可借牟宗三先生的说法，称作是以心著性的逆觉体证。

“旁通而上达”，这个“而”字，标明了“道”必经由个体存有之差异互通的道路和方式而得以实现；此由旁通而上达之天道，同时又翻转来为个体的存在奠基。“旁通”与“上达”两个维度，虽有分判，而又相即互成，共同构成了儒家的价值和形而上学系统。这一价值和形上学系统，既凸显了一种即伦常日用而达超越的实践品格，同时亦体现出了一种尽性、成己以成物的价值平等精神。

美德伦理能成为一种独立的伦理学类型吗 邓安庆，社会科学报，2020-01-02

一、复兴传统德性伦理的潮流

我们一般都把“美德伦理学”视为一个地道的当代英美哲学概念，即从1958年牛津大学哲学家伊丽莎白·安斯库姆在英国皇家学会的《哲学》杂志上发表《现代道德哲学》一文，之后就出现了一个引起广泛共鸣的复兴传统德性伦理的潮流，力图把这种“美德伦理学”与现代两种主流的规范伦理学，即康德“道义论的义务伦理学”和英美“功利论的后果主义伦理学”并列。从道德哲学史的角度看，著名现象学家舍勒1913年就发表了一篇《德性的复苏》，他更是对美德怀着崇高的敬意，他通过对“现代人”的这种批判，从基督教而非亚里士多德复兴美德伦理，一般地讲，德性才能够‘使人承担义务’，才能从自身出发去规定人们可能义务的等级、品质和充足。”这说明，在伦理学上对德性论的复兴为何一再地重新开始。

二、如何在相互对立的基础上形成美德伦理学

正如赫斯特豪斯所言:“美德伦理学被描绘成许多样子。它被描述为:(1)一种‘以行为者为中心’而不是‘以行为为中心’的伦理学;(2)它更关心‘是什么’,而不是‘做什么’;(3)它着手处理的是‘我应当成为什么样的人’,而不是‘我应当采取怎样的行为’;(4)它以特定的德性概念(好、优秀、美德),而不是以义务论的概念(正确、义务、责任)为基础;(5)它拒绝承认伦理学可以凭借那些能够提供具体行为指南的规则或原则的形式而法典化。”“我之所以列举上述清单,就其粗糙的简短性而言,这些描述存在着严重的误导性。”对于任何一个完备的伦理学体系,行为者和行为,关心他能够“是什么”和他应该“做什么”,美德和义务等等,都是不可分割的,而美德伦理学一味地为了显示自身的独特性,强行把它们分割和对立起来,务必造成这种理论过于做作、狭隘和碎片化,其实究其根本又什么问题都不可能获得彻底的哲学阐明。因此,本人曾经著文对此提出了强烈批评,而我的批评实际上也只不过是分析哲学内部如弗兰克纳(William Frankena)对规范美德伦理学批评的一种延伸而已,他认为,“美德伦理学理论上没有自身的独立性,最多只能是其他伦理学理论的补充”。但就是这种“补充”却强行想把自己建构成独立的体系,与其他理论对立起来,却又没有自己独立的存在论、知识论和价值论的基础阐明,势必给人造成了“霸王硬上弓”之感。他的第二个批评是:美德伦理学根本无法为我们提供正确行为的指导原则,而这却是一门伦理学应有的或主要的职责。而如果美德伦理学想要完成伦理学应有的这项职责,那么“美德依然只从属于义务和规则”。

三、美德伦理学须在实践哲学的理论上突破

“德性论”作为与为行动立法的法权规范论相对的伦理学,实际上最早是由康德正式提出来并做出了系统的论证。他首次把“古代”(他实际上指的是希腊化时期斯多亚主义的“古代”)作为一般规范论的“义务论”伦理体系,区分为为行动立法的外部规范(外部法则),区别于它是不能有外部法则的“德性论(Tugendlehre)”,并强调这是伦理学的“一个部分”,这一“德性论”的“伦理学”就是试图论证,一个有美德的人是如何确立自己行动的道德性的,这种具有“道德性”的“美德”体现为一个人的为人处事的原则上,这个原则就是行动以可普遍化的法则为自己主观的准则立法,继而把这种自律的德性法则,落实为自己的义务上践行:最自身的义务,对他人的义务等。所以,不从行动的立法原理出发,“有美德的人”如何能成为一种“规范”就是根本说不清楚的问题。

施莱尔马赫后来明确地把一门完备的伦理学体系区分为“描述的伦理学”“哲学的伦理学”和“应用的伦理学”。任何一门伦理学都是一个体系，这个体系必须包含三个各自独立的部分：“诸善论”(Güterlehre，相当于后来新康德主义提出的“价值论”)、“德性论”(Tugendlehre)和“义务论”(Pflichtslehre)。“德性和义务对于伦理学而言是相互的、对应的，体现于人的品质为德性，而德性品质必须体现为行动原则所具有的伦理性，即出于义务而尽义务的德性，所以两者不可分割，不可对立。但从分殊的角度，它们鉴于从属于“至善”原则下可各自分述为一个体系。

任何试图拒绝道德、义务等规范概念的哲学根本不可能阐明“德性”，而缺失“德性论”的伦理学根本就不是“实践”伦理学，伦理学的实践必定是指向人自身“成人”，即伦理理念和道德原则内化为自身的德性品质。把两者对立起来、分割开来的伦理学显然是作茧自缚、不可能成功。美德伦理学必须继续在实践哲学的基础理论、即实践的形而上学(伦理形而上学)上能够取得突破，并在美德伦理的相关领域进行延伸性的探究。

新时代加强公民道德建设的重要意义　韩震，光明日报，2020-01-06

中共中央、国务院印发的《新时代公民道德建设实施纲要》(以下简称《纲要》)，对于坚持以习近平新时代中国特色社会主义思想为指导，全面总结近些年道德建设的成绩和经验，准确把握道德建设领域存在的不足和问题，科学分析新时代对公民道德建设提出的新要求具有十分重要的意义。《纲要》进一步明确了新时代公民道德建设的任务，即推动新时代全民道德素质和社会文明程度达到一个新高度，为决胜全面建成小康社会、开启全面建设社会主义现代化国家新征程和实现中华民族伟大复兴中国梦的战略目标凝聚磅礴力量。

新时代加强公民道德建设，推动全民道德素质和社会文明程度达到新高度，是贯彻落实习近平总书记关于思想道德建设重要论述和党中央决策部署的战略任务。习近平总书记的重要论述，充分体现了中国共产党强烈的道德自觉、崇高的道德追求，深刻阐明了新时代公民道德建设的重大意义、基本内涵、目标任务，为新时代公民道德建设指明了前进方向、提供了基本遵循。以习近平同志为核心的党中央着眼立根塑魂、正本清源，推动思想道德建设取得显著成效。

新时代加强公民道德建设，坚定中国特色社会主义理想信念，是在实现中华民族伟大复兴中国梦征程中巩固全体人民团结奋斗共同思想道德基础的必然要求。中华民族伟大复兴,绝不是轻轻松松、敲锣打鼓就能实现的,要依靠德智体美劳全面发展的建设者和接班人。堪当民族复兴大任的时代新人,不仅要掌握创新创业的关键能力,而且要有更强的责任感、更高的使命感,必须准备付出更为艰巨、更为艰苦的努力,才能把理想变成现实。这就要求年青一代,不仅要继承中华优秀传统美德和红色文化基因,而且要在前人的基础上,站得更高、看得更远,以更加高远的使命感和更具韧性的责任感,在科学技术、经济社会、思想文化等领域创造出前无古人的业绩。

新时代加强公民道德建设,适应社会主要矛盾变化、满足人民对美好生活的迫切需要,是把社会主义思想道德建设成果进一步转化为治理效能和制度优势的重大举措。中国特色社会主义进入新时代,社会主要矛盾的变化对道德建设提出了新要求。习近平总书记指出:"我国社会主要矛盾的变化是关系全局的历史性变化,对党和国家工作提出了许多新要求。"在新时代,公民道德建设不能只停留在公共场合讲文明、上车排队、主动为老幼病残孕让座这样的要求上,而是在社会责任、生态文明、国家安全等公益精神上要有新的境界。为此,我们要坚持依法治国和以德治国相结合,完善弘扬社会主义核心价值观的法律政策体系;坚持马克思主义的美好社会理想,筑牢理想信念之基,推动理想信念教育的常态化、制度化;坚持以社会主义核心价值观引领道德规范、强化道德认同、指导道德实践,引导人们明大德、守公德、严私德,提高全社会道德水平和思想境界。

加强新时代公民道德建设,是深化公民道德建设与解决存在问题,推进社会治理体系和治理能力现代化的需要。中国特色社会主义进入新时代,实现中华民族伟大复兴中国梦和建成社会主义现代化强国,就需要更高的公民道德素质和精神文明程度加以支撑。在新的历史条件下,我们必须高度重视道德领域存在的问题,既要加强和改进道德教育,也要综合施策、标本兼治,建立惩戒失德行为常态化机制,运用经济、法律、技术、行政等手段,实现有效治理,形成扶正祛邪、扬善惩恶的良好社会风气,从而为政治稳定、经济发展、文化繁荣、民族团结、人民幸福、社会安宁、国家统一以及国家治理体系和治理能力现代化提供深厚的道德支撑。

总之,加强公民道德建设是一项长期而紧迫、艰巨而复杂的任务。我们必须适应新时代的历史方位,遵循新发展理念所提出的新要求,坚持目标导向和问题导向相统一,进一步加大工作力度,把握道德建设的规律,积极创新道德教育、道德实践和文明创建的形式,持之以恒、久久为功,推动全民道德素质和社会文明程度达到一个新高度。

新时代公民道德建设与公民道德境界跃迁 *龙静云,光明日报,2020-01-06*

中共中央、国务院印发的《新时代公民道德建设实施纲要》(以下简称《纲要》)指出:“中国特色社会主义进入新时代,加强公民道德建设、提高全社会道德水平,是全面建成小康社会、全面建设社会主义现代化强国的战略任务,是适应社会主要矛盾变化、满足人民对美好生活向往的迫切需要,是促进社会全面进步、人的全面发展的必然要求。”很显然,新时代的美好生活需要公民道德境界提升来保障,公民道德建设又为公民道德境界跃迁创造条件。

一、公民道德境界及其重要作用

境界是中国文化独有的一个概念,其最初指的是“疆界”“地域”,后被引申到文学、艺术、为学和做人等领域,意指人们在文学艺术、理论探索和做人做事方面的涵养功夫及达到的水平层次。从伦理学的视角看,道德境界的内涵诚如罗国杰先生认为的:“人们处在每一个阶段中,都以一定的道德观念作指导,并用以处理对人、对事的各种关系,就形成了我们所说的不同的觉悟水平。这个高低不同的觉悟水平,就构成了所谓道德境界。”

关于道德境界的层次,冯友兰先生根据对人生的觉解程度,把人生境界划分为自然境界、功利境界、道德境界和天地境界四个层次。罗国杰先生则依据公与私的关系,将人的道德境界划分为自私自利的境界、先公后私的境界和大公无私的境界三个层次。

二、促进公民道德境界跃迁应把握的几个重点

以维护公民权利为起点。对公民权利进行保护是国家的政治责任和道德基础。但唯有每个公民对他人的同等权利互相承认和尊重,才会产生出符合正义的社会秩序。因此,新时代的道德建设首先应充分体现公民权利的平等原则,并将尊重、保护公民权利作为新时代公民道德建设的出发点。唯有如此,公民才会由权利体悟到义务和责任的重要性并自觉履行公民义务,从而激发出道德境界提升的内生动力。

以树立公民道德信仰为重心。《纲要》指出:“信仰信念指引人生方向,引领道德追求。”道德信仰作为一种价值形态,是人们出于对自由、平等、正义、诚信、法治等道德信条发自内心和坚定不移地信奉而形成的持久而稳定的心理状态。当下,社会主义核心价值观是能够获得全体公民认同和信仰的价值系统。故新时代的公民道德建设要以社会主义核心价值观为精神引领,并通过道德实践转换为公民普遍的道德和价值信仰,由此指引公民道德境界获得提升。

以法律、制度和其他资源供给为保障。新时代的道德建设要走政府推进型与社会推进型相结合的道路,即要以政府的法律、制度和其他资源(包括资金投入及各种社会资源的整合)供给为主导,辅之以法治社会与民间力量自然生成的、具有现代精神气质的道德教育和道德训练,激活两个方面的积极性与创造力,使道德建设稳步而富有成效地开展,进而为提升公民道德境界奠定基础。

以知行合一为原则。“知行合一”是中国传统道德中的一对重要范畴,“知行合一”强调“知中有行,行中有知”;知的目的在行,行的目的在获得真知,行得到真知的指导和激发,同时也是对知的完成。道德建设要以知促行、以行促知,做到知行合一,即新时代的公民道德建设要把社会道德知识的传播和公民道德认识的提升与公民切切实实的行为实践有机结合起来,这样,公民道德建设才会结出丰硕果实,公民道德境界提升才能成为现实。

以社会奖惩为机制。社会奖惩机制的有效运用,能够使公民对道德规则和道德价值产生敬畏感,激发知耻心,进而有效地将社会道德规范内化为道德责任意识和自我约束能力。因而社会奖惩作为道德建设的一种手段,对公民的道德行为选择具有导向和激励作用。新时代的道德建设要合理恰当地运用社会奖惩机制,以推进公民道德建设扎扎实实拓展,进而达成道德建设的目的——促进公民道德境界跃迁和升华。

加强人工智能技术的伦理治理研究　杜严勇,社会科学报,2020-01-09

人工智能技术的快速发展,引发了许多深刻的社会与伦理问题,受到社会高度关注。国家社科基金项目“机器人伦理问题研究”(批准号为15BZX036)指出,要尽可能对人工智能技术伦理治理原则达成共识,并从理论与实践两个层面努力寻求体现治理原则的具体治理工具与治理机制。

一、伦理治理的重要性与紧迫性

近年来,许多国际组织与人工智能研发大国纷纷发布各种报告与政策性文件,试图为人工智能技术治理提供目标、原则与策略。2017年7月,我国发布《新一代人工智能发展规划》,指出,在大力发展人工智能的同时,必须高度重视可能带来的安全风险挑战,加强前瞻预防与约束引导,最大限度降低风险,确保人工智能安全、可靠、可控发展。

世界各国对人工智能技术治理的高度重视，一方面说明了对人工智能技术进行治理的重要性与紧迫性，另一方面也折射出当前人工智能技术治理的薄弱与欠缺。从伦理的角度运用伦理的手段进行治理，可能更为重要与合理。一般来说，人工智能技术的伦理治理，既包含了把伦理作为一种手段的工具理性，也包含了解决人工智能引发的伦理问题的价值理性。因此，人工智能技术的伦理治理包含了“应用伦理道德去治理”与“对人工智能技术引发的伦理问题进行治理”两个层面的目标。

二、伦理治理的基本特点

科技治理可以参考借鉴的至少有节点治理、协同治理与实验主义治理等治理理论。节点治理理论是在当代网络理论的基础上发展起来的，它主要关注社会系统内不同的行动者如何顺着网络进行互动，从而实现治理的目标。尽管所有节点并非都是平等的，但节点治理仍强调包容性、民主性等基本原则。协同治理明确要求所有的利益相关者都参与治理过程，把协同作为一种基本的治理手段，激励参与者发出自己的声音。协同治理具有以下一些基本特点，如强调所有参与者以问题为导向、共享信息、共同协商，利益相关者参与决策过程的所有阶段充分彰显民主，以及保证解决方案的多样性与灵活性，等等。实验主义治理强调目标设定与调整的反复性，要求赋予基层部门广泛的自由裁量权，强调同行评议的重要性，等等。

总结目前若干种比较有代表性的治理理论，结合人工智能技术伦理治理的目标，我们可以看出人工智能技术伦理治理具有以下基本特征：第一，参与主体的多元性。第二，治理形式的多样性与灵活性。第三，治理过程的民主性。伦理治理强调所有参与主体平等协商、互动合作，政府管理部门主要是提供服务与进行工作协调。

当前我国关于人工智能技术伦理治理的研究还主要停留在理论探讨的阶段，而技术治理是一项实践性非常强的工作，必须把理论与实践有机地结合起来。第一，成立由科技工作者、人文学者、政府管理人员共同组成的伦理委员会，负责从整体上协调、指导人工智能技术的伦理治理工作。第二，创建科学家、工程师与伦理学家共同参与的联合实验室，对人工智能技术的伦理治理全过程进行模拟实验，为现实的伦理治理提供实践经验。第三，对现有各个领域的人工智能技术进行全面的伦理风险评估，从而为不同领域的人工智能技术伦理治理的目标设定与重点划分提供现实依据。

三、伦理治理的基本原则

第一，保证人的主体性原则。第二，公众深度参与原则。第三，责任原则。

当然,提出若干种人工智能技术伦理治理的基本原则并不困难,以上几条原则我国学者在各种场合或多或少地均有所提及。比如,2019 年 6 月,国家新一代人工智能治理专业委员会发布《新一代人工智能治理原则——发展负责任的人工智能》,突出了"发展负责任的人工智能"这一主题,强调了和谐友好、公平公正、包容共享、尊重隐私、安全可控、共担责任、开放协作、敏捷治理等八条原则。当下我们的关键任务是,尽可能对人工智能技术伦理治理原则达成共识,在此基础上,从理论与实践两个层面努力寻求体现治理原则的具体治理工具与治理机制。相对于讨论治理原则等宏大叙事而言,我们更需要更多深入的微观实践。为此,我们还需要做更多艰苦细致的工作。

法律不能回避道德难题 林珊珊,学习时报,2020-01-15

"电车难题"是一个著名的思想实验,其内容大致是:一个疯子把五个无辜的人绑在电车轨道上。一辆失控的电车朝他们驶来,并且片刻后就要碾压到他们。幸运的是,你可以拉一个拉杆,让电车开到另一条轨道上。然而问题在于,那个疯子在另一个电车轨道上也绑了一个人。此时你会选择救谁?

关于"电车难题",自然主义的"人是目的"缺乏现实操作性,功利主义又难以契合我们的伦理感觉,虽然这些年做了大量的讨论,我们还是会陷入"怎样做都行,也怎样做都不行"的道德焦虑。类似的问题,我们争论最后,往往还是回到了起点:也许每个当事人都可以按自己的直觉去对待,只要能讲得出理由。但是不是只要讲得出理由,便一定可行?究竟是否存在某种能够统一多种理由的、更根本或更高尚的理由?如果有,怎样才能找到它呢?这样的理由会不会最终也不过是现实"博弈"的结果?那么在各种事关价值判断与抉择的场合,是否有真理和正义可遵循?

有人说电车难题的设计本来就是有陷阱的,它在无知之幕下,避开了多元的社会现实。现实中,人类的道德决策往往是根据事发时情境来确定的,它难以被预估。在现实中面对这种突发的难题,人们更多的是靠情感或者本能做出反应的,所以每个具体的人其选择必然是不同的。

但自动驾驶技术发展迅猛的今天,如果电车难题里的车是一辆自动汽车,是不是要设计一套"道德算法"呢?此时生命权冲突的问题恐怕不能回避。现在关于这类问题的法律探讨,大部分是主张跳出纠缠不清的、具体的生命衡量的哲学困境，跨越违法性和责任性判断层面，而在构成要件、规则、排序等客观的层面去寻找可行性路径。这样的探讨基本都是在肯定技术本身的基础上进行的，不涉及根本性的价值评价，但即便回避电车难题这样的极端案例，“救车内的人还是车外的人”问题不回答，也实在是一件极为危险的事。

法律如何体现道德，在多大程度上体现道德，这些问题争论了上千年。将社会主义核心价值观融入法治建设，是我国全面推进依法治国的一项基本要求，但在立法、执法和司法实践中具体如何实施，还需要不断追问、反复斟酌。道德立法的限度这一难题，其另一面，实质上关系到我们如何合理地在法律与道德之间划开一条界线，使二者既能融合但又保持合理的距离。

结合自动驾驶的问题，基本上可以肯定的是，如果自动驾驶汽车注定要上路，那么面对这个问题，算法的决策者不可能没有任何倾向，毕竟完全的道德自治意味着可以故意选择不道德行为，进而可能危及法律维护的道德底线。另外，一个“黑箱”的结果是难以被接受的，程序在车祸发生时的决策过程应向公众开放，仅靠政府制定相关法律是很危险的，普通人应参与进来，为这个与每个人性命攸关的决策进行公开讨论，而法律的制定也必须再三地考虑人权。

无论我们的法律如何设计，其结果也许仍难以满足伦理完美主义的设想，但是至少能有一个退而求其次的方案，让人们对自己的行为有一个稳定的预期，而这也正是法律的主要功能之一。

重大疫情中共同体秩序建构的哲学思考　梅景辉，光明日报，2020-02-10

对于新型冠状病毒感染的肺炎疫情，作为哲学社会科学工作者，我们很难针对疫情本身提出专业性建议，但从哲学的角度反思这场重大疫情对共同体秩序建构产生的重大影响，对于理性分析和科学应对这一重大突发公共卫生事件，无疑是有所裨益的。

一

这次疫情是对我国治理体系和能力的一次大考，在疫情防控过程中，能够看出我国应急管理体系的健全程度和主流意识形态话语的宣传效度，也能够看出生命共同体中个体生命的理性化程度及其与生命共同体秩序建构的辩证关联。

社会和国家都是一个具有人的总体性生命表现的生命共同体。在此生命共同体中,既有人作为个体性生命的维度,也有作为人的生活经历和社会经历的社会性生命维度,还有作为人的使命性存在的精神文化生命维度。面对重大突发公共卫生事件时,第一个维度的个体生命更多考虑自身生命的安全,追求个体利益的最大化;第二个维度的个体生命则通过自身的生活经历和常识来寻求社会关系的平衡,也保持个体的生命与作为生命共同体的国家与社会之间的平衡,比如听从政府和单位的安排,运用自身的经验来做好防护工作并传播正向的社会舆论;第三个维度的个体生命则从更深层次来理性反思疫情的来源及其发展趋向,积极地提出各种建议对策,并且在实践层面对整个事件的发展发挥重要作用。

二

从国家治理体系和治理能力现代化的角度来看,生命共同体的良好秩序建立在塑造理性化的生命个体基础之上。

一个理性化的生命个体,必然会通过自身的生活阅历和社会经验,寻求自身与共同体之间关系最合理化的平衡。在此基础上,超越了个体狭隘利益的社会成员,能够具有一种总体性的生命视域,将自身看作社会共同体中重要构成单元,认识到"皮之不存,毛将焉附",从而在"例外状态"中发挥超出"常人"的价值功能。如在疫情严重时,奔波在防控和治疗一线的医护人员,他们的抉择与行为虽然一部分是社会分工的责任感和对职业伦理的遵循,但更多的是作为生命个体的成员已经超越了个人生活的"洞穴",是以生命共同体良好秩序的建构为指向,实现自身生命的使命性价值。也正因为有一大批具有理性化和理想化的生命个体的奉献与引领,共同体在面临重大危机和挑战时,各项机能依然能够良好运转,自身秩序依然能够稳定构建。这也就是所谓"看上去岁月静好,其实是有人在负重前行"。

三

在共同体秩序建构过程中,相对于国家治理而言,社会治理更多是一种服务化、网格化、精细化的治理方式,比如从武汉市到湖北省各地级市陆续"封城",这是国家治理方式,可以通过相关法律法规,按照程序强制执行。在此形势下,民众必须具有大局意识,以一时的不便换取更多人的生命安全。但居民的隔离和感染个体的排查与救治,则更多依靠社会治理模式,应当让公众感受到更多的人文关怀和生活便利,感受到中国特色社会主义制度的优越性。当社会治理达到服务化、网格化、精细化的层次,并且能够形成快速网络反应机制,就必然能够提升民众对于国家治理体系和治理能力现代化的认同。

如果将国家看作一个生命共同体,则这个共同体自身也会有自己的免疫系统。在这个生命共同体中,社会意识形态是一个重要的相对独立的免疫子系统。如果进行内在分层,社会意识形态的免疫系统既是一个公众舆论的内在平衡系统,也是一个非主流思潮的防护系统和新的思想元素吸纳包容转化系统。在这一过程中,生命共同体自身免疫力得到增强,主流意识形态也能够得到社会公众的理解与认同。如此这般,通过对这场突发公共卫生事件的有效应对,将有利于提升社会成员个体生命的理性自觉,也有利于生命共同体价值秩序和主流意识形态话语权的建构。

道德记忆的解析维度　向玉乔,光明日报,2020-02-10

道德记忆是人类对其道德生活经历的记忆,可以区分为"个体道德记忆"和"集体道德记忆"。作为个人,我们可以凭借天生的记忆能力刻写个体道德记忆;家庭、企业、政党、民族、国家等社会集体则具有集体道德记忆能力,但它们刻写集体道德记忆的方式远比个人刻写个体道德记忆的情况复杂。需要强调的是,无论道德记忆是以何种形式存在,它都具有选择性特征。对此,我们需要从三个方面予以解析。

道德记忆因为主体的记忆能力有限性和意志自由而具有选择性。道德记忆的选择性具有一定的客观性。人类的道德生活经历是复杂的,而我们的记忆容量是有限的,加上我们的记忆还会受到"遗忘"的阻挠,因此,人类过去的道德生活经历只能通过我们的道德记忆得到有限的记录和再现,不可能完全被复制。道德记忆的选择性还与人类的意志自由有关。个人具有个体意志和个体性意志自由;社会集体则具有集体意志和集体性意志自由。一般来说,绝大多数个人和社会集体更愿意记住那些让它们感到快乐、荣耀的道德生活经历,而不愿意记住那些让它们感到痛苦、耻辱的道德生活经历。

道德记忆的选择性受到记忆道德的限制。道德记忆是人类在道德生活中锻炼的一种能力和本领。个人和社会集体都具有刻写道德记忆的意志自由,在自由意志的驱动下,个人和社会集体往往更愿意记住自己向善、求善和行善的道德生活经历,而不愿意记住自己向恶、求恶和行恶的道德生活经历。这一方面说明人类在道德记忆领域掌握着很大的自主权,另一方面也必然会引出道德记忆本身的道德合理性问题。人类之所以能够一代又一代地坚持过道德生活,首先是因为我们的先辈积累了记录善恶事实的道德记忆,它们以道德生活经验和教训的方式为我们(后代人)过道德生活提供历史合理性依据。从这种意义上来说,如何对待先辈留下的道德记忆是一个极其重要的道德问题,它不仅反映后辈对待道德记忆的道德态度,而且说明"记忆道德"存在的实在性。记忆道德是人类对其自身对待道德记忆的态度提出的道德规范性要求,其核心要义是要求我们记住应该记住的道德生活经历或不忘记不应该遗忘的道德生活经历。人类的道德记忆活动受到记忆道德的严格限制,只能在记忆道德允许的范围内展开。

道德记忆的选择性无力否定主体的道德责任。承担道德责任是人类道德生活的核心内容。人类道德生活是具有道德价值的生活方式,它的道德价值从根本上来说是由我们的道德责任意识和承担道德责任的行为决定的。正因为如此,康德在《道德形而上学基础》一书中说:"一个行为要具有道德价值,必然是出于责任。""道德责任"是"道德"向人类提出的应然性要求,反映人类对道德生活规律的尊重和维护;或者说,它反映人类对普遍伦理原则的坚守和服从。如果说人类道德生活本质上是意志自由和意志自律交融的生活方式,这不仅意指承担道德责任是人类应该普遍遵守的伦理原则,而且意指我们对该伦理原则的遵守应该超越自己的主观偏好。这在道德记忆领域的体现是:无论人类是作为个人还是社会集体而存在,我们张扬道德记忆选择性的意志自由只能在道德责任原则允许的范围内得到体现;否则,它必定与道德的规范性要求相背离。道德记忆体现人类的实践理性能力,但它并非价值中立的事态。它既涉及人类的意志自由,也涉及人类的道德责任。意志自由让我们在接纳和记录道德生活经历的时候能够展现一定的选择权利,但道德责任会要求我们将这种权利控制在合乎伦理的限度内。道德记忆不仅能够记录我们的道德生活经历,而且能够推动我们以史为镜、以史为鉴、以史为师。以道德记忆作为道德生活之镜,这是人类应该普遍培养的美德,更是个人和社会集体都应该达到的道德生活境界。

从新冠肺炎疫情看生态道德建设 *龙静云,光明日报,2020-02-17*

中共中央、国务院印发的《新时代公民道德建设实施纲要》(以下简称《纲要》)明确将"积极践行绿色生产生活方式"纳入"推动道德实践养成"层面,提出"绿色发展、生态道德是现代文明的重要标志,是美好生活的基础、人民群众的期盼"。此次在湖北省武汉市暴发的新冠肺炎疫情,无疑印证了加强公民生态道德建设的紧迫性。加强公民生态道德建设,既是新时代公民道德建设的重要内容之一，也是我国生态文明建设和建构人民群众美好生活的必然要求。

一、敬畏自然的伦理精神和生态道德素养

敬畏是人类的一种伦理精神与道德品格。早在两千多年前，孔子有言："君子有三畏：畏天命，畏大人，畏圣人之言。小人不知天命而不畏也，狎大人，侮圣人之言。"那么，人类又为什么要对自然和自然规律怀有敬畏之心呢？这是因为，人类是自然在演化过程中产生的一种高级动物，须根据大自然的时节变化、气候变迁与星移斗转来安排自己的生产与生活，如春耕夏作、秋收冬藏，春夏减衣、秋冬加衣。饮食也是依时节而变。这表明，人类的生存与生活在根本上必须遵从自然秩序和自然法则。

每一地球物种都有自己特定的"生态位"。就人类而言，站好"生态位"不仅要求人类必须有特定的生存空间和活动边界，而且要有正确的发展方式与生活方式，且与其他物种保持适度的张力与动态平衡。

二、提升公民生态道德素养，为美好生态生活奠基

立生态道德之基。恩格斯说过："人本身是自然界的产物，是在自己所处的环境中，并且和这个环境一起发展起来的。"所以，人类要立足于人与自然这一依赖与被依赖的关系，现实地将生态道德的价值追求和伦理取向与大自然的运行规律有机统一起来，这一点，恰恰是人类真正过上美好生活的前提和基础。

正生态道德之本。只有在以自然为本的基础上才可能有真正的以人为本。缺乏对自然的敬畏和尊重，毫不顾及自然与生态承载力的单向度的以人为本，本质上还是人类中心主义的价值观，其实践结果必然给人类自身带来无尽的危害。

塑生态道德之魂。通过公民生态道德建设，能在实践中唤醒人们的生态良心，激发人们的生态情感，培育人们的生态理念，提升人们的生态审美能力，而所有这一切最后都聚焦于一点：使公民培养出强烈的生态责任精神并自觉承担和履行生态责任。

三、推进公民生态道德建设的着力点

以法治力量推进和保障公民生态道德建设。制度与法律是规约行为、扬善抑恶、道德教化中不可或缺的刚性力量。良法是善治之始，此次新冠肺炎疫情的暴发，告诫我们一方面要大力完善已有的生态环境保护法，另一方面要适应我国生态文明建设的需要，在立法层面严厉打击非法捕杀交易运输野生动物及制品，以及任何破坏生态环境的行为与现象。

不断加大面向全体公民的生态知识传播和生态教育力度。知其善才能行其善,了解和掌握必要的生态知识,是公民履行生态责任的前提。与此同时,还要把生态破坏造成的严重后果呈现给受众,促使他们不断矫正自己的不合理需求、克制不良欲望并减少盲目行为,实现生产方式、生活方式、消费方式的绿色化。

把公民生态道德建设融入公民成长的"生态嵌套结构"及其运行全过程。公民生态道德建设必须与各个嵌套结构的运行紧密结合起来,而非游离于生态嵌套结构的运行之外。即是说,要把公民生态道德建设的内容贯穿于家庭、学校、企业、媒体、民间组织等各类组织及其规则和组织运行的全过程。

在日常生活实践中提升和锻造公民的道德素养与生态道德品格。亚里士多德说过:"我们通过做公正的事成为公正的人,通过节制成为节制的人。"这表明,具有某种美德的人是通过实践锻造而成的,只有在日常生活中躬身践行美德,我们才能把自己塑造成为社会所期待的有德之人。

新冠肺炎疫情的生命伦理学思考 陈泽环,光明日报,2020-02-17

在全国上下抗击新冠肺炎疫情的关键时刻,作为具有极强社会实践责任的伦理学者应该努力发挥伦理学学科反思、规范和引导作用,在伦理道德方面为抗击疫情提供建设性意见。令人欣慰的是,已经有伦理学者从政治伦理、市场伦理、角色伦理、慈善伦理、公共伦理等方面进行了思考,本文则从生命伦理学的角度,呼吁伦理学界积极参与到新冠肺炎疫情防控阻击战的斗争当中来。

在我国包括道德哲学、伦理思想史、伦理社会学、应用伦理学等在内的伦理学学科体系中,生命伦理学属于应用伦理学范畴,主要研究卫生健康领域中的重大公共性伦理问题及其道德冲突,以供决策参考并影响公众。面对当前抗击新冠肺炎疫情的形势,生命伦理学者应以人民群众的安全健康问题为中心,进行深入反思、合理规范和正面引导。

中国传统文化中有着非常丰富的敬畏生命的精妙论述。例如,医学典籍《黄帝内经》云:"天覆地载,万物悉备,莫贵于人。"唐代孙思邈说,"人命至重,有贵千金,一方济之,德逾于此","若有疾厄来求救者,不得问其贵贱贫富,长幼妍媸,怨亲善友,华夷愚智,普同一等,皆如至亲之想。亦不得瞻前顾后,自虑吉凶,护惜身命",等等。这些观点,也引起了西方学者的高度关注,德国哲学家阿尔贝特·施韦泽提出:"中国伦理是人类思想的伟大成就。较之其他任何一种思想,中国思想都走在了前面……并且赋予了爱还要涉及生灵及万物的内涵。”他认为中国的伦理学者早就确定了人对动物的义务和责任。例如,他指出孟子以感人的语言表达了对动物的同情,列子认为动物心理和人类心理的差别并不很大,杨朱反对动物只是为了人及其需要而存在的偏见,《太上感应篇》包含了许多善待动物和植物的格言,甚至提到了《月令》“无覆巢,无杀孩虫、胎夭、飞鸟”的要求。

正是基于这一认识,施韦泽明确提出敬畏生命的概念,指出:“善是保存生命、促进生命,使可发展的生命实现其最高价值。恶则是毁灭生命,伤害生命,压制生命的发展。”他基于欧洲传统思想认为道德关系只限于人类自身,把动物、植物等生命形态置之度外的缺陷,认为世界不仅是过程,而且是生命,一切生命都是神圣的,倡导一种对所有生命都承担起责任的伦理学。我国学者朱贻庭也认为,生命作为敬畏的对象具有崇高的价值。人们因其崇高而敬,因敬其崇高而畏,即畏己之冒犯崇高也。唯有对崇高价值之敬畏才会有维护崇高价值的使命感和责任心。这里的实质在于,人把生命作为至高的价值。因此把“敬畏生命”作为当代生命伦理学的核心范畴是可行的。

战胜新冠肺炎疫情的关键在于行动,特别是从个人行动扩展成全体公民的行动。在党中央的集中统一领导下,全国人民已经充分动员起来,团结奋斗,打响了一场疫情防控的人民战争、总体战、阻击战,正在取得积极成效。特别是广大医护人员弘扬“敬佑生命、救死扶伤、甘于奉献、大爱无疆”的精神,主动请战、不怕牺牲、不辞辛劳、攻坚克难,成为阻击疫情的中坚力量,也是全社会学习的榜样。而从当代生命伦理学话语体系构建的角度看来,这也是一个从敬畏生命到敬佑生命的深化、丰富和发展过程。如果从释义上来理解“敬佑”这个词语,可以说它综合了“敬畏”和“佑助”两层含义,强调对生命不仅要敬畏,而且要佑助,并且把重点放在了佑助上。这就更突出了在生命伦理学领域中,人们采取实际行动的重要性。

艰难困苦,玉汝于成。在攸关全体人民生命安全和身体健康的时刻,伦理学工作者要与广大人民群众一起,“在事上磨炼”,把“敬畏生命”的信念落实为“敬佑生命”的行动,向面对重大传染病威胁义无反顾、舍己救人的医护人员学习,团结一心、排除干扰,直至最终战胜疫情。中华民族有通过道德行为实现人与自然和谐共生的传统,不仅敬畏人的生命,而且敬畏自然的生命。生命伦理学工作者应该把自己的学术研究成果应用到抗击疫情实践中,进一步深化生命伦理学学科的研究。我们要为此努力!

公共健康及其优先性 龚群,光明日报,2020-02-17

新冠肺炎疫情暴发后,全国各地先后启动重大突发公共卫生事件一级响应。习近平总书记在2月3日召开的中共中央政治局常务委员会会议上指出:"这次疫情发生以来,党中央高度重视,始终把人民群众生命安全和身体健康放在第一位。"疫情重灾区武汉率先采取了封城的措施,随后湖北中等城市均先后采取了类似措施。专家们认为,对于新冠肺炎这种易感染人群的传染病,有效阻止其传播的方式就是重点人群隔离。重点人群隔离甚至封城这样的措施,涉及一个必须回答的伦理问题:公共健康与个人自由的关系。

一

怎样界定公共健康这一概念?1920年,美国公共健康专家温思路提出:"公共健康是通过有组织的社区努力来预防疾病、延长寿命、促进健康和效益的科学与艺术。这些有组织的社区努力包括改进环境卫生,控制传染病,教育每个人注意卫生,组织医护人员为疾病的早期诊断和预防性治疗提供服务,建立社会机制来确保社区中的每个人都能达到适于保持健康的生活标准。组织这些效益的目的是使每个公民都能实现其与生俱来的健康和长寿权利。"

公共健康概念具有以下特征:一、公共健康是社会公共产品,是一种公共善。必须有各级政府、社区以及不同部门的共同参与与协作。这次防控疫情范围之大、面积之广、难度之大,没有党的统一指挥和统一部署,各级政府部门齐心协力奋战,是不可能打好这一战役的。二、公共健康以人口整体为对象,关涉社会全体成员的健康问题。公共健康将人类的健康问题作为一个整体来研究,或者说是置于群体层面来研究,其目标是减少患病和提前死亡的人数。在流行性传染病发生的时期,公共健康所重视的是发病机制问题。如针对这次新冠肺炎病毒的易传播性,采取必要的强制性隔离措施,就是减少发病的有力措施。

二

在危及社会全体成员健康的疫情面前,限制个人行动自由的正当合理性在哪里?英国学者密尔指出:"对于文明群体中的任一成员,所以能够施用一种权力以反其意志而不失不正当,唯一的目的只是要防止对他人的伤害。"这里所说的"防止对他人的伤害",是指社会或社会权力机构对个人行动自由进行干涉,从而保护社会成员免受他人伤害。换言之,以不伤害他人为理由对个人行动自由进行干预,这样的干预就是正当合理的。

实际上，即使是仅仅涉及行为者本身的生命安全问题时，公共健康从保护行为者的角度进行干预，也具有正当合理性。密尔曾经指出，当有人想走上一座断桥而有生命危险时，这时阻止他的行动是正当合理的。换言之，个人行动自由也只有在无碍生命的前提下才具有意义。面对这次新冠肺炎疫情，政府建议大家在非常时期都少出门而自动隔离在家，就体现了公共健康将全体成员的生命安全和身体健康作为自己保护范围的基本要求。

当公共健康与个人行动自由相冲突时，将公共健康置于优先性地位考虑，体现了党和政府将人民群众的生命安全与身体健康放在第一位的原则和立场。当然，即使是采取强制性的隔离，也应有相应合理的措施，能够使被隔离者感受到应有的尊重。而对被隔离者来说，应当意识到这种举措对于公共健康的重要性。应当使所有人都意识到，这是一场疫情防控的人民战争、总体战、阻击战，需要共同努力才能取得最终胜利。

梁启超对传统伦理文化的创新性发展 阴玥，中国社会科学报，2020-02-18

20世纪初，梁启超提出“利群”伦理观，呼吁改造国民性，倡导“新民”的理想人格，其思想不仅引领20世纪初中国的时代潮流，且影响巨大，余绪不绝。

一、“利群”：对整体主义伦理观的继承与发展

维新变法失败后，梁启超意识到西方的强盛并不在器物和制度，而在于公民所具有的近代意识和道德文明，他深刻认识到改造国民道德才是关键所在。1902年，他在日本创办《新民丛报》，分期陆续刊发《新民说》，阐述“利群”的新伦理观。

在《〈新民丛报〉章程》中，梁启超开宗明义地将中国积弊不振归结为“公德缺乏”。梁启超认为，就道德本体而言并无公私之分，但道德表现于外，就产生了私德与公德之别。道德起源于社会生活中人与人之间的交往关系，人不能无群，亦不能离群。在群体中生活则必然与他人“有交涉”，形成一定的社会关系。道德就是在维系和调节这种关系的过程中产生的，如果没有人们之间的社会交往，也就无所谓道德。关涉个人之间的道德规范以及个人道德修养，此谓“私德”；关涉个人与群体之间的道德要求，此谓“公德”。私德表现为“人人独善其身”，公德表现为“人人相善其群”。私德旨在完善个人，“公德之大目的在利群”。

从文化传统来看,中国自古以来虽然道德十分发达,但对道德的重视,“偏于私德,而公德殆阙如”。中华传统文化是伦理型文化,关注个人修身,强调整体至上,主张用道德协调群体内部人与人之间的关系。在中华传统文化中,修齐治平修身为本,完善个人与完善社会具有天然一致性,私德与公德界限趋于弥合。梁启超看到了中华传统文化重伦理、重整体的特点,继承了传统文化整体主义的价值取向,并做了创新性发展。首先,梁启超认为道德的根本精神就是利群。每个民族各有其文化,每个民族的道德也各不相同,但维护群体利益,“固其群”“善其群”“进其群”则是一致的,这就是“道德之精神”。评价善恶的标准,既不是天命天理,也不是个人好恶,只能是群体利益,其次,梁启超提倡“利群”之“群”,不是专制政体之下奴隶人格的乌合之众,而是由国民组成的近代民族国家。其所认为的“国民”,不仅具有良好的私德,更应该具有自由意识、权利意识、国家意识、公德意识。

二、“淬厉本有”与“采补本无”:对待固有文化与外来文化的创新之论

在《新民说》中,梁启超专门就“新民之义”做出阐释。他说:“新之义有二:一曰淬厉其所本有而新之,二曰采补其所本无而新之,二者缺一,时乃无功。”梁启超所言“新”的对象,既是指具有健全人格、近代观念的新人、新国民,也指可以陶铸一国之民、摧陷廓清时代风气的新文化、新道德。

梁启超所谓“本有”,指的是中华传统文化,也即其所言“旧伦理”“固有之旧道德”。梁启超所谓中国本有的旧伦理、旧道德,既有糟粕,也有精华。既有与时代课题不相契合、与时代精神背道而驰的过时内容,也包括中华优秀的道德遗产和传统美德。对待中国固有文化和固有道德,梁启超主张“濯之拭之”,“锻之炼之”,“培之濬之”。所谓“本无”,指的是近代以来传入中国的外来文化,主要指西方文化。梁启超认为,这些西方各国的“所以自立之道”,乃是中国之“本无”,应该“汇择其长者而取之,以补我之所未及”。基于“淬厉本有”与“采补本无”的综合文化观,梁启超反对在对待固有文化与外来文化问题上的偏颇倾向。他认为,放弃本民族文化传统的“心醉西风者流”,墨守故纸、抱残守缺的文化复古主义,二者同样是危险的。只有坚持“淬厉本有”与“采补本无”的文化综合,才能造就新文化、新道德、新国民。

用伦理治理推动负责任的科技创新 胡明艳,学习时报,2020-02-19

近年来,随着中国在一些科技领域从跟跑变成了并跑甚至领跑,相关伦理问题日益突出,科技的伦理治理被提上了议事日程。我们不仅需要通过各种制度、机制、监管和审查，将科技活动所必须遵守的诸如价值准则落实在行动中，还需要从根本上平衡科技创新和伦理上的适应性，加强面向科技工作者和公众的科学伦理教育，构建起既与国际接轨又符合中国国情的科技伦理治理体系。

时至今日，科学技术早已脱离了“纯科学”的状态，明显渗透了资本利益，成为谋求社会发展和经济增长的工具，科学、工业和商业交汇成了一种联合体。伴随着经济的全球化，战争精神和商业精神的融合达到了顶峰。于是，在资本疯狂的扩张本性驱使下，整合成一体的现代科学和技术也无限地拓展着自身的疆野。在这个过程中，现代科技不断地体现出自身在伦理上的双重性。它一方面设计制造出各种造福人类的产品，另一方面又不断挑战着人们传统的价值理念和道德伦理规范，让科技产品的消费者和使用者，乃至生产者自身都直接或间接地承受着科技发展的影响。由此，相应的伦理和社会议题就成了科技无限向前拓展所必须面对的问题。

如果把科学家和工程技术人员作为科技社会责任的主体，在今天的“后学院科学”时代，我们将遭遇许多困境。

第一个困境是责任追究难。科学研究的个人主义已经为集体行动所取代。就科学技术研究成果的转化而言，从实验室中的发现到最终被投放到市场上成为产品，整个转化过程以及组成相应社会建制的逻辑，都不只是建立在个体意向之上，这些转化的结果不能被完全预测。即便科学家、工程师们怀着最善的目的从事研究，即便人们没有随意误用或滥用，科学技术自身仍然经常会带来各种伦理问题。同时，那些受雇于某个社会组织（公司或政府等）的科学家和工程技术人员，他们个人是很难与组织的力量相抗衡的，个体科研工作者所能承担的只能是有限的责任，不可能对一切负责。所以，科技发展带来的社会责任由谁来承担、如何去实现，在今天变得格外复杂。

第二个困境是科学共同体自治模式失灵。美国《史蒂文森——威得勒技术创新法》和《拜杜法案》这两部旨在鼓励创新的法律，打破了科学与产业之间的边界，经济力量和金融利益强势渗透到了科学之中。当科学技术和产业发展紧密关联，面对巨大利益诱惑，仅仅依靠科学家的道德自觉或科学共同体自治，不足以防范科学技术的风险，更遑论维系公众对新兴科技发展的信任。

面对新兴技术，伦理学以及有伦理关切的公众可以在科学技术的发展过程中扮演更加积极的角色，参与科学技术未来的建构和塑造。“伦理治理"理念在政策界的兴起恰好呼应了新兴科技发展对改变传统科技决策方式的吁求。

新时代坚持以人民为中心的伦理之维 靳凤林,光明日报,2020-02-24

一、弘扬集体主义精神是新时代坚持以人民为中心的基本伦理原则

改革开放40多年来,伴随社会主义市场经济的深入发展,广大人民群众在经济、政治、文化、社会、生态等各个领域的基本需求得到了极大满足,但也出现了一些利益冲突。如何正确处理个人一己之利和人民群众的集体利益之间的关系?如何有效调整个人局部利益与社会全局利益的矛盾?如何保证个人暂时利益和社会长远利益的协调一致?无疑是新时代坚持以人民为中心面临的重大理论和实践问题。社会主义道德的集体主义原则既高度肯定个人利益的正当性与合理性,又充分肯定集体利益的优先性和首要性,以二者的有机结合为目的,在特殊条件下二者不能同时兼顾时,则主张个人利益服从集体利益,必要时牺牲个人利益来维护集体利益。

之所以如此,是因为从历史发展的角度看,人类正是通过集体生活逐步提高自身的德才素质,借助集体内部各种力量之间的有效合作,才克服了大自然的各种威胁,逐步从蒙昧时代走向野蛮时代,进而跨入文明时代的门槛。中国共产党不断发展壮大的历史,也充分证明了这一重要结论。从当今中国的现实状况看,以公有制为主体、多种所有制经济共同发展的基本经济制度,特别是人民代表大会制度作为我国根本政治制度,决定了在社会各领域必须大力提倡建基在人民群众整体利益之上的集体主义原则。

二、实现共同富裕彰显了新时代追求公平正义的伦理品格

中国特色社会主义制度必然要求把实现人民群众的共同富裕视作共产党人的内在伦理追求。中国共产党自始至终把人民群众的共同富裕视作自己工作的根本指针。毛泽东同志一生都在致力于共同富裕的探索,邓小平同志反复强调:"平均主义不是社会主义,两极分化不是社会主义;消灭剥削,消除两极分化,实行按劳分配,逐步实现共同富裕,才是社会主义。"搞改革开放的根本目的,就是要一部分人先富,最终实现共同富裕。因为只有实现了广大人民群众的共同富裕,才能充分彰显公平正义的伦理品格。

为了有效缩小我国的贫富差距,以习近平同志为核心的党中央高度重视保障和改善民生问题,将增进民生福祉视为我国发展的根本目的,强调必须多谋民生之利，多解民生之忧，通过补齐民生短板和促进公平正义，来不断实现人民群众共同富裕的发展目标，并把“幼有所育、学有所教、劳有所得、病有所医、老有所养、住有所居、弱有所扶”当作保障和改善民生的基本要求。

三、实现人的自由全面发展是新时代坚持以人民为中心的崇高价值追求透过马克思主义创始人和继承者的论述，不难看出，人的全面发展理论至少包括以下三方面的内容：一是人的全面发展意味着人的能力的全面发展。即人能够摆脱职业分工的限制，按照自己的特长、爱好等自由地选择职业，能够在社会实践中充分发挥自己的全部才华，能够灵活地变换自我的角色以满足不同的劳动需要。二是人的全面发展意味着人的社会关系的不断丰富。由于人在相互交往中会形成各种各样的经济关系、政治关系、文化关系等，人的全面发展就是要不断拓宽人的生产和生活空间，不断扩大人的交往范围，不断开阔人的视野胸怀，在不断改善人的经济、政治、文化关系中，逐步增强人生命活动的自主性。三是人的全面发展意味着人的个性的自由发展。即把每个人的兴趣、性格、气质、智力等发展至日臻完美的程度，使其转化为植根于内心的修养、严格约束自己的自由、时刻为他人着想的善良，在遵循社会普遍要求的同时，充分彰显自身的独特个性。新时代大力提倡坚持以人民为中心的目的，就是要通过经济、政治、文化、社会、生态等领域的高质量发展，来逐步实现马克思主义者所孜孜追求的人的自由全面发展的崇高理想。

网络伦理视域中坚持以人民为中心的发展思想　秦洁，光明日报，2020-02-24

一、网络社会呼唤坚持以人民为中心的发展思想

以人民为中心合乎网络社会的发展规律。坚持以人民为中心的发展思想不仅是信息化时代的必然要求，也是提升网络社会治理能力的大势所趋。只有从线下的现实空间到线上的网络空间不断健全民主制度，丰富民主形式，拓宽民主渠道，保证网民群众的知情权、参与权、表达权和监督权，坚持以人民为中心，巩固人民群众的主体地位，才能更好地实现人民当家作主。只有把信息技术红利释放与服务人民群众利益有机融合，运用网络走好群众路线，才能把为人民服务的宗旨落到实处。

以人民为中心契合网络社会的发展主题。中国特色社会主义进入新时代，以习近平同志为核心的党中央统筹推进“五位一体”总体布局，协调推进“四个全面”战略布局,贯彻落实新发展理念,同心共筑中华民族伟大复兴的中国梦。当前,面对网络社会出现的新问题、新使命、新要求,坚持以人民为中心的发展思想,充分尊重网民的主体地位和首创精神,依靠网民的智慧与创新,有助于更好实现中华民族伟大复兴。

二、网络社会应走好以人民为中心的网上群众路线

秉持用户思维,要求党和政府从人民群众切实需求、实际诉求出发,借助信息技术红利推动公共服务供给侧结构性改革,创新“互联网＋教育”“互联网＋医疗”“互联网＋养老”模式,实现互联网与民生领域的深度融合。推进政务服务“只进一扇门”“最多跑一次”,从“政府端菜”转变为“群众点菜”。

强调平台思维,为党的群众路线这个“传家宝”拓展新形式,提供新平台,夯实政民互动网络阵地,不断完善政府网站、民生热线等服务功能,实现及时更新,人工智能语音全天候服务。拓展政民交流新渠道,推出手机政务 APP,政务微博、微信公众号等新媒体矩阵,群众随时随地表达自己的声音,将切实需求和自身诉求传递给党和政府。

应用大数据思维,建设全国一体化的国家大数据中心,打破部门间的“数据壁垒”与“信息孤岛”,实现数据集中、互联互通与共享共用,推进技术、业务与数据的“三个融合”,加强服务数据的深度挖掘与加工使用,让数据“活起来”“动起来”,变“数据池”为“总车间”,“让数据多跑腿,让群众少跑路”。加强网络风险防范,保障信息数据安全,营造清朗的网络空间。

三、网络社会应遵循坚持以人民为中心的伦理要求

人民群众是社会发展的创造者和推动者,坚持以人民为中心的发展思想必须树立“为民”“忠诚”的德性品质,并将其作为自己的行为准则和精神追求。“为民”关乎人心向背,因为人民群众才是历史的主人,一切权力来源于人民,一切权力为了人民。我们党的根本宗旨是全心全意为人民服务,这就要求领导干部必须忠于人民,在走网上群众路线过程中切实做到密切联系群众,从群众中来,到群众中去。

网络不仅仅是一项技术或传播手段,它的开放性、无界性、去中心化、交互性的特点使网络主体人人都有发言权。平等是个体的基本权利,是不容侵犯的。网络社会中的平等是为了保证每个生命个体都有获得一切社会平等权利的机会。网络主体存在多样性、局限性和差异性,领导干部应尊重个体差异,倾听不同意见,允许个性发挥,为网民的活动提供公平的社会环境与秩序。

老百姓是天，老百姓是地。中国共产党之所以能够发展壮大，中国特色社会主义之所以能够不断前进，正是因为依靠了人民。领导干部在走网上群众路线的过程中，必须充分尊重人民所表达的意愿、所创造的经验、所拥有的权利、所发挥的作用，自觉拜人民为师，向能者求教，向智者问策。要把政治智慧的增长、执政本领的增强、领导艺术的提高深深扎根于广大网民的实践沃土中，不断从广大网民中吸取营养和力量。

马克思资本主义批判双重维度的统一　吕梁山、郝淑华，道德与文明，2020(2)

如何看待马克思批判资本主义两种维度之间的关系，这是关系到我们能否准确理解和把握马克思主义的重要问题。事实上，尽管马克思的理论从道德批判转向科学批判是不争的事实，但即使以科学批判为标志的成熟时期的马克思亦并未抛弃道德批判的维度，这两种批判维度统一于马克思主义的整体之中，单纯强调一种批判维度而贬低甚至否定另一种，都是片面的。

一、马克思对资本主义的道德批判

马克思早期对资本主义的批判正是以这种道德思想或理念为主导并以显性的形式展开的。首先，在对整个资本主义社会体系和价值观的考察中，马克思提出了一种建立在人类解放理想基础上的关于人性的规范性概念。其次，马克思以“真正的人”的理念作为立论基础，运用“异化”“非人化”“非人道”等基本范畴来谴责资本主义制度存在的压抑、降低人性的行为。最后，马克思这种基于“真正的人”的道德批判和分析，在揭示资本主义制度的异化本质的同时，构想了变革这种“非人的”社会制度后建立一种能够使其社会成员成为“真正的人”的美好生活和美好社会。

二、从道德批判到科学揭示——马克思批判维度的转换

成熟时期的马克思对资本主义的批判逐渐转向以科学批判为主导，即运用科学方法揭示人类社会的基本规律及资本主义的运行规律，进而揭露资本主义制度存在不可克服的内在基本矛盾。马克思的科学批判所运用的方法是基于逻辑和历史相统一的方法，即辩证法和唯物史观相结合的方法。随着马克思逐渐把对社会形态的分析建立在作为物质关系的阶级关系和物质利益的基础上，他立足于道德对资本主义的批判就转向了立足于现实对资本主义社会关系及其历史过程的科学批判。

三、以科学批判为主导的马克思抛弃道德批判了吗

如果运用马克思主义的辩证法和唯物史观来认识和理解马克思对资本主义批判的两个维度之间的关系,则这两种维度统一于马克思主义的整体之中,单纯强调一种批判维度而贬低甚至否定另一种,都是片面的。成熟时期的马克思对资本主义的科学批判与青年马克思的道德批判的理念在总体上是一致的,马克思在从事科学批判的过程中不但未抛弃道德批判,反而通过运用科学的理论和方法使道德批判的理念更加清晰,更具有解释力和说服力。

为什么马克思的道德理论不是一种功利主义　曲红梅、石尚,吉林大学社会科学学报,2020(2)

由德里克·艾伦(Derek Allen)和乔治·布伦克特(George Brenkert)发起的争论产生了一个当今西方学界非常关注的问题:马克思的道德理论是否是一种功利主义?对这个问题的澄清和回答关系到一个更为根本的问题:如何理解马克思的伦理观。从马克思的原初思想来看,马克思的道德理论不是一种功利主义。这一方面表现为马克思的道德理论不是后果论的;另一方面表现为马克思的道德理论不是普遍主义的。“马克思的伦理观”并非与其他规范理论的伦理观相并列的一种观点,而是以历史唯物主义评价其他规范理论的价值原则、思考和解决现实社会问题的独特视角和方法。

一

马克思在其著作《德意志意识形态》和《资本论》中已经鲜明地表达了对功利主义和效用原则的批判,他自然不是一个功利主义者。马克思主义与功利主义的关系成为人们关注的重点。产生这一现象的原因主要包括如下几个方面:第一,马克思主义思想的丰富性和复杂性日益彰显;第二,相当多的研究者开始使用“分析的方法”来重新理解和建构马克思主义;第三,当代功利主义理论提出了更为精致的版本,以应对美德伦理学、义务论和元伦理学的批评。

二

在关于马克思主义与功利主义关系的当代解读中,人们聚焦的首要问题是:马克思主义是否是一种功利主义?要重点关注的问题包括以下两点:一是马克思对资本主义的批判和对共产主义的倡导是否体现了一种功利主义的倾向;二是马克思主义伦理思想是否与现代功利主义的版本相容。德里克·艾伦的基本判断是：马克思主义虽然没有使用功利主义的术语，却提供了一种与功利主义相同的论证。人在共产主义社会中的充分自我发展，是人的幸福的重要组成部分。个体作为人，在充分发展其能力时，产生了一种更加美好的状态；个人充分的自我发展是道德上的善（好）。以上两点是确认马克思是功利主义者的主要依据。

三

从传统的观点来看，我们可以说，马克思主义根本不是一种道德哲学，因而马克思主义是否是一种功利主义就是一个假问题。然而，我们不仅在马克思的著作中经常看到他对道德本身的态度以及他关于现实问题的道德判断，从而确定马克思是有道德理论的（至于这种道德理论具有什么样的特征和性质，则是可以进一步讨论的问题）；而且，马克思主义作为一个不断自我批判、自我发展的理论，面对当代道德哲学的新进展和新挑战，做出思考和回应也是题中应有之义。乔治·布伦克特为我们提供了一个范例。他反对把马克思看作功利主义者并提出马克思的道德理论是一种“混合的义务论”。

四

马克思的道德理论不是一种功利主义，这首先表现在马克思的道德理论不是后果论的，还表现在马克思的道德理论不是普遍主义的。更为关键的是，马克思对功利主义价值原则的批判，不是以道德哲学的传统方式进行的，而是马克思采取自己独有的理解和评价道德现象的方法，也就是历史唯物主义的方法。历史唯物主义方法包含着一种看待人与人、人与社会关系的价值原则，但它并不单单是一种价值原则。因此，在这个意义上，马克思并非用另外一种价值原则直接地反对功利主义的价值原则，而是用一种理解人的社会及其历史的“科学”来批判功利主义的价值原则并论证取消其存在的现实条件。历史唯物主义的出发点是追求生存价值的“现实的人”，不是功利主义所理解的无差别的、抽象的个体，而是有血有肉的真实存在。

塞涅卡论幸福：灵魂的合理化或理性化？ 陶涛，哲学动态，2020(3)

晚期斯多亚主义继承了亚里士多德对理性的强调、对幸福与美德的界定方式，但在对于灵魂中的理性部分与幸福的关系与亚里士多德表现出重要差异。本文的目的在于，通过分析晚期斯多亚主义者塞涅卡如何论述幸福，进而反思这种追求幸福的路径是否值得提倡，并尝试为寻求幸福生活的心智状态提供一种反思或思考。

一、理性与幸福

塞涅卡对理性的强调,以及对幸福和美德的界定方式在很大程度上继承了亚里士多德,他对人的自然本性的界定沿用了亚里士多德的"功能论证",即对于人而言,若要实现其自然本性的最终目的,就要找到人特有的本性并去完善它,这个最终目的是幸福,特有的本性是理性。在对人的自然本性界定上,二人并无关键不同,但在灵魂的划分上,两人的观点是不同的。亚里士多德主张灵魂三分:纯粹无理性的部分、既有理性又无理性的部分、纯粹具有理性的部分,而塞涅卡似乎只承认理性/非理性的区分。这就导致了两人对于情感与理性的不同态度,亚里士多德认为情感可以听命于理性,塞涅卡则认为情感与理性是对立的。正是基于这个差异,塞涅卡将理性作为唯一的关注点,进而重新诠释了一种不同于亚里士多德的理性自治与幸福自足的观点。

二、理性自治与幸福自足

塞涅卡认为,人追求幸福与美德只与理性有关,他的思路可以总结为:一个人的理性既是他变好的动因,也是他要改变的对象或目标。将其拆分为两个部分就是:人只能依靠理性追求幸福,除此之外,无需其他;人若要实现幸福,只需以理性卓越为目的,除此之外,无需其他。前者涉及的是理性自治的问题,塞涅卡完全否认了情感在追求幸福时的工具性作用,他认为,情感或激情无助于追求幸福,它无用甚至有害。后者涉及的是幸福自足的问题,塞涅卡完全否定了外在善(财富、职位等)会对人的幸福造成任何影响,肉身的善(健康、生死等)也不是获取幸福的必要条件。需要说明的是,在他看来外在善并非和情感一样被视为恶,并且智慧之人可以无视外在善和肉身善对个人的影响。但这样就导致了一个问题:当人们面对困境或厄运的时候,塞涅卡似乎是在规劝人们想开点,让自己能够给不合理的现实找一个合理化的解释。假如这就是塞涅卡所谓的"不动心"或幸福的话,这种"理性化"难道不是把厄运合理化了吗?

三、合理化或理性化

塞涅卡认为寻求幸福需凭借自身的理性,而无需借助其他,他的理论由于可以为奴隶制度做辩护而受到伯纳德·威廉斯的批判。事实上,塞涅卡的理论确实在一定程度上将厄运等事件合理化。作者从塞涅卡劝说玛西娅改变思维方式对待丧子的事例,引出了"自欺"和"阿Q精神"两个概念,并结合"合理化"进行对比,进一步解释了塞涅卡的理论。塞涅卡的理论与以上三个概念具有一致之处:只要求我们做思维上的改变,无需实践中做出任何改变。作者更关注的是塞涅卡的理论与“合理化”的异同，两者的相同之处在于：它们所选择相信的都是真的信念，差异之处在于：主体上是否真的相信这个信念。由此，作者得出了塞涅卡的理论虽然不同于“合理化”，但也包含着一定的“合理化”成分的结论，这个结论和布拉德·英伍德(Brad Inwood)的观点是一致的，后者将区分标准定为信念是否与环境有关。

总之，塞涅卡的理论中既包括“合理化”又包括“理性化”。他的理论也存在着政治哲学方面的风险。其对理性的高扬确实可以给处于艰苦环境中的人们以寻求幸福的方式，但其对情感的态度也值得我们进一步反思。

滥食“野味”的伦理审视　曾建平，道德与文明，2020(3)

今年初突发的新冠肺炎疫情再次引发了社会各界对宰食野生动物的关注。这次疫情不仅是对我国公共卫生安全的考验，也是对人类健康伦理、消费伦理、生态伦理的拷问。

一、人类对动物的道德义务

只要人类一刻不能脱离自然、无法避免与动物“共处一室”，就难以推脱对动物的道德义务。从人的恻隐之心出发，当看到动物遭受痛苦时，人会自然发出对动物的同情，可作为人对野生动物有道德义务的依据。总之，人类对野生动物的道德义务，与其说是人类对弱势群体的一种同情，还不如说是人类作为“弱势群体”的一种自保。

二、人的需要的合理向度

人在选择需要的时候决不能任性妄为，而要受到社会条件、法律法规、伦理道德等约束。离开这些来谈需要，人的需要就难免会沦为泛滥的欲望、异化的需要。人的需要分为基本需要和非基本需要，即基本利益与非基本利益，动物也有基本利益与非基本利益。从人的本性或本质出发，不可能找到滥食“野味”的合理向度，即使是对野生动物的伤害，也只有在为保全人类基本利益时才具有消极的较弱合理性。

三、滥食“野味”的伦理规制

第一，健康伦理要求我们坚持健康饮食的原则。从健康伦理的视角来看，每个人都要主动掌握野生动物的科普知识，走出认识误区，做到健康饮食，这既是保护生态环境，更是远离健康风险。第二，消费伦理要求我们坚持消费文明的原则。在野味面前管住手、管住嘴，加强道德修养，是现代公民应有的社会公德。第三，生态伦理要求我们坚持生态文明的原则。

从生态伦理的视角看,生态文明建设同每个人息息相关,我们关怀、敬畏、尊重包括野生动物在内的自然界,其实质是护佑人类持续发展。

关怀伦理从私人领域向公共领域扩展何以可能——以弗吉尼亚·海尔德的关怀伦理为视角 刘念、李萍,道德与文明,2020(3)

一、关怀伦理从私人领域向公共领域扩展的可能性与合理性论证

关怀伦理所提倡的关怀,就是用所有类型的关怀实践共有的价值,例如信任、相互关心、相互考虑等,评价与指导关怀实践和社会各领域的活动,是对每个人需求的敏感与共情并用有效和负责任的方式回应。同时,关怀伦理并不反对正义和权利的重要作用,它质疑的是权利和正义论证几乎主导道德生活的全部领域。关怀伦理学认为权利也有其局限和脆弱性,在许多问题上,关怀伦理会是更好的替代选择。

二、关怀关系为个人、社会及国际层面的关系所预设和需要

关怀关系并不是仅仅被家庭或友情等私人领域的个人关系所需要,社会的法律系统和政治体制之中及其正常运作、不同国家间的和平交往都预设并依赖一定程度的关怀关系,关怀关系是海尔德关怀伦理的核心,它要求对需求的回应、敏感与共情,并以信任为特征。关怀关系所具备的这些道德价值和特征,使它成为个体的基本生存、社会的正常运作以及和谐的国际关系等得以维系的前提和必备条件,这使关怀伦理为私人领域、社会及全球领域所需要。

三、关怀伦理与人类面临的社会及全球问题相关

海尔德认为,用关怀伦理及其相关价值,例如敏感、共情、责任感、承担责任的价值等,能更充分地判断市场的界限,为市场所忽视的相关价值提供基础。人类的社会交往并不是资本主义市场中的"经济人"追求个人利益,经济发展应该满足人类的真实需求并提供所有人所需的关怀。对每一个国家而言,防止暴力的关键在于建立非政府网络及其文化、经济、教育、环境、科学以及社会福利形式的协作制度,扩展它们的影响以更多地表达关怀。

四、结语

海尔德的关怀伦理所致力的,是关怀关系和回应需求的道德价值能对人类道德生活产生更广泛且更深刻的影响。这种思考与处理道德问题的新的理论进路,以不同于传统的正义理论或德性伦理的方式提醒我们,为什么应该前进,以及应该朝什么方向前进。

心存敬畏　行有所止　江畅,光明日报,2020-03-02

一

敬畏伦理是人类最古老并长期行之有效的不可触碰的底线伦理。所谓“敬畏伦理”是指社会要求人们在面对具有必然性、神圣性对象时必须态度崇敬和行为有止的伦理规范。

在中国传统社会,“人类要敬畏、尊崇天道自然”的敬畏伦理一直得到了延续。自近代开始,市场经济、现代科技和工业革命汇集成了一股巨大力量,世界被“祛魅”,大自然可以被征服,人是天地万物的主宰,人类越来越沉醉于对大自然的高歌猛进中。

人类与自然原本就是一个生命共同体,生态系统是人类生存的家园。如果人类为所欲为,环境恶化的苦果最终将由人类自己吞下。恩格斯早在19世纪就已有言警告人类:“我们不要过分陶醉于我们人类对自然界的胜利。对于每一次这样的胜利,自然界都对我们进行报复。”自然对人类的报复就是自然对人类的警示,它在告诉我们:人类不能因为自身变得强大而无所顾忌,必须心存敬畏,行有所止。

二

一般认为,敬畏天地万物包含以下基本要求。

首先,尊重和维护天地万物存在的地位和权利。天地万物是宇宙进化的结果,它们的存在是宇宙系统中的有机构成部分,像人类一样在宇宙中有其地位,也有其存在的不可侵犯的权利。

其次,尊重和遵循天地万物共同的和各自的规律。中国传统文化中推崇“道”和“德”,它们实际上都是事物的规律。“道”是万物共同的本根,而“德”则是万物循道而生以达至繁荣昌盛之道。

再次,尤其要敬畏和爱护生命。生命是天地万物中唯有生物才拥有的,敬畏生命就是敬畏生物。人类是宇宙生命中的一部分,与其他生命血肉相连,而其他生物又需要有主体性的人类加以呵护。

最后,对自然和动植物的利用和摄取必须有理、有节、有情。人类要呵护和蓄养天地万物,促进其繁荣昌盛,从而达到人与自然和谐共生。

三

要确保全社会认同并遵守敬畏伦理,有许多工作要做,以下三个方面是当前尤其值得重视的。

第一,重建自然禁忌观念。“禁忌”是指被禁止和忌讳的言行。敬畏伦理与禁忌观念是一对孪生兄弟,它们相互依赖、相互支撑。今天我们要强化敬畏伦理,必须重建对自然的禁忌观念,要在严厉禁止对自然和生命的伤害的同时,努力将其转化为人们内心的忌讳。有了内心的忌讳,人们就会对自己伤害自然的言行有耻感、罪感。人皆如是,敬畏伦理便能被坚守,生态红线亦不会被践踏。

第二,建立确保敬畏伦理践行的机制。要致力于强化人类对天地万物的敬畏,必须建立一种法律、道德、制度、行政和舆论协同作用的维护敬畏伦理的常态化机制,无论什么人只要践踏敬畏伦理就会受到这种机制的有效制止。借助这种机制,可以形成对那些违反敬畏伦理的人的高压态势,有敢冒天下之大不韪者必将受到来自各方面的强烈谴责和应有惩罚,让人们不敢对自然为所欲为,从而维护把对天地万物的敬畏作为底线伦理的神圣性。

第三,通过强化宣传教育促进人们敬畏感的普遍形成。人的敬畏之心并不是自然而然地形成的,需要社会教化,需要个人修养。尤其是在现代社会,人类的力量异常强大,很容易自高自大,忘乎所以,因此要进一步加大宣传教育力度,让人们牢记“自然是生命之母,人与自然是生命共同体”,使对天地万物的敬畏为更多的人所感知、所领悟,并真正内化于心、外化于行。

马克思的生命观及对超越焦虑的启示 臧峰宇,光明日报,2020-03-02

一、马克思对生命及其价值的内在理解

首先,马克思从自然与社会的双重视角看待生命的存在方式,将有生命的个人的存在视为人类历史的第一个前提。马克思从实践层面理解自然,指出自然科学与关于人的科学的内在一体性关系,认为“第一个需要确定的具体事实就是这些个人的肉体组织,以及受肉体组织制约的他们与自然界的关系”。正是在人化自然的过程中构建生命存在的场所,人们实现了从“自在生命”到“自为生命”的跃迁,使生命成为一种对象化过程。作为能动的存在者,人们将自然力和生命力集于一身,在实践中满足自己的真正需要。

其次,马克思强调现实生命的存在样态是“社会关系的总和”,将消除劳动异化作为走出生命异化的根本路径。人们的社会关系在本质上依赖于劳动,劳动是人区别于动物的本质属性之一,劳动与交往的一致是在人们的生命实践中达成的。从根本上说,人的生命是在社会生活中展现的。为了不断满足生命的需要,人们不断生产其必需的生活资料,在日益丰富的交往中缔结各种社会关系，并在拓展社会关系的过程中获得归属感和安全感。因而，自然生成的生命在现实中是一种社会构成，或者说生命表现的总体其实是一种社会存在。

最后，马克思认为要在消除劳动异化的过程中彰显生命的总体性，在使属人世界和人的关系回归人自身的解放中实现生命的价值。人们在异化劳动中不断否定自我，不能自由地释放生命创造性的力量，实则以摧残生命的方式延续生命。因而，马克思指出："人同自己的劳动产品、自己的生命活动，自己的类本质相异化的直接结果就是人同人相异化。"这时人们的肉体和精神遭到双重摧残，因而必须变革使之遭到摧残的社会关系，扬弃资本逻辑对生命的束缚，解除绑缚生命的重负，以完整的方式占有自己全面的本质。

二、超越焦虑与彰显生命的本质力量

从精神层面寻找超越焦虑的路径，需要形成正确的生命意识，深化现代生活的精神内涵。人们在热爱和珍惜自己生命的同时，应尊重与呵护他人的生命，并从生命伦理角度反思野生动物的存在困境；应在社会化的劳动实践中确立坚定的生活信念，在社会交往中丰富体现本质力量的现实生命。尤其不能忘记马克思的警示："我们的一切发明和进步，似乎结果是使物质力量成为有智慧的生命，而人的生命则化为愚钝的物质力量。"要走出这种愚钝的阴影，就要致力于构建人与自然的生命共同体。

超越焦虑，就要摆脱劳动异化的束缚，避免受制于资本逻辑的交往关系和消费误区。要明确真正的生命需要，在满足需要的过程中深刻体会到实践创造的实质，避免在各种空虚的消遣中耗费时光，在物欲的攀比中迷失自我。从内心深处知晓什么样的生活是值得过的，进而在复杂的社会情境中自如地做出选择。

超越焦虑，就要彰显生命的总体性，在走向物质丰裕的同时充盈自己的精神生命。焦虑体现了特定情境中个体能力的有限性，因而要在创造性的劳动实践中充实精神生活的实体性内容，养成健全的人格。同时，形成和谐交往的社会氛围，使人们在联合起来的劳动实践中获得全面发展其才能的手段，真正感到生命的充实与安顿。

超越焦虑，需要摆脱自私与疏离的心态，需要拓展生命的广度和深度。只有为同时代人的幸福而工作，我们才能感到生命的完美。只有在不懈奋斗中为人民服务，将有限的生命奉献给我们的时代，才不会无视社会的整体利益而陷入自私自利的渊薮。只有这样，我们才能读懂自我实现和奉献社会的辩证法,才能坦然地在友爱相助的劳动实践中彰显生命的充盈。

建构人与自然的和谐共生关系 王雨辰,光明日报,2020-03-02

一、祛魅:从敬畏自然到支配自然

人类对自然的态度经历了从依附自然、敬畏自然到支配和控制自然的转变。这一态度的转变除了人类社会生产力的提高这一现实基础外,与西方启蒙理性所宣扬的现代性价值体系密切相关。启蒙理性不仅把知识理解为以技术理性为基础的科学技术,而且把自然理解为遵循机械规律运动和满足人类需要的被动客体,进而把人类与自然的关系归结为控制和被控制、利用和被利用的工具性关系,而科学技术被看作人类控制和支配自然的中介和工具。启蒙理性进一步与资本相结合,形成了以科学技术进步和追求无限经济增长为基础的现代性价值体系。

在现代性价值体系看来,人类之外的自然界只具有满足人类需要和实现人类幸福的工具价值,人类只要凭借科学技术进步,就能实现无限经济增长,最终达到自由、平等和民主的资产阶级的理想王国。但是,“利益”造成了人与人、人与自然关系的异化和日益严重的生态危机,启蒙理性的“祛魅”走向了它的反面,即从摆脱对自然和宗教的束缚,走向了商品拜物教崇拜。如何正确建构人类与自然的和谐关系,恢复科学和价值的关联,保障科学技术运用的正确方向,成为人们反复探讨的问题。对这一问题的探讨,又是一个对自然“返魅”的过程。

二、返魅:恢复对自然的敬畏

伴随着对西方现代性价值体系实践后果的反思以及生态科学、系统论和协同学等自然科学的兴起,人们逐渐认识到人类和自然界是一个相互制约、相互影响和相互作用的有机整体,现代性价值体系的机械论、还原论思维由此受到批判,并使有机论、整体论思维得以兴起,这一思维方式的转换实际上意味着对自然的“返魅”。

以生态科学等自然科学和伦理学为基础,西方兴起了以生态中心论为理论基础的“深绿”生态思潮和怀特海的过程哲学等,虽然其具体理论观点存在差异,但其共同点都是反对近代主、客二分的机械论哲学世界观和自然观,要求考虑自然的价值和权利,恢复对自然的敬畏。

三、马克思主义生态哲学:维系人与自然的和谐共生关系的理论基础

从对自然的“祛魅”到对自然的“返魅”,其目的虽然有要求人类放下自己的傲慢、恢复对自然的敬畏的成分,但并没有从根本上解决人与自然之间的紧张关系。解决人与自然紧张关系的历史性任务,最终落在了马克思主义生态哲学上。马克思主义生态哲学认为,人类与自然是相互制约、相互影响和相互作用的关系,并在人类实践的基础上实现具体的、历史的统一。人类利用和改造自然,必须尊重自然规律,否则就会受到自然规律的惩罚。马克思主义生态哲学这一基本原理,为我们维系人与自然和谐共生关系提供了哲学基础和科学的方法论。习近平总书记以马克思主义生态哲学为基础,对中国传统生态智慧进行了创造性转化和创新性发展,提出了"人与自然是生命共同体"这一重要理念,并强调"生态是统一的自然系统,是相互依存、紧密联系的有机链条""人与自然是生命共同体,人类必须尊重自然、顺应自然、保护自然"。只有保持对自然的敬畏之心,在尊重自然、顺应自然中改造和利用自然,才能真正实现人与自然之间的和谐共生关系。

人类尊严观念:起源、发展及其当代变迁 李科政,中国社会科学报,2020-03-03

一、尊严观念的起源

西文中的"尊严"一词大多直接来自拉丁文"dignitas",从字面上讲,就是指"适宜性""相称性"与"配当性"。但"dignitas"只适用于十分特殊的语境,即它总是同人在社会中的某种地位的关联中,以及人与人的比较中被使用,因而表达的是现代汉语中"尊严"一词的意义。

奥利弗·森森(Oliver Sensen)在《康德论人类尊严》(*Kant on Human Dignity*)中指出,在古罗马时期,尊严(dignitas)表达的是在社会生活(尤其是政治生活)中拥有的较高地位,并且在这个意义上跟"高贵"或者"尊贵"同义。并非所有人,而是只有占居某一高位的人才拥有尊严。尊严(作为相称性或配当性)就是一个人配得上其高位,它综合性地表达了这个人的血统、能力、德性或品质,这些东西使人成为可敬的。

亚里士多德认为,真正大度的人不仅幸运(出身高贵、手握大权和腰缠万贯),而且重视荣誉、善良、无所欲求、拥有各种德性。古罗马人的尊严确实与之相似:一个人的地位若是重要而高大的,他就拥有尊严;他应该重视自己的荣誉,按照与其高贵地位相称的方式行事。

尊严还是一个比较概念,因为高贵是在比较中彰显出来的。地位越高,尊严也就越高。尊严与社会地位(政治地位)的分离,以及有德无位之人被认为是拥有尊严的——也就是说,中古与近代文献中所讨论的那种以德性为核心内涵的尊严——则是一种较晚盛行的观念。

二、人类尊严的普遍化

斯多亚学派的一些重要观念推动了尊严的普遍化。首先,道德德性是一种理性知识,道德生活也因此是理性的生活。其次,道德生活是情感、欲望服从理性统治的秩序。再次,每个人都生而赋有理性,并且在这个意义上是平等的。最后,人类全体由于生而赋有理性(并且因此拥有道德),在宇宙中拥有一种高于其他物种的地位,因此拥有一种尊严。如此,尊严在普遍化的同时,也就从一个人与人之间的比较概念,转变成了一个理性的与非理性的存在者之间的比较概念。

基督教吸收了斯多亚学派的尊严观念,并在其神学话语中加以发展。首先,基督教引入"人是上帝的肖像"观念来解释人的理性本性。其次,理性的道德知识即上帝的意志——凡是道德的就是上帝愿意的;情感与欲求服从理性的秩序,就是上帝所愿意的良好秩序。尽管正统的基督教坚持理性认识不能逾越神圣启示,但也强调理性可以理解上帝的意志,并且指导人的道德生活。

正是在斯多亚学派与中世纪基督教信仰的影响下,这种强调人类理性之崇高地位的普遍尊严观念,在欧洲思想史上产生了深远影响,并且在近代理性主义的旗帜之下,在去神学化与世俗化的追求中,发展得更加彻底。

三、尊严观念的当代变迁

森森曾指出,当代尊严观念实际上是20世纪以后才流行起来的。约瑟夫·塞弗特(Josef Seifert)提供了一个典型定义,他把人类尊严说成是"一种客观的和内在的价值",这种价值"向我们施加一个道德上呼召,以及一份敬重它的责任"。尽管这个定义看似跟《道德形而上学的奠基》中的一些表述相似,并且也时常被人追溯到康德那里,但事实上,它表达的是一种摩尔式的直观主义价值实在论的观念。

两种尊严观念的核心区别是:在传统观念中,要求他人敬重的主张是从主体的较高地位中派生出来的,同时派生出来的还有主体的其他权利与道德职责;然而,在当代观念中,要求他人敬重的主张与其他种种权利,都直接从尊严这种实在的价值属性中派生而来,并且无法从中推出主体对自己的道德要求。

荀子"称情立文"说的制度伦理蕴含 莫医铭,中国社会科学报,2020-03-17

"情"是中国传统哲学中的基本概念,也是荀学研究中不可绕开的议题。荀子十分重视“情”在礼法制度的制定和实施中的作用。一方面，荀子提出应“称情而立文”，制定礼法制度时要参考“情”的属性、特点，权衡实际情况，以适应“养情”的需要；另一方面，荀子主张在执行礼法制度时，要遵循中道原则，做到“情文俱尽”，既要体现出人文关怀，又要体现出礼法制度的威严，文理与情用并而行之。

一、“称情立文”说

“情”是指人的情感，“称情而立文”则是依据人的情感来制定礼法制度。首先，依据人的情感而“立文”具有现实效用性。父母生育子女、国君养育万民，人对父母、国君的情感要深于对其他人的情感，因而才要有三年之丧，在其中能够体现出亲疏、贵贱之别。把这种亲疏贵贱之别体现在礼法制度中，作为人类社会的组织原则，使群体有分有别，才能建立文明社会。其次，表达了“立文”要使“情”有所称之意。也就是说，人的情感应表达在合适的尺度之中，礼法应当使人的情感表达与实际生活需要相协调。

二、再审荀子之“情”

荀子强调“性恶”，又常将性、情连用，实际上，在《荀子》中，理解“情”作为人之情感的时候，并不是只有否定的用法，也有着中性和褒义的用法。“孝子之情”是子女对父母的尊敬爱戴和感激报答之情，无疑是褒义的“情”。按照人的性情特点来看，“孝亲”之情并非人生来就有的原初之情，而是礼义教化的产物，人原初的情是“甚不美”的。“立文”之后，“亲亲”之义才至，孝亲之情才得以恰当表达出来。

贬义的“情”是自然原初之情放纵的表现。这种“情”是不能作为“立文”根据的。而褒义的“情”是“立文”之后的结果，因此褒义的情也不能作为立文的根据。“称情而立文”之“情”应指中性之“情”。礼法制度观照“人之情”，以“养情”作为基本目标，这是礼法制度具有合理性的重要根据之一。

三、制度与人协调发展

在礼法制度的执行中，荀子主张坚持中道原则，做到“情文俱尽”，既要体现出人文关怀，又要体现出礼法制度的威严。“情”是人文情怀的体现，“文”则是种种律仪规范的体现。在礼法的实际应用上，荀子主张“教而诛”，强调先教后诛的司法立场。荀子反对“不教而诛”，这是对儒家一贯教化思想的继承。荀子还在“不教而诛”的基础上指出了“教而不诛”的危害，以往儒家在教与刑之间，更突出“教”的重要性，荀子则强调了一定条件下“诛”的必要性，无法教化的奸民只能用惩罚的手段来管理，对于大奸大恶的"元恶"之徒,甚至可以"不待教而诛"。在论及"教"与"诛"的关系之余,荀子还说了"诛而不赏""诛赏而不类"等问题,在这些问题中,荀子表明了赏罚分明、用贤罢废、诛恶化民等都不是一概而论的,而是要依据具体民情来对人们进行赏罚。

从历史的角度来看,荀子有关"情文俱尽"的思想也揭示出情文关系历史性动态统一的过程。最初的阶段应是"其下复情以归大一",这个阶段只有质朴的感情,没有礼义法度的范导,处于最原始的自然状态。第二个阶段是"情文代胜",礼法已经产生,或者礼法胜于人情,或者人情胜于礼法,两者是参差有偏的状态。第三个阶段是"情文俱尽",即荀子所认为的情、文经过发展达到的完满状态。

在道德与伦理之间——哈贝马斯教授九十寿辰在法兰克福大学演讲侧记 金雯珎,社会科学报,2020-03-19

政治理论如果不考虑到马克思所发现的那种具有政治影响的社会权力关系,就仍然只能受困于软弱无力的规范主义。同时,哈贝马斯在康德和黑格尔之间开启了一种重新理解公共生活的可能性。

作为法兰克福学派的第二代领袖以及当代西方思想界的领军人物,哲学家尤尔根·哈贝马斯(Jürgen Habermas)教授在近半个世纪以来一直活跃于国际学术论坛,他的思想贡献是哲学史和政治思想史上的一座丰碑,极大地推动了当代人文社会科学的发展,在德国以及整个欧洲的政治论辩中发挥了关键作用。

在去年他九十岁生日之际,这位著名的哲学家重返他两度执教的法兰克福大学,并于6月19日发表"再谈道德(Moralităt)与伦理(Sittlichkeit)的关系"公开演讲。时值笔者在维也纳访学,听闻哈贝马斯教授的生日演讲信息,便与同在欧洲访问的我校哲学系潘德荣教授、牛文君老师会师于美因河畔法兰克福,一同奔赴这场盛会。

在演讲中,哈贝马斯讨论了实践哲学的经典话题——"道德与伦理"。早在1983年问世的《道德意识与交往行为》一书中,他的《道德和伦理:黑格尔对康德的批判是否适用于话语伦理》一文就重点讨论了这个问题。这本书出版之后,哈贝马斯的不少文章,特别是《道德和美德》(1985),都有意识地把道德问题作为研究的重点。哈贝马斯提出"法和道德构成交往行为的核心",对他日后所强调的话语伦理学之于国家法制的建立层面具有重要意义。演讲开场,哈贝马斯回忆了一段曾在斯图加特召开的黑格尔大会上的往事。会上迪特·亨里希(Dieter Henrich)邀请了美国一些分析哲学大家做系列演讲,哈贝马斯也做了报告。报告后罗蒂(Richard Rorty)向他走来,边友好地摇头边说道:“你们德国人总是在康德和黑格尔之间来回摇摆。”哈贝马斯则尽力解释道:“我们中的一些人,可以说是在康德、黑格尔以及马克思之间来回摇摆。”在这场演讲中,哈贝马斯也正是基于康德和黑格尔之间的争论,试图综合道德自律的理性自主概念和政治自治的原则及与具有历史性的伦理现实。哈贝马斯指出,康德对“法则”之“普遍性”的概念,不是仅从语义学上理解为法则之表述的普遍性,而是要从语用学上理解该法则可能运用的所有情形中其内容的普遍适用,就此而言,哈贝马斯似乎表现出某种康德主义倾向。而黑格尔的伦理概念则把康德的“理智世界”从空间和时间的彼岸拉回到历史时间和社会空间之中,从而现实地对基于道德原则建立的正义规范进行批判和社会建构。演讲中,哈贝马斯吸纳了马克思阐明的意识形态受经济利益驱动以及被权力支配的观点,认为马克思的政治经济学进一步使道德和伦理的关系有一个建构性的转向,即要反抗社会的不正义,扬弃不合理的旧制度,首先必须为推翻分裂的社会、为政治共同体的真正凝聚创造经济基础。从这番讨论中哈贝马斯形成了一个中介性的结论,他将之概述为,政治理论如果不考虑到马克思所发现的那种具有政治影响的社会权力关系,就仍然只能受困于软弱无力的规范主义。同时,哈贝马斯在康德和黑格尔之间开启了一种重新理解公共生活的可能性。他主张正义原则应优先于社会融合,并强调要调动起社会各阶层的公民。公民作为民主立法者,共同建构起一个更加美好的社会。

在抗击疫情中彰显道德人格魅力 *晏辉,光明日报,2020-03-23*

一、道德人格的内在结构及其实践环境

道德人格保证了个体以人的方式思考,并以人的方式成就其自身,“成人”不仅是一个自然时间意义上的生命概念,也不仅是社会时间角度下的生命周期范畴,更是一个实践范畴,即成为人,通过其自我同一性成就其自己为人。道德人格还构成了集体行动的逻辑,只有完成不同个体间的相互承认、相互尊重,才能实现自我的尊严;只有把利己的动机、个人的意志限制在合理范围内,将公共意志作为核心力量,一个集体的行动才会发生;只有共同承认并践行公共道德规范,才能实现集体行动,创造并共享公共善;只有通过同情、移情实现同感共情,才能实现主体间的共同感和共通感,获得认同感。基于此,道德人格就绝不是某种能力的单独养成和运用,而是多种能力的相互影响、相互嵌入，从而成为一个立体的能力体系。

构成道德人格的核心要素是信、知、情、意。而一个现实的道德选择和道德行动正是这四个要素的综合运用。道德人格依照其自身的内在逻辑组成了一个自我关联的有机结构：道德信念、道德认知、道德情感和道德意志，以及在这些要素共同作用下形成的道德选择和道德行动。

正如亚里士多德所说，人并不天然具有德性，所具有的只是接受道德教化的潜质，人的德性既不出于自然也不反乎自然。道德人格既是一种逻辑上在先、潜在的能力体系，又是一种现实的可行能力结构。这样一种优良品质，使道德人格在日常状态下，能以平稳的形式发挥着支持和支撑的作用；而在重大突发公共卫生事件这样的例外状态中，也能激发人们各就其位、各司其职、各负其责，表现出前所未有的坚定信念、饱满激情、顽强意志和义无反顾的道德行动，促成真正的集体行动，彰显出道德人格之无穷的魅力。

二、在危机面前彰显道德人格魅力

道德信念一般是指人们通过对道德规范的遵守和认同，在自身道德情感的驱动下，在履行某种道德义务过程中迸发出的一种强烈的责任感。面对这场突如其来的新冠肺炎疫情，在以习近平同志为核心的党中央坚强领导下，全国广大党员、干部、群众为了战胜疫情、挽救生命、恢复秩序，万众一心、众志成城，进行着一场气壮山河的疫情防控阻击战，表现出了拼搏奉献的优良作风、严谨求实的专业素养、敢于牺牲的奉献精神。这是道德信念内在本质的充分激扬，有力彰显了道德人格的魅力。

道德认知乃是行为主体对自己之行为规范的了解、理解和把握，是对正当行动的发展趋势的正确理解，是对内心之正义感、同情心、自我牺牲精神等心理状态的体验。如果说道德信念是决定和推动着行动主体做其应为之事而达于良序状态的精神指向和心理倾向，那么，道德认知则是把这种精神指向和心理趋向置于科学思维和实践逻辑之上的理性思考、正确判断和正当选择。道德信念是我们想成为什么，而道德认知则是我们能够成为什么，“应当”必须基于“能够”之上。

道德情感是一个人因外在的道德事实或道德现象而产生的深沉、持久和类型化的内心体验。在日常生活中，道德情感中的理智感、正义感和同情心似乎都潜藏于人们的内心深处。而在重大突发公共卫生事件发生时，人们那种潜藏着的道德感便瞬间爆发出来。

道德意志是决定一个人道德选择和道德行动能否发生的直接动因，包括善良意志和实践理性两个元素。作为动机,道德意志表现为向善的意愿和意向,相当于子思笔下的"正其心、诚其意",是一种自知其善恶的意念和意向,是一种"喜怒哀乐之未发,谓之中"的状态。如何在善恶之间、好坏之中做选择,"善良意志"起着至关重要的作用。

道德人格乃德性论的核心,善念、善行均生发于它,又复归于它,是一个人进行正确思考的初始性力量。全国广大党员、干部、群众在这场疫情防控的人民战争、总体战、阻击战中表现出来的中华民族特有的道德精神,是人们千百年来在共同的社会生产生活中培育起来的,是潜藏于人们心灵深处的精神财富,彰显了道德人格的无穷魅力。

儒家仁爱与人类命运共同体　曾振宇,光明日报,2020-03-30

"岂曰无衣,与子同袍。""青山一道同云雨,明月何曾是两乡。"在新冠肺炎病毒肆虐全球的当下,这些充满人文关怀的诗句犹如狂风暴雨之后一道夏日的阳光,温暖人心!人类命运共同体应该建构在全人类共同认可的道德基础和价值信念基石之上。"爱人类"是儒家"仁爱"思想底色,在构建人类命运共同体过程中,儒家思想的现代性价值不可低估。

一、"恻隐之心,仁之端也"

"仁"是儒家学派核心观念。"仁者安仁,知者利仁。"孔子把"仁"分为"安仁"与"利仁"两类,"安仁"实际上也就是"乐仁",恰如《大戴礼记·曾子立事》所言:"仁者乐道,智者利道。"孔子以"仁"为"安""乐",说明他已经从人性论高度论证"仁"存在的正当性。仁根植于人之本性,仁内在于生命本然,仁不只是外在的强制性道德行为准则。

"乃所愿,则学孔子"的孟子在心性论层面全面证明性善,并尝试在哲学维度建构仁本论。孟子对仁爱与人性关系的证明方式有多种,运用最娴熟的证明方式是韦政通先生所说的"证诸人类普遍情感经验",孟子通过"孺子入井"这一经验世界中人人都有可能经历的事例,旨在证明"四心""四德"是人普遍的道德性人格。只要意志和行动都自由的个体,人人可以证明"四心""四德"确实存在于我内心,这是一个终极性的证明,无须借助于论证至上人格神的存在。

"四心""四德"作为人之所以为人的普遍本质,有别于天性中的食色欲望。"四心""四德"在人的经验世界中随时随地都可能灵光闪现。仁是绝对精神,人是有时空限定的有限的生命存在。人如果没有仁性,就是一行尸走肉;仁如果没有落实于人,就只是一个纯粹逻辑世界的观念。仁与人的结合，是天道与人道的合一、灵魂与血肉之躯的合一，为有限的生命实现无限的内在超越创立了哲学根据。在孟子思想逻辑架构中，从义理之天而言谓之“理”(孟子“理义”之理)，从天授而言谓之“仁”，从人得之而言谓之“性”。形而上的仁下贯至人性，才形成人之所以为人的本质(“人之理”)，孟子称之为“合而言之，道也”。

汉代大儒董仲舒在孟子恻隐之心基础上，进一步对仁爱做了界定：“仁者爱人类也。”儒家仁爱在工夫论层次上，首先表现为家庭亲情之爱(“亲亲”)，然后向外推衍，依次表现为“仁民”和“爱物”。超越种族和国别的人类普遍之爱，才是儒家仁爱的真髓。爱民是儒家仁义王道政治的具体体现，举凡国家制度、人伦习俗和军事行动，建基于仁义这一根本性的道德精神和文化依托之上，并以仁爱作为国家主流意识形态所信奉的最高价值原则，才是王道政治。

二、“与众人而共进乎仁”

以孟学为宗的陆象山，在仁学上最大贡献在于从心本论高度论说仁爱。陆象山认为理在人为性，仁是性中固有的本质，“仁，人心也”；在工夫论层面，既然人人“饱乎仁义”，在人性上完美自足，人就有责任以“天爵”“大体”存心，通过非礼勿视、勿听、勿言和勿动，臻至“归仁”理想境界。

既然仁爱属于普遍的人心，“共进乎仁”就是人心所向。“进乎仁”不仅仅只是个人的生命理想境界，也是一乡之人、一国之人乃至天下人共同奋斗的梦想。尤其值得一提的是，这一人类梦想是建基于仁爱这一道德精神、价值理性和文化依托之上。如果丧失了这一基石，人类的终极追求只是一个善而无证的乌托邦。人类命运共同体不是建立在欲望的满足和利益的追求上，而是奠基于一个全人类共有的人性基础和道德精神依托之上。方其如此，“为万世开太平”才具有一个牢固的道德理性根基。

在两千多年的儒学史上，“仁者爱人类”的思想不断被深化和提升。“老吾老以及人之老，幼吾幼以及人之幼。”敬畏生命、关爱他人，“博爱之谓仁”。儒家仁爱思想为构建人类命运共同体提供了道德基础。

疫情防控时期的伦理问题及其管理　鄯爱红、孔祥利，学习时报，2020－03－30

健全国家应急管理体系，不仅要加强应急管理体制机制、法律政策等制度建设，而且还要加强伦理管理与价值引导，为应急体制机制和法律政策提供道德支持。

疫情发生后,正常的经济社会生活秩序被打破,政府、社会和个人的行为在危机状态下都面临失范的风险。规范政府、社会团体以及个体的行为,不仅需要法律法规和政策刚性约束,而且还需要关注疫情时期的伦理管理,为社会秩序的维护提供道德支持。加强疫情防控时期的伦理管理,是避免紧急状态下政府管理引发舆情事件的要求,也是引导和规范社会团体和民众参与疫情防控、承担社会责任的要求。

疫情防控中舆情事件的本质是伦理冲突。疫情防控涉及多方主体的权利与义务关系,势必产生诸多观念和价值冲突,进而使伦理问题变得非常突出。疫情防控中面临的伦理问题主要包括:一是信息公开与公众知情权保护;二是公共健康与个人权利保护;三是应急资源配置的公平与效率问题;四是法律与情理的冲突;五是疫情应对中的公共伦理普及。

伦理管理可以为人们疫情时期的行为提供指导。尽管我国持续加强了应急管理体系建设,出台了多部法律法规,但面对复杂而充满不确定性的决策情境,有形的法律规范很难面面俱到,包括政府在内的全体社会成员的伦理素养和道德意识迫切需要得到提高。伦理管理将为危机状态下人们"应当做什么"和"应当如何做"提供一个可操作性的指引,这既是保证政府管理在危机状态下不偏离目标的关键,也是政府化危为机的重要契机。

伦理管理重点需要注意以下三个关键环节。

一是加强制度建设,将伦理审查纳入疫情防控的决策程序。首先,可以借鉴国际经验,成立疫情防控伦理委员会,对疫情防控阶段的公共政策进行伦理审查,对各级政府的应急行为进行伦理指引。其次,编制疫情防控时期伦理指南,主要关注传染病防控中的公正与补偿、信息公开透明以及社会动员与合作等核心价值。再次,将伦理审查作为疫情应对重大决策的重要程序,疫情防控重大决策出台之前,须由伦理委员会进行审查,对可能出现的伦理风险进行防范。

二是提升伦理素养,增强领导干部的伦理选择与决断能力。公职人员的伦理水准是提高公共管理水平的重要保障,特别是在危机时期,公职人员的伦理道德素养是保证应急管理取得成效的重要精神资源。

三是加强民众公共伦理的宣传教育。疫情发生时,需要全国乃至世界人民的广泛参与合作,这就要求培育民众及社会团体的参与意识和参与能力。现代民众的参与意识,不仅包含积极主动参与救援的意识,而且包含危机时刻民众、社会和政府之间形成的互信合作、共担风险的精神,这种精神是建立起战胜危机的强大社会支持系统所必需的道德基础。

马克思道德理论:非功利主义目的论及其限度 张彦、李家祥,伦理学研究,2020(4)

马克思与道德之间的关系一直是一个具有争议性的论题。从20世纪70年代起,诸多西方学者开始着手重建马克思的道德理论,许多学者将马克思理解成一个亚里士多德式的非功利主义目的论者,他们认为马克思与亚里士多德一样,以人类某种目的的实现作为自身道德观的核心。这种目的论通常从人的本质和人的需要出发,以人的幸福、自由和自我实现作为马克思道德理论的终极目的。从马克思一生思想的发展脉络来看,这种非功利主义目的论的解释方式并非毫无依据,其理论源头正是马克思在巴黎时期思想中留存的人本主义遗迹和目的论形式,其文本底蕴主要体现在《1844年经济学哲学手稿》(以下简称《手稿》)当中。

一、目的论式马克思道德理论的解释视角:功利主义与非功利主义

目的论作为一种悠久的哲学传统和伦理学基本范式,贯穿古希腊、中世纪乃至近现代的哲学史。目的论的伦理学基本范式强调的基本逻辑是:把善作为判断事物正当与否的根本标准,一个行为是正确还是错误,取决于此行为的结果是否实现或促进了某种善。

在西方学者重建马克思道德理论的热潮中,功利主义是一种颇具影响力的建构方式。如德里克·艾伦认为,马克思以功利主义"社会总体效用最大化"原则作为评价行动正当性的终极标准,把共产主义视为人们整体福利的最大化。布坎南提出:"人类历史基本上是人类满足自身需要的活动,而马克思评价的唯一标准是这种活动成功的程度。"马克思之所以认为共产主义必然取代资本主义,正是因为其能够满足更多人的需要,实现更多人利益的最大化。概括来说,功利主义是一种追求人的幸福(利益)这种唯一善的后果主义,最大化原则是其显著的特点。而事实上,这种将马克思道德理论理解为功利主义的做法招来了诸多质疑,如乔治·布伦克特(George G. Brenkert)就同德里克·艾伦在如下两个问题上提出了不同意见:马克思是否把资产阶级与无产阶级的利益看作一致的利益并将二者相统一;马克思是否采用了利益最大化的原则来评判行为的正当性。

在以功利主义方式建构马克思道德理论面临诸多质疑的情况下,一些西方学者试图回归古希腊的目的论传统来重构马克思的道德理论。不同于功利主义者把利益作为唯一的善,他们更多地关注幸福、自由,乃至自我实现等各种善的实现，并认为一种本质主义的传统和本体论的解释方式是马克思和亚里士多德道德理论所共享的。非功利主义的目的论者往往主张马克思与亚里士多德有着内在的相似性。这些相似主要体现在两大方面：一是两者具有相似的人的本质概念，马克思通过一种本质主义共享了亚里士多德的本体论解释原则；二是两者具有相似的本质实现理论，马克思与亚里士多德一样，把人类目的与功能的实现作为最终的价值标准，并以此作为其道德理论的构建基础。

基于以上两方面的相似性，非功利主义目的论者认为马克思主义追求共产主义和人类解放的理论旨趣与亚里士多德对幸福的目的性追求并无二致。在亚里士多德看来，好生活及其本质——“幸福”，是生命合德性的活动，而社会发展的目标就是促进其成员的“幸福”。而马克思同样是通过评判社会中人的生存状态来表达自己对人类社会发展的目的性追求。这种评判主要分为两种方式：一是通过对剥削制度的批判与反抗，集中体现在马克思的异化劳动理论；二是通过直接描述人类应当促进和实现的生活，即共产主义理论，尤其前者是马克思最通常使用的方式。由此，非功利主义目的论者实际上把马克思道德理论的进路置于亚里士多德式的伦理学逻辑之中，即一种强烈追求抽象的人的本质实现的目的论，相应的伦理学观点都作为人的本质这一目的的实现和表达而展现。

二、《1844年经济学哲学手稿》中的非功利主义目的论意蕴

通过对非功利主义目的论理论进路的分析可以看出，非功利主义目的论者尤其重视马克思关于人的本质的概念，同时使用目的论的形式来理解马克思对共产主义的论述。而纵观马克思一生的思想发展，这种理论思想的形式集中体现在马克思巴黎时期写作的《手稿》中。正是由于《手稿》中马克思采用的“人的本质异化—异化的扬弃—共产主义”的论述逻辑契合了非功利主义目的论者对马克思的亚里士多德式幻想，才导致了他们试图以一种非功利主义目的论作为马克思道德理论的构建进路。

《手稿》是马克思思想观点和哲学立场转变时期的重要著作。在《手稿》中，马克思站在唯物主义和共产主义的立场上，研究了大量哲学、政治经济学、共产主义的经典文献，并在批判、吸收旧观点的基础上提出了自己新的哲学、政治经济学和共产主义观点。但我们也应当看到，作为一部思想转变时期的著作，“‘未完成’是《手稿》的一个重要特点，‘未完成’既是指形式上的未完成，也指内容、思想上的不完整”。《手稿》在提出新的哲学观点的同时，还留存有费尔巴哈人本主义的思想遗迹和黑格尔历史哲学的目的论形式。非功利主义目的论者正是受到了这两方面的旧遗迹、旧形式的影响，曲解了马克思道德理论的内蕴。

三、非功利主义目的论的历史限度

从上述的分析来看，非功利主义目的论的理论进路似乎符合马克思在《手稿》中的论述，但实际上，其理论仍面临两个问题需要回答：一是如何理解写作《手稿》时马克思的思想与成熟的马克思主义之间的关系，这决定着马克思的道德理论能否通过存在于《手稿》中的本质主义这一桥梁通向非功利主义目的论的伦理学进路；二是如何在历史唯物主义所内含的历史性解释原则下去理解幸福、自由和自我实现等各种善的目的性意义，这决定着非功利主义目的论自身的历史限度。

总之，道德作为伦理观念范畴，必须在具体的历史境况中去理解，正如恩格斯代表历史唯物主义者所强调的："一切以往的道德论归根到底都是当时的社会经济状况的产物。"这也是正确理解马克思道德观和构建马克思主义道德理论的根本原则。从这个意义上来说，不管是非功利主义的目的论也好，还是其他的马克思道德理论解释范式也好，一旦抛弃了历史唯物主义从"社会经济状况"来解释道德的历史性解释原则，也就在根本上偏离了理解马克思道德理论的正确进路。

"人的境况"和确定性与不确定性的辩证法——赫勒伦理学建构的现代性线索与方法论旨趣 杜红艳，道德与文明，2020(4)

"人的境况"这一概念是由阿伦特提出的，有许多学者侧重从政治学层面上来解读，而东欧新马克思主义的主要代表赫勒则认为应从共时性的角度来理解"人的境况"的背景意义。"人的境况"既构成了赫勒理解现代人的生存状态的理论背景和线索，同时也是其伦理学阐释的一种内在的逻辑方法。

一、"人的境况"与日常生活批判的为我们的存在

一方面，"人的境况"包含日常生活，另一方面，"人的境况"也包含着非日常生活。对于"人的境况"的两个部分，赫勒着重分析了"日常生活"，通过对日常生活的分析也逐渐进入伦理的语境中。总之，赫勒的日常生活批判是建立在"人的境况"的基础上的，强调自在的日常生活与自为的非日常生活之间的调和与平衡就是要避免"人的境况"的毁灭。

二、"人的境况"与实践商谈伦理学的对称性互惠

赫勒认为现代道德哲学虽需要道德规范但绝不是强制的道德规范，而是基于商谈之上的规范和规则。按照赫勒的说法,就是通过对称性互惠,在商谈的基础上重构能够作为拐杖的道德规范和规则,这即是赫勒所谓的实践商谈伦理学。现代性条件下的道德哲学不能保证绝对的确定性,因为没有一种规范和规则能够作为中心或本原,但是一个人可以在多种规范和规则之间选择作为好人。当一个人选择作为好人的时候,他就已经选择了道德的确定性,给予个性伦理一个基础了,这是一种区分善恶的选择。因此从正反两方面对伦理信念的真与不真进行争论的人保持了唯一的确定性,现代伦理的一个支柱将会是一种个性伦理,将成为他自己的那个人会是伦理的承载者。

三、"人的境况"与历史理论的现代性重建

碎片化的历史哲学既道出了现代性阶段历史意识的碎片化特征,又不因碎片化而废除历史哲学。基于这种悖论,赫勒提出以历史理论代替历史哲学,历史是一种文化结构,这种文化结构需要历史意识去解读,当运用历史意识思索当下的文化结构时,会发现现代性文化结构的悖论性特征,即西方现代性是我们的偶然性,我们不应破坏它,而应试图将它转换成我们的命运。所以,尽管现代性处于悖论之中,但由于能够保持平衡,所以普遍性、特殊性和个体性有足够的发展空间,现代性得以持续。

四、"人的境况"与赫勒伦理学的后现代视角和人类学方法

首先,赫勒运用后现代的视角重新思索了现代性的道德状况,但"后现代"在赫勒这里只是研究问题的视角而非理论立场。其次,赫勒注重"人的境况"所反映的伦理学的背景的研究,以实践商谈伦理学实现对称性互惠。赫勒以实践商谈伦理学来实现对称性互惠补充了当代伦理学中的"好人何以可能"的问题。最后,赫勒运用人类学的方法来解决道德问题。赫勒虽然否定外在的权威和规范对人的制约,但是仍要建立一种内在的权威和规范。赫勒接受了人类学的观点,承认所有文化的价值,但她也反对人类学观点的价值泛滥,要求在承认差异的基础上重新确立普遍的规范。

正义理论的两难:对阿玛蒂亚·森的批评与理解 刘科,哲学分析,2020(4)

森的能力路径开创了正义理论研究的新思路,但也受到了不少批评。森的能力理论提出后遭到一些批评,这些批评有合理之处,但也有不切题的情况。合理之处在于森的能力理论的确存在某些失误,尤其是在人际视角方面。不切题在于这些批评有意无意地忽视了森对个人视角更深切的关怀。在某种意义上,森的失误是无可避免的,因为个人视角与人际视角之间的冲突正是当代正义理论建构所面临的两难。

一、能力理论的提出及其要义

既然平等的关键在于人自身,于是森提出以能力与功能(functionings)这对概念来具体考察人的状态。他指出,一个人的良好状态可从其存在(being)的质量(之良好)来考察。生存可被看作由一系列相互联系的"功能"所组成,由存在与行为所组成。一个人在这方面的成就可被看作他的各种功能的向量。这些相关功能涵盖很广,从多种基本生存要素(如充足的营养、健康的身体、免于不必要的病症和夭折)到那些更复杂的成就(如感到快乐、有自尊、参与社区生活等),皆为其所属。功能构成了一个人的良好状态,对良好状态的评价要评估这些构成要素。与功能概念密切相关的是使功能加以运作的能力概念。它表示人们能够成就的各功能(存在与行为)的各种组合。

二、良好状态之外的维度

通过良好状态与能动性的二分,森彻底超出了经济学的福利主义(welfarism),摆脱了功利主义的窠臼,不再仅仅根据人最终状态的好坏来评价和理解人。在良好状态与能动性的框架下,森又根据现实状态与未来机会的区分,进一步区分了成就(achievement)与自由(freedom),从而形成了理解人的优势(advantages)的四个维度。至此,我们可以根据以上论述对森能力理论的要点做一些整理:(1) 正义理论要聚焦于对人自身的关注;(2) 对人的关注既要考察其现实状态(成就),又要考察其未来之可能的选择(自由);(3) 人具有良好状态与能动性这两个方面的区分;(4) 能力指的是良好状态方面的自由,功能指的是良好状态方面的成就;(5) 正义理论重点是考察能力的平等。

三、对能力的批评与分析

不管是对能力清单的批评(森的能力清单过于不确定,以至于它几乎没有为全球范围内的人们提供判断社会正义问题的公共标准),还是随之而来对能力路径的批评(如能力仅仅是提供一种思考问题和理解正义的视角,并不要求具体能力上的平等,森的能力理论根本就没有提出能力平等;或基本能力不知何指,基本能力平等这个说法就是矛盾的),都可以说既是有道理的,也是不切题的。有道理,是因为他们都指出了森的能力理论在这些方面的不足;不切题,乃是因为他们所关注的那些问题恰恰不是森的用意所在。从方法论上讲,森的能力理论直接反对的是功利主义与福利主义对所有价值进行整齐划一的还原,所以他对一元论的伦理思考敬谢不敏。

四、森的两难还是正义理论的两难

这种"行为者相关"与"行为者中立"的冲突其实反映了现代伦理学与道德哲学中的一个难题。从个人视角来看,只有行为者才能做出价值认定,而社会伦理和普遍道德的基本取向,又必须超出个体行为者,采用行为者中立的视角进行人际比较。这种个人与人际视角之间的对立体现在现代道德哲学的不少重要方面:如众所周知的黑格尔的特殊具体的伦理与普遍抽象的道德之间的对立,当代道德理由讨论中的内在理由与外在理由之争,甚至威廉斯对整个现代道德哲学的反对,无一不体现了伦理学的这种内在困境。

五、结语

公允地讲,虽然因为对人之个体多样性的关注,使森的正义理论无法做到清晰的人际比较,也不能形成罗尔斯正义论那样的适用性,但可以看出,他怀着与罗尔斯相近的理论抱负,他对良好状态与能动性的区分以及对能力路径的探索,相比罗尔斯展现出了更进一步的洞见。森更细致地考虑了人们在获得资源并将资源转化为一种理想生活过程中的实质能力。

"德位之辩"——论儒家伦理的责任本性 吴先伍、张婧,东南大学学报(哲学社会科学版),2020(4)

在儒家那里,"德"是道德,是对自我、对他人、对社会的责任,"位"则是职位、身份地位。在上古时期,开始时"德"与"位"是相互统一的,乃至夏朝开始二者出现了分离。面对德位分离的现实,儒家一方面强调"位"在社会秩序建设中的基础作用,要求人们加强道德修养,勇于承担道德责任,从而建构起一个仁道的理想社会。虽然两个方面对于儒家都很重要,但儒家更加重视道德责任,因为在儒家那里,"德"优先于"位",伦理道德优先于政治。

一、德位分离:德位之辩的缘起

在中国传统的君主专制制度中,至高无上地位的拥有者只能是帝王将相。这也就是说,只有道德高尚的圣人才配拥有至高无上的王权,而拥有至高无上王权的人同样应该拥有至高无上的道德,只有这样,才真正做到了德位相配、德位相合。随着历史的发展,德与位慢慢出现了相互分离的倾向,有位无德的帝王开始出现,夏桀"不务德而武伤百姓,百姓弗堪",商纣王“好酒淫乐,嬖于妇人,……重刑辟,有炮烙之法”。与有位无德密切相关的,就是有德无位。孔子一直强调正名、正位,希望做到名实相副,并且为此而东奔西走于寻求职位的路上,希望能够找到一份与自己德行学问相适应的职位,然而孔子获取官员职位的愿望始终没能实现,最终只能归宿于整理传统典籍的工作。因此,尽管孔子认识到位对于施展个人才华的重要作用,但是孔子并不主张人们刻意去求位,而是将位看作德的附属品,认为有德者自然有位,并告诫弟子们“不患无位,患所以立”。

二、“正位”:儒家伦理误读的因由

对于儒家来说,“正位”只是开展政治治理、建构社会秩序的一种途径,这并不是最好的途径,而是一种低层次的途径,虽然我们需要对其加以利用,但是我们不能停留于此。因为当我们将“位”与政治秩序联系起来的时候,同时还应该看到,政治具有不同的类型,既有仁政也有虐政,既有王道也有霸道。虽然它们都是以良好的秩序为目标,但是它们之间存在着天壤之别,如果我们只讲位,只讲规则,只讲秩序,那么,我们就有走向虐政与霸道的风险,因为它们的代表法家同样也是讲秩序的,但是这显然不是儒家心目中的理想政治类型,不符合儒家的伦理设想。因此,要想建构起一个更加美好的和谐社会,我们就必须进一步走向与“位”相对的“德”,突出“德”在社会治理中的重要作用。

三、“知其不可为而为之”:儒家伦理的责任本性

对于儒家而言,理想的状态是德位相合,有德者有位,有位者有德。然而面对当时德位相互分离的现实,儒家一方面强调政治义务在解决社会混乱、建构社会秩序上的基础作用,就是让每个人都能素位而行,另一方面强调道德责任对于建构和谐社会的重要作用。这也就是说,儒家是将道德放在一个比政治更高的层面上,从而突出一个社会不仅需要低层次的政治义务的承担,更需要高层次的责任担当,只有这样,社会才不会停留在每个人只承担自己必须承担的义务这样一个冷漠的状态,而是真正走向一个“人不独亲其亲,不独子其子”,主动为他人为社会担当责任的更加美好的社会,这恰恰是我们今天需要从儒家那里汲取的重要思想资源。

市域社会的治理逻辑:发展趋势与伦理选择 陈忠、吴伟,光明日报,2020-04-20

市域社会治理是国家治理体系的重要组成部分。随着城市化率的不断提高,我国逐渐进入城市型社会、市域社会,也就是以不同量级、类型的城市(城镇)为运行、发展、治理节点的社会。厘清市域社会的趋势特点,把握市域社会治理的重点难点,树立科学的市域理念、市域伦理,对加快推进我国市域社会治理现代化,完善治理体系、提升治理能力,具有基础性意义。

一、社会运行的新样态

我国市域社会具有深刻的文明具体性、内生总体性。作为文明发育较早、文明进程从未中断、正在进行新的伟大实践的文明体,我国积累、探索了较为丰富的关于城市发展、城市治理的经验,形成了具有自身特点的城市文明、市域文明;在城市理念与发展模式、城市运行与城乡关系、城市精神与城市治理等方面都具有自身的特点,并不断形成新的理念。国家治理是文明共同性与文明多样性的统一,推进市域社会治理现代化,尤其需要关注我国市域社会在构成、运行等方面的本土特点。同时,我国城市化作为全球城市化浪潮的重要构成,日益需要在世界范围内进行更大规模的资源、信息、产品等交换、互通,需要学习借鉴国外城市发展、城市治理的先进经验。

二、风险治理的新挑战

文明与问题并存,发展与风险同在。任何社会的任何发展阶段,都存在问题与风险,问题的关键就在于能否准确地把握风险,有效地应对风险,精准地治理风险。

我国仍处于城市化的中期,在相当长时间内会存在农业农村农民问题。城市问题与乡村问题并存,是我国市域社会的一个基本格局。我国市域社会的重要特点主要有两个:其一,最近二十年的快速城市化大大提升了我国现代化的总体水平,但也在一定程度上加深了区域发展不平衡、行业发展不平衡、城乡差异、贫富差距等问题,发展不平衡和发展不充分同时存在。其二,城市化催生了具有诸多新特点的心理、情感、生活方式,但历史发展中形成的心理习惯、情感方式、生活方式等仍会长期存在、发挥重要作用,传统、现代深层互嵌。以上特点,深刻决定了我国市域社会面临不同于其他国家的挑战。把握我国市域社会的这些特殊性,是有效提升市域社会治理能力的重要前提。

三、治理伦理的新自觉

市域社会及其治理具有深刻的伦理意蕴。治理复杂市域问题、营建合理市域社会,尤其需要伦理自觉,自觉推进市域社会治理的伦理化。

第一,进一步明确市域社会治理现代化的伦理本质。所谓市域社会治理,也就是以市域社会为语境,以市域问题与市域风险为对象,以市域各构成单元和构成要素的有机协同、共同发展为目标的社会治理。

第二,进一步明确市域社会治理现代化的伦理目标。推进市域社会治理现代化,是为了有效防范市域风险、应对市域问题,为了建构秩序营建与活力统一、发展与稳定兼备。通过营建更为合理的市域社会,培育践行社会主义核心价值观,不断实现人民群众对美好生活的向往,是我国市域社会治理现代化的伦理目标。

第三,进一步加强对复杂治理结构的伦理统筹。市域社会治理是一个多维度的复杂工程,几乎涵盖当代社会运行的所有方面,涉及宏观、中观、微观每个领域和层面的组织、群体、个人。把握市域社会复杂关系的演变趋势,厘清市域社会存在与运行的核心关系、重点内容、关键环节,就成为有效推进市域社会治理现代化的重要前提。

第四,进一步完善多元主体共治的体制和机制。党的领导和人民主体地位的有机统一,政府主导与多元主体共同参与、共同治理的统一,是我国市域社会治理现代化的基本构架。坚持党的领导,调动各方积极力量,健全各类基层组织,完善人民群体参与市域社会治理的体制、机制,是推进我国市域社会治理现代化的重要方向。

庄子善恶观探本　汪韶军,中国社会科学报,2020-04-21

一、为善不要求名

儒家总体上是倾向于立名的,仁义成了成名的一个必要条件。客观地讲,儒家对名的这种态度,如果把握不好,就容易倒向为求名而修德,甚至把仁义当成博取名利的敲门砖。

庄子主张,“为善无近名”。“无”通“毋”,意谓行善应注意避开名,显然与《老子》“善行无辙迹”相通。老子此语是说行善非但不能求名,而且要不留痕迹。行善若不注意这一点,就会为人所知、所铭记,从而使人们有机会对其亲而誉之。老子一贯主张“自隐无名”“不欲见(现)贤”,庄子继承了这种思想。真正的圣贤不仅不可自以为贤,还要拒绝被人追捧。行善到极致处,不以为自己在行善,要浑然忘之,就像无意识的天那样。这是一种极其超迈的天地境界。

可见,庄子认为善行的最高境界是行善而不自知,其次是自知但不留痕迹,故不为人所知。怀持这样的思想,自然不会求名。

二、作恶不要近于内外之刑

“为恶无近刑”一语令古今学人困惑不已，但庄子明确否定行恶。一般都把“刑”理解为刑罚杀戮，这固然不错，却比较狭隘。《庄子》中共提到三种刑：“天之刑”“外刑”“内刑”。“天之刑”是无所逃的，而“为恶无近刑”之“刑”是可以避免的，所以非指“天之刑”。余下“外刑”与“内刑”，庄子认为它们是可以避免的，而且应当避免。“外刑”“内刑”分别对应《庄子·人间世》所说的“人道之患”“阴阳之患”。“人道之患”指人世间的刑罚杀戮，“阴阳之患”则是阴阳之气不能和静而滋生的祸害。在庄子看来，被功名利禄、教条化的仁义礼等“外物”所牵引（只要不属生命的本真，就可以划为外物），也是一种刑戮和桎梏。因此，我们不能将“刑”限于外刑，庄子侧重的可能是内刑。“物于物”等不可名为善的伤己行为也是一种恶。既然“刑”包括内刑（阴阳之患），则为了避开刑，“为恶”的空间事实上已经很小，我们不必因“为恶无近刑”一语而大惊小怪。

三、宽容“小恶”

庄子认为，人就是人，没必要也不可以被要求成为圣贤；“小恶”只要对人对己都没有实质性的伤害，就应该加以宽容。儒者心中时刻盘旋着明确的善恶意识，他们“临人以德”（《庄子·人间世》），总想以“善”去“恶”。庄子则认为，一个人尤其不能自以为善而去指摘他人。相对地，庄子提出“虚而待物”（《庄子·人间世》）、“不谴是非”（《天下》），强调不责于人，因其所是而是之，正体现了那种“万物皆照”（《齐物论》）的包容精神。

结合群己关系，“为恶无近刑”可以说是为了把个体之间的侵扰减至最低程度，同时辅之以宽容。只有这样，才有可能保住一种自然的秩序与整体的和谐。春秋战国时期天下大乱，如何重建社会秩序，成了先秦诸子共同面对的时代问题。儒家认为，既然礼崩乐坏导致乱象，出路便是将礼乐制度重新扶植起来，所以他们力推仁义礼乐的教化，以使世人生德于心，最终治国平天下。庄子则认为，如果把仁义礼（即便它再好）立为标准来齐同天下，那就等于在宰割天下，因为这种做法没有顺物之自然，其实质是以善的名义强制他者，使天下人沦为仁义礼的“辕下之驹”。庄子其实认为，个体之间只要不相为害，就不需要仁义礼的约束和严刑峻法的强制，便能形成一种整体的和谐。“为恶无近刑”便是要划出行为的界限，提醒世人对自我做必要的节制，从而使外来强制和教化行为失去必要性。

庄子批评仁义，绝非怂恿世人向下沉沦，为不仁不义之举。我们需要具体分析其善恶观：在善的问题上，庄子反对为求名利而行善，反对临人以德、以“善”去“恶”的教化传统,倡导不自以为善之“上善”;在恶的问题上,他一方面诫人行恶,一方面又主张宽容“小恶”。

呼吸机分配的伦理难题 王珏,中国社会科学报,2020-04-28

在医疗资源有限的情况下,配给制是提高资源使用效率和控制成本的一条重要政策思路,其中年龄被看作最自然的分配标准。我们大致可以梳理出西方伦理学家为年龄配给制辩护的三条主要伦理路径:功利主义、自由主义与社群主义。

一、功利主义:拯救更多生命

功利主义论证认为,医疗资源依年龄分配的结果应当符合功利主义原则,即从长远看有利于提升大多数人的总体利益。既然年轻人通常有更长的未来生命预期,以及更高的生产效率,因而医疗资源分配应当向年轻人倾斜。

这种功利主义论证面临着严重的理论困难和道德障碍。首先,上述功利主义的论证只有在我们接受成本—效益是社会医疗服务追求的唯一目的时才是有效的。其次,即使接受功利作为评价标准,我们也会发现在医疗语境下所谓的“功利”是一个极为复杂、难以定义的概念。以新冠肺炎治疗为例,即使接受功利标准,也可以进一步质疑,年龄本身并不能准确地预测使用呼吸机后的生存概率。如果不进一步考量病人个体生命状态,那么一刀切地使用年龄标准,就是一种年龄歧视,并会引发更深刻的伦理疑问,即我们是否有权为生命定价,以决定哪些生命比另一些生命更值得拯救。

二、自由主义:捍卫机会平等

以美国生命伦理学家诺曼·丹尼尔斯为代表的自由主义伦理学家为年龄配给提供了另外一种基于个体视角的伦理辩护。首先论证依照年龄分配并不一定意味着年龄歧视。年龄与性别、种族不同,它不属于个体不变的特征,而是随着个体生命阶段的改变而变化。因而,对不同年龄群组的区别对待并不意味着不公平对待,而是达到在整个生命周期内公平分配资源的一种手段。

自由主义辩护的最大吸引力来自它对个人自主的尊重。然而,这种辩护的弱点也正在于它的个人主义前提,其所依赖的契约论路径假设我们作为审慎思虑的个体可以从严格中立的立场得出相同的结论,做出毫无二致的选择。但是个体的选择千差万别,对健康、对不同人生阶段的意义有着不同的理解和不同的价值取向。

三、社群主义:道德责任与老年的意义

美国伦理学家丹尼尔·卡拉汉从社群主义视角所发展的论证的核心是从社会成员彼此间的道德责任出发阐明老年的意义。在卡拉汉看来,年龄配给是完成老年意义的必要途径,即使社会可以提供无限制的医疗资源,我们也需要为医疗资源的使用设定边界,因为这是生命的内在界限所要求的。

维系老年阶段社会角色的最基本网络就是代际延续的道德共同体。对老年人来说,虽然实现意义的方式很多,但是老年人对未来的特殊义务才是关键所在。老年人接受衰老与死亡的最大动因是一种代际延续的明确自觉:要让年轻人蓬勃发展,老年人就应主动退居一边,直到生命行将结束,并要努力为后人留下一个充满希望和馈赠的世界。

四、开放的答案:不同文化类型下的不同价值抉择

首先,这是一个涉及稀缺医疗资源分配的公共政策问题。只有出现资源稀缺且需求迫在眉睫的情况下,医疗配给政策才能具有一定的合理性。

其次,任何涉及医疗资源的年龄配给制要成为一种伦理上可辩护的政策,都必须在多种(有时相互冲突的)价值之间找到一个平衡点,最经常被诉诸的价值包括社会整体健康状况与长远利益、机会平等、社会团结等。

最后,在回答"是否应该依照年龄分配呼吸机"的伦理难题时,必须考虑不同文化类型下的不同价值抉择。这也可以帮助我们理解中西社会不同态度背后的价值观差异。

对环境的关爱如何可能——论斯洛特道德情感主义的环境美德伦理思想 孔文清,道德与文明,2020(5)

斯洛特在讨论对环境、自然的关爱的动机如何产生这一关键问题时,没有使用感同身受和接受这两个核心概念,而是从马斯洛那里借来了归属感这一概念。本文拟从斯洛特的道德情感主义的发展脉络中探寻斯洛特从人内在的心理机制入手讨论人们对环境的关爱之情是如何产生的。

一、对他人的感同身受不能扩展到对环境、自然的感同身受

斯洛特在描述感同身受时往往会使用不由自主地(involuntarily)这一副词,因为感同身受的心理机制要发生作用,必须先有一个外在的情感或者倾向性态度存在,然后才有由外及己的传递。如果不能确定生物有与人相似的情感,那么,自然界中的事物都不应被看作有情感、倾向性态度。没

有了这一可供传递的情感或倾向性态度,感同身受的心理机制自然也就无法发挥作用。没有了我们内心中对自然、环境的感同身受,自然也就没有了对环境、自然的关爱。

二、接受无法解释关爱环境的动机如何产生

斯洛特在讲到接受可以为我们理解人与自然关系提供帮助时,并没有使用接受来说明关爱自然、环境的动机与态度是如何产生的,转而从马斯洛那里借来了“归属感”(belong to)这一概念。因为接受这一概念不能解释我们内心中为什么会产生对环境的关爱。感同身受意味着情感由他及我的传递,在这一心理机制的作用下,道德主体心里会产生倾向性的态度、情感。但接受却没有这一内涵,即我们接受自然,也不意味着我们内心中会产生对自然的情感、倾向。

三、归属感是关爱环境的动机产生的心理根源

归属感在马斯洛需要层次理论中与爱一起属于第三层。归属的心理需要把人同家庭、朋友联系在一起,并愿意与他们分享。斯洛特认为归属感是产生道德动机的重要原因。当我们觉得自己属于自己所处的环境时,就产生了栖息地的概念。一旦被感觉到和我们一体的外物消失或者被破坏,在我们内心中所产生的强烈的被剥夺感这一情感就会引发我们反对、阻止这些情况的发生。而这,正是对环境的关爱之情与行动。

四、斯洛特的环境美德伦理思想的理论困难

斯洛特用归属感来勾连人与自然、环境也存在着一个弱点:无法说明对人的关爱与对环境的关爱之间是否有厚薄轻重之分,以及对环境中的不同对象的关爱是否有厚薄轻重之分。归属感似乎并不具备在对象间做出亲疏远近的区分的功能。归属感这一概念必然会产生我们无法在栖息地中的草木和牛羊之间做出取舍的缺陷。斯洛特的道德情感主义在爱人和爱物之间存在着不一致,他对环境的关爱何以可能的论述也存在着不能与理性主义的不偏不倚划清界限的不足。

道德是否有界限——以黑格尔的“道德世界观”论述为例　庄振华,道德与文明,2020(5)

黑格尔将道德当作世界观来考虑,首先是为了从精神史的高度界定这种道德悠久而深刻的历史来源,借此便可明白这种道德观的内部结构之宏富与波及范围之广大,也才能了解它的局限性;其次,在此基础上,本着这种道德观而行动的人所面临的种种困境和所表现出的种种摇摆便不难理解;最后,道德世界观为自身寻找的出路,也必须由此出发来评判。

一、作为世界观的道德

在道德层面,自我意识依然延续了二重化世界的格局,依然没有以精神——意义世界——之整体的体现者的身份而行动。为了证明这一点,黑格尔并未纠缠于道德问题的众多细节,而是将康德的公设学说这一最集中体现道德世界观的结构与旨归的理论作为样本,分析了现代道德意识的三个阶段。第一个阶段,黑格尔借"意志自由"公设揭示出,由于自由与自然的分裂,"德福一致"的构想在经验中必然无法实现,但它又是道德世界观的必然预设。第二个阶段,黑格尔试图用"灵魂不朽"公设克服意识本身的自然性。第三个阶段的公设("上帝存在"公设)纯粹义务的有效性依赖于道德意识在彼岸投射而成的那个上帝是否获得人们的承认。

二、道德世界观的自我解构与出路

虽然道德世界观已不算"异化的精神",但从生活方式本身的二重化来看,道德世界观继承了太多二重化世界的因素,它是一种在自身中无法得到真正的满足和安宁的精神形态。为了摆脱这样的困境,道德意识转向了第二个公设。第二公设里的感性因素是人自身中的欲求与冲动。道德意识的第一个步骤是,设定自己的目的为纯粹的、与这些感性因素无关的,认为这个道德目的本身已经与各种具体的感性目的隔绝开了。意即这样的道德意识明知道德无法真正完成,因而甘于陷溺在现实的各种因素的纠缠之中并追求一种所谓的"自在而自为的幸福本身"。道德意识同样没有认真对待第三公设,它同样是第三公设的来回颠倒。纯粹意识身处现实之中,既承认现实的规定性与格局,又对纯粹义务念念不忘,这种自相矛盾的态度迟早会导致它被扬弃。

三、余论:良心与精神的自觉

康德式的道德意识和浪漫派的优美灵魂这两种形态可以看作黑格尔之前西方精神形态所达到的最高的自我认识。黑格尔对于道德意识和浪漫派寄予极高的期待,良心是一种具体的道德精神,它扬弃了先前自我与自然界、道德与感性欲求对峙的局面,不过与此同时也抛弃了对立的双方。良心唯一可凭靠的内容除了它固有的直接的个别性之外,别无其他,虽然它向来认为自己并非什么个别性,而是代表了普遍的真理。群体内部的相互承认自觉地教化和提升人性,这种相互承认倒是向更高层面过渡的一个良好契机。

从碳基伦理到硅基伦理——人工智能时代的伦理学浅论 蓝江,道德与文明,2020(5)

传统意义上建立在人类中心主义或者仅仅将人类作为基本行为者的伦理学正在受到巨大的挑战,这种挑战是由于另一种智慧行为体的出现造成的,我们越来越感到人工智能(AI)正在从科幻小说中的对象逐渐成为我们生活中与我们产生行为互动的对象,面对这样的对象,我们与它们之间的交往和互动仍然需要一定的行为法则的约束,但是这种行为法则已经不能在纯粹的人与人之间的伦理框架下来思考,这势必意味着我们需要思考一种面向人工智能时代的伦理学。思考人工智能时代的伦理学或道德哲学,已经成为今天学者们必须面对的问题。

一、人工智能时代的电车问题

在伦理学中,电车问题已经广为人知。在今天,我们可以给出电车问题的另一个变种,即一种人工智能的变种。在今天的人工智能时代,电车遇到的岔路口是一个由人工智能主控的扳道开关。电车是无人驾驶的,里面没有司机。而人工智能的开关只能决定是往左开还是往右开。其他的条件不变,即一条道上有五名工人,而另一条道上有一名工人。而这六名工人的性命取决于人工智能扳道开关。之所以给出电车难题的人工智能变种,正是因为我们之前提出的伦理判断的主体全部是人类,无论是电车司机还是一个旁观者,他们都具有伦理判断的主体性,也同时承担着这种伦理判断的义务和责任。现在的问题是,这个人工智能的扳道开关是否具有伦理判断的主体性。

二、从机器学习到深度学习:超越人类中心主义

在回答这样的问题之前,我们首先需要了解人工智能究竟是如何来进行思考和决策的。第一,机器学习、深度学习或人工神经网络的人工智能基础是大数据,每一个层次上的学习都是以海量级的数据抽象为基础的,这是一种自下而上的认知学习结构。第二,无论阿尔法围棋(AlphaGo)的对弈还是无人驾驶和无人机技术的实现,机器学习的人工神经网络都已经远远超越了人类思维的轨道。第三,对于具体情境,人工智能的理解只能建立在数据的基础上。传统的伦理学在人工智能时代遇到了一个巨大的瓶颈,那种从上至下的道德律的模式,那种以人类为中心进行动机考察和结果算计的模式,在人工智能时代或许会遭遇前所未有的冲击。

三、数据环世界下的硅基伦理学

伦理学实际上是专属于人类生物环世界的法则,不能将这种法则作为普遍性的自然法则推演到人类环世界之外的领域。在人工智能时代，可能出现一种全新的环世界，这种环世界不再被还原为人与人或人与其他存在物的关系，而是直接被还原为某种带有标签的数据。人工智能建立在高度数据化的世界之上，因此，我们与人工智能的任何关系都是数字环世界之中的关系。在碳基伦理学中，人与周遭存在物的关系构成了伦理的基本法则，而硅基伦理学的基本关系是数据交换，人工智能正是在这种数据交换的关系上形成的，而人工智能所能理解的任何法则(包括伦理法则)，都建立在数据交换的基础上。在很长一段时期，硅基伦理学和碳基伦理学互相有交叉，碳基伦理学的价值仍然存在，并直接影响到硅基伦理学。同时硅基伦理学也在很大程度上冲击了碳基伦理学的基本体系。

社会正义理论研究的价值建构与经验进路 *顾肃，复旦学报(社会科学版)*，2020(5)

在正义理论的研究中存在制度建构主义的先验进路和经验主义的现实进路。建构主义进路预设了超越经验的正义观念，罗尔斯假设的原始契约建构起了正义的原则，由此而构建正义的制度。为了回答对于其适宜性的质疑，这一进路往往要么诉诸先验的理念，要么诉诸公共理性。但抽象的正义原则也需要接受社会实践的检验，包括其核心价值的考验。经验主义的现实进路则拒绝从抽象的、先验的理念出发，而是立足于从经验事实的考察，通过对经验事实的比较而得出正确的结论。阿马蒂亚·森致力于进行实际情况的比较，探究现实可行的正义的制度安排，不光是确定一些根本的价值作为目标，而且研究实现自由的现实条件，包括人的可行能力，从而得出更符合实际情况的正义理论。由于针对社会的具体情境和状况而确定原则，这一经验进路避免了过于抽象和先验的正义原则的某些缺陷，但也需要回答价值观的普适性问题，防止落入道德相对主义。在进行评价时坚持立场上开放的中立性，应站在对方的立场上设身处地地进行讨论和评价，同时相信公共理性的力量可以达成共同接受的结论。

一、以契约论为基础的制度建构主义

关于正义理论的先验进路，预设了超越经验的正义观念，认为正义原则的建构是不需要从经验的现实的社会条件来考量的，具有普遍意义的主要是将正义看作先于人的经验的抽象的观念。因此，这一进路有两个重要的特点：一是致力于探究完美的正义理念，而非相对而言的比较意义上的正义。二是主要关注制度的正确与否，而不是直接关注现实存在的社会状况,从中得出有程度差别的正义要求。

二、制度建构的先验进路的普适性问题

罗尔斯作为公平的正义的两个原则即是在这种假设的契约论的前提下,经过与深思熟虑的正义原则相对照,再经反思的平衡的反复检验而得出来的,成了具有普遍意义的原则。其普遍性的证成既基于一些普适的价值观,即深思熟虑的正义原则,像人际平等、反对各种歧视、各种自由权利,也基于人们的反复思考核查,排除错误的观念。

三、经验主义的现实进路

经验主义的现实进路可以通过现实因素的对比和衡量而找到比较意义上的正义原则,同时又不失去其判断标准上的客观性和中立性。经验主义的现实进路,选择的是现实生活中影响人们生活的若干重要因素,用社会选择理论进行分析筛选,得出比较的正义原则。它所针对的是先验主义进路所设定的公正制度和标准的不可行性。

论都市马克思主义的资本主义城市空间批判思想——基于不平衡地理发展理论的视角 孙炳炎,世界哲学,2020(5)

在都市马克思主义看来,不平衡地理发展是资本主义生产方式的内在必要和本质特征。作为资本主义空间生产制造出的最小空间规模,城市空间依然难逃其本质特征的束缚。在资本主义城市空间范围内,不平衡地理发展使得城市内部空间碎片化、区隔化,建构出一个差异明显、等级鲜明的空间序列。城市内部的空间秩序和空间差异是被资产阶级刻意生产出来的,具有重要的社会意义,是社会分化和阶级差异的重要标志。资本主义城市空间不平衡地理发展的直接结果便是在城市中为资产阶级生产出一个排他性、社会资源高度集中和充分体现阶级意志的"特权空间"。

一、资本主义城市空间的碎片化、断裂化和层级化

在城市空间层面,不平衡地理发展最后还使得已经碎片化、断裂化的城市内部空间呈现出等级序列,建构出城市内部的空间秩序。当代大城市内部空间的碎片化、断裂化,使得先前作为一个整体存在的城市空间已经不复存在,而是变为一个表面上紧密联系、实质上相互独立的若干格子化的空间单元构成。在城市内部空间中,各个空间单元并非具有完全相等的地位,而是存在着巨大的差异:一些空间单元是自发形成的,对其他空间单元发挥着重要影响,主导着整个城市内部空间格局的形成,并成为各种社会资源的聚集地;而另一些空间单元则是被动形成的,在整个城市社会发展中处于从属地位，成为城市各种脏、乱、差的集中地。资产阶级生产、生活和居住的空间在整个城市内部往往居于核心地位，是资产阶级自由选择的结果。

二、资本主义城市社会分化与身份等级的空间化

资本主义城市内部的两极分化以及由此所引发的社会等级身份的空间化，从根本上来说也是列斐伏尔所说的“空间的生产”过程：先前纯粹的、客观的城市空间经由资产阶级的改造和重塑，被赋予了重要的社会意义，以至于任何街道、社区和购物商店等所占据的空间都与其所容纳的社会群体的社会身份紧密相关，成为区分不同社会阶层的重要标志。

三、资本主义城市中“特权空间”的形成

资产阶级在碎片化的城市空间内部为自身所营造的“特权空间”，首先是具有强烈排他性、严密封闭性的空间。“特权空间”的排他性、封闭性，不仅意指这一空间中的各种社会资源不对社会其他阶层开放，而且意指其他社会阶层进入这一空间的权利都受到严格限制，也就是说，这一空间尽管在表面上是城市空间的一个组成部分，具有公共属性，如资产阶级所青睐的购物、娱乐、消费、教育等场所，但实质上却为城市内部的其他社会阶层设置了众多限制，使得其难以进入，从而使得这一空间成为仅对资产阶级开放的私有空间。其次，“特权空间”是城市各种社会资源的优先和集中聚集地。资产阶级的优势地位就决定了“特权空间”在公共资源分配和公共设施建设过程中始终处于优先地位，只有在这一社会空间的社会资源比较充裕的情况下，才会逐渐向底层居民聚居的空间分配和渗透。最后，“特权空间”的形成还充分体现了资产阶级的意志，是资产阶级自主选择的结果，并且具有极大的变动性，并不会一成不变地固定在城市某个特定的空间之中。

中国传统伦理道德中的公私观及其现代辨析　李萍、杨勇，现代哲学，2020(5)

公私观念是中国传统伦理文化的一个核心概念和重要的道德范畴。公私含义演化及观念生成的逻辑奠定了传统伦理中“贵公”的价值观，它是中国文化特有的伦理气质。历史地分析公、私概念内涵及其主体关系的演变，客观地揭示传统公私观念的伦理价值和道德意涵，是传统公私观现代价值辨析的理论前提。传统公私观念的形成有两个基本载体，一是本体论意义上的共同体之公的伦理观念载体，二是认识论意义上天下为公的道德观念载体。这两个载体构成传统公私观的伦理本质，形成存在的实然与道德的应然之间的张力。传统公私观的现代困境恰恰在于混淆了两个基本载体，使得"公""私"无法各安其位，进而出现伦理失序和道德失守。澄清之解，可以从借鉴义利和解之道以及对分殊公私的伦理与道德之理，从根本上使公私回归伦理本性。

一、公私概念的原生之意及其演变

第一，从中国古籍大量文献也可以证实，中国的"公"之观念渗透着浓重的"天"的观念，这是战国以后"公"的意涵逐渐由事实描述的概念向伦理价值的概念转变的合理逻辑解释。第二，"私"作为自我主体意识表达已初见端倪，这种主体意识包含两个层面的认识：一方面它表达了行为主体主观态度，是对自我主体存在的一种认识；另一方面也阐述了"我"与"物"的关系所属，是从"我"到"我的"主体性意识的觉醒，反映了存在与世界的现实关系。第三，私有观念的兴起引起社会关系的变革的事实逻辑，也基本契合学界基本认同的公私的价值意成熟于春秋战国时期的观点。

二、公私的含义演化及其道德意蕴

"共同性"的含义在"公"从具体意到价值意演化的过程中发挥了载体作用，确切地说正是有作为"共"的伦理实体才生发"公"的价值追求。在这个意义上，"共"既是作为社会的存在又是对存在的规范双重的含义。"天"正是在这种双重价值上体现出"公"的含义转换。但对宇宙万物而言，"天"这一客观存在又具有共同性质的一面，这种共同的性质就是天的"公"之价值，后来形成"天下为公"的价值理念。这种理念把"天道"的价值完全演化为"人道"价值，为君主统治构建出"大同"的理想治理模式。至此，"公"不同于上古早期作为存在事态描述之概念，而赋予主体的能动性之道德内涵。

三、回归公私的伦理本性

第一，离开具体的"私"，"公"就是抽象物，落实到具体的人就有人性，包括自然属性和社会属性，当然，人们关于公私概念的另一层面就是它的道德层面。在儒家伦理道德思想中，"礼"是社会公共性的代表。第二，中国传统文化的"义利"与"公私"概念既有分殊又有交集，但其主要道德倾向是重义轻利、重公抑私。当道德的应然与存在的实然之间保持恰当的张力时，有益于人与社会的发展。第三，西方从古希腊哲学至当代哲学，伦理是道德的原点。在中国文化语境下，伦理道德之意统合于"道德"之中。

技术伦理下智能投顾算法治理问题研究 李瑞雪,大连理工大学学报(社会科学版),2020(5)

一、引言

本文立足于我国智能投顾市场发展现状,以技术中立理论为逻辑起点,将规则意义上的技术伦理观念分解为具体的操作性原则,并落实到算法治理规范当中,最终为我国智能投顾算法治理提供针对性完善建议。

二、技术伦理:对技术中立的匡正

第一,技术中立具有工具理性,属于剥离了价值观的价值中立。算法是智能投顾业务产生的技术逻辑起点,也是其具有核心竞争力的基本保障。工具理性主义下技术不对称问题被轻视在工具理性主义下,技术中立并不关注应用工具的结果对社会产生的影响。第二,面对技术中立对社会可能带来的负面影响,针对人工智能、算法合理使用问题,欧美发布的技术伦理准则提供了治理思路。具体内容均包括建立问责制、保护数据隐私、健全救济机制等基本要求。

三、技术不对称视角下智能投顾算法治理的困境

第一,算法在黑箱机器中的运行机制无法得知。第二,责任认定能否穿透到作为研发者的外包机构、对于外包机构如何管理等问题,监管制度均未提及。第三,《资管新规》仅仅笼统地规定了金融机构承担损害赔偿责任的情形,这导致生产关系中的新兴市场主体面临要么违规经营、要么责任承担无依据的尴尬局面。第四,在研发与应用一体化的模式中,智能投顾机构内部的核心主体包括技术团队和高管团队等。一方面,与机构客户相比,个人客户知识更为欠缺,对于收集数据的必要性、合理性无法自行判断。另一方面,在算法技术被智能投顾机构垄断下,以加强信息披露为核心的传统监管方式也出现治理失灵。在当前市场领先监管的背景下,报备算法模型措施的形式意义大于实质内容。

四、技术伦理导向下智能投顾算法治理路径

第一,技术伦理准则法律化,遵循三大操作性原则:(1)问责制原则;(2)透明性原则;(3)救济性原则。第二,确立分类规制干预方法,明晰算法使用问责制。第三,从规范智能投顾市场角度出发,需要以保护投资者为核心,制定相应监管规则,重点关注算法数据使用、信息披露等与提升算法透明度息息相关的问题,以此平衡各方利益诉求及矛盾。第四,面对技术不对称下的智能投顾市场,合作规制强调技术规制与行政司法规制的相互合作,为达到预防与补偿兼顾目的,智能投顾市场中各类主体实现合作与博弈。最终,形成良好的监管科技生态系统。

论人性的丑陋与崇高——在人与自然关系限度内 曹孟勤,福建师范大学学报(哲学社会科学版),2020(5)

环境伦理学在20世纪60年代已经诞生了,可为什么人类对自然环境的破坏却越来越严重?显然,缺失了人性高尚和对自然界的道义,不可能从根本上解决环境问题。当今发生的众多自然灾难以及环境危机本质上是对人性的挑战,如何使人性从对自然的野蛮中走向崇高,做到人人善待自然环境,应当是当代人的一件大事。

一、人性应当是什么

人类有了道德观念和道德行为,才与动物拱手相别,并随着道德的不断进步,一步步脱离野蛮而走进文明。因此,成为人之为人的存在,即成为有道德的存在,才是人的最高目的和最高本质。道德之所以能够使人性变得崇高,关键在于道德具有抑制利己自私欲望的冲动、自觉牺牲自我利益的精神,体现出利他主义道德情操。道德作为一种人为自身立的法,目的就在于约束人的利己自私的冲动,克制人自身的种种恶念。因此,只有按照普遍立法而完全为人类共同福祉尽到道德责任的人,才能够获得人性的尊严;只有在有限感性世界中展现出无限的道德理念,才能赢得人性的崇高。

二、弱肉强食与人性丑陋

现代性征服自然的人性观以自然主义人性观和理性主义人性观为支撑,二者共同构成一股掠夺自然的滚滚洪流。自然主义和理性主义人性观具有将人从基督教神学束缚中解放出来的积极价值,但是当它们把人之为人的存在规定为对自然的征服和掠夺时,无疑是误读了人性。首先,征服自然本身就表达着人的蛮横无理和利己自私,其与弱肉强食的自然法则同属于一个逻辑。其次,人性意味着有道德的行动,是道德赢得了人之为人存在的尊严。最后,人把利己性本能欲望当作德性,只能是比动物性还动物性。

三、守护自然界与人性崇高

对人性的自我救渡,需要变征服自然为守护自然,做到道德上关怀自然万物,这才是人性走向崇高的必由之路。当然,这种普遍的人性要求具有境遇性,在不同社会生活条件下,允许人们有差别地对待自然万物,但是善待自然万物、守护自然界的完整性则是绝对命令。人只有超越了人与人关系范围，打破自然王国与自由王国的壁垒，将道德贯彻到自然界之中，不仅善待他人，也善待自然万物，承认自己对自然万物承担着不可推卸的道德责任，才是真正地背叛了自己动物本性的冲动，在终极意义上而成为人之为人的存在。在此需要注意的是，将利他主义精神贯彻到自然界，并不是出于人的主观道德想象和迫于自然环境的压力，而是人之为人的存在方式或者说人在宇宙中的位置使然。在自然界中，所有的生命存在都遵循着生物学弱肉强食的自然法则，都努力地维护着自己的生命和本种群生命的存在，除了人类之外没有哪一个生命能够违背这一自然法则而去维护其他物种生命的存在。

四、崇高人性与环境道义

道德作为绝对命令一方面对个人的利己意图、非理性冲动加以限制，另一方面则激发人的内心向善的欲望，培养人的良好德性，塑造人的高尚人格。复兴美德伦理学，也就是复兴古希腊亚里士多德所倡导的伦理学。麦金泰尔认为，在亚里士多德美德伦理学中存在着一个“偶然成为的人”与“一旦认识到自身基本本性后可能成为的人”之间的转换，伦理学就是一门实现从前一种人的状态转化到后一种人的状态的科学。根据亚里士多德美德伦理思想，我们可以说，守护自然界使人性崇高起来，也就是使人拥有了美德，人性崇高表现为德性高尚，德性高尚也意味着人性崇高。人性的崇高在于守护好自然界，而守护好自然界包括守护自然界的完整性和美丽性，让自然万物按照自己的生存目的存在，让自然万物竞自由。守护自然界走向人性崇高，并不是说人类要实现禁欲主义，并不是为了人性崇高而反人自身的存在。就此而言，人性的崇高不是征服自然，而是守护自然。人只有与自然和谐，才能够赢得共生。

环境美德伦理的理论渊源及其实践性突破　陈庆超，东南学术，2020(5)

环境美德伦理是应用伦理在当代环境问题上的新发展，它的思想渊源可追溯至古希腊的目的论思想尤其是亚里士多德的政治学说。幸福生活是现实的人活动的最高目的，行为者在德性培育过程中必须以“适度”和“节制”的态度对待外在诸善，优美和健康的自然环境是行为者参与政治生活、求得卓越性的前提条件。亚里士多德的这些观点为行为者保护环境提供合理的道德辩护。在理论阐释和实践发展中，当代环境美德伦理展示了美德伦理的实践效用，例证了亚里士多德伦理思想的时代价值。

一、美德伦理:环境美德伦理的理论先驱

环境美德伦理的产生具有特定的理论背景和现实根源。在理论背景方面,环境美德伦理既是出于对当代规范理论在环境问题应对中所存在的局限性的不满,也是出于对美德伦理所展现出来的优良理论特质和应用价值的欣赏。在现实原因方面,环境美德伦理的兴起与当代环境问题所呈现的复杂状态直接相关。在多重的理论困境中,具有整体性思维的环境美德伦理成为许多环境伦理研究者寄予厚望的出路选择。

二、亚里士多德:环境美德伦理的重要理论启迪者

无论美德伦理研究还是环境美德伦理研究,亚里士多德伦理思想的影响都举足轻重。亚里士多德关于美德概念、幸福学说、道德德性的类型、实践智慧的功能和优良立法的地位等相关论述构成了当代美德伦理理论研究和实践应用的重要思想宝藏,当代美德伦理也努力从亚里士多德那里寻求其理论学说得以成立的有效资源。

三、环境美德伦理的实践性突破:以R.桑德勒的思想为例

R.桑德勒把幸福生活作为实践的最高目的这一贯穿着整个亚里士多德政治学说的目的论方法应用与拓展到自然领域,为环境美德的确立寻找到可靠的方法论根基。R.桑德勒不仅继承了亚里士多德有关具体道德德性类型的划分观点,还在扩充德性类型的基础上把它们应用到环境伦理的相关研究中。

四、环境美德伦理实践性发展的当代意义

首先,环境美德伦理的出现是美德伦理能够应用于实践领域的良好例证。其次,环境美德伦理的发展揭示出亚里士多德伦理思想依然有持久的理论意义和鲜明的时代价值。最后,梳理环境美德伦理与亚里士多德思想之间的内在联系,对于当代中国的环境实践也有积极的启发意义。

人类命运共同体的伦理向度　贺来,光明日报,2020-05-25

近来,新冠肺炎疫情在全球持续蔓延,这一重大突发公共卫生事件对全球经济社会发展产生了深远影响。正如习近平总书记所说:“团结合作是国际社会战胜疫情最有力武器。”从哲学和伦理学角度反思,新冠肺炎疫情这一全球性风险,迫切呼唤我们形成人类命运共同体的伦理自觉。

一

面对新冠肺炎疫情这一突如其来的全球性风险,不同国家和地区动员各种资源,努力应对,取得了不同程度的进展,尤其中国在总体上已控制疫情，给人们以巨大信心，但一些国家和地区的反应和应对也存在诸多失误，付出了惨重代价。其中有着经济发展水平、科技能力、医疗卫生资源储备等各方面的复杂原因。特别值得注意的是，由于政治制度、文化传统、意识形态、价值观等方面的差异，个别国家不仅各自为战，而且指责他国、彼此猜忌、互不信任，这些现象在抗击疫情的过程中不时产生和凸显。这表明，人类缺乏与抗击新冠肺炎疫情这一巨大的全球性风险相适应和匹配的人类命运共同体的伦理自觉，而这无疑值得深刻反省。

二

新冠肺炎疫情以及其他一系列全球性风险，呼唤人们确立与之相适应的人类命运共同体的伦理意识，并内在地要求人类按照一个命运共同体来行动。即，第一，共同体成员应该分享着共同的利益和善；第二，共同体成员对共同利益和善有着自觉的认同；第三，在共同利益和善的规范下，能形成基本的伦理共识并协调共同体成员的行动。对照这些特征，今天要构建人类命运共同体的伦理意识，需要人们在诸多前提性的深层观念上做出重大的转变，如下三个方面尤其具有重要意义。

首先，面对全球性风险，我们必须克服把不同社会、民族、国家的利益和善与全人类整体的利益和善截然二分甚至对立起来的观念，而应该自觉地认识到二者的内在一致性，真正把全球团结视为重要的伦理价值。全人类只有共同努力，才能战而胜之。这是在新的历史条件下对人类命运共同体所应确立的伦理意识的进一步自觉表达，它要求我们在面临全球性风险时，必须以人类命运共同体的伦理意识去衡量和看待全球风险问题，确立全球团结的伦理价值。

其次，面对全球性风险，我们必须克服把"人的主体性"狭隘化的传统观念，要确立"人类主体"作为主体形态的共同体观念。马克思曾经说，"人是类存在物……人把自身当作现有的、有生命的类来对待，因为人把自身当作普遍的因而也是自由的存在物来对待"，他把人的生命存在把握为类存在物，实际上已经蕴含着关于"人类主体"形态的自觉。马克思这一关于人的自我理解，为我们在面临全球性风险时，构建人类命运共同体提供了重要的伦理思想资源。

最后，面对全球性风险，我们必须克服把特殊的价值与全人类共同的价值割裂开来的思维方式，自觉地从马克思主义哲学的普遍与特殊的辩证关系出发，实现二者的求同存异、聚同化异。如果承认"人类主体"作为独立的主体形态的地位，那就意味着，人类主体的各个成员由于对共同利益和共同命运的关切，应该分享并遵循共同的伦理规则和价值共识，只有在这种伦理规则和价值共识的范导下，才能有效应对种种全球性风险并保证全人类的安全。

危机之下人类还有未来吗 邓安庆，社会科学报，2020－05－28

谁也不会想到，庚子新年之交新冠肺炎疫情的爆发和流行竟然成为一个历史的转折点。哲学想着的永远是一个问题：人类还有未来吗？这就是所谓的“存在问题”的致思方向，它的思想力量为的是催生未来之“到来”，而决不乐意贸然宣称根本就没有未来。这需要基于对人性本身的深刻理解。

一、对人性的认识构成哲学永恒的难题

自从苏格拉底把“认识你自己”作为哲学课题提出来，哲学上虽然得出了“人是什么”的种种答案，但大多数真正的智慧都止于承认苏格拉底式的“自知无知”。过分相信现代工具理性的人是不可能理解“自知无知”之智慧的。但是我们不会看不见，有多少人类悲剧和灾难都基于人对自身的神化和不自知。正因为对人的认识和自知如此艰难，所以对人(人性)的认识才构成了哲学永恒的难题。在康德这里，人类学与哲学，包括道德哲学的关系并不总是清晰的。许多人觉得，伦理法则与道德法则如果不从经验人性中，因而不从人类学关于人的知识中确立起来，就将是无效的，它将导致伦理法则是无法落实的单纯善良意志、是空洞的形式主义等。诚然，就人类学与道德哲学的关系而言，它在康德这里依然是非常复杂而没有定论的。

二、伦理学需要哲学人类学

谁都会承认，道德哲学以人类善良生活和个人“成为一个人”为核心，因此必须以人性为基础，这几乎是毋庸置疑的。但康德为什么要把属于“人类学的东西”剔除干净，在建立起了纯粹实践的伦理法则之后再运用于人以落实于实践人类学呢？这其中确实存在对“人类学”的不同理解。无论中外，真正的伦理学都不从人的殊相论人，而是从是不是一个人的角度论人。唯有在人的意义上得出的结论才具有普遍意义。因此，以伦理学或道德哲学为基础的人类学不是作为科学的经验人类学，而是哲学人类学。

三、“实践的人类学”塑造真正的德性人格

只是，哲学人类学实际上也有理论的和实践的区分，有先验的和经验的区分。理论的哲学人类学是从人性的各种经验表象中把握关于人的知识的，在这种关于人的知识中要确立人与非人的界限。所谓“实践的人类学”，在康德这里就是通过“实践立法”实现人之为人的自由本质，人通过实践立法将自己的行动设立在成为一个自由存在者的自我造就的道路上。我们生而为人只是一个自然人，一个自然人如果不能自我造化为一个自由存在者，那就很容易失去人性。因此，我们每个人都具有一种道德的使命，即为自己塑造出真正的德性人格。在此意义上，法权哲学为行动立法，实现了人作为一个具有外在自由的法权意义上的人。基于法权的正当性的行为者就会将自身的人格塑造成一个具有伦理正义的社会人格。

四、“实践智慧”从伦理生活中而来

德性哲学为个人的行为准则立法，要解决行为的道德性问题，其标准是自我立法的主观准则能同所有有理性的存在者的准则相一致地可普遍化。因此，德性法则的道德性将不要求道德动机的法权义务变成自觉自愿践行的德性义务，以此实现人的自我完善的自由德性。伦理学的问题意识又无不来源于现实的处境，来源于对经验人性的观察与反思。然而，经验的人性太过于丰富和复杂，因此，伦理学不仅需要有高度的形而上的思辨，又必须阐明面临各种复杂处境的“实践智慧”。人类究竟有没有未来，最终取决于我们每个人是否明白该做什么。

食物伦理规则　任丑，哲学动态，2020(6)

由于食物是我们司空见惯的食物，食物伦理一直被某些哲学家忽视。事实上，食物是人类存在的基本根据，人类从来没有也不可能回避食物伦理问题。人类时刻面临食物伦理问题的困境，食物伦理问题可以分为三个层面，即人与物、人与自我、人与他人关系中的食物伦理规则是什么？

在人与物的伦理关系方面，物指(人之外的)具有食用可能性或现实性的对象，它本质上是人的可能食物或现实食物。作者首先指出了人的消化系统的存在，并认为其是生命存在的关键。而食物是人赖以生存的必要条件，对于人而言，在特定意义上，舍弃食物，就等于放弃生命，对于食物而言，食物也在人的吃的行为中转化为人的直接存在方式，食物融入身体“旅途”在某种程度上也是它以死求生、维系生存的实现过程。

如果说方生方死是自然法则的运行形式，以死求生、死而后生则是生命存在的价值和意义。这种以死求生、以恶求善的生存方式正是自然之善的内在规定——保存生命。如果说保存生命是人与物关系中食物伦理的内在本质，那么维系并延续人与其他生物的生命就是食物的自然之善。食物融入身体的道德价值其实就是实现其自然之善,即维系人的自然生存。因此,人与物关系中的食物伦理规则是自然之善。自然之善既是一种潜在的善,也是一种潜在的恶,但只有在自然之善的基础上,食物才有可能在人与自我关系中演进为自我之善,进而在人与他人的关系中提升为人类之善。

在人与自我的伦理关系方面,食物只有成为自我理解、自我实现的要素,才具有哲学意义和伦理价值。而当食物与人合而为一的时候,人的身体会形成某种暂时性的食物印迹,从而形成当下的自我。自我还可以依据食物印迹产生相应的感觉,因而食物成就了过去自我和未来自我的共在状态。在食物与自我的关系中,自我既是行为主体,也可以理解并实现食物蕴含的道德意识与伦理精神。在朝向伦理世界的过程中,自我把(欲求食物的)自我和(追寻食物规则的)自我建构为追寻自我之善的道德主体,自我之善即人与自我关系中的食物伦理规则。

自我之善包含以下几个方面:自我之善是道德主体的自我的主观建构,自我之善的主观性与现实生活的客观性之间存在矛盾;特定条件下,主观自我与客观现实之间可以达成和解,但通常来说,不同自我之间必然存在分歧;上述两种冲突源自自我内在的善恶矛盾。自我的善恶矛盾内在地蕴含并呼唤着客观伦理法则。

在人与他人之间的伦理关系方面,在食品科学技术深刻影响人类生活的当下,食物伦理不仅要研究个体的主观善,更应追求普遍善或人类之善。作者主要从以下两个方面诠释人类之善:食物权及其相应责任。食物权应从外延和内涵两个方面看,外延指食物权属于整个人类全体,内涵指食物权是最为重要和普遍的维系生存的自然权利,因此食物权是人类命运共同体必须尊重的基本伦理规则。食物权的相应责任指食物权的责任承担者是人:要么个体,要么各种共同体。个体责任与个体的社会关系和职业密切相关,这主要体现为个体为其他个体提供食物,而更为重要的一个方面体现为对人格尊严的敬重。超出个体能力之外的责任则由共同体即国家承担,国家维系食物权的责任包括尊重公民食物权的消极责任和保障公民食物权的积极责任两大基本层面。人类之善即人与他人关系中的食物伦理规则。

总之,人与物、人与自我、人与他人关系中的食物伦理规则分别是自然之善、自我之善和人类之善。这三者秉持共同的伦理理念,即人是食物的目的和价值根据。

诚实条件性争论中的善意谎言悖论——以塞拉斯的道德视角为线索的反思 王玮,道德与文明,2020(6)

贡斯当认为“讲真话”是有条件的,要区分相关的权利和义务。而康德认为“诚实”是每个人无条件的义务。然而,通过展开塞拉斯对道德视角的建构,这个悖论可以得到另一种解答,其中“诚实”不但是有条件的,而且还维护了权利和义务。虽然这个解答与康德的相异,但这个被展开的道德视角在根本上仍支持康德对道德框架的基本建构,而且还对人工智能的道德问题富有启发。

一、康德与贡斯当诚实观的悖谬之处

康德认为“诚实地表达”或“讲真话”是每个人无条件的义务。贡斯当反对康德的观点。他认为义务(duty)与权利(right)不可分,一个人的义务与另一个人的权利相对应。因为康德的根本指向在于“诚实”是达成契约的基础,从而是基于契约的其他一切东西的基础。为了保证这个基础是稳固的,“诚实”不允许任何例外,因此是无条件的。贡斯当允许的善意谎言破坏了契约的达成,从而导致善意谎言失去了基于契约的合法性——善意谎言似乎是自我否定的。

二、合理性与主体间性建构的道德视角

从塞拉斯的视角看,道德原则是定言合理的,但其表达式未必是定言句。因此,康德与贡斯当争论的焦点不该在于“诚实”作为一条道德原则是否有例外——道德原则具有普遍性,没有例外——而是应该在于定言形式的“诚实”能否作为一条道德原则。

三、以事实逻辑为前提的道德原则

塞拉斯与康德的不同在于,塞拉斯指出的是一个概念事实,即有了这个共同意向就是有了道德共同体,而康德指出的是通过手段来达到目的,即实现道德共同体的手段之一是人人讲真话。在塞拉斯的建构中,道德原则表达式可以是条件句——或者说存在合理的条件意向,条件在意向内容之“内”——这不是给道德原则补充例外,因为条件句形式的道德原则本身具有普遍性,没有例外。

四、人作为共同体成员的权利与义务

什么是共同体?塞拉斯指出一个概念事实:人们构成一个共同体,即我们,凭借认为彼此是我们中的一员,并且……作为我们中的一员或从一个道德视角来意愿共同的善。如果过道德生活的个体被称为“人”,那么违背道德或(更一般地讲)没有过道德生活的个体就不是人。就此而言,可以说塞拉斯的道德视角为贡斯当的观点提供了支撑。“应当诚实”或“不应当撒谎”作为道德原则的表达过于抽象,它们展开之后将带有一套复杂的先决条件,这些条件讲明了其在不同情境中的不同运用,展现了人们实际上依照道德原则来过道德生活的灵活多样。

五、未来工具法则语境中的道德反思

随着工具法则的提高(至少在凶犯的例子中)会有这样的中间原则来使善良的人不背离这条原初原则。假定有工具法则可以保全所有人的生命,比如在未来给电车安装人工智能系统,电车在失控时可以自动驻车。假定人工智能电车是真正的人,那么电车的自动驻车就是道德的。类似的,如果作为共同体成员的人造物成为可能,那么科学已经洞穿了人类心灵的奥秘。在这样的工具面前,虽然说谎是可能的,但欺骗变得不可能,因为人的内心能够被直接认识到。此外,具备道德视角有诸多前提,比如至少具有立法者、意向者、执行者、受益者四重身份,这些身份预设很多能力,其中之一是可以进行有意义的交谈,即预设可以思想。

《民法典》的四大伦理精神　曹刚,道德与文明,2020(6)

如果说,伦理精神是社会的灵魂,那么,法律制度可视为社会的“身体”,由表及里,就可以触及这个社会的“灵魂”,即伦理精神。《中华人民共和国民法典》(以下简称《民法典》)是新中国第一部以“法典”命名的法律,被誉为“社会生活的百科全书”,通过民法典,我们可以透视当代中国社会的伦理精神。

一、《民法典》之底线伦理

民法给人的感觉,主要就是财产法,但翻开《民法典》,首先看到的是“人”而不是“财产”,民法典的主旋律便是人文关怀。回归“人法”本位的民法典确认和维护了人格尊严作为社会的道德底线。尊严的内涵很丰富,也很模糊,但民法典上的尊严内涵与价值是确定的。第一,只有自然人才是尊严的主体。第二,自然人的尊严由人“类”的尊严和个体的尊严两个层次构成。第三,尊严的价值具有内在性、绝对性和普遍性三个特征。

二、《民法典》之市场伦理

《民法典》作为市场经济的基本法,既体现了市场经济的内在道德,又体现了中国特色社会主义的道德风貌。《民法典》总则编第七条规定了诚信原则,即民事主体从事民事活动,应当遵循诚信原则,秉持诚实,恪守承诺;第八条规定了守法与公序良俗原则,即民事主体从事民事活动,不得违反法律,不得违背公序良俗。其中诚信原则是市场经济的内在道德要求,公序良俗原则是市场经济的外在道德要求。第一,诚信原则是市场的内在道德。第二,公序良俗是市场的外在道德。第三,民法法典化的价值取向,就是编纂一部适应中国特色社会主义发展要求,有助于凝结价值共识,符合我国国情和实际的民法典。

三、《民法典》之关怀伦理

翻开《民法典》,我们还能感受到对弱者的悲悯和关怀。在传统观念中,民法是强者的法律,为什么《民法典》会表现出对弱者的关注和同情呢?第一,"人设"变了。第二,平等的诉求变了。第三,对弱者的倾斜保护。《民法典》对弱者的关注和同情不是偶然的,它体现了当代社会从强者伦理到弱者伦理的转向。

四、《民法典》之生态伦理

生态共同体的理念要现实化,成为人们的自觉活动,需要通过制度的中介。由于《民法典》涉及人的生产生活的方方面面,无疑应该成为最重要的制度中介。透过"绿色民法典",看到了中国伦理精神的走向。可以说,"绿色民法典"给我们打开了"由近及远"的伦理发展的画卷,使我们看到了道德共同体的边界不断拓展,道德关怀的对象不断扩大,道德经验和知识不断普遍化的进程。

道德难题与自由伦理学——马克思伦理学的原初命题与布伦克特的回答 吴照玉,道德与文明,2020(6)

布伦克特通过重释历史唯物主义与伦理学之间的关系,构建了以自由为核心的马克思伦理思想,回应了马克思的道德难题。以自由为基础的伦理学的建构进一步推进了分析马克思主义关于马克思与道德之间关系的研究。但是布伦克特将自由上升到本体论的高度,自由被看作衡量个人以及社会发展和进步的标准,这样一来,自由在布伦克特那里就被描绘成一种抽象的价值实体,这一解读在一定程度上背离了历史唯物主义的基本原则。

一、道德难题:马克思伦理学的原初命题

在马克思之后的马克思道德研究领域中,始终存在着一个显著的理论困境,那就是在马克思关于资本主义社会的分析中,存在着看似矛盾的两个方面。一方面,马克思不是一个道德哲学家,在其一生的著作中,他从来没有提供某种规范道德理论,还常常在其著作中批判道德的虚幻性。另一方面,与这种对道德的拒斥相对,马克思的著作中充满了或隐或显的道德判断。针对马克思与道德之间的关系,分析马克思主义者形成了道德论者和非道德论者两大阵营。

二、布伦克特:马克思的自由伦理学

布伦克特在《马克思论自由和私有财产》与《马克思的自由伦理学》两部作品中构建了相对完整的以自由为核心的马克思的伦理思想。布伦克特首先对技术决定论的历史唯物主义的阐释方式进行了批判。接着,其进一步论述了新的生产方式的产生并不总是由于生产力的发展,当生产力遭到破坏时,同样有可能带来新的生产方式。最后,布伦克特对生产方式的内容进行了重构,并着重分析了劳动力要素在生产方式中的地位和作用。通过对历史唯物主义的重新阐释,布伦克特从历史唯物主义的解释框架中引申出了其道德基础——自由。他对马克思自由观的三个方面进行了系统的阐发。通过对自由的三个维度的阐发,布伦克特阐明在马克思对资本主义私有制的批判性分析中,自由处于核心的位置,自由是一个道德范畴,它构成了马克思伦理学的基础。布伦克特对马克思自由的理解具有一定的合理性,但是当其将自由上升到本体论的高度的时候就逐渐超出了马克思自由思想的限度。自由就被描绘成一种抽象的价值实体,以这种自由为基础所构建的伦理学,从根本上来说是以放弃历史唯物主义为代价的。

三、从分析的方法到历史的方法

布伦克特对马克思自由伦理学的构建之所以会陷入这样的困境,根源还在于其分析的方法,在于他缺乏对人类社会的历史性分析。分析马克思主义者由于过分强调对概念的分析和注解,而忽视了马克思思想中的历史性和整体性。马克思的思想中同时包含了两个方面,历史唯物主义是科学性和价值性的统一。一方面,马克思运用政治经济学的方式对人类社会的发展规律进行了科学的解释;另一方面,马克思主义哲学又关心人的自由和解放问题,人道主义诉求是马克思主义哲学的重要内涵。马克思主义哲学中的这两个方面不是割裂的,而是相辅相成的。深入考察马克思科学社会主义的理论内涵,我们就会发现分析马克思主义关于马克思思想中的道德难题的争论,事实上只存在于现代道德的框架之内。马克思确实没有从道德入手展开其理论探索。但马克思在谈论伦理价值时并非没有主体性,他在对资本主义进行批判和建构共产主义的过程中,始终存在着一个人类视角。麦金太尔所说的新社会制度的欲望和需要始终体现在马克思的文本中,未来共产主义社会中人的自由和发展始终是马克思思想的最高命题。

道德判断能通过科学实验检验吗 李大山,道德与文明,2020(6)

以科学的方法研究原本由道德哲学研究的问题,很容易被批评为"越俎代庖",尤其当前引入实验证据后并没有令原问题变得更清楚反而增加了不少混乱。背后更深层次的担忧可概括为"实验负载待检验的理论"与"实验方法影响实验结果"。本文以这两个担忧为轴,反思当前科学化进路的得失。主要结论有两个:第一,实验不仅有检验功能,还有启发与探索功能,因而"实验负载待检验的理论"是科学化进路的必要构成;第二,由于我们的生理构造和生物演化方面的局限,"实验方法影响实验对象"是将来需要予以更多重视的问题。

一、道德判断科学化进路的现状

道德哲学与具体科学都涉及以科学的方法研究道德问题,与道德判断相关的科学研究分布在道德判断的心理机制与生理—神经机制两个领域,今天二者已经合流了。道德动机内—外在主义之争是元伦理学结盟科学的前沿阵地,然而当前的争论并未因科学的介入而变得更清晰。争论双方都可以借助实验证据来论证己方立场,甚至对相同证据做出相反的解释。在道德判断的情感主义与反情感主义之争上,局面同样如此。从研究现状来看,"实验负载待检验的理论"是笼罩在道德判断科学化进路上的一朵乌云,如果不及时澄清,不仅会影响哲学家对这一进路的信心,也会影响科学家的实验设计与操作。

二、澄清"实验负载待检验的理论"

科学实验之于道德哲学的意义至少有三方面:启发新的解释思路、拓展新的研究对象与澄清旧的立场问题。无论从科学发展的一般规律上看,还是从相关学者的实际论述来看,"实验负载待检验的理论"都不构成道德判断科学化进路的难题,至多算是一片乌云,只要谨慎处理便不会导致严重问题。

三、重审"实验方法影响实验结果"

"实验方法影响实验对象"并不像"实验负载待检验的理论"那样仅仅是一片乌云,它决定了科学化进路能否推向纵深。如果实验方法不可避免地导致实验不可重复,这将使我们不得不从根本上怀疑科学化进路是否是南辕北辙。

四、实验方法影响实验结果的根源

我们对科学化进路的态度,不论是乐观、谨慎还是悲观,都需要回答一个客观存在的问题:造成实验方法影响实验对象的原因是什么?

先来看道德判断的加工阶段,实验方法会影响道德判断的程度与性质。例如,同样伦理负载的刺激“犹太人在集中营的遭遇”,以影像的方式呈现比以试题的方式呈现,会导致更加负面程度的判断。如果说特异的原材料对应特定的输出,那么道德判断加工机制的输出就不是特定的;又由于不同的实验方法影响原材料的选定,所以实验方法会影响道德判断加工机制的输出。再来看道德判断的报告阶段。凡是涉及被试个人价值立场的实验,被试都会敏于自我报告的方式。从演化心理学的角度看,价值立场与人身、人格有着密切的关系,当我们讨论某人的价值立场时就是在评价那个人。自我报告意味着被试在实验者面前变得“透明”,降低了安全感。

五、结语

实验的功能不仅是检验理论,更重要的是启发与探索,从而澄清了困惑“实验负载待检验的理论”。当前的挑战是如何降低或避免“实验方法影响实验结果”,因为道德判断的加工机制与内容报告都敏于实验方法。一些学者已经开始呼吁科学实验应与概念分析结合起来,目前能够看到的比较精妙地将二者结合起来的案例是罗斯基对动机的讨论,她将皮肤导电反应视为动机的生理特征。

环境公共性价值信念与美好生活的全生态考量——实践的环境伦理学的当代视野与范式创新　袁祖社,道德与文明,2020(6)

面向“后物质时代”,当代环境伦理学努力的目标,在于人的存在与生活方式的“全生态化”——从“生存”走向“优存”,从简单地满足需要和欲望,变成有意识地约束和控制不断膨胀的畸形化需求,从而在人类文明演进的更高层次上寻求人地有机共生、共融的新范式。

一、公共性价值理念的楔入:环境伦理学的范式变革与话语创新

环境伦理学理论范式的当代变革之所以成为必然,其根本的原因,在于随着技术进步、财富增长而来的环境公共性信念的缺失,已成为国际社会不得不正视的严峻问题。一方面,全球范围内自20世纪后半叶开始,新一轮技术革命风靡西方世界,技术进步带来经济社会发展方式的变革和发展速度的提高,经济全球化成为不可阻挡的趋势。另一方面,从国内来看,环境公共性伦理问题的凸显,与当代中国复杂、全面、深刻的社会转型(从传统向现代、从农业社会向工业社会、从计划经济向市场经济的转型)密切相关。从理论上讲,人类生态环境问题上的“公共价值自觉”或者说公共性之所以构成现代环境伦理理论和实践的题中应有之义,其根本的道理在于,环境不仅与整个人类的生存与生活休戚与共,人类对于环境的认识合理与否也决定着人类能否有一个可持续发展的美好未来。

二、权利、安全、公正、共生四位一体:环境公共性伦理学新价值信念

全球有关环境伦理所展开的一切争论,在某种意义上,都是对全球公共正义运动中"环境公共性"重建何以可能问题的一种有效的积极回应。首先,环境公共性的重建关涉对于环境公共价值问题的理解,亦即环境公共性伦理问题上人类普遍的公共价值信念共识的达成问题。其次,环境伦理学的当代重建,更重要的是以治理和善治的理念重新寻求、确立环境公共性伦理的理念根据,在一个新的起点上重建环境公共性。环境公共性不仅是一种有关人与生态之间有序互动、良性共生的价值吁求,更是基于此种信念所展开的自觉实践。其一,实践的环境公共性伦理的第一重理论关切,是有关人类生存与生活的"生态—环境权利伦理"的认肯。其二,实践的环境公共性伦理的第二重理论关切,是有关人类生存与生活的"生态安全伦理"。其三,实践的环境公共性伦理的第三重关切,是有关人类生存与生活的"公正性伦理"。其四,实践的环境公共性伦理的第四重关切,是有关人类生存与生活的"主体间平等参与性伦理"。

三、由"正义性关切"走向"行动性改变":实践的环境公共性伦理之治理逻辑

公共性信念、公共价值导向的新的环境伦理观,本质上是实践行动导向的。面向未来,一种实践的环境公共性伦理,必须秉持生命、生存与生态的共生与相融的理念,以普遍意义上的美好生活的全生态考量,实现由"正义性关切"走向"行动性改变"。从当下和未来着眼,环境伦理学的范式变革与理论创新,需要在实践的公共性文化的视野内,提出体系性、系统性的规范建制。其一,优良的生态共同体的创制:实践的环境公共伦理学之美好生活的价值期许。其二,新发展理念的引领与规制:实践的环境公共伦理学理念变革之理据与美好生活的中国智慧。

具有道德直觉能力的机器人是否可能 何瑶,道德与文明,2020(6)

经研究发现,由于计算机计算能力的不断加强,当代人工智能技术已经将一种"直觉自由"通过深度学习方法赋予机器人。而为这种直觉添加道德维度,即为智能机器人设计一种可靠的道德直觉,不仅能够帮助机器人做出符合人类最大利益的道德决策,减少人工智能机器人对人类造成的伤害,同时也关乎人工智能技术的未来发展。

一、具有道德直觉的机器人是否可能

在我们讨论人工智能机器人的道德直觉问题之前,我们是否已经对道德直觉问题具有清晰的认识?对该问题的回答是为人工智能机器人设计道德直觉的哲学基础。既然人工智能机器人模拟人类道德直觉的关键在于阐释“道德直觉”的可模拟性,因此必须首先考虑“道德直觉”的不同内涵。其次,许多哲学家将自由意志定义为以不同方式行动的能力。此外,乔舒亚·格林(Joshua Greene)等人的实验研究从道德心理学角度揭示了人们做出道德判断时对于道德直觉以及情感的依赖。最后,之所以强调道德直觉是我们做出是非判断的可靠标准,是因为到目前为止我们所讨论的、能够为机器人所模拟的人类的道德直觉是一种对当下道德情境的移情反应。

二、具有道德直觉的机器人如何可能

计算机技术和人工智能技术的不断突破则为我们设计一种道德直觉的机器人奠定了技术上的基础。我们应当为人工智能机器人设计一种道德算法,使得它不仅能够从概率上进行判断,做出符合当下情境的道德选择,而且能够在循环往复积累道德数据的基础上形成自身的道德直觉网络。与此同时,根据道德直觉主义与先天道德客观主义的理论,当该机器人面临较为复杂的道德困境时,能够站在理想观察者的角度,不偏不倚地选择最合适的解决方案。这是一种建立在逻辑基础上的“人工智能机器人的道德直觉”。

三、批评与回应

对于为人工智能机器人设计一种可靠的道德直觉,必然存在许多质疑。质疑之一首先是对人工智能机器人道德地位的怀疑——当下弱人工智能时代对于人工智能机器人道德主体地位的讨论从来没有获得过统一的答案。尽管如此,仍有许多人工智能研究者对未来机器人的道德主体地位表现出肯定态度。其次,道德直觉主义的行为主义理论并不能为大多数人所接受。先天道德客观主义理论也已指出,有怎样的自然事实,就有怎样规范性的道德判断。倘若机器人能够充分模拟并且掌握人类道德直觉的行为主义理论,那就意味着他们能够对其所面临的道德困境做出恰当的判断。最后,针对“道德优先性”的诘难——当道德原则和自利理性原则(或其他非道德的理性原则)发生冲突时,行为者究竟应当怎样行动?回答这一问题需要元伦理学理论彻底搞清并证明道德要求“总是优先”的优先性。

四、结语:我,未来机器人

让我们想象这样一个未来世界,人工智能机器人已经成为人类世界的第三类公民。为人工智能机器人设计可靠的道德直觉,既关乎未来机器人的道德地位与权利分配问题,也关乎为未来人类社会制定适当的道德法则。我们有理由相信,存在得到先天直觉辩护的道德事实,人工智能机器人有能力拥有像人类一样的道德直觉,这种直觉判断能力也完全有可能成为真正可靠的道德直觉,指导人工智能机器人采取道德的行为。

抗疫精神的集体主义内涵 高国希,道德与文明,2020(6)

集体主义,作为社会主义道德的基本原则,在这次抗疫斗争中,其精神得到了充分的体现。

一、“集体主义”及其对“个人主义”的超越

集体(共同体)主义、个人主义,是作为社会解释和行动的最终单元,不可再分的最基本的解释单元,其区别在于:以个人作为解释依据还是以特定群体、共同体、集体为最基本的解释依据。个人主义的价值追求及其衍生的自由、民主、平等,是在私有制基础上建立起来的一整套的东西,其根基是私有制神圣不可侵犯。马克思主义突破了个人主义的这些局限并有了进一步的推进,也就是对人的尊重、对人的自由和解放这个问题,有了全新的深刻的全面的理解,并找到了科学的实现途径,实现了从空想到科学的转变。社会主义的道德、集体主义的道德,不是对于个人权利的漠视,而是真正地要实现每个人的自由全面发展。社会主义是一种全新的社会形态,它不是经济私有制的要求,不是资本的逐利性的要求,而是公有制基础上的人的发展的需求。其目标,是以人民为中心的发展,不断促进人的全面发展、全体人民共同富裕。

二、抗疫精神与集体主义原则

(1) 集体主义要求以人民为核心,以保障人民的根本利益为重,因而是“真实的共同体”的道德原则。在突袭而至、来势汹汹的疫情面前,我们秉持“一方有难,八方支援”的中华大家庭理念,出于深深的家国情怀,举全国之力实施规模空前的生命大救援,诠释了集体主义的守望相助、患难与共的精神。集体主义在中国有着“群”文化的土壤和基因。这说明了为什么在大疫面前,国人能够以大局为重,遵守号召,使自我防护防疫的理念深入人心,身体力行。

(2) 集体主义要求个体对核心价值的认同和遵守。共同体,作为社会的不只是规范秩序,还有价值认同。国家的良好运转不仅取决于法律规范,而且与伦理文化氛围密不可分。在这次与新冠肺炎疫情的遭遇战中,举国同心,集中体现了广大人民万众一心、同甘共苦的团结伟力。集体主义,作为共同体的道德原则,要求个体认同、内化并践履这一品格,成为其遵守者、维护者、捍卫者。生命至上,集中体现了中国人民深厚的仁爱传统,体现了我们国家以人民为中心的价值追求。

(3) 共同体是实现个体幸福的保障。在疫情发生后迅速开展全方位的人力组织战、物资保障战、科技突击战、资源运动战,国家成为坚强的靠山。

(4) 共同体的价值观有着道德相通的人类情怀和友爱观念,由己推人,由一国而及天下。构建人类命运共同体,最持久、最深层的力量是基于共同认可的价值观。国家间存在共同利益,人类是一个利益共同体,寻求利益最大公约数,"坚守和平、发展、公平、正义、民主、自由的全人类共同价值",是人类命运共同体的价值基础。构建人类命运共同体,积极应对人类面临的共同挑战,正是中国精神、中国价值、中国力量的生动体现。

马克思的道德批判的意义 张文喜,道德与文明,2020(6)

对如何将马克思的经济学研究最终必须同伦理学研究结合起来这么一个更为基本的问题,马克思的评论家又不知如何作答。西方政治上的左翼感到极为尴尬的是,将亚里士多德的"美德"道德论、康德式的义务道德论从传统的道德事业移植到社会主义思想中,导致了一种伦理学麻烦:社会主义在最需要它的地方被证明是最不可能的。供我们讨论这一主题的正确方法是,全面理解那些杰出评论家所不曾意识到的内容,以使我们全面理解马克思的道德批判的不同层次和含义。

一、流行的有关马克思的道德概念

一般地说,对马克思的道德概念有三种不同的理解。第一种是马克思否认资产阶级道德。第二种观点是承认道德的存在,但对其存在的意义持有不同的看法。第三种观点是某些马克思主义者长期以来把道德问题当作马克思没有写完的那一部分来处理。对马克思的道德概念的学术解释比较流行的大概也是三种。第一种看法认为道德属于上层建筑。第二种看法认为道德是给我们带来利益的工具。第三种看法实际上是起源于亚里士多德。但不管人们怎么讲,以上关于"马克思的道德批判是什么"的讲法,都是有问题的。

二、经济学与伦理学的关系

马克思作为政治经济学的批判者,其道德主义克服的征兆显现在经济学中的伦理问题和伦理考虑在经济学中的有效性问题之中。高度概括起来,我们可以从三个决定性的问题来看:一是经济学是否为了保证它的科学性而应当排除道德情操、友善等因素;二是经济学所关注的人是否不受"正确的生活问题"的影响;三是伦理学在最需要它的地方是否证明是最不可能的。第一个问题牵扯到我们人类科学认知方面。我们在经济学领域能够认识什么,涉及的是我们在这个领域能够"知道"什么,这是经济活动非常重要的一个维度。可是,第二个问题要比第一个问题更有分量,就是苏格拉底的问题,即一个人应该怎样活着?经济学研究固然与人们对财富的追求有直接的关系。第三个问题是伦理学在最需要它的地方是否证明是最不可能的?现在,马克思所描述的这种原则在现代经济学中是根本不存在的。

三、社会主义的道德可能性

实证主义的历史唯物主义者认为,社会主义是必然的,但是社会主义并不保证使人满意。首先,在我们看来,要对社会主义道德可能性这个概念作正确理解,总会有不小的困难。从社会的高度在实际上已经达到的高度中并未具体地产生马克思用来对抗市民社会或资产阶级社会的规范,从这个角度看,马克思对道德是藐视的。马克思对道德的批判有不同的层次和含义。他对资产阶级道德是进行否认的。而一旦联系到他对资产阶级的道德批判这个层次,则其理论中似乎没有道德家之道德的存在余地。马克思是自己成为"马克思的"。为了不遮蔽"现实的"基础,任何使我们应对现实时产生的道德热情变得形而上学化的做法,都会被马克思打发掉。

伟大抗疫精神是时代精神的新丰碑　杨义芹,道德与文明,2020(6)

对于全体中国人来说,此次抗疫斗争是一场特殊的国情教育;伟大抗疫精神是民族精神在新时代的展现,是时代精神的新内容。

一、伟大抗疫精神是民族精神在新时代的生动体现

中华文化的核心是民族精神,这是我们的民族特质,是我们中华民族的精神文化标识,体现着评判是非曲直的价值标准,潜移默化地影响着中国人的行为方式。这次新冠肺炎疫情的突发来势汹汹,又正值中国传统节日春节来临,但是我们看到,当人民生命安全和身体健康面临严重威胁的时候,中国共产党的强大领导力、号召力以及广大人民群众蕴含的强烈的民族精神展露无遗。伟大的抗疫精神是民族精神在抗击疫情的实践中的具体体现,是战"疫"取得胜利的精神支柱和精神动力。

二、伟大抗疫精神丰富了民族精神和时代精神的内涵

抗击疫情的阶段性战略成果的取得,不仅为人类战胜新冠肺炎疫情积累了经验,也为全国人民留下一笔宝贵的精神财富——伟大的抗疫精神。生命至上、举国同心、舍生忘死、尊重科学、命运与共这一伟大抗疫精神不仅是对人民群众在抗疫斗争中表现出的精神特质的高度概括,是时代精神的展现,也是中华民族精神的丰富和发展。生命至上是抗疫的价值取向。举国同心是抗疫的力量源泉。尊重科学是抗疫的强力支撑。命运与共是中国人民在抗疫中的和衷共济、爱好和平的道义担当。伟大的抗疫精神本质上是民族精神的时代传承,是革命精神的时代升华,是时代精神的新丰碑。

三、伟大的抗疫精神是激励人民奋进的新动力

中国共产党领导中国人民在这场抗疫斗争中积累的抗疫经验、凝聚的抗疫力量、淬炼的抗疫精神,是一笔特殊的时代精神财富,其深刻的历史意义和巨大的时代作用必将载入中华民族的史册,激励教育后世。坚定四个自信需要弘扬伟大的抗疫精神。弘扬抗疫精神,是提升新时代中国的文化自觉、坚定四个自信的精神之源。实现中华民族伟大复兴的中国梦需要弘扬伟大抗疫精神。一个民族要实现复兴,既需要强大的物质力量,也需要强大的精神力量。要在全社会大力弘扬伟大抗疫精神,使之转化为全面建设社会主义现代化国家、实现中华民族伟大复兴的强大力量。

哈贝马斯的商谈伦理对社会秩序整合的意义及其限度 夏明月、华梦莲,伦理学研究,2020(6)

商谈伦理是哈贝马斯哲学的规范核心,哈贝马斯由商谈伦理引出了整合社会秩序的方案,他认为整合社会秩序要涉及两个方面:第一个方面是进行一种社会整合,这种整合必须是一种共识的交往行为,且须以语言为基础;第二个方面是进行一种系统的整合,这种整合为一种媒介整合,且须以金钱及权力为基础。哈贝马斯认为抽象的道德不是实现社会秩序整合的途径,要实现社会秩序整合必须发挥商谈伦理的作用。面对我国出现的经济秩序、政治秩序、社会秩序、生态秩序相关的一系列问题,哈贝马斯的商谈伦理思想对推进我国社会秩序建设具有重大的理论意义与实践价值。

一、商谈民主及现代社会秩序困境

商谈伦理学核心的思想是公民可以按照一种独特的方式来参与到政治生活、公共决策中去，这种方式即是要求公民们进行自由且平等的对话、商讨或者商谈。交往活动理论以“普遍语用学”为前提。哈贝马斯的商谈伦理学是在多元化社会的背景下，以克服价值冲突和传统伦理危机为其使命的。哈贝马斯商谈民主的核心概念是商谈与共识、普遍化原则、论证性原则和互主体性原则。

(1) 商谈民主的理论发端。商谈民主概念的起源并不是来自哈贝马斯，早在哈贝马斯之前的杜威、希罗多德和亚里士多德就已经有商谈民主概念的萌芽。杜威的商谈民主理念实质上就是共同体生活本身的理念，古希腊时期的民主制的显现方式即城邦民主、直接民主。商谈、共识是哈贝马斯商谈伦理学最为主要的两大要素，商谈、共识的含义即是希望事件中的全部相关的主体一同来对事件进行商讨、商谈、磋商及交流，其目的是希望通过此种方式把全部相关主体形成一个整体，进而通过这个整体来达成一种政治上的共鸣。哈贝马斯商谈伦理理念的理论意义是为了回应现代西方社会无处不在的价值观多样性的现实，由商谈伦理学引申出来的构建社会秩序方案是一种有序、平衡、健全发展的理论。

(2) 中国秩序问题与哈贝马斯商谈伦理。随着全球化的影响日益严重，世界秩序的震荡也在逐步影响着中国正常的社会秩序。全球性的经济危机、政治危机、军事危机在全球化的背景下逐步显现，同时，当今中国面临着经济秩序、政治秩序、社会秩序、生态秩序方面的一系列问题。此时，社会秩序的梳理和建构俨然成为摆在我们面前必须认真研究并加以解决的现实课题。哈贝马斯从西方文明乃至全球文明变化发展遭遇的困境提出了自己的协商民主的思路，也是基于同样的困境的思考，对于我们今天社会秩序的构建富有很高的参考价值。

(3) 哈贝马斯商谈民主理论解决时代困境的核心要义。商谈伦理学有两个目标：规定话语的理想条件，并在通过行使这种话语达成的协议中确立道德基础。人们进入了现代的多元社会之后，现代政治制度的合法性基础面临着结构性转换的困境。哈贝马斯阐述解决现代政治制度面临结构性转换的困境的措施是依靠商谈民主。在哈贝马斯那里，其普遍规范的来源既不是康德式的绝对命令也不是黑格尔式的绝对精神，而是主体间的“商谈”和“对话”。哈贝马斯认为必须在话语的交流之中来讨论社会规范制定的问题，因此社会规范的正当性就是通过对话论证中的恰当理由来体现。

哈贝马斯认为,要解决这个时代的困境问题,关键在于如何既能维护社会秩序的稳定性,又要确保这种整合符合理性的要求。哈贝马斯认为解决当代困境问题的方案就是要确保一种话语的所有相关人士都有这么一种权利,即相关人士都能够对事件进行话语论证,所谓话语论证简单来说是相关人士能够对观点进行自己的赞同与反对选择、表达,除此之外还可以质疑他人的观点以及反驳他人观点。

二、哈贝马斯建构社会秩序的思想方案

哈贝马斯理论的核心要义即是由批判理论中"语言学转向"的交往理论来保卫启蒙的现代性立场,哈贝马斯构建社会秩序的思想方案最初提出的目的是希望找到一种方法来摆脱当代西方世界出现的价值多元化的矛盾所带来的一系列问题。这种社会秩序方案是一种有序、平衡、健全地运行和发展的理论,哈贝马斯由商谈伦理引出了整合社会秩序的方案,他认为整合社会秩序要涉及两个方面,一个方面是进行一种社会的整合,这种整合必须是一种共识的交往行为,且须以语言为基础;第二个方面是进行一种系统的整合,媒介整合,且须以金钱及权力为基础。他认为全球化的资本主义社会以及当今世界的"系统对生活世界的殖民化"所产生的生活化世界将会受到系统的侵蚀而最终导致社会整合的崩溃。

三、转型中的中国社会秩序建构启示

中华民族是一个伟大的民族,文化有很强的兼容性,哈贝马斯的理论对中国的发展有很大的启示,对促进中国特色社会主义现代化建设具有重要意义。在当今社会多元化语境下,交往主体间真实、真诚和正当的对话,对于消解冲突性与扭曲性对话,构建当代中国和谐话语具有重要的伦理价值和社会意义。主要体现在以下几个方面:第一,社会秩序在经济建设中的有效性。第二,社会秩序在政治建设中的民主性。第三,社会秩序在社会建设中的包容性。第四,社会秩序在生态建设中的多样性。

四、结语

面对全球化的趋势和许多严重的全球性问题,人们应该树立"世界公民"的观念,确立协商民主的理念,树立命运共同体的概念,要重视语言的作用,逐步认识解决许多全球性问题的主要手段是全人类的和平谈判。不同的国家应该相互配合,平等协商,从而逐步集中建立国家间的协商民主。民主的对话、平等的对话是民主协商最为典型的特征,协商民主是民主的、平等的对话,民主与平等只是对话的要求,从自身而言要加强自身的责任意识。虽然哈贝马斯的商谈伦理理论看似具有"不现实性",但是深究其核心观点，再结合当前我国社会发展的相关问题，其理论的闪光点必然对我国社会秩序整合具有积极借鉴意义。

先秦法家功利思想的结构性矛盾及其演进 王浦劬、赵滕，武汉大学学报（哲学社会科学版），2020(6)

传统中国以术驭法而非以法抑术的政治实践，凸显了法家思想法与术之间的矛盾关系。那么，为何术能够替代法成为法家思想的主要实践形式？为何法的治理主张和精神未获承继，而势最终变成了君主专制之势而并非法治之势？实际上，先秦法家思想存在公共利益与君主利益两种不同取向，从而形成了结构性矛盾，厘清这两种取向及其结构性矛盾发展的脉络，进而解构其法、术、势的阐述，不失为解答这些问题的路径。一般来说，公共利益取向的法家强调道的客观确定性，认为应以规范促进共同利益，主张公共利益优先，强调君臣共治、法治为主，因此，势即法之势。而君主利益取向的法家则利用道的主观玄虚性，基于利益冲突不可避免的逻辑，主张君主利益优先，强调君主独裁和术治为主。

一、法家学者功利思想中公利与君利间的张力

申不害偏好主要服务于君主利益的术，但其论证中仍然有对法的描述，其思想中公共利益与君主利益之间的矛盾主要体现在法与术的关系上。然而，法与术之间是存在张力的，前者公开、确定、规范的属性与后者隐秘、多变、计谋的属性之间存在着尖锐的冲突，由此表明法所代表的公共利益与术所要实现的君主利益之间存在着尖锐的矛盾。显然，上述矛盾在申不害留存的相关文献中并未得到关注。也许在其心目中，君主利益高于公共利益，以至于公共利益不过是君主利益的衍生品，所以，两者之间自然没有冲突。慎到的思想从各个层面体现了以法为工具来实现公共利益的侧重，但其文字中仍可见道术的字眼。慎到近乎全部的思想都具有公共利益的法治取向。从伦理观上看，慎到鲜明地提出公共利益的优先性。从政治观上看，慎到的势的思想体现为君臣共治之下的法治秩序。商鞅也强调了权独制于君，不过，他的强调主要是为了国家的威，即政治合法性。上述问题，本质上反映了君主利益与公共利益之间的经常性冲突。对此，商鞅同样语焉不详。也许与慎到一样，他也认为，君利与公利自然是统一的，不具备冲突的可能。

二、韩非功利思想对法家思想裂隙的弥合

在韩非眼里，虽然申不害强调君主之术，但由于没有法的运用，奸臣当道,使韩国没有实现成为霸主的公共利益。虽然商鞅变法使秦国富强,但因为君主不用术以防蔽止奸,所以国家的富强也只不过为贵族大臣所利用,君主利益并没有得到充分实现。在这里,韩非注意到,法主要代表的公共利益与术主要代表的君主利益之间具有冲突性,因此试图以自己的学说弥合两者。具体而言,韩非是从本体论的道、伦理观的公利与君利关系以及政治观的法术和君臣关系等层面展开弥合努力的。他的方法如下:道的主观玄虚性吸纳道的客观确定性、"君臣利异"下的君利优先接合"君民共利"、以君主独裁将法工具化、以术治内核涵盖法规范。

三、不同利益取向的先秦法家思想之得失与嬗变

先秦法家功利思想的内在结构性矛盾在中国传统专制政治背景下的运动和发展,使得其公共利益取向和君主利益取向思想观点的长处受到严重抑制,缺陷和短处却日益受到强化,终而使得公共利益取向法家的思想观点和政治主张趋于式微乃至衰亡,使得君主利益取向法家的思想缺陷得到极大鼓舞和激励,进而推动君主利益取向法家与儒家专制主义苟合,形成了传统中国统治阶级的思想体系,构建了传统中国政治统治的基本模式:以正统儒家思想作为"外观",在公开、客观、言行意义上,制定儒家正统思想内涵及其主张的道德规范,衍设和施行"身—家—国—天下"的伦理统治逻辑,以为专制统治的伦理支柱;与此同时,采用君主利益取向法家思想所主张的私密、主观、计谋等权术诡计,用作君主驾驭群臣、愚弄百姓的统治工具。两者内外结合,刚柔相济,表里相助。先秦法家功利思想结构性矛盾的这种演变,构造了传统中国政治统治的思想和政治基础,成为传统中国政治统治的逻辑主线,深刻影响了漫长的传统中国政治形态及其发展。

"君子不器"读解 吴先伍,晋阳学刊,2020(6)

人们一般把"君子不器"理解为君子不止有一种功用,或者理解为君子只讲道德不讲功用,这些理解都是有问题的。"器"是用来喻指人像祭祀用器一样,受到特定角色身份的限制,只能消极地发挥角色功用。"君子不器"则是指道德高尚的君子主动地超越"器"的消极的角色化义务,积极地担当起本不属于自己的道德责任。

一、"君子不器"旧解批判

第一种观点强调君子不只有"一定的用途",这充分地考虑了"器"的内涵与特征,但是对"君子"没有进行深入的探究,只是从字面上考察了"器"

与“不器”的差别，从而认为“君子”与“小人”之间只有功用数量上的差别，而无本质上的区分，这就导致“君子”失去了自身的本质规定，无法真正从“小人”当中脱颖而出。第二种观点反其道而行之，对于“君子”进行了深入的分析，强调“君子”的道德本质规定性，强调“不器”与功用无关，是以道德来否定功用，这种观点偏离了“器”的原初内涵，无视孔子重视“器”的历史事实，因而，也在某种程度上偏离了孔子所要表达的思想。为了正确地理解“君子不器”，我们需要同时关注“君子”与“器”的本质特征，在它们的相互规定中来确定“君子不器”的具体内涵。

二、器:消极承担角色义务

从对“器”概念的分析中，器的一个重要特点就是其有特定的用途，也正是这种特定用途构成了其本质属性。当孔子强调人的角色化功能的时候，实际上就是强调了人的器物化，人首先要成为社会当中的一员，发挥自己的器物化功能。从上面的论述中我们可以看出，“器”是社会和个人得以延续的保证;因此，人要努力“成器”，要努力“成大器”，对于“成器”的人来说，他能发挥什么样的功用，只能取决于他所扮演的社会角色和社会对他的使用，在此过程中，他基本处于一种被动的地位。

三、不器:积极担当道德责任

道德高尚的君子是不受角色限制的，即使他没有义务去帮助他人，他也会不顾个人得失、义无反顾地去帮助他人。因此，对于道德高尚的君子而言，“不器”不是指君子不只具有一种功用，而是指君子要否定由角色功用所带来的消极性，君子不是被动地承担社会给我分配的角色义务，只消极地发挥角色功用，而是积极主动地担当起对社会、对他人的责任，甚至是“知其不可而为之”。综上所述，“君子不器”是指，作为道德高尚的君子，不像祭祀用器那样，受特定角色身份的限制，仅仅消极地承担角色义务，发挥角色功用，而是主动地走出自身，积极地担当起本不属于自己的帮助他人的道德责任，从而为社会奉献自身。

赫费论道德与幸福　高慧，中国社会科学报，2020－06－02

奥特弗利德·赫费是当代德国著名哲学家、法理学家，他从幸福与道德的概念着手，强调道德与幸福具有互补性，认为幸福意味着与道德相协调的生活。

赫费尝试从哲学人类学的视角阐释道德的起源。赫费认为道德的起源有两大条件，即文化条件和自然条件。人拥有一种能动性，他认为人们必须放弃一种双元的思维,即这里是自然,那里是文化。

人的本性是可塑的,是向世界开放的。这种对世界的开放状态使人能在其所不曾熟悉的广阔空间内,或以个体、或以大大小小的群体形式发展壮大起来,享受世界开放性所带来的幸福生活。另外,人的能量往往过剩,并倾向于与人的理智能力相结合,这导致人不止于满足实现个体与集体的生存这两个总体目标,并希望创造出更大业绩,而且会激发出人的贪婪、虚荣心、权力欲等。道德不是与生俱来的,是应该、需求和存在的奇特混合物。人只有受到约束,才能把聪明才智引导到善。道德是必要的且只有在一种文化之中才具有实际的具体形式。由于人具有普遍的理性,这种实际的道德又被置于一种评判性的道德之下,有时甚至依照评判性的道德予以修正。

赫费为道德探寻基奠,他把道德情感作为道德的自然性基础。道德情感维系着个体的道德意向,促使人们不断地去践履道德法则。赫费强调道德情感不是对由经验决定的感受做出的反应,而是对不依赖于经验的对象,即道德法则的反应,是发自内心的对道德法则的敬重,是唯一无可置疑的道德动力;拥有道德情感者,会把其自身视为一种纯粹道德理性的承载者,一种完全的道德主体。当他做了有悖于道德之事时,主体会自发地产生一种负罪感。

在赫费伦理学中,德性指已成为一种态度的能力以及作为一个杰出人生活的意愿。因而,他主张德性是构成人性的一个有机部分,是人们在社会生活、实践活动中所体现出的处理人际或自我利益关系的倾向性,是一种通过持续练习而获得的生活态度。赫费把德性分为两种,即品德德性和生活智慧。品德德性是指品质能力和实际的技能,标识着对成功的幸福生活的基本定位。生活智慧是一种幸福论视域中的判断力,它是以幸福为指向的,旨在提升生活的目的。赫费认为,品格德性与生活智慧相互依存,缺一不可。

赫费提出了幸福与道德具有互补性的观点。他认为幸福不在于拥有能带来快乐的事物,也不在于通过减少欲望来达到欲望与满足间的平衡,更不在于整个摆脱所有烦恼。幸福作为对一般生活的超越只有在这样一些情况下方能出现:圆满地解决了所有问题;一种巨大的要求得到了满足;获得了一种始料未及的东西;人感悟到自身与同胞及自然处于和谐的浑然一体之中。

赫费把幸福视为成功生活之品质,而慎思、慷慨大方及正义这样的德性行为能为自身的生存带来幸福。他认为，道德具有监督和调控作用，一旦个体对幸福生活的愿望得以实现，便会心情愉快，从而减少人际间的利益冲突。自身幸福在通常情况下也为他人幸福创造了前提。道德如同法律秩序，具有保护功能。人与人之间，唯有相互间顾及对方，维持尊敬与认可，才能使充实的生活最佳化。赫费主张，德性是人为了成功生活而在其手中所拥有的最佳东西，但具备德性并不等于拥有幸福，快乐、财富、权力、威望等也是实现幸福的重要因素。这说明，德性与幸福之间存在非线性关系，获得幸福需要在生活艺术和德性之间寻求平衡，实现幸福与道德的统一。

社会主义核心价值观融入法治建设的重大成果　马新彦，光明日报，2020-06-03

民法典编纂历时五年有余，终于在全面小康决胜之年、抗击新冠肺炎疫情取得重大战略成果之际问世了。民法典将“弘扬社会主义核心价值观”作为一项重要的立法目的，体现了坚持依法治国与以德治国相结合的鲜明中国特色，对社会主义核心价值观在民法典中的全面贯彻落实从规范体系上发挥了统帅作用。社会主义核心价值观体现社会主义意识形态的本质要求，体现社会主义制度在思想和精神层面的质的规定性，凝结着社会主义先进文化的精髓，以社会主义核心价值观为重要立法目的的民法典面世，对建设法治国家、推进国家治理体系和治理能力现代化具有重大而深远的意义。

一、民法典颁布是社会主义核心价值观全面融入法律体系迈出的重要一步

党的十八大对社会主义核心价值体系进行了高度凝练及概括，之后党中央相继印发《关于进一步把社会主义核心价值观融入法治建设的指导意见》《社会主义核心价值观融入法治建设立法修法规划》（以下简称《规划》），为全面培育、践行社会主义核心价值观提供了有效行动指南。民法典的颁布，意味着社会主义核心价值观全面融入社会主义法律体系迈出重要一步。随着社会经济生活的飞速变迁，社会主义核心价值观因其在民法典体系构建中的地位，还将为民法典条文解释与漏洞填补提供价值指引。

二、民法典是中国走向法治强国的重要法律基础

法治国家的基本标志是将社会生活的全部内容纳入法律的调控和治理范围，法律具有至高无上的地位，但法律要建立在尊重人格尊严、人格自由、维护权利的基础之上；权力受约于法律、服务于权利。市场经济是法治的经济基础,市场经济孕育的契约观念、主体意识、权利意识、平等和自由观念是法治的文化基础,以市场经济为经济基础的民法是法治真正的法律基础。

民法典在公、私权的合理配置与协调方面进行的创新性规定,在市场管理方面、生态环境保护方面、社会公共秩序维护方面、个人信息的保护方面,以赋权性规范、义务性规范的确立为公权力服务于权利设定了必要的限度,为公权力的行使划定了合理的边界。以社会主义市场经济为经济基础,以社会主义核心价值观为价值引领,民法典必将成为中国走向法治强国的重要法律基础。

三、民法典是培育社会公德、职业道德、家庭美德、个人品德的全民教科书

法不仅调整人的行为,更作用于人的思想,因调整人的行为而具有规范、训诫、惩罚及救济功能,因作用于人的思想而具有教育、教化功能。《规划》强调将社会主义核心价值观全面融入社会主义法律体系,其意义还在于通过将社会主义核心价值观转化为具有刚性约束力的法律规定,形成全社会普遍认可的、充满正能量的价值理念和高尚的社会风尚,以矫正不正确的人生观、价值观与荣辱观。

民法典以倡导性规范、赋权性规范、义务性规范等体系性的规范设计和创新性的规范配置,将社会主义核心价值观全面落实于调整人与自然的关系、人与社会的关系、人与人的关系、家庭成员之间关系的制度体系中。通过各项法条教育人们诚实守信、相互信赖、彼此尊重,不欺行霸市、不蔑视弱者;教育人们在谋求个人利益时不算计、不损害他人利益、国家利益和社会公共利益,在追求个人自由时尊重他人的自由,在谋求平等、公正待遇时不牺牲他人的平等与公正;引导人们向德向善,孝敬老人、爱护幼小。总之,民法典"以道德理念锤炼良法,以美德义行催生善治",以刚性约束力的法律规定传达法的道德理念,是培育社会公德、职业道德、家庭美德、个人品德的全民教科书。

大力推动新时代公民道德建设提质量上水平　靳诺,学习时报,2020-06-08

道德为人生之本、民族之魂、国家之基。加强公民道德建设,提高全社会道德水平,是适应社会主要矛盾变化、满足人民对美好生活向往的迫切需要,是促进社会全面进步、人的全面发展的必然要求。因此,落实《纲要》

精神，大力推动公民道德建设提质量、上水平是一项社会系统工程。

为此，可从以下五个方面落实。

第一是抓基本，在践履基本道德规范上下功夫。社会公德、职业道德、家庭美德和个人品德是新时代公民道德建设的着力点。开展新时代公民道德建设，必须从普及基本道德规范入手，使之转化为全体公民的自觉行为。必须把倡导基本道德规范与惩治失德违法行为紧密结合起来，把学习基本道德规范与指导个人言行统一起来，建立惩戒失德行为常态化机制，形成扶正祛邪、惩恶扬善的社会风气，通过生动具体的引导，使人们自觉遵守、积极实践基本道德规范。

第二是抓基层，在扩大道德建设覆盖面上下功夫。新时代加强公民道德建设，需立足于基层实际，遵循道德建设规律，针对不同基层单位的特点，坚持教育引导、实践养成、制度保障三管齐下，积极探索企业、农村、社区、机关、学校、新经济组织、新社会组织和其他基层单位开展公民道德建设的新途径新办法。充分发挥基层党组织的战斗堡垒作用和共产党员的先锋模范作用，增强与群众的沟通。把新时代公民道德建设与基层制度建设结合起来，建立健全规章制度，使道德有机融入到有关的法规条例、管理制度、行业规范、乡规民约、学生守则、企业文化之中，确保道德建设工作有章可循，引导人们逐渐养成良好的行为习惯。

第三是抓重点，在加强重点群体道德建设上下功夫。一是抓好党员干部群体。党员干部在公民道德建设中担负着领导和组织责任，起着表率和带头示范作用。二是抓好青少年群体。青年的价值取向决定了未来整个社会的价值取向，是担当民族复兴大任的时代新人。

第四是抓载体，在吸引群众广泛参与上下功夫。实践证明，选择有效载体，吸引群众广泛参与，使之在自觉参与中深化道德认识，践行道德规范，这是加强公民道德建设的重要途径。紧密联系群众生产生活实际，精心设计工作载体，组织开展实践活动，通过具体化、生活化的方式，润物无声，比如深入挖掘各种传统节庆中蕴藏的丰厚道德教育资源、通过"互联网＋"升级传统道德教育工作、大力宣传先进典型的感人事迹等。

第五是抓舆论，在营造良好社会氛围上下功夫。即充分发挥各类媒体强信心、聚民心、暖人心、筑同心的积极作用，充分发挥文学艺术对公民道德养成的教育功能，探索社会化的运作方式，动员各种社会组织、自治组织和村民代表、居民代表、"五老队伍"等力量一起来做公民道德建设工作，形成全社会齐抓共管的道德建设大格局。

马克思对道德虚无主义的超越 张守奎,中国社会科学报,2020－06－16

一、指责马克思是道德虚无主义者的三个“理由”

第一个“理由”是,马克思的无神论立场决定了他必然否认包括神和道德理念在内的一切超感性领域的存在。这种观点认为,就宗教和超感性领域而言,马克思早年就要求“废弃一切神”,坚信“对宗教的批判是其他批判的前提”,之后又把对宗教的批判转变为对政治、法、市民社会,以及商品拜物教与资本逻辑的批判。这些都表明马克思瓦解了传统哲学中的超感性领域的自足性,把其真正的基础还原到感性世界。因此,伴随着把超感性世界的基础向感性世界的还原进程,包括道德在内的全部价值观念也必将被世俗化,乃至彻底被否弃。

第二个“理由”是,马克思恩格斯在《共产党宣言》中明确主张共产主义者“从不进行道德说教”和“同传统的观念实行最彻底的决裂”。他们认为,马克思文本中的道德词汇通常是其批判的对象,这本身就是马克思否定道德存在的客观性和把道德虚无化的直接证明。在对既往文化传统和历史的拒绝中,原来渗透于其中并对整个社会运行起范导作用的全部价值观念和道德规范,显然也定将一并被抛弃。因此,因“同传统的观念实行最彻底的决裂”而陷入道德虚无主义处境似乎就是理论和历史的必然。

第三个“理由”是,在马克思的理论体系中,生产方式和经济基础是最主要的,包括道德在内的一切观念形态都是次生性上层建筑的构成部分。而历史唯物主义内在具有的决定论性质和历史主义取向,必将导致其主张不同时代、不同国家和不同民族之间,人们的道德观念存在这样那样的差异。

二、马克思不是道德虚无主义者

首先,马克思确实是无神论者,并在其一生中对宗教和超感性领域的自足性展开过深入批判。然而,并不能由此认为马克思否定和抛弃了全部道德价值观念。追求“现实的个人”的个性解放和自由全面发展这一“高阶”价值预设,始终是贯穿于马克思思想的根本主线。因此,马克思批判宗教和否定超感性领域的自足性,并不意味着就放弃了理论的道德立场和价值承诺,并因此陷入道德虚无主义。

其次,《共产党宣言》中的“不进行道德说教”和“同传统的观念实行最彻底的决裂”的论断,实际上都有具体的语境和特定的所指。这里的“道德”和“传统的观念”,主要是指以资产阶级私有制为基础并力图为其合法性做辩护的意识形态样式。而资产阶级的私有制,是工人阶级遭受资本家剥削、奴役和统治的全部根源。马克思否认和拒绝了这种特定意义上的道德与传统的观念,并不意味着就完全否定了既往历史上全部的道德和传统本身。

最后,马克思的历史唯物主义确实主张生产方式和经济基础相对于上层建筑的首要性,以及强调历史处境之于道德的重要性。但对道德的历史性理解以及突出它存在的相对性,并不必然落入道德相对主义和道德虚无主义的处境。道德一定是特殊时代与具体民族和国情的反映,这决定了不同时代以及民族和国家中人们的道德观念会有差异,但这并不否认道德具有历史传承性和一致性。

三、对道德虚无主义的超越

把马克思误解和误读成道德虚无主义者的做法,其危害十分严重。从马克思思想的主旨来看,实现人类解放和每个人的自由全面发展始终是最高诉求。就功能而言,这一最高诉求既是建构性的,又是批判性或范导性的。"建构性"是说,马克思的这一最高诉求,从来就不是纯粹的"应当"和"理想",而是始终处在"现实的活动"的实现过程中;"批判性"和"范导性"是说,这一最高诉求原本就具有强烈的规范性内涵,属于"高阶道德"范畴,马克思以此方能对资本主义展开全面的批判,包括对资本主义的道德批判。

荀子"天论"中的人学观 纪洪涛,光明日报,2020-06-22

一、"天行有常"是天人关系的逻辑前提

《荀子·天论》开篇即云:"天行有常,不为尧存,不为桀亡。"阐明天按照"常道"运行,不以人的道德意志为转移,祛除了人对天的神性崇拜的迷思,将天视为独立于人的自然之物。荀子身处的时代,政治败乱,"亡国乱君相属,不遂大道而营于巫祝,信禨祥",人祈天、畏天、怨天、慕天,将治乱吉凶归因于上天。而荀子认为天并非具有人格意志的神,它是按照其自身的常道运行的独立于人的存在,人类"应之以治则吉,应之以乱则凶",吉凶祸福皆在于人类自身。

荀子明于天人之分的思想,为人类重新厘定了人在宇宙中的位置,以理性驱逐了神秘主义的蒙昧,将人从"拘而多畏"的天人关系下解放出来,为人类正确认识自我,进而挺立人的主体性,发挥人的能动性扫清了思想障碍。

二、"制天命而用之"是天人关系的思想枢要

"天人之分"廓清了神秘主义天人论的迷雾,但荀子并非要让人与天分途而行。相反,荀子认为人与天是紧密联系的,他也是在天人相系的思想视域中论述人的存在的,与同时代思想家不同的是,荀子大胆为天祛魅,割断了天与人的宗教神性联系,建立起天人之间的新的客观实在联系。荀子的“制天命而用之”的思想,一方面是对道家天人观的扬弃,在坚持自然之天的观念的同时,避免了陷入消极无为的泥沼,充分肯定了人自身的价值独立性;另一方面,又避免了将天人之分误解为天人隔绝、斩断天人联系,从而为其天地人相参的思想开辟了理论路径。

需要加以辨明的是,有人认为荀子“制天命而用之”,就是主张“人定胜天”,会导致人破坏自然,最终遭到大自然的惩罚,将人与自然的关系引向冲突与对抗。这显然是曲解了荀子本意。通观《荀子》全文,未见一处有“胜天”的说法,而是多次强调要“循道不忒”“应时而使之”等按照天的规律“用天”的观念,甚至认为圣人是“清其天君,正其天官,备其天养,顺其天政,养其天情,以全其天功”,这清、正、备、顺、养、全诸字的运用,完全没有一丝逆天、违天、悖天的意思。

三、“人与天地参”是天人关系的至高境界

在此,须对“参”字的理解稍加深化。遭荀子批判的思孟学派重要典籍《中庸》有言:“唯天下至诚,为能尽其性;能尽其性,则能尽人之性;能尽人之性,则能尽物之性;能尽物之性,则可以赞天地之化育;可以赞天地之化育,则可以与天地参矣。”参,犹助也,认为人具有至诚之德,则可以参与辅助天地化育。但从《荀子》文本来看,荀子所谓的“参”,只是“并立”之意,难以解读出“辅助”的意思。这与荀子之“天行有常”的思想相一致,在荀子看来,人有其治是人按照天的规律来摆脱天的宰制,但“天有常道”之规律并不会因人的影响而改易。在此,荀子守牢了其“自然之天”的思想疆界,这也就避免了为“胜天论”开启思想端绪。荀子“人与天地参”中的天人关系,既非人与天的彼此战胜,也不是彼此隔绝,而是人与天的友好型伙伴关系。在这种天人关系中,人没有压倒天,天亦不可奴役人,天与人既彼此联系又相互独立,这是天人关系的最优状态。

荀子“天论”中的人学观蕴含着一个内在的、严谨的逻辑结构。“天行有常”是其逻辑前提,将时人从对天的崇拜迷思中解放出来,让人重塑理性回归人间治道;“制天命而用之”继而阐明人只有发挥对天的主观能动性才可实现自我的生存与发展,让人在宇宙中有所依托和凭借;“人与天地参”最终为人确立了价值高度,建立起人与自然之间友好而不冲突,长养而不相害的并立关系。

荀子的人学观,因时应物,切中时弊,圆融周彻,是先秦时期人学思想的高峰。它为我们推动中华优秀传统文化创造性转化、创新性发展提供了宝贵资源。

促进道德与审美的统一　赵菲菲,中国社会科学报,2020-06-30

在人类文化中,道德(善)与审美(美)分属不同的领域:道德属于实践领域,审美属于鉴赏领域。然而,人类内在的对真善美统一的渴望总是希冀在提升道德人格的同时满足审美需求:或者通过审美愉悦改造道德教化的枯燥,或者通过道德价值矫正审美趣味的低俗。

一、审美是实现道德目的的工具

关于道德与审美关系的最普遍看法是,二者为内容与形式之关系,即道德是内容,审美是形式,形式服务于内容。因此,审美是实现道德教化的工具。在西方,柏拉图、亚里士多德和贺拉斯的观点在西方思想史上产生了极大的影响,从中世纪到文艺复兴,从法国新古典主义到启蒙主义,很多思想家都把审美或艺术作为实现道德目的的手段,并将艺术所表达的善恶作为评判作家审美趣味高低以及艺术作品优劣的标准。

在中国历史上,有关道德与审美关系的表述也多被阐发为审美为道德服务的思想。孔子认为最好的音乐是行教化之功的"礼乐";《乐记》则认为,音乐有"和乐"和"淫乐"之分,"和乐"是"德之华",使人们遵循礼制和秩序,而"淫乐"会带来人心的邪恶与秩序的混乱,因此,君子都会选择礼制雅乐而远离靡靡之音。

在社会发展的进程中,道德的进化往往发生于社会变革之后,而审美和艺术却由于其创造性特征总是能够作为新思想和新社会的先行者。因此,仅将审美作为道德的工具无疑限制了审美的创造力。

二、审美直接通达道德

康德虽然以二者服从不同的先验原则为由将审美与道德划分为不同的领域,但同时也把审美与道德看作一种类比关系。康德认为,审美和道德具有某种程度的一致性,表现在以下几个方面:首先,审美情感与道德情感都是令人愉快的情感,只不过审美的愉快不依赖于概念的逻辑判断,而道德的愉快却由概念的理解而引起。其次,审美判断和道德判断都不以功利性为前提,道德行为的结果虽然与人的某种利益相关,但道德行为的动机应该是无功利的。再次,道德与审美都与主体自由相关,只不过审美相关于想象力的自由,而道德相关于意志的自由。最后,审美判断和道德判断都表现为普遍有效性。

席勒继承了康德的思想,并将其上升到人类学的高度。席勒认为,人的发展要经过自然阶段、审美阶段和道德阶段。自然阶段的人是感性的,即便理性出现,人也会受到自然的盲目必然性的支配;道德阶段的人是理性的,是自由的。感性的人不可能直接成为理性的人,中间必须经过审美阶段,审美是对事物的外观进行观赏或反思,它既没有脱离感性世界,同时又不受到感性事物实际存在的功利性限制。

审美与道德是相通的,崇高的审美风格很容易激发人们道德上的崇高感,品读有意境的艺术作品会逐渐提升人的思想境界,审美的移情与道德的同情在性质上具有相近性,审美与道德可以通过类比实现统一。

三、道德是审美人生的实践力量

审美与道德还可以通过另一种方式实现统一,即确立一种人生美学使道德融于审美。在尼采看来,人不仅是艺术的创造者,人自身也是艺术品,人永不停歇地创造着自身,正是这种创造性把现实的苦难化做了审美的欢乐,人生的意义才由此产生。

福柯继承了尼采人生美学的理想,但抛弃了后者将审美与道德对立的观点,他用古希腊人的生存艺术来阐释审美与道德的关系。福柯认为,古希腊人之所以会主动选择道德行为,是因为他们积极地实践生存艺术,即"使自己的生活变成个具有美学价值、符合某种风格准则的艺术品"。道德行为是古希腊人的主动选择,是他们控制自己欲望、塑造和雕琢审美人生的技术与手段。福柯强调,当成为主体的主动实践时,道德就不会有任何被动和强迫的意味,成为一种真正的自由。

健全科技伦理治理体制 江畅,人民日报,2020-07-13

健全科技伦理治理体制,对于克服科技领域存在的伦理问题、促进我国科技事业健康发展,具有重要意义。当前,亟须完善科技伦理治理学术研究机制,健全科技伦理监管制度,建立科技人员自律机制。

一、完善科技伦理治理学术研究机制

完善科技伦理治理学术研究机制,是健全科技伦理治理体制的重要基础。我国科技伦理研究方兴未艾,但与科技迅猛发展的态势相比,还处于相对滞后的状态。尤其是对科技伦理治理和监管等问题,学术研究还不够深入。科技伦理研究者需要结合高新科技发展现状,加快构建具有自身特色的学科体系、学术体系、话语体系。

加强科技伦理研究队伍建设。加强科技伦理研究,关键在于人才队伍建设。亟须完善科技伦理研究资助和激励机制,将激励与约束有机结合起来,不断完善人才引进机制,努力打造一支既懂科技又有伦理学素养的科技伦理研究队伍。

健全多学科研究协同机制。加强科技伦理专业研究人员与其他学科专家学者的交流、对话和合作,为我国科技伦理治理决策提供学理支持,为现实科技伦理问题解决提供咨询建议。

健全国际合作研究机制。加强国际交流、对话和合作,学习借鉴国际科技伦理治理的先进经验;积极参与科技伦理问题的国际合作研究和规则制定,在国际科技伦理领域发出更多中国声音。

二、健全科技伦理监管制度

健全科技伦理监管制度,是健全科技伦理治理体制的重要内容,是科技伦理治理得以有效实施的重要保证。随着产学研用深度融合的技术创新体系深入发展,扎实推进科技伦理监管的制度化建设比以往更为必要而迫切。

建立科技活动向善行善的导向机制。有效防控风险或危害,需要不断加强科技伦理监管,建立科技活动向善行善的导向机制,为科技活动提供有利于推动社会进步和人类发展的价值指引,促进科技人员树立正确的道德观和科技观,强化对社会的责任与担当。

建立科技伦理规范体系。健全科技伦理监管制度,需要依据科技伦理规范对科研活动进行全过程跟踪和监管,发现并纠正各种科技伦理问题,惩戒学术不端,力戒浮躁之风。

完善科技伦理监管程序。健全科技伦理监管制度,既需要健全监管规则,又需要完善监管程序,实现监管领域不留死角、监管过程有机衔接。完善科技伦理监管程序,通过公开透明的规则制定、审理与批准、监测等程序,使监管过程有理有据。坚持伦理先行,建立基于防范原则的“适应性治理”,不断完善科技伦理风险的评估和监管。

形成科技伦理监管合力。充分发挥国家科技伦理委员会的规划、指导、监督作用,推动科研单位和相关企业成立科技伦理委员会,注重发挥各级科协组织以及科技方面的各种专业学会或协会的作用,形成科技伦理监管合力。

三、建立科技人员自律机制

防范科技滥用及其他可能出现的风险或危害,亟须在健全科技伦理监管制度的同时,建立科技人员自律机制。这也是健全科技伦理治理体制的重要内容。

增强自律意识。引导科技人员加强道德修养,提高道德素质,促进科技伦理内化于心、外化于行,是科技伦理治理的重要着力点。科技伦理治理需要与道德教育有机结合起来,在提高科技人员道德修养的自觉性上下功夫。

树立正确科技观。正确科技观可理解为科技人员的“道”,道德素质可视为“德”。高度重视对科技人员道德观和科技观的教育,充分发挥科技伦理的精神激励作用,对加强科技伦理治理来说,既是现实举措,也是长期任务。

营造良好氛围。科技人员自律机制的建立离不开科技单位和相关组织发挥作用。各种科技学会、协会组织都需要加强对科技人员正确科技观、科技伦理以及道德素质的教育和培训,并使之规范化、制度化。各相关单位和组织需要完善激励机制,将科技人员的道德素质和科技伦理表现作为申请科研项目、人才项目、奖励项目的重要条件,在科技界营造扬善抑恶、为善去恶的良好氛围,鼓励支持科技人员在科技活动中追求真理与价值的统一、合规律性与合目的性的统一,牢牢守住科技伦理的底线。

守好科技伦理底线 杨明,人民日报,2020-07-13

当今世界,科技发展突飞猛进,释放出巨大生产力,极大地推动经济社会发展、促进人的全面发展。与此同时,科技发展也衍生出复杂多样的伦理风险。中央全面深化改革委员会第九次会议审议通过了《国家科技伦理委员会组建方案》。会议指出:“科技伦理是科技活动必须遵守的价值准则”,并强调:“推动构建覆盖全面、导向明确、规范有序、协调一致的科技伦理治理体系”。这明确了伦理道德在科技活动中的重要地位,为加强科技伦理治理指明了具体路径。

科学求真,伦理求善。从形式上看,科学技术本身并无善恶之分。然而,一项科研成果或一种技术手段可用于改造社会、造福人类,也可能沦为作恶工具,损害他人和社会的利益,危及人与自然和谐共生。无论实验室里的科学研究,还是现实生活中技术成果的推广应用,都与人类生存发展息息相关,都会对人与人、人与自然的关系产生影响,因而具有道德内涵。如果说科技创新活动更多是从探索发现角度关注科技工作者“能不能做什么”,那么,科技伦理治理则旨在从伦理准则层面关注科技工作者“该不该做什么”。通过科技活动探索未知领域、取得创新成果固然重要，加强相应的伦理准则建构同样不可或缺、不容忽视。科技活动如果没有伦理的规范约束和价值引导，就难以真正造福人类社会，甚至可能导致灾难性后果。因此，强化科技伦理治理是确保科技创新风险可控、健康有序的内在要求。

新兴技术一般具有高度专业化的特点，非专业人士往往难以对技术应用后果做出准确判断。因此，在应用初始阶段容易出现监管真空和法治缺失。如果科技工作者缺乏应有的科技伦理操守，就容易被资本力量、商业行为所裹挟。比如，一些网上商家滥用个人信息数据，进行差异定价的“大数据杀熟”，使市场伦理、商业伦理受到冲击。再如，滥用信息传播中的“算法”推荐，基于用户的行为数据判定其喜好，“投其所好”推送特定种类信息，制造“信息茧房”效应。又如，基于人工智能的“AI换脸”“深度伪造”等技术应用，可能威胁公民人身安全和金融安全。诸如此类的新兴技术滥用，突破了伦理边界、道德底线，甚至游走在违法犯罪的边缘。加强科技伦理治理，需要将价值权衡与伦理考量纳入科技活动全过程，进一步明晰科技创新活动的伦理边界，引导科技工作者增强伦理意识、提升自律能力、坚守道德底线，警惕和防范技术滥用可能引发的伦理风险。

习近平总书记强调：“要充分利用大数据平台，综合分析风险因素，提高对风险因素的感知、预测、防范能力。”面对未知风险，科技工作者必须秉持负责任的审慎态度，着眼于全局，从社会安全、伦理道德等层面深入分析研判，拿出切实可行、风险可控的意见方案，真正做到对后果负责、对公众负责、对人类社会负责。面对日益复杂的科技伦理问题，在道德层面对其进行约束的同时，需要将科技伦理规范纳入制度和法律之中，建立和完善相关法律法规、伦理规范和政策体系，形成安全评估和管控能力。有关部门亟须加强科技伦理监管，构建新技术从基础研发到产业应用的全链条监管体系，完善相应的责任追究机制。

习近平总书记指出：“科技是国之利器，国家赖之以强，企业赖之以赢，人民生活赖之以好。中国要强，中国人民生活要好，必须有强大科技。”中国特色社会主义进入新时代，中华民族正奋进在实现伟大复兴的征途上。开展科学研究，探索知识真理，掌握前沿技术，归根结底是为了加快经济发展、推动社会进步、增进人类福祉。在这一建功立业的大好时代，广大科技工作者必须肩负起时代赋予的使命任务，坚守正道、胸怀大局、心有大我，涵养爱国爱民、为国为民的崇高情怀，主动服务国家富强、民族复兴的大局。始终心系国家和民族的前途，心系人民群众的利益福祉，就能锚定科技活动的伦理坐标,充分激发向上向善的道德力量,推动形成攻坚克难的强大战斗力,保障科技创新工作行稳致远。

仁:中华法系的重要文化基因 *龙大轩,光明日报,2020-07-15*

中华法系作为独立于世界之林且数千年传承不息的国家治理体系,涵盖了整个古代中国法律的制度、思想和文化,历经夏商西周的“礼刑”体系、春秋战国秦朝的“法律”体系、汉唐明清的“礼法”体系,至清末西法东渐方始解体。《道德经》云:“不失其所者久,死而不亡者寿。”自近代以来,虽然中华法系外显的形式载体已逝,但其内含的文化基因犹存。孝悌忠信、礼义廉耻、仁者爱人等理念,至今仍然深深影响着中国人的生活。忠孝信义等价值观,在传统社会既是妇孺皆知的道德概念,又是身体力行的法律准则,依法律演进史的眼光观之,则是中华法系的文化基因。它不因朝代更迭便訇然断裂,亦不因制度变革就戛然而止,而如春雨润物般化入民众心灵深处,代代相传。在这种道德元素和法律元素同构的法文化模式中,道德所褒扬的,法律必予维护;法律所制裁者,道德则予贬斥。这与西方强调法律与道德应当有明确边界的法文化迥异其趣。

传统道德名目众多,但可以用一个总概念“仁”来加以统揽。冯友兰说:“惟仁亦为全德之名,故孔子常以之统摄诸德。”认为忠孝节义悌礼智信廉耻等各种德目,全都包含在“仁”的范畴之中。将“仁”这种“同类意识”运用在不同的人际关系上,遂形成不同的道德要求和法律准则。推运于父子之间,便有了“父慈子孝”的要求;推运于夫妻之间,便有了“夫妇以义”的要求;推运于君臣之间,便有了“君仁臣忠”的要求;推运于普通社会关系之间,则有了“朋友有信”的要求。依此类推,可以囊括所有社会关系。故简而言之,“仁”是中华法系的重要文化基因。

纵向考察,中华法系文化基因的形成,经历了漫长的历史过程。夏商周三代以“礼”为治,并用“刑”来保障其实施,礼既具备道德的特征,又具有法律的功用。这一千余年的治理实践,培育了法律元素与道德元素同构的基因胚胎,且已具雏形。降至春秋战国礼崩乐坏,原有的礼失去了构建秩序的功能,各诸侯国纷纷进行法制改革。

然而扫平先秦乱世、一统中国的秦朝并未采用儒家的主张,而是推行“弃礼任法”的法制政策,最终出现了贾谊所说“仁义不施”“本末并失”的困境,导致二世而亡。由汉到清的两千年间,在自身基因的支配下,中华法系生发出一系列颇具传承价值的思想、原则和制度。如“法尚简略”“以民为本”“情法两平”“世轻世重”的法律思想；强化道德与法律衔接的“亲属相隐”“准五服以制罪”“矜恤折狱”“刑罚用中”的法制原则；追求天理国法人情相统一的“存留养亲”“轻重相举”“录囚”“虑囚”，以及死刑“覆奏”等制度，无不展现了“仁”的精神，推动了法律和道德的有机融合，从而使中华法系铸就出卓然不群的禀赋。正如清末大理院正卿张仁黼所说：“数千年来礼陶乐淑，人人皆知尊君亲上，人伦道德之观念，最为发达，是乃我国之国粹，中国法系即以此。”

横向剖析，中华法系以仁所统率的道德为基因，其运行机制主要表现为两大价值取向。一方面，法律制度的设计创制以仁义道德为指导。当法律中出现背离常情常理的内容，则依道德对之进行立改废释；当法律条文出现与天理人情相对立的状况，更需要用道德情理进行解释。

另一方面，法律制度的实施运行以维护仁义道德为追求。古代法皆依道德而立，通常情况下，违反道德的行为，径依律令规定处置，便能达到维护道德的目的。然则“法之设文有限，民之犯罪无穷。为法立文，不能网罗诸罪”（唐代孔颖达语）。法律评价服从于道德评价，长期置身于这种法律生活中，民众养成“德法同物”的法心理，在不知不觉中形成自律习惯，循规守法便内化为人生信条。以至法国启蒙思想家伏尔泰说：“中国人最深刻了解、最精心培育、最致力完善的东西是道德和法律。”

运用辩证思维奏响新时代爱国主义乐章　王永贵，光明日报，2020-07-20

在庚子之年的抗疫“大考”中，爱国主义精神“高分交卷”。爱国主义精神所展现的硬核战斗力、强大号召力、深厚感染力奏响了新时代爱国主义乐章的最强音。在此背景下，围绕“爱国主义与中国青年的责任担当”这一主题进行深入研讨，有助于在思维碰撞中进一步彰显爱国主义精神的新时代光芒。

在此次对话中，几位青年学者的精彩观点可圈可点，具言之，主要体现在：其一在认识爱国主义“为何物”的对话中遵循了理论逻辑。其二在把握爱国主义“有何用”的交流中彰显了价值逻辑。其三在解决爱国主义“如何用”的讨论中践行了实践逻辑。除此之外，要奏响爱国主义的新时代乐章，还需注意协调好各个“音符”之间的辩证关系。

第一，要承古开今，把握好“古”与“今”的辩证法。新时代弘扬爱国主义精神，既要不忘初心、不忘本，又要勇于拓新、开新篇。“承古”，就是要传承中华民族的“红色基因”,凸显爱国主义教育的历史性。一方面,在学习“四史”中感悟爱国主义精神。另一方面,在弘扬中华优秀传统文化中延续爱国主义传统。

“开今”,就是要聆听新时代声音,紧跟新时代步伐,彰显爱国主义教育的时代性。从内容上看,要牢牢抓住中华民族伟大复兴的鲜明主题,在全国上下形成“最大公约数”,画出“最大同心圆”。从形式上看,要最大程度发挥“媒体融合”的传播优势。例如在此次抗疫斗争中,官方媒体和普通民众均借助于网络平台传达对抗疫必胜的信心,表达对祖国的热爱,这些都是新时代爱国主义精神最“接地气”的展现。

第二,要“刚柔相济”,把握好“刚”与“柔”的辩证法。爱国主义教育的“刚”与“柔”互相补充,方能使爱国主义教育发挥出最大效能。“刚性”的爱国主义教育就是要旗帜鲜明、理直气壮地进行爱国主义精神的科学灌输。其一,科学灌输具有鲜明的引导性。具体到新时代爱国主义教育,就是要引导人们深刻认识到中国共产党为什么“能”、马克思主义为什么“行”、中国特色社会主义为什么“好”。其二,科学灌输具有鲜明的自觉性。教育主体自觉地将爱国主义思想灌输给处于“拔节孕穗期”的受教育者,帮助具有自发性的青年群体形成对社会的正确认知。其三,科学灌输具有鲜明的主导性。始终坚持马克思主义的指导地位,坚决杜绝历史虚无主义,坚持爱国与爱党、爱社会主义的有机统一。

“柔性”的爱国主义教育,就是要使民众在“日常经常平常”中接受爱国主义熏陶,在“落细落小落实”中体会爱国主义真谛。一是要注重宣传时间的契合性。充分利用重大历史节点,“组织开展形式多样的纪念庆典活动,传播主流价值,增强人们的认同感和归属感”。二是要强调教育形式的亲民性。让爱国主义不再是枯燥无味的理论字眼,而是灵动鲜活的身边典型,教育方式也不再是高高在上的刻板说教,而是思想交流的平台。三是增强社会环境的协调性。爱国主义的宣传场域需要多方主体、多重渠道相互整合与协调,是家庭、学校、社会的齐心协力,是国家导向、社会舆情、法律法规的有机统一。

第三,要“融情入理”,把握好“情”与“理”的辩证法。爱国主义教育是以情动人、以理化人的教育活动,是“情感”与“理性”的交融。要做到“融情”,一是教育主体要“言传身教”。二是话语表达要“动之以情”。三是教育方式要“融情于景”。

爱国是基于情感基础上的理性行为,要做到“入理”,以理动人、以理服人、以理育人。这里的“理”指的是遵循知、情、意、行四个关键环节,从解决爱国主义教育的认知问题出发,到厚植爱国情怀,再到坚定理想信念,最终实现报国之行,达成爱国主义教育的知信行合一。

在实现“两个一百年”奋斗目标的历史交汇之年,我们要把握和处理好爱国主义教育“古”与“今”、“刚”与“柔”、“情”与“理”的辩证关系,让爱国情成为精神指引,让强国志铸为坚定信念,让报国行化为自觉行动,齐奏新时代爱国主义乐章!

儒家伦理学是一种情感主义的美德伦理学 邵显侠,中国社会科学报,2020-07-21

儒家伦理学究竟属于哪种研究进路的规范伦理学是一个颇有争议的问题,本文试图说明:第一,儒家伦理学不是后果主义的伦理学;第二,儒家伦理学不是康德主义意义上的义务论;第三,儒家伦理学是一种美德伦理学;第四,儒家伦理学是一种不同于亚里士多德主义的情感主义美德伦理学。

儒家伦理学的非后果主义特征是一个显而易见的事实。儒家的基本精神就是“义以为上”。孟子“惟义所在”正凸显了儒家伦理学不以后果作为主要考量的理论性质。儒家思想家的说法清楚地表明了儒家伦理学是一种非后果主义伦理学。

正是由于儒家伦理学的非后果主义特征,人们往往将其视为一种义务论。然而,由于任何伦理规范在某种意义上都可以视为一种义务,因此,任何规范伦理学都可以看作某种意义上的义务论。规范伦理学三大进路之间的区别在于它们以何种评价性概念作为其义务论的基本概念。所以,问题的关键在于:儒家伦理学是何种意义上的义务论?它是康德主义意义上的义务论吗?这取决于它是否是以义务、绝对命令作为其伦理学的基本概念。“惟义所在”并不等于将“义务”作为其伦理学的基本概念。儒家的“五伦”确实规定了不同人们之间的不同义务,但它们首先是对行动者内心状态的美德规范。从慈、孝、良、悌、义、听、顺、仁、忠来看,虽然这十种义务同时也是行为规范,即要求行为者在行动中体现出相应的品质,但是它们首先是关于行为者内心状态的美德规范。

正是由于儒家伦理学的伦理规范根源于美德规范,因此,儒家伦理学是一种美德伦理学。儒家的美德概念可以分为两类,一类是规定理想人格的品性概念,如仁、义、礼、智、信等,一类是代表理想人格的有德之人的概念,如君子、尧、舜、禹、先王等。此外,儒家也采用其他乍一看来不具有美德特征的规范性概念,如理、心、道、天、王、霸等,这些蕴含应当或不应当之义的规范性概念都可以通过前面提到的美德概念,并最终根据最根本的美德概念即"四端之心"得以解释。

儒家伦理学不仅仅是一种美德伦理学,而且还是一种有别于西方亚里士多德主义的美德伦理学。西方的美德伦理学大致可以分为两类,一类是幸福主义的美德伦理学,一类是情感主义美德伦理学。前者将肯定性的美德理解为可以促进美德拥有者个人幸福的心理习性,其中涉及关于幸福、利益的理性衡量与计算,因而属于理性主义的美德伦理学;后者则主张任何美德或伦理规范归根结底依赖于我们的良心或道德感,而不是认识外部世界真假的理性,因而属于非理性主义的美德伦理学。儒家的美德伦理学显然属于后者。儒学往往被称为"仁学"。"仁"是儒家美德伦理学的核心概念,孔子曾将"仁"的本质解释为"爱人",孟子将这种仁爱之心进一步解释为恻隐、不忍之心,这清楚地表明了儒家美德伦理学实乃一种以恻隐之情为其最终根据的道德情感主义的美德伦理学。

儒家思想很大程度上是对人之常情的概括与总结,其中包含了对人类道德心理情感的观察与体验。儒家先贤的创造性工作在于:不仅找出和发现人类伦理道德观念的心理基础,而且由此出发将人类的道德伦理秩序理解为一种从最初的、与生俱来的心理反应,逐渐发展和扩充到整个社会秩序的自然发展过程,从而形成了独具中国特色的道德情感主义。

勇德:中国传统文化建设的必修课　张再林,光明日报,2020-07-27

随着一场史无前例的抗疫斗争波澜壮阔地进行,英雄之举层出不穷、蔚然成风,彰显了中华民族的大仁大爱,亦使一种大无畏的勇敢的道德传统在中华大地再显峥嵘。

一

无疑,勇德是人类的共同道德。早在西方古老的《荷马史诗》中,美德就开始与勇敢须臾不可分离;在拉丁文里,勇敢和美德是同一个词(vitus);在亚里士多德《尼各马可伦理学》里,在所谓"具体的德性"名下勇德排在第一位;在尼采那里,他对生命的"强力意志"的肯定决定了其对勇敢亦备极顶礼。

论及人类勇德建设,中华民族的贡献尤值一提。中华民族不仅将勇德视为"三达德"之一,而且很早就开始了对其理论上的阐释。如孔子提出

"见义不为,无勇也"的命题。该命题开始把勇与仁义、道义联系在一起,意味着勇业已正式跻入中国道德伦理的领域,并使所谓"见义勇为"成为千古传颂的优良品德。如果说中国儒家更多是从"人道"方面为我们揭示了勇的性质的话,那么,中国道家则更多是从"天道"方面切入勇的应有之义。庄子"知穷之有命,知通之有时,临大难而不惧者,圣人之勇也"的论述,以其理论鞭辟入里无疑可视为这种"天道论"之勇说的显例。

二

那么,对于中国古人来说,到底什么是真正的勇呢?

其一,心性之勇。国人论勇,多从心论。"古文勇从心"的"恿"字,就是其明证。尤要指出的是,这种与勇相连的心,既非西方式的理智之心,又非佛教式的虚灵明觉之心,而为中国式心性论的以"生"训心之心、从心从生之心。也正是基于心的这种可能性,才彰显了心不受制于现实规定性的"形上超越性",才使心成为中国哲学"形上超越性"的真正体现。

其二,气力之勇。中国哲学的身心一体决定了,勇并非是"心性之勇"的一意孤行,而是以一种"下学而上达"的方式,具身化为一种气力之勇。中国古人在提出"气,体之充也",强调气与身体不可分的同时,亦使勇敢与身体化的"勇气"相提并论。

"心性之勇"与"气力之勇"是统一的。这种统一告诉我们,一种真正的勇既具有一种"形上超越性",又使这种"形上超越性"离不开形下的现实力量。

三

在中国的历史长河中,勇德也经历过沉浮,随着近现代"救亡图存"思潮的兴起,对勇德的崇尚再次被激发出来。梁启超有感于中华民族"强武之民,反归于劣败淘汰之数"的悲惨命运,一头钻入中国早期历史中,为中华民族寻找其武勇的文化基因,写就了《中国之武士道》一书。在梁启超的笔下,大智大勇的孔子,不畏强权、以死抗争的曹沫、毛遂,以死报恩的侯嬴,秉笔直书的齐太史,宁折不屈的项羽,等等,都被视为武勇精神的象征。一代国学大师章太炎则通过"儒侠说"使尚武精神发扬光大。在《訄书·儒侠》中,章太炎以《礼记·儒行》为蓝本,以"刚毅特立""艰苦卓绝、奋厉慷慨"的亦儒亦侠的古"儒侠"为典型,一改长期以来"凡言儒者,多近仁柔"的大众习见,力倡古儒中固有的义薄云天的侠勇精神。因此,在振兴勇德的道路上,虽然梁、章二人一定程度上均受外来思潮的影响,但显然他们的思想都更多地来自"内源性"而非"外源性",从而使他们的思想都打上了"以复古为启蒙”的鲜明烙印。

应该承认,即使在我们身处更为和平、更为文明的今天,这些勇德先觉者的努力也依然没有过时。今天的人们同样要面对诸如瘟疫、地震、洪水这样的自然灾难,面对诸如战争这样的社会灾难,面对艰难、挫折和“德福不能两全”的人生困境。这意味着,无论何时,我们每一个人都依然要在勇敢和怯懦之间做出选择,这也意味着,无论何时,勇德依然是中国传统文化建设的必修之课。

道德共同体中的动物地位与人类责任 张燕,哲学动态,2020(8)

通常情况下道德共同体被限定在人与人之间,契约主义道德观更是将其限定在理性的人类之间。在理论层面,随着环境伦理学的发展,道德共同体的概念范围从人类共同体扩展至非人类生命的共同体。在实践层面,动物权利运动推动了上述理论的实践化,甚至提出赋予动物与人类同等的道德地位。而这种扩展是否真正有效,能否具有实际的伦理意义?我们将在下文进行解答。

一、“想象的共同体”与“扩展的共同体”

共同体的内涵既有传统意义上的基于某些共同特征而组成的各种层次的社会团体、组织,也有现代语境下由某种共同纽带联结起来的生活有机体。道德共同体是以道德为纽带联结起来的一种共同体。环境伦理学主张扩大人类道德关怀的范围,自然事物和特定的非人类动物也应被纳入共同体尤其是道德共同体中。但以道德为联结纽带本身具有不确定性,且不同道德主体对道德共同体也持有不同态度,因此,环境伦理学所主张的共同体概念,很难在实存的意义上实现,而只能是一种“想象的共同体”。由于人与动物之间存在共性,且动物可以给人提供温暖,道德共同体概念的产生和扩展具有其合理性。随着人类社会的不断发展,人类社会与自然社会之间产生了严重割裂,而环境伦理学所倡导的对道德共同体的扩展,实质上是对人与自然共同体的回归。

二、道德感与道德地位

道德共同体内部的核心问题是如何界定与处置人与动物之间的伦理关系。传统以理性为基础的理论都将动物和特殊群体置于道德共同体之外,面向未来的伦理理论需要给予动物适当的道德地位,但动物解放论和权利论都因其使用了权力话语体系而造成了人类和动物的割裂,而在人与动物之间合理构建起道德共同体的基础是人类的道德感。道德主体的行动和意识都应是和道德相关的。在此意义上，非人类动物诚然无法成为严格意义上的道德主体，但它们不应因此被排除在道德共同体之外，只是当人的利益和动物的利益发生冲突时，应优先照顾人的利益，依此，道德共同体中人类和非人动物的利益都可兼顾。

三、道德要求的三种镜像

在社会生活中存在着三种不同镜像的道德要求，理解它们，有助于我们加深对环境伦理学将动物纳入道德共同体的理解，也有助于明晰人类在道德共同体中的真正责任。

1. 普遍而宽泛的道德要求

道德要求的普遍性主要针对道德规则与道德责任的履行而言。环境伦理学所要求的追寻的就是一种普遍化的道德要求，其将动物纳入道德共同体的扩展，一定程度上反映了现代社会的道德要求正在从一种面向精英的传统态度转向一种面向大众的普遍化立场。但普遍而宽泛的道德要求在这一扩展中面临着道德要求在共同体内部难以有效传递和无法保证这一层面的道德要求具有现实约束的问题。

2. 过度而超越的道德要求

伦理规范背后的道德要求具有客观性，也就是和人类利益息息相关，而道德规范的约束力会因道德要求的不同镜像产生不同的结果。而动物权利论这一镜像的缺陷就在于其过度而超越的道德要求，造成了人类利益被剥夺，因此将这一道德要求局限于个人便是相对合理的，而这一理论的有利之处则在于其可以促进人类在实践活动中进行反思。

3. 严格而谨慎的道德要求

道德要求还有一种严格而谨慎的镜像，它指向具有道德理性的成员，其目的在于促进共同体朝向共同善的方向运行。这一镜像的道德要求所面临的最大问题在于如何确立要求的高度和边界，在这一视角下也有社会基础、诉求与目标等诸多因素需要考量，而其适用的道德主体是人类。

四、结语：基于严格镜像道德要求的人类道德责任

既往理论难以调和人和动物关系问题，基于严格镜像道德要求的人类道德责任的理念有助于这一问题的解决。一方面人类有能力成为道德主体，也有责任成为道德主体；另一方面，基于人类道德责任而构成的道德共同体可以为人们提供一个思考和处理人与自然、人与动物关系的尺度。但上述道德共同体的构建任重道远。

人类物种完整性的道德意义 李亚明,哲学动态,2020(8)

20世纪90年代以来,“完整性”开始成为生命伦理学研究中的重要概念。人们常常通过“完整性受到破坏”这一判断,描述新技术应用所带来的那种无法借助原有伦理学概念进行充分说明的伤害。物种完整性是“完整性”概念最核心的含义,为理解科学技术的影响提供了新的视角。随着生物医学技术的发展,保护人类物种完整性与保护人权共同被视为尊重人的尊严的道德要求。人类物种完整性所具有的规范性可以通过人权理论得到清楚论证。人类物种完整性的道德意义,在根本上决定了我们对于新技术可能持有的立场,也决定了我们对于权利、尊严和道德地位等重要概念的理解。我们能否为“所有人类物种成员平等拥有道德地位”这一观念做出成功论证,也取决于人类物种完整性能否得到保护。

一、完整性——超越个体权利之外

“完整性”最初是动物伦理研究中使用的术语,用来说明基因技术所带来的与动物福利无关的一类侵犯。直觉上,很多人感到这样的基因改造构成了对动物的侵犯,但由于此类改造不仅不会增加反而还能减少动物的痛苦,因而已有的动物权利理论并不足以为人们的这种道德直觉提供解释。将完整性作为一个规范性概念来使用,就需要对其道德要求做出清晰阐发。保护完整性必然要求保护个体身体的完整性和基因的完整性,即身体和基因不受到破坏。保护物种完整性的要求不同于个体的权利,也不是物种全体成员各自享有的权利的总和。

二、人类物种完整性——人类尊严的道德要求

随着生物医学技术的发展,人们开始在一类新的语境中使用尊严概念。基因技术不仅可能削弱对于物种目的的实现至关重要的能力,也可能侵蚀物种的目的本身,从而动摇人的尊严的基础。各种生物医学文书显示,从20世纪90年代末期开始,对人的尊严的保护已经从保护人权的单一道德要求转变为保护人权和保护人类物种完整性并重的双重道德要求,保护人类物种完整性成为一种受到广泛认可的立场。

三、人类物种完整性是一个规范性概念

随着人类物种完整性概念在有关尊严的道德论证中发挥越来越重要的作用,并且俨然成为了一个规范性概念(normative concept),对这一概念进行系统论证的要求变得更加迫切。根据现有的国际文书,我们有义务尊重权利主体作为一个群体的成员而生活下去的权利。历史证明,技术的发展终将改变所有人的生活方式。即便假设选择改变的群体和选择以原有人类身份继续生活的群体之间不会发生竞争和冲突，考虑到基因技术的特殊性质，采用基因干预技术本身也侵犯了所有人的基本权利。

四、人类物种完整性与人类道德地位平等性的论证

“道德地位”是伦理学中最为基础性的概念。多数伦理学说都将人类道德地位的基础归于理性、行动性或道德自主性等人类的典型特征。然而，无论我们将何种特征作为人类道德地位的基础，都必然存在一部分人类个体并未表现出这些特征。在人们对人类道德地位平等性问题所做出的各种伦理论证中，有两种论证思路颇具前景。一种思路尝试寻找人类全体成员普遍具有的特征；另一种思路则选择首先确立人类物种的特殊道德地位，从而人类物种成员的身份就成为了平等分享人类物种道德地位的充分条件。

五、结语

“完整性”是20世纪90年代以来随着基因技术的发展而进入伦理学研究中的一个术语。虽然人类物种完整性的保护范围不同于人权，但该概念对于保护人权同样具有重大意义，并且能够完善我们对于人权的理解。

西方资本主义的时弊:从数据资本到数据剥削　田锋、吕金伟，自然辩证法研究，2020(8)

“数据”自身所蕴含的信息可以为西方资本家带来丰厚的经济利润。因此，作为一种新型资本的“数据”广泛地参与到产品生产、商品销售和市场交易之中，它逐步地成为西方资本主义发展中的重要生产要素。个体用户所产生海量的原初数据，通过大数据技术与相应的资本运营之后转化为资本数据并最终成为“数据资本”。在这个过程中，数据价值的遮蔽特性令个体用户悄然地成为了“数据佃农”。正是“数据资本”的生成才为“数据剥削”奠定了前提与基础。“数据剥削”的本质体现在个体用户与数据资本家之间产生的“信息不对称性”，并由此导致西方社会的种种弊端。

一、数据资本的生成

仅从数量上而言，资本数据是采集数据的子集，采集数据又是原始数据的子集。由资本数据转变成为“数据资本”之后，它也就“合法地”成为了某个互联网公司的私有资产，这就是谷歌、亚马逊、脸书、苹果等互联网公司的“成功”之道。换言之，数据资本的产生过程可以表示成:初数据—采集数据—资本数据—数据资本。数据资本的生成，恰恰是互联网巨头公司对个体用户数据的绝对支配权，这也符合马克思关于资本的看法。“资本数据”只是一种结果,而“数据资本”的生成是一种复杂的过程。归根结底,资本数据是一种无形的、易被忽略的、可重复使用的新型资本。

二、数据价值的遮蔽特性

数据的价值是它作为一种新型的、并且在未来可能成为最重要的劳动资料而体现出来的价值。数据与其他劳动资料最明显的区别在于:遮蔽特性。众多互联网公司都心知肚明,个体的数据价值是一笔“糊涂账”,所以当没有“他者”揭开“数据剥削”的面纱时,他们都三缄其口。这也导致“数据剥削”具有极易隐匿的特征。数据价值的遮蔽特性主要体现在三个方面,其中之一是,易忽略其存在。数据作为一种“无形”的财产,容易被忽略其价值的存在。原因在于:一方面,数据不像其他个人物质财产一样有具体的现实载体;另一方面,在合法的范围内,他人或商业机构使用个人数据也不会对个人造成实质性影响。基于此,个体用户对于自己的数据是否存在价值常常抱有疑惑。

三、“数据财产权”的难题

基于数据价值的遮蔽特性所导致的是数据价值的归属难题。从生产资料所有制角度来看,谁掌握个体用户的“数据财产权”?难题的核心在于个体用户与互联网公司之间无法清晰和明确地划分数据带来的价值与利润。这不仅是一个伦理学问题,而且是一个法律问题。破解这个难题还是要从数据产生的源头入手。采集数据的产生是由双方协作而成,但是个体与互联网企业之间形成了对数据使用的严重不平等性,即个体相对互联网企业是绝对弱势,这主要体现在:个体没有从互联网企业那获得除使用软件便利之外的收入。斯宾塞把人类的财产分为物质财产与精神财产,他把精神财产归结为无形财产。

四、数据剩余价值论

此外,基于互联网的政策与规则也在“暗中”提升互联网巨头们获取数据剩余价值的便利性。比如,网络的“匿名制”与“实名制”之间存在博弈。互联网诞生之初,倡导的是一种匿名性,随着网络伦理与规范建设日趋完善,实名制已经达到了共识。从技术的角度讲,“实名制”比“匿名制”更有利于数据的处理与分析,因为拥有实名制的个体数据可以做到与其他个体数据进行关联。具备某一特征的个体数据更容易凸显其数据的特征,而互联网公司便利用这一点获取数据的剩余价值。

五、“数据剥削”实现的条件

随着社会发展与互联网技术的不断升级,数据作为生产要素在生产活动中的重要性与日俱增。未来,数据可能会成为生产活动或资本运营的第一要素。需要明确的是,数据在资本主义运营下发挥巨大作用,这取决于:大数据技术只有在与之相匹配的社会生产力的帮助下才能真正发挥其作用,即在短时间内可以大量生产与销售更新、更好的商品。

六、余论

正是数据资本的形成才为"数据剥削"奠定了前提与基础。数据剥削的本质是个体用户与数据资本家之间的"信息不对称性"。而在这种不对称性的基础上,"数据剥削"将会为西方社会产生诸多弊端。

传统儒家公私观及其对新时代公民道德建设的启示 涂可国、孙秋英,东岳论丛,2020(8)

两千多年来,历代儒家无不注重公私之辨,并把它与人己之辨、己群之辨、理欲之辨、义利之辨融为一体,阐发且建构了中国文化主流主导、源远流长的公私观,它们凝聚在注重公域、公事优先、崇尚公正、向往公平、持守公道、追求公利、讲求公理和出于公心八大层面。儒家崇尚的合理公私观,作为中华民族优良的传统美德资源,从总体上对新时代中国社会主义公民道德建设具有五大启示,且从领域性的公域、公事和价值性的公正、公平、公道、公利、公理、公心等方面给予新时代公民道德建设以丰富具体的良好启迪。

一、门内门外:注重公域

在古代中国社会,出入公门与家门意味着在朝廷和衙门任职,而在当代则生动地表征着政府机构、公共服务部门中的公职人员的职业生涯和家庭生活。公职人员掌握着党和政府赋予的各种权力,要经常与许多人打交道,因而是新时代公民道德建设的重点人群和"关键少数"。儒家注重公域道德,却并不否定私域道德、家庭亲情的正当性、合理性。孟子的公私观表现出一定的先公后私倾向。明清之际的启蒙思想家在否定负面的自私自利、损人利己之私的同时,也肯定了正面的合情、合理之私。

二、无有私事:公事优先

不论是公事还是私事,均为实然层面的事,大多属于人的责任范围;孔子所说的"非公事,未尝至于偃之室"、孟子强调的"公事毕,然后敢治私事"和荀子讲的"无有私事",并不否定个人正当的私事;孔子、孟子、荀子和朱熹只是从职业道德层面倡导公事公办、公私分明,反对公事私办、私事公办;儒家倡导公事优先,提倡首先处理好公事然后再考虑自己的私事,主张公事与私事发生冲突时应当以公事为重。

三、好恶当理:崇尚公正

自古以来儒家就十分推崇公正的美德和德行,凸显“公正无私”的价值观和责任观。《礼记》多达13处使用“无私”概念,并借孔子之言阐释了无私的理念。“私”正如陈乔见所指出的主要是偏义,“无私”也就是现代政治哲学所谓的“不偏不倚性”(impartiality)。

四、长短不饰:向往公平

儒家不仅重视公正,同样重视公平,阐明了公平的价值所在和责任意涵。孔子凸显了为政公平在获得民心中的重要作用;荀子不仅将公平视为处理政事的准则,还把它看成理想人格的要素,提出了“公士”人格类型;程颐则着重阐述了实现道德公平的忠恕之道。

五、任公去私:持守公道

尽管《论语》《孟子》文本中没有“公道”概念,但这并不等于儒家不重视公道价值观和责任观,荀子是先秦诸子百家中较早使用“公道”概念的儒家第一人。

六、志爱公利:追求公利

儒家的公利观尽管强调服从集体利益、国家大利和社会公利,主张摒弃一己小利、不义之利和个人私利,但并不否定个人对正当利益的追求。荀子提出了“志爱公利”、防止公患的道德要求,董仲舒虽提倡“言不及利”,但也提倡“便利”“利养”“兼利”和兴利除害。宋元明清时期的李觏推崇“循公而灭私”“溥爱无私”,程朱倡导“天理之公”,但肯定了“义公天下之利”“义有大利存”,而具有启蒙精神的黄宗羲和顾炎武则提出了“合私成公”的论断。

七、强恕而行:讲求公理

孟子和荀子阐发了具有公共性、普遍性,利于他人、利于社会的“义理”,董仲舒提出了不与民争利的天理,程朱理学论证了既是公共的又是为公的、体现仁爱精神的“天理之公”,陆九渊阐明了与私意、私欲、私理相对立的“公理”。

八、循公灭私:出于公心

孔子提出了“退而省其私”的反省说;董仲舒主张“王者常以爱利天下为意”的公意说;傅玄讲明了“夫有公心,必有公道”的道理;二程尽管强调“人君当与天下大同”的大公观念,但也认为既然为公就不能有私意;朱熹的公私观建构了“仁公”思想,它指出做事不能有“欲利之私心”;王夫之阐发了“王者以公天下为心”的民本主义公心观念。

弘扬优良家风　营造见贤思齐的社会氛围　刘琳，光明日报，2020-08-10

《新时代公民道德建设纲要》(以下简称《纲要》)提出要用良好家教家风涵育道德品行，这是新时代公民道德建设实践中深化道德教育引导的重要方面。习近平总书记高度重视家风建设，他以中华优秀传统家风文化为营养源泉，立足马克思主义家庭观和中国共产党人的红色家风，围绕家风建设做出了一系列重要论述，为新时代公民道德建设提供了根本遵循。

一

党的十八大以来，习近平总书记多次强调家风建设的重要性，2014 年他在河南兰考调研时会见并称赞焦裕禄的子女们继承了好家风，2016 年 12 月在会见第一届全国文明家庭代表时强调，广大家庭都要弘扬优良家风，以千千万万家庭的好家风支撑起全社会的好风气。

公民道德是每一个国家公民都必须遵守和履行的道德规范的总和。从宏观层面来说，要求社会成员必须履行公民道德规范是维护良好公共秩序的基本保障，实施的手段主要是通过道德教育，发挥道德的说服力和感化作用，使得履行道德规范的意识内化为公民的自觉意识。从微观层面来说，作为公民对自己的国家负有责任，其中包括在道德上身体力行，遵纪守法，履行道德责任并享受相应的道德权利。这种公德的养成虽然有着国家道德教育体系内的硬举措，但是仍然需要社会成员自觉达成家庭教育和国民教育的一致性，个人的德，也是国家、社会的德，个体家庭作为私德存在的主要场所，所形成的好家风能够为公民道德养成创设良好家庭环境，成为公民道德养成的社会细胞。

二

习近平总书记指出，“不论时代发生多大变化，不论生活格局发生多大变化，我们都要重视家庭建设，注重家庭、注重家教、注重家风，紧密结合培育和弘扬社会主义核心价值观，发扬光大中华传统家庭美德”，“使千千万万个家庭成为国家发展、民族进步、社会和谐的重要基点”。在中国传统文化体系中，家风家训文化是中华民族传统价值观的重要组成部分。《颜氏家训》《朱子家训》等家训中的优秀道德规范已经广为流传。这些优秀家风浓缩了中华民族的美德，是社会风气的稳定器。

弘扬优良家风，以千千万万家庭的好家风支撑起全社会的好风气，还须更好地传承红色家风。习近平总书记强调:“在培育良好家风方面,老一辈革命家为我们做出了榜样。”我们需要全面把握老一辈共产党人在家风建设中铸就的“红色”之魂,继承和弘扬革命前辈的红色家风,向焦裕禄、谷文昌、杨善洲等同志学习,做家风建设的表率,把修身、齐家落到实处,使自己始终成为红色家风的优秀传承者和模范建设者。

三

社会主义道德体系是群众性与先进性的统一。加强新时代公民道德建设,首先要求党政领导干部切实以身作则践行公民道德,树立道德示范的榜样。习近平总书记多次强调领导干部的家风,不是个人小事、家庭私事,而是领导干部作风的重要表现。习近平总书记在十八届中央纪律检查委员会第六次全体会议上的重要讲话中强调:“我们着眼于以优良党风带动民风社风,发挥优秀党员、干部、道德模范的作用,把家风建设作为领导干部作风建设重要内容,弘扬真善美、抑制假恶丑,营造崇德向善、见贤思齐的社会氛围,推动社会风气明显好转。”习近平总书记在主持十八届中央政治局第三十七次集体学习时指出:“领导干部要努力成为全社会的道德楷模,带头践行社会主义核心价值观,讲党性、重品行、作表率,带头注重家庭、家教、家风,保持共产党人的高尚品格和廉洁操守,以实际行动带动全社会崇德向善、尊法守法。”

新时代公民道德建设是融合传统与现代的社会系统工程,深刻理解习近平总书记关于家风建设的重要论述,充分利用我国历史悠久的优秀家风文化资源,是推进新时代公民道德建设的根本之道。

当代西方哲学的规范性转向　李红,中国社会科学报,2020-08-25

规范性(normativity)是人类活动的基本特征,将人与动物区分开来。它以遵守规则—理解规则—反思规则为关键,表现为以“应当”“理由”和“意向”为特征的活动。

一、当代西方哲学在基础性理论层面深刻关注规范性问题

以规范性为中心的哲学思考,体现出旨趣上、目标上和方法上的巨大差异,同时也预示着哲学重心和基点的转向,这些转向明确地肇始于康德哲学,但一直是西方哲学传统中的潜流。对规范性的深入研究,则是当代哲学的关切,尤其体现在元伦理学、法哲学和社会哲学领域中。

在规范性问题研究中,元伦理学、法哲学和社会哲学是最为突出的三个领域。在元伦理学领域中,对道德语句的核心语汇“应当”的深入研究,对休谟问题即“是”与“应当”裂隙的反复讨论，关于道德领域自然主义与反自然主义的拉锯战，无不使规范性问题的争论日益激烈。在法哲学领域中，凯尔森（Hans Kelsen）的纯粹法律理论与制度法学之间的争论，法律实证主义与反实证主义的交锋，使不同类型的事实与规范之间的问题日益凸显：描述性事实作为决定法律内容的实践，是不是法律内容的唯一决定者？抑或法律内容也依赖于规范性或评价性事实即价值事实？在社会哲学领域中，约翰·塞尔的制度事实理论、玛格丽特·吉尔伯特的社会事实论，不仅引发了行为科学和认知心理学对逻辑主义与规范主义的关注，而且点燃了社会存在论的研究热潮。

当代西方哲学的规范性转向体现在基础性理论层面对规范性问题的深刻关注，从而使规范性哲学的总体和基础研究呼之欲出。这种规范性转向认为一切理智活动、理性思维都是行动，都要在不同程度上遵循逻辑推理的、概念运用的、语言活动的规范性。这种规范性转向让哲学致力于理解性、阐释性、创造性的实践哲学。这种实践哲学的工作是把各门科学和各种活动类型中隐含的规范转变为公共的、清晰的表达，清晰阐释在根本意义上就是使表达具有命题性内容，并成为予求理由（Giving and asking for reasons）的语言游戏中的基本步骤。这种规范性转向让哲学聚焦于社会性、历史性、概念性的言语推论性实践，关注各种抽象规则的历史形成和认同过程，关注以语言共同体为语用学前提的言语实践能力，从自然的逻辑空间转向行动的理由空间，力求更清晰、更充分地理解人类的实践活动及其能力。

二、当代规范性哲学逐渐形成独特问题域

规范性哲学的运思不同于西方哲学主流传统中的脉络和语汇，而是要在当代哲学和知识的图谱中逐渐形成自己的问题域和话语体系。这个问题域的结构大致包括以下五个方面。

第一，规范性概念的一般性考察，说明规范性的基本结构。第二，规范性语汇的分类及其特征。第三，规范性实体与规范性事实的性质。第四，意义的规范性与认知的规范性。第五，规范主义与非规范主义和反规范主义。

以上五个方面的研究大致能够勾勒出规范性的本质和结构。当然，这五个方面的研究，不能与法律规范、道德规范、社会规范、科学规范等领域的研究相分离。实际上，规范性哲学恰恰要与具体的人类活动领域规范性研究相结合，才能够凸显规范性哲学的重要性。

负责任创新、价值设计与人工智能伦理——访范·德·霍文教授
晏萍,哲学动态,2020(9)

霍文教授于2019年4月受邀来华参加学术研讨会期间接受了访谈,阐述了他对于负责任创新、价值设计、人工智能伦理等近年来技术哲学领域的前沿问题的最新看法。

一、负责任创新:兴起、内涵与方法论

第一,首先,负责任创新需要针对世界上的一些重大问题,我们称之为重大挑战、千年目标(the millennium goals),或者联合国可持续发展目标(United Nations sustainable development goals);其次,负责任创新要求确保把时间、精力和纳税人的钱用在做正确的事情上。第二,负责任创新要考虑事情的后果,特别是对他人的影响。负责任创新有多元研究路径或方法,比如应用伦理、技术评估等。对于谁有权决定创新项目,应该多方协商。

二、负责任创新与价值设计

道德物化和价值敏感性设计基本是一样的,它们是一枚硬币的两面,或者正在变成这样一种关系。"整体主义"方法中的三个维度融通性(consilience)、相关性(coherence)和协调性(cooperation)都是规范性的,是关于如何将伦理学理论付诸实践的建议。范·德·霍文正在尝试将这三个维度作为"全局性工程"概念的标准。全局性工程的观点意味着负责任创新是有局限性的。

三、负责任创新与人工智能伦理

人工智能伦理探索工作过程中,我们使用一些与负责任创新相同的原则。我们应对技术进行仔细设计以使我们成为更好的主体,这是更高层次的责任。人工智能实际上强调了两个方面:第一,不把人工智能看作道德主体,应强调人的主体性,而非机器的主体性;第二,分析人工智能伦理的目的是避免人们逃避责任——以人工智能的名义逃避责任。实际上,永远都无法建立一个百分之百安全的系统。尽管如此,设计出更有利于有效地和充分地把责任分配给个人或组织的工作方式是可能的。具有道德想象力的人工智能意味着设计者按照康德的绝对律令行事。未来的技术哲学的发展方向是技术哲学将更倾向于伦理学。

人工智能伦理建设的目标、任务与路径:六个议题及其依据 陈小平,哲学研究,2020(9)

人工智能(AI)伦理建设的必要性已形成全球共识,但建设目标、重点任务和实现路径仍存在较大分歧,概括为六个议题。本文首先介绍 AI 的两大类主要技术——强力法和训练法,在此基础上总结 AI 现有技术的三个特性,作为 AI 伦理的技术依据。同时,以全球公认的福祉原则作为 AI 伦理的根本依据。本文立足于这两个依据,阐述 AI 伦理建设应具有双重目标——同时回答应该和不应该让 AI 做什么,进而探讨另外五个重要议题:AI 的安全底线,AI 功能的评价原则,AI 治理责任的落实路径,AI 主体状况变迁的可能性,以及一种全新的创新模式——公义创新。

一、人工智能的强力法

强力法包含推理法和搜索法两种主要类型,推理法是在知识库上进行推理,搜索法是在状态空间中进行搜索。目前强力法受到封闭性限制。

二、人工智能的训练法

训练法要求首先收集一组原始数据,并对其中的每一条数据都进行人工标准,做成训练数据集。然后用训练数据集训练一个人工神经元网络,用训练好的网络回答问题。训练法也受封闭性的限制。

三、人工智能现有技术的三个特性

AI 现有技术的特性第一个是封闭性。第二个特性是被动性,这些技术不具备主动应用的能力,只能被动地被人应用。第三个特性是价值中性,即这些技术本身无所谓善恶,人对它们的应用方式决定其善恶。

四、人工智能伦理的六个议题

议题 1:AI 伦理的建设目标——双重还是单一?

为解决社会重大问题而提出一种新的创新模式——公义创新。公义创新和传统创新都要接受福祉原则的指导,同时,根据公义创新的成果可以改变现有伦理准则的内涵,也可以增加或减少伦理准则,以反映社会发展对 AI 伦理的反作用。

议题 2:AI 的安全底线——技术失控与技术误用?

在技术范围内,AI 的伦理风险主要有两类:技术失控和技术误用/滥用。针对技术误用/滥用的治理已经成为当务之急,而完整 AI 伦理体系的建设也必须提上议事日程。

议题 3:AI 功能的评价原则——“超越人”与“人接受”?

对 AI 技术的功能水平的传统评价原则是“超越人”,而现代某些应用中,用户对机器人的接受度是第一重要的,否则产品的其他功能再好也难以被用户接受。

议题 4:AI 治理责任的落实——规范性与自主性?

法学界倾向于AI尚不具备法律主体地位是符合现阶段实际情况的。另一方面,在伦理规范和管理体制下,让AI技术自主或半自主地实现其功能,是一种有效的责任落实方式。总体上,人作为责任主体,绝不能放弃自己的职责。

议题5:AI主体状况变迁的可能性——物、人还是“非人非物”?

人在与某些机器人的交互中,一方面从理智上明确认识到和自己交互的机器人不是人,同时却在情感中不将机器人视为物,而更倾向于视为某种有情感能力的新型存在物。

议题6:AI时代的创新模式——传统创新与公义创新?

与传统创新相比,公义创新的主要内涵及特点如下。第一,传统创新主要追求经济效益的显著增长,而公义创新追求经济效益和社会效益的协同提升。第二,传统创新的目标对象是满足用户需求的具体产品/服务,而公义创新的目标对象是符合社会发展需要的人工/人造系统。第三,传统创新延续、强化工业文明传统,而公义创新探索更具包容性的文明路径。

先秦墨家、法家功利主义技术思想之比较研究　阚迪、陈凡,自然辩证法通讯,2020(9)

通过对先秦墨法两家功利主义技术思想在其整体思想体系中功利主义的定位,从作为技术思想“基础”的自然观层面和技术思想的“出发点”层面梳理两家之区别,进而对注重技术标准化与规范化、重视军事技术以及“重功”“求利”等主要技术思想特征进行比较,剖析出两家功利主义技术思想“名同”而“实不同”之内涵。

一、关于先秦墨家、法家技术思想的功利主义定位

先秦墨、法两家之思想各成体系,其技术思想作为各自思想体系的一部分,必然在整体上与其思想“主脉”相一致、相契合。换言之,先秦墨家、法家之功利主义技术思想必与两家之核心理念是“一脉相承”的。因此,先秦墨家、法家功利主义思想倾向正是两家功利主义技术思想特征之基石,而两家之功利主义技术思想特征亦是两家核心理念在技术领域的具体表现和理论延伸。而对于先秦墨法两家功利主义思想倾向,学界已有定论。

二、先秦墨家、法家功利主义技术思想之自然观比较

至此,先秦墨家自然观虽借“天志明鬼”之“名”,实则视“天”为不受主观意识控制的客观实体,“鬼神”也不能决定客观规律的运行。先秦墨家对“神秘之天”和“莫测之鬼”的实质性破解,为其技术思想提供了客观的认识基础。然而,正是墨家仍借助“天志”“明鬼”之“名”,在某种程度上表明其技术思想的自然观基础没有先秦法家那么“客观”、那么“坚定”。因为先秦法家明确提出了“天地有常”和“非鬼神”的自然观,这种“坚定”的无神论和对“天地”自然属性、客观属性的清醒认定,都表明先秦法家“天地常、非鬼神”的自然观比先秦墨家“借天志、托明鬼”的自然观更加“客观”“坚定”和“彻底”。

三、先秦墨家、法家功利主义技术思想“出发点”之比较

相对而然,先秦墨家之功利主义技术思想其出发点由身处社会“下”层的墨家,站在社会“下”层的角度,替社会“下”层之平民百姓(工匠)考虑、呼吁,表现出“由下而出”的功利主义技术思想倾向;先秦法家的出发点则由担任相国等国家“高阶管理者”的“上”层,站在国君、相国等贵族统治阶层的“上”层角度,为巩固君权、维护统治阶层利益“由上而出”功利主义的技术思想倾向。

四、先秦墨家、法家功利主义技术思想主要特征之比较

1. 注重技术标准化、规范化之比较:先秦墨家与法家相比,其注重技术标准化和规范化来源于墨家对客观科学知识的了解和先进技术的实际掌握,这一点正与先秦墨家代表平民化技术团体的“出发点”相呼应。

2. 重视军事技术之比较:先秦墨家并不是对所有的军事技术都一视同仁,墨家仅重视防御性的军事技术即“子墨子之守圉有余”。最著名的佐证就是众多典籍都记载过的“止楚攻宋”事件,即墨子依靠高超的守城机械技术战胜了公输般的攻城机械技术从而制止了战争。

3. “重功”之比较:先秦墨家与法家功利主义技术思想之“功”所指向的范畴截然不同,先秦墨家之“功”指向包括平民百姓在内的天下之人,其“有功之技”则表现为能够为平民百姓带来便利、实惠的技艺、技术成果以及技术工作者。而先秦法家之“功”则仅指向从事农业和军事活动之人,“有功之技”则表现为能够有利于农业和军事活动的技艺、技术成果以及技术工作者。

4. “求利”之比较:先秦墨家言天下人之“利”和先秦法家言统治阶层之“利”的区别,使得有利于天下平民百姓生产生活的技术则为墨家之“有利之技”,而有利于君主及统治阶层巩固和壮大政权的技术则为法家之“有利之技”。

公共健康伦理与生命伦理　朱彦明,中国社会科学报,2020-09-08

所谓“公共健康”,简单地说就是“通过集体干预来改善和保护民众健康”。公共健康突出了政府的职责与调控能力,政府的权力和义务便是通过命令和其他强制手段来消除对于公共健康的威胁。公共健康干预以集体利益或人口作为目标,引起了关注个人自由的权利话语的不满和挑战。

一、公共健康伦理与生命伦理相互冲突

公共健康伦理学是在20世纪末到21世纪初才发展起来的。它是生命医学或更为一般地说生命伦理学的一个分支领域。生命伦理学在20世纪60年代出现,它的历史虽然也不长,但是有一个典型特征,即关注病人个人健康权利和自主性。也就是说,它有着自由主义的思想基础。但是,公共健康关心整个人口的健康,以集体而非以个人健康为目标。这与生命伦理学尊重个人自主的原则不同。

生命伦理学关注公共健康,明显是一种错位。因为双方的追求目标存在着根本上的差异。生命伦理学坚持个人自主原则,无法接受公共健康干预的强制性,认为它是对个人权利的伤害。但是,如果公共健康措施没有强制性,显然又无法保证自身的有效性。带有强制性的公共健康干预,与主张个人自主性的生命伦理之间,似乎没有办法调和。

公共健康伦理和生命伦理之所以冲突,是因为公共健康干预以集体利益为目标,同时又不可避免地带有强制性,所以即使它要牺牲个人利益,也是可以理解的。如果没有了强制性,其有效性就无法保证。但是,一旦国家公共健康干预具有强制性,就会引起权利话语的挑战。

公共健康伦理虽然从生命伦理中脱胎而来,但它的发展可以视为对现代伦理个人主义极端发展的一种反叛和纠偏。生命伦理过多地关注个人或医患关系,强调个人权利的实现,并没有从群体角度看待社会成员也有责任和义务捍卫、保护社会与群体的健康及安全。因此,尽管公共健康伦理脱胎于生命伦理,但它已经形成了新的样式,而非以生命伦理为模板。

二、公共健康伦理与生命伦理的冲突可以协调

从当前这两种理论的演进来看,它们之间的冲突并非不可协调。

首先,双方可以实现互惠。虽然公共健康伦理和生命伦理之间存在差异,但是二者之间并不一定是对立的,双方可以实现互惠。生命伦理学可以为公共健康提供伦理概念并澄清伦理问题。在此方面,生命伦理中的一些原则如正义原则、不伤害原则等,在公共健康中仍然起作用。而公共健康可以拓宽生命伦理学的视域。因此,生命伦理学可以对公共健康的未来发展做出贡献;反过来,公共健康也可以拓宽生命伦理学关注的问题。这说明,生命伦理只要拓宽自身视域,完全可能与公共健康伦理协调起来。

其次，公共健康虽然以全体人口健康为目标，但这里的“人口”概念当然是由个人组成，因而不能排除对个人利益的考量。说公共健康不考虑个人利益，肯定是错误的。一方面，如果生命伦理学的“非干涉的自由”是一种优先原则，则肯定无法真正接受其他价值。所以，只有打破这种优先性原则，才可以避免这个问题。另一方面，虽然公共健康伦理建立在对集体利益追求的基础上，但是它并非必然要求排斥个人利益，乃至牺牲个人利益。公共健康伦理学关联着社会如何引导个人追求共同的善，而不是将集体利益与个人利益对立起来。因此，公共健康伦理和生命伦理之间不仅不是矛盾的，而且在追求目标上是可以趋同的，只要双方保持对社会关系现实的敏感。两者不仅可以实现互惠，而且可以在共同关心的问题上趋于一致。它们之间不是必然矛盾，而是完全可以相互协调、共同发展。

总之，我们需要的是一个以共同善为引导的正义社会，而不是抱持“非干涉的自由”的幻觉，无视个人对他人和社会的责任。

转向依赖性：麦金太尔论德性的立足点　潘麒羽，中国社会科学报，2020－09－08

美国伦理学家麦金太尔在《依赖性的理性动物：人类为什么需要德性》中正视人类的动物性以及随之而来的依赖性和脆弱性，提出人类作为依赖性的理性动物可以在给予与接受的关系中获得德性、实践德性，最终实现群体的共同利益。

一、“依赖性”作为应对现代西方伦理困境的一种进路

麦金太尔试图从“依赖性”视角出发应对现代西方伦理的困境，后者集中体现在伦理话语的不可公度性、抽象的人性预设以及寻求普遍合理性的困境等方面。现代西方伦理学家出于对理性的推崇，设定了一种符合理性要求的抽象人性观。这种抽象人性观的设定缺乏对道德行为者整体的关注，忽视了道德行为者作为现实的个人的心理因素、生理因素、身份与偏好等方面的要素，排除了人类道德生活的多样性。最终，不可公度性带来的伦理话语封闭，抽象人性预设带来的形式主义危机，共同导致了现代西方伦理寻求普遍合理性的困境。它既表现为伦理学家们在体系建构上寻求普遍理论基础的失败，又体现在诸种伦理学理论间寻求普遍认同的困难。

麦金太尔坦言如果不理解人类最初的动物性，就会忽视人类生命形式发展过程中的重要特征，从而难以深刻认知德性在人类社会生活中所起到的重要作用。在承认人类动物性的基础上，麦金太尔注意到西方伦理思想史上素来被忽视的“人类的脆弱性与无能”。人类的脆弱性和无能不仅体现在生存能力的不足,还体现在作为道德行动者在具体实践事务上实践智慧的缺失——现实中的个体难以在每一件具体实践事务上都做出恰当的选择。

二、“依赖性”为德性奠基

人类的依赖性是不可否认的经验事实。德性伦理学往往蕴含一种目的论倾向,要求进一步解释人类的依赖性如何能够推动“好”“幸福”和“公益”的实现。

“好”“幸福”与“公益”是人类实践活动的终极目的。为实现这个目的,需要知道“对一个独立的实践推理者来说怎样才是卓越,也就是需要知道独立的实践推理的德性是什么”。承认依赖性就是承认人类因自身的动物性而产生的脆弱性和无能,它同时也意味着对权威或卓越品质(即德性)的承认。由此,人类才能在具体的实践活动中承认德性、获得德性并实践德性,成为独立的实践推理者,进而实现“好”“幸福”与“公益”的目的。

公益成为实践推理者之间所达成的共识。承认依赖性的德性要求人类参与到这种给予与接受的社会关系网络之中,尽管给予与接受的过程往往是不成比例的。麦金太尔提出“正义的慷慨”德性是维持“给予与接受的关系”所必备。“正义的慷慨”要求从对他人的关心和关爱出发而行动,它既包括人类的情感、欲望和动机,又蕴含人类的理性思考。在对“正义的慷慨”德性的实践中,既包含对人类的依赖性的承认,又完善了给予与接受的社会关系,进而能够实现麦金太尔德性伦理的最终追求。

三、“依赖性”视角关注个体的完整性与差异

人类的依赖性和脆弱性既受到现代西方德性伦理学的关注,也在应用伦理领域得到现实回应。

“依赖性”视角的提出,既是麦金太尔对现代西方伦理学说中争论与困境的回应,也是他对自身研究方法的修正。转向“依赖性”视角后,麦金太尔着重考察了现实中个体的需求和为此而需要的德性,以及为维持这种德性而存在的社会关系。个体视角要求我们全面把握道德行为者的道德心理和动机,它离不开对道德行为者本性的把握,以及对其所处文化背景和社会关系的认识。

“依赖性”视角的提出,体现了麦金太尔转向个体视角的研究倾向,要求我们在伦理学研究中着重考察道德行为者个体的道德心理、道德动机等方面的问题,以为“德性”构筑良好生活提供路径。

俄狄浦斯悲剧与自由意志的彰显 刘清平,中国社会科学报,2020-09-22

古希腊斯多葛学派与伊壁鸠鲁学派之间曾发生过一场著名争论:如果宇宙中充满了由必然命运决定的因果链条,那么人们还能自由地选择吗?斯多葛学派认为,并没有偶然性这样一种东西,自然的过程是严格地为自然律所决定的;在必然的因果律支配下,人类谈不上有自由意志。伊壁鸠鲁学派则认为,在虚空中做垂直下落运动的原子,遇到障碍时会产生偏斜运动。而自由意志的根基正在于这种原子运动的偶然状态。可见,争论的双方都认定因果链条会对人的自由产生否定性的限制作用。俄狄浦斯悲剧作为一个经典案例,经常被人们拿来证明“决定论势必否定自由意志”的不兼容论。

但从故事情节看,俄狄浦斯无疑是有自由意志的,并且这种自由意志还恰恰来自先行的因果链条:他从神谕中得知,宙斯由于种种原因设定了自己必将弑父娶母的残酷命运,所以极力“想要”逃避。俄狄浦斯想要反抗宿命的努力失败了,但如同我们自己经历的种种失败一样,这一结局非但不足以否定他有自由意志的事实,反倒还要以这个事实为前提:假如他原本没有抗拒命运的自由意志,失败从何谈起呢?与其说俄狄浦斯悲剧证明了自由意志面对决定论的子虚乌有,不如说它彰显了自由意志虽败犹荣的悲壮崇高。

如果说“不可避免”意思上的必然是指各种事实之间一定如此地相互关联,那么“不可抗拒”意思上的必然则是指对人们实现意志诉求具有一定如此的善恶价值效应的状态趋势。所以,“命运”在日常言谈里又被进一步分为“好运(幸运)”和“厄运(霉运)”。俄狄浦斯碰上的便是扭转不了的厄运,因此他的努力才无可挽回地归于一败涂地。自由与必然二元对立架构正是抓住这一面大肆渲染,却又扭曲了至关紧要的一点:即便在这种情况下,必然命运也只是在应然性诉求的价值学维度上让自由意志实现不了,却没有(也不可能)在实然性存在的本体论维度上让自由意志化为虚无。

与西方哲学主张的相反,必然命运并非只会扼杀自由意志,而是也有可能反向性地促成自由意志,这完全取决于它们对人的善恶属性。

进一步看,“偶然”也会因为自身或好或坏的价值属性,对人们的自由意志产生要么肯定、要么否定的双重效应。如同因果必然的“宿命”不见得一定会阻止自由意志的实现一样,随机偶然的“运气”也不见得一定能为自由意志提供开放性的空间。所以,不管成功还是失败,能够决定性地影响自由意志的,并非西方学界强调的必然和偶然,而是善恶好坏的价值内容:善好因素总是有助于自由意志,没有例外;坏恶因素总是有碍于自由意志,毫无悬念。

二元对立架构的最错谬之处是把必然概念的两种意思混为一谈了,没有看到自由意志不仅总是植根于种种一定如此的因果链条,而且还永远服从着像趋善避恶这样一定如此的人性逻辑,反倒仅仅凭借无法阻挡的必然厄运会阻碍自由意志实现这个片面的理据,就断言不可避免的因果链条注定了要让自由意志无处存身。这种概念上的混淆又进一步诱发了把"决定论"与"宿命论"等同为一的错误。只有澄清了必然概念两层含义的异同之处,我们才能驳倒这种荒谬的观念。

二元对立架构其实是典型的抓住一点不及其余:它单拿必然厄运不可抗拒的负面效应说事,并把"使失败"曲解成"不存在",结果不仅忽视了不可抗拒的必然好运有助于自由意志的正面效应,而且忽视了随机偶然也会由于自身的善恶属性或者促成,或者阻碍自由意志的双重效应,最终将认知层面上不可避免的因果必然混同于意志层面上不可抗拒的必然宿命,因此可以说是漏洞百出。

朱熹"道心人心"说的现实意义 赵玫,中国社会科学报,2020-09-22

朱子"道心人心"说的成熟看法反映在《中庸章句序》中:"心之虚灵知觉,一而已矣,而以为有人心、道心之异者,则以其或生于形气之私,或原于性命之正,而所以为知觉者不同,是以或危殆而不安,或微妙而难见耳。然人莫不有是形,故虽上智不能无人心,亦莫不有是性,故虽下愚不能无道心。"

其一,朱子认为,合理气而生人,理是人之为人的形上终极本体,气是人的形下气质形体。心属气质形体中一个特殊的存在。其二,心具有"虚灵知觉"的特点:心"虚"则能包万理,内含无限的道德原则;心"灵"则能随物感而应,自发地产生道德行为;心有"知觉"则能感清暖、知温饱、别是非,心既拥有基本的生物属性,同时也具备道德判断的能力。其三,心可能呈现出道心与人心这两个不同面向:道心是理本体通过人的气质禀赋直接呈露自身,人心是受外物支配牵引而发生的知觉嗜欲。其四,既然道心人心皆是感物而动的心之发动,是心之用,那么,隐含了一个如何做心地功夫的问题。收放其心,是心的自我作为,因此,无论是实现遵从内心道德原则的道心，还是成为被声色臭味牵引的人心，皆依赖此已发之心的自觉。

朱子在《文集》中记录了一则关于疫情传播中如何处置与病患关系的材料。朱子记录道，当民间疫疾流行，一旦有人被感染，可能有“邻里断绝，不通讯问，甚者虽骨肉至亲，亦或委之而去”的情况发生。为避免出现此类“伤俗害理”的状况，有人著书通告民众“疫无传染，不须畏避”。朱子不同意这些“著书者”的做法，他认为正当的做法是“告之以虽有染而不当避也”（《偶读漫记》）。

“著书者”出于利害计较，即根据外部因素来指导行为，属于依后果而行动的目的论；朱子出于对道理的持守，即从道德原则直接呈现出的道德情感来判断与抉择，属自律的德性伦理。朱子支持后一种主张，强调道心对人的主宰作用。其意义在于：

一则，对于世道人心的整治方面，基于一个超越性的形上根据，培植一种道德情感（道心），较之以利害计较来说服人，是更为普遍、根本、自然的。朱子认为人性与天理是一贯的，纯然善是性理的特点。他同时指出，性理是万物的形上本体，“性者万物之原”（《朱子语类》卷第四），人的属性即自然的内在善性。这个内在善性感物而动，发而为情，则是道心。性理是内在于人的道德准则，而非外化的道德条目，则由此而形成的道德情感是自律而非他律的，这对于维系世道人心的稳定，更自然地忠于人的本性，更根本而有效。

在现代生活中，营造崇德向善的社会氛围，表彰嘉言善行、培植道德情感，将会对社会长治久安起到积极的作用。在武汉火神山、雷神山医院工地奋战的朴实善良的工友，奋斗在抗疫一线的美丽逆行者……这些人都是出于恩义而非利害计较在行人事、尽本分。发现这些道德行为的内在运作机制，在社会舆论与制度建构方面突出价值、有意引导，则人心之善得以培植，社会道德风化得以实现。

二则，朱子“道心人心”说对发掘道德的根本原则提出了现实要求。朱子将道心看作人人皆备的道德情感，属形而下者且具“知觉”的特点。因此，它是挺立道德主体的关键环节，但不是最高境界。从现实来看，一个人萌生出道德情感、做出道德判断，这固然能让他实施道德行为，但若不能进一步挖掘与坚守道德情感背后的道德原则，这必定是不足够的。因此朱子提出，发现道心人心之别，以道心为主宰，这固然重要，但是进一步发现道德原则而能“常守得定”“纯一而无间”“守得彻头彻尾”（《朱子语类》卷第七十八），才能将心地工夫首尾相贯，最终挺立道德主体。

把握新时代追求美好生活的辩证关系 马纯红,光明日报,2020－09－28

《习近平谈治国理政》第三卷就"美好生活"做了一系列重要论述,强调"中国社会主要矛盾已经转化为人民日益增长的美好生活需要和不平衡不充分的发展之间的矛盾。以前我们要解决'有没有'的问题,现在则要解决'好不好'的问题""把人民对美好生活的向往作为奋斗目标,依靠人民创造历史伟业"。这表明,"美好生活"既是一个重要的实践问题,也是一个重大的理论问题。因此,要注重处理好"实现目标与实现手段""追求效率与追求公平""个体美好与集体美好"的辩证关系,客观、全面地揭示不同矛盾双方的逻辑规律,运用对立统一的认识论和方法论,推进美好生活伟大实践。

一、把握好实现目标与实现手段的辩证关系

目标与手段是一对古老的哲学范畴,是人类的自觉对象性活动中的两个要素,揭示出人类实践活动的内在机制。中国革命、建设和改革的发展历程,深刻体现了"目标—手段"的变迁机理。新时代追求和实现美好生活,同样也要遵循这一基本原理。

在新时代美好生活追求的目标上,我们党勾勒出了2020年全面建成小康社会、2035年建成社会主义现代化国家和2050年建成社会主义现代化强国的阶段发展目标,这就需要我们依据新时代美好生活需求不断发生的新变化,适时调整每一阶段性目标的实现手段。当然,美好生活的可追求、可期待的未来形态,必然使之处于一种不断丰富和延展的发展趋势和样态。无论是新时代美好生活的目标设定,还是手段创新,都处于动态发展的趋势和样态下。我们既要不断根据人民自身的需要变化,调整总体和部分的、当前和长远的美好生活实践活动目标,又要根据总体和部分的、当前和长远的美好生活实践活动目标,不断调整总体和部分的、当前和长远的实践活动手段。

二、把握好追求效率与追求公平的辩证关系

公平与效率的关系不仅仅是一个关涉经济社会发展客观内在规律性的问题,也是一个蕴含价值取向的问题。新时代追求和实现美好生活,既需要讲究效率,也需要注重公平。

做大蛋糕与分好蛋糕相结合为新时代追求美好生活的过程中处理好效率与公平关系给出了方向。一方面,新时代追求美好生活需要注重效率,注重做大蛋糕。中国特色社会主义进入新时代,人民的美好生活需要发生变化,对蛋糕的内涵和需要也随之发生变化,因此必须推动经济社会持续健康发展，进一步把蛋糕做大，让人民更多享有“幼有所育、学有所教、劳有所得、病有所医、老有所养、住有所居、弱有所扶”的大蛋糕。另一方面，新时代追求美好生活需要注重公平，分好蛋糕。在蛋糕分配中，“谁来分”“分给谁”和“如何分”，是分好蛋糕的关键所在。

三、把握好个体美好与集体美好的辩证关系

个体与集体既相互联系又相互依存。新时代追求美好生活，从个体层面而言，是为实现个体自由而全面发展的追求，从集体层面而言，是为实现中华民族伟大复兴中国梦的追求。中国梦是国家梦、民族梦和个人梦的有机统一，个体美好的实现统一在集体美好的实现中。要在个体美好和集体美好的辩证统一、互促互进中追求美好生活。

一方面，个体美好和集体美好是相互促进的。个体美好的实现是集体美好实现的不竭动力，集体美好的实现也能为个体美好的实现提供重要基石。个体美好与集体美好统一在中国特色社会主义的伟大实践中，统一在中国梦的追求中，“站起来”“富起来”“强起来”的中国与“站起来”“富起来”“强起来”的中国人民是合为一体的。另一方面，需要摆正个体美好与集体美好的位置，自觉将个体美好的实现融入集体美好的追求之中。在追求美好生活的伟大实践中，不能将集体与个体割裂，更不能让其成为矛盾的对立面。个体美好必须自觉服从集体美好，最终实现个体美好和集体美好的相互促进和共同实现。

传统家风文化与儒家德性伦理　刘培功、李青，中国社会科学报，2020-10-13

一、儒家德性伦理的特质

家风文化乃是中国文化传统以德性伦理为本位的产物。详究其根源，作为中国文化传统之核心的儒家德性伦理，具备一种“存在实现论”的特质，此乃家风文化形成、涵养与传续的内在根源性机理。

第一，儒家德性伦理不同于一般规范性伦理。在儒家看来，所谓“伦理”并不是出于经验生活的需求而制定的规范集合，而是内在德性本质的形式化呈现。儒家表述伦理规范的主要概念是“礼”，从总体上看，“礼”围绕着“情”展开。在儒家观念系统中，“礼”的创制乃始自人淳朴的天然情感（脱），其形态乃是对“情”起到规范性作用的形式化仪轨（文），“礼”所追求的乃是情感内容与规范形式之间的统一（情文俱尽）。

但儒家“道德的形而上学”所立人性之本善，又与西方近代以前的形而上学抽象人性论传统不一样，有一个"性—情—气"的综合结构，强调德性本质与人自我实存的统一。这是儒家德性伦理特质的第二个方面。"仁"并非概念性的抽象共相，而是贯穿于现实存在的活生生的人身上。所谓"道"指的便是"仁"与"人"的合一，即德性本质与自我实存的统一。这种统一体现在两个层次上，一是天然意义上的本然统一，二是经由修养教化之后的自由的统一。

二、家庭在人伦关系中的优先性

儒家"存在实现论"的精神逻辑要求人在人伦日用的活动中保持自我与德性本质的统一，因此儒家高度重视教养教化之工夫。盖"修身"是为学之本，贯穿家、国、天下之中。而家庭是社会人伦关系的第一环，相比于公共社会关系中的普遍伦理秩序而言，家庭关系中的血缘亲情是德性良知更为直接、更为贴己的呈现，因而具有更高级的优先性。

在整个社会的伦理关系之中，家庭关系拥有自身的独立性。而处理家庭关系依据的应当是成员的血缘亲情，一般普遍性的社会伦理亦当让步。因此，孟子有"易子而教""父子之间不责善"的说法。弟子万章设问"瞽瞍杀人"之伦理困境，孟子亦主张舜"窃负而逃"，足以说明儒家德性伦理中家庭伦理之优先性。

儒家之所以赋予家庭伦理关系如此重要的意义，乃是由于血缘亲情之先在性与绝对性。由"亲亲"而见"仁"，由"敬长"而见"义"，"仁义"亦以血缘亲情的形式而获得了切实的实现途径。

三、家风的生命关怀意义

家庭伦理关系与血缘亲情的重要性主要体现在它们对于儒家践行仁义之道的基础性意义。儒家对家庭与亲情的重视，究其本质而言乃是以德性精神规范涵养家庭。

首先，以德性为本的文化倾向往往追求以道义精神超越个人的私己生命，具有趋向于普遍化和整体化的趋势。其次，这种文化观念从根本上转变了人对自身的理解定义。人不再是某种自然动物或者感性集合，而是一种超越性精神理念的现实表达。由此，人能够以个体自我承担普遍化的道义精神，在现实生命之上获得超越的精神生命，从而实现自身生命之终极性意义。

叩问终极与无限乃人精神之本能冲动。以德性为本的中国传统家风文化，通过其独特的形式与感召力，唤起了人的历史意识、超越意识，使人能够以有限之存在实现无限之精神价值，而此无限性乃根植于内在的德性。由此，中国之文化传统方能不必期许神启的救赎承诺，而能以世俗化的方式，自足地提供并获得对于人之精神的终极人文关怀。

美好生活须有美好需要 刘志洪，光明日报，2020-10-19

美好生活是人类生存的永恒主题，实现美好生活关涉人民群众的根本利益。通达美好生活必须生成和确立美好需要。这种需要既是美好生活的前提与内容，也是美好生活的取向与动力。中华儿女在共同追求和创造美好生活的道路上，要高度重视自身需要的升华。

一、美好需要：美好生活的前提与内容

马克思恩格斯科学阐述了需要对于人类以及人类生活的意义。“人们之间一开始就有一种物质的联系。这种联系是由需要和生产方式决定的”“已经得到满足的第一个需要本身、满足需要的活动和已经获得的为满足需要而用的工具又引起新的需要，而这种新的需要的产生是第一个历史活动”。这启示我们，没有美好的需要，就没有美好的生活。

美好需要构成美好生活的重要内容和关键标识。美好需要是人发展的有益成果，是升华的人性之积极展示。甚至可以说，需要的发展同时也就是人的发展。生成和确立美好需要并切实将其作为生活的指引，意味着人能够合理地对待和超越自己的本能，既立足和顺应本能，又不受本能控制，克服本能过度泛滥。没有人能够在对错误目标的追逐中避开迷途弯路，取得真正甜美的果实。在此意义上，缺失美好需要本身就意味着生活不美好，至少是不够美好。需要的不发展和不完善映现了康德所言之人的“不成熟状态”。

二、美好需要：美好生活的取向与动力

需要尤其是美好生活需要，并非只需或只能被动、消极地受发展决定，而是也能动地反作用于发展，并在一定程度上规约发展的取向、方式和趋势。

有什么样的需要就有什么样的生活。需要深刻地蕴含着生活的价值取向。美好生活同样如此。它必须将美好的需要作为指向。良性的社会是为美好生活需要的满足提供足够丰厚的条件，使社会成员得以过上美好生活的社会。在这个意义上，美好的生活需要还是判断社会是否发展及其程度的尺度与标准。满足了美好生活需要就意味着实现了高度的发展，可以说，美好生活需要是人类生活和社会发展的重要标尺。

美好的需要具有某种“解放”的意蕴。在黑格尔看来，人的需要可以区分为三个层次:自然需要、社会需要和精神需要,而作为“高尚需要”的精神需要能够生成解放的作用。美好的需要能够荡涤错误的欲求,让人从不合理欲望的枷锁中挣脱出来。马克思之所以期待劳动成为共产主义社会中人的第一需要,也是希望以之破除资本主义社会中诸多不合理的欲望。因为唯有如此,人类方能真正通达解放与自由。

三、生成和确立美好需要系统

本质而论,社会发展的根本是人的发展。美好需要构成美好生活的前提、先导和动力,只有满足真实的美好生活需要方能通达具有实质意义的美好生活。实现生活的美好,迫切需要生成和确立美好需要系统。

全体社会成员都应认真而深刻地省思自己在实际生活中显露出的需求,破除不合理的欲望,生成和确立真正美好的需要,进而建构美好需要体系。疫情愈是肆虐,美好生活就越是值得珍视和守护,越是需要开拓和创造;也越是提示我们注重提升自身的需要及其合理性。我们亟须发挥美好生活需要之于大量看似合理实则不当的欲望的超越意义,以真正美好的需要取代不合理、不美好的需要。值得强调的是,全体社会成员应加以反思和提升的不仅是个体自我的需要,而且是整个人类命运共同体的需要。在人与人的联系高度发达的今天,当需要的不合理造成社会性问题时,没有任何个人能够独善其身。

在整个社会共同体中生成和确立美好的需要系统,不能只是通过少数人的努力实现,而必须由全体社会成员携手完成。生活需要将随美好生活的推进而提升,进而带来生活的改善。需要的升华和生活的改善形成的良性循环,也必将给中国人民带来美好生活。

《庄子》论“孝”的逻辑演进 张文虎,中国社会科学报,2020-10-27

一、“方内”之“事亲之孝”

庄子把“命”作为“孝”的源头,“自然本性”(“命”)与生俱来,不事“人为”,因此子女对于双亲之“孝”亦自然固有,应自然奉行。“自然本性”(“命”)不含“人为”之事,所以庄子不以父母对子女的养育之恩为“孝”存在的依据。子女对双亲之“孝”,并不是由于“亲”与“子”之间的责任与义务,而是由于“本性”(性命)之“自然”,因此庄子所讲“事亲之孝”带有非责任性的特点。

子女“尽孝”的关键在于让双亲感到“心安”,庄子认为应把握两点:第一,“行事之情”;第二,“忘身”。“行事之情”就是安于自身之所遇,把握所遇之事的实情至理。那“忘身”该如何理解？他以“缘督以为经”作为“养亲”(“尽孝”)的不二法门,“缘督以为经”即顺“道”以为常,把握常“道”(“自然之道”),而达“道”则需“心斋”的工夫。因此,保身、养亲(“尽孝”)主要指一种精神方面的修养。由此可知,“忘身”是忘却身体及外在之物的变化,把它们从“心”中去除,而进行精神层面的修养。

“非责任性”之“孝”可以有效避免“伪孝”的产生,“真”是“事亲之孝”的基本内涵。

二、“真心”为“事亲之孝”的精神内核

“真”者“不伪”,“不伪”即不事人为。“真”者,“受于天”“自然不可易”,不做作,所以“不矫”。“真者在内”,“在内”者不受“在外”者所扰,而“在外”者“不可必”,所以“在内”者纯而“不杂”。“真”即纯一、不事人为、不做作。如上文所言,子女“尽孝”的关键在于让双亲从内在精神方面感到“心安”,而“真”是处理“事亲”(“孝”)之事的准则,“其(真)用于人理也,事亲则慈孝”。由此可知,“真心”是“孝”的基本精神内核。

那如何才能保障“真心”的显现呢？这要从“亲”与“子”两方面来考虑。一方面,“子”不该“谀其亲”,孝子应对双亲怀有“真心”,保持尊敬,不应被世俗之见所干扰,成为流俗的“道谀之人”。另外,“子”不该“唯父母之命是从”,对于双亲错误的言论与行为应加以劝阻与制止,这也是对父母“真心”的体现。另一方面,“亲”对“子”应该“慈爱”。“孝”存在于社会交互性关系中,“亲”“子”双方处于平等地位。“子”对“双亲”之“孝”是“孝道”的主要内容,“亲”对“子”之“慈爱”则是“孝”得以显现的前提。

三、“方外”之“至孝”

“事亲之孝”尚在社会人伦关系之内,带有“亲”的因素,而“至仁无亲”,所以不能以“孝”(亲)言“仁”。庄子提出六种“孝”道,存在两种“亲”缘关系:其一,血缘之亲;其二,非血缘之亲。“敬孝,爱孝,忘亲,使亲忘我”这四种“孝”道对于“血缘之亲”与“非血缘之亲”皆适用。“非血缘之亲”的范围无限,理论上任何人都可能成为“非血缘之亲”的一部分,因此“兼忘天下,使天下兼忘我”是专门对“非血缘之亲”而言,并由“非血缘之亲”而扩展到整个“天下”。

庄子认为,“亲”“子”之间的人伦关系是“伪孝”产生的原发性因素,也是通向“至孝”而需突破的屏障。庄子尝试用“忘”的方式解构“亲”“子”人伦关系。“使亲忘我”与“使天下兼忘我”两个环节的完成便达到了解构“血缘之亲”与“非血缘之亲”的目标。此目标的完成,使“孝”从社会人伦关系中解脱,而达到“至孝”的境界。庄子所言“方外”之“逍遥”“无为”的生活世界,超越“礼乐文化”,而“孝亲”是“礼乐文化”的重要观念,所以“方外”之世界亦超越“孝亲”这一观念。因此,庄子对“至孝”的设定,是达到他所构建的“方外”之生活世界的内在要求。

与道合一:周敦颐生命伦理的精神与境界　张舜清,中国社会科学报,2020-10-27

周敦颐在儒学发展史上的重大贡献,主要在于他开创了以本体维度言说儒家性命之学的思想理路,为儒家性命之学的后续相传奠定了本体论根基。周敦颐对生命问题的伦理思考,虽言辞简约,却义理精深,不仅较为完整地体现出儒家生命伦理思想的精神旨要,也提升了儒家的生命境界。

一、太极生生

周敦颐开源立本,明确说明了儒家身心性命之学的本根依据和价值之源,从而为儒家围绕生命建构的伦理学说提供了一套完整的伦理本体论。

周敦颐首次基于本体意识赋予太极以新的含义,并绘图立说突出其契合天德之义。在周敦颐那里,太极作为道体,是与儒家的天道本体同等的概念,因而太极之道,本质即天道。周敦颐重在突出太极的本体地位,阴阳之运动变化则被归为形而下者。对周敦颐而言,阴阳之道内蕴于太极之中,万物之所以产生并变化无穷,正是太极内蕴的阴阳机制作用的结果。所以,周敦颐的太极之理,就其精神本性而言,体现的仍然是大《易》哲学的“生生”精神。然而,对于太极生生之理的哲学阐释,并不是周敦颐的最终目的。儒学要旨在于安顿人的身心,作为自觉传承“圣贤之道”的大儒,周敦颐以本体意识建构理论,阐发生命本原,意在说明人之生命的价值和意义,并试图为完善人的生命找到正确的方式和途径,从而提升人的生命境界。

二、诚建人极

对于人的特殊生命价值的思考,在周敦颐那里呈现为“诚建人极”的思想,突出了仁义对于人极之立的重要意义。所谓“定之以中正仁义而主静,立人极焉”。但从价值之本的角度言,诚在周敦颐那里则表现为本体论范畴,诚构成了人极确立的根本、价值的源泉。

诚体之流行,即阴阳创化之过程,体现的是一阴一阳、生生不已之本性。而诚的这种生生之性,亦是其作为“纯粹至善者也”的根本体现。人性无非是对此“善生”之性的“继”和“成”。由于人生来五性感动未必皆得性命之中正，故需要修养、规范以成就真正的人性和人生。“成人”“成圣”是个渐进的过程，故“人极”有个“立”的问题。虽然“诚”开了“人极”之端，但要确立人极，人还必须借助某种形式或途径来反身以诚。对此，周敦颐给出的具体方法即“定之以中正仁义”。

周敦颐喻人当中道、正道而行。而若要做到中正而行，现实的做法即由仁义而行。周敦颐将仁、义与天地的“生”“成”之道联系起来。仁是宇宙万物的生机所在，内蕴于每一个活泼泼的个体生命之中，因而一个真正的仁者，必不会轻慢任何具有天地之“生”之意志的生命存在。

三、与道合一

万事万物同本同宗，皆出于太极阴阳之化生，故万物虽形态不一，但在大本大原上，无不具有共同的生命本性；又由于万物同出一体，处于彼此联系的生命机制之中，从而使整体宇宙构成了你中有我、我中有你，休戚与共的生命之境。人与万物的这种联系性决定了人的生命追求和境界提升必须放诸宇宙整体中去考察。

天地间有至贵至爱可求者，即“道”和“德”。君子与道合一，以德充身，故有与天地同在、万有共荣之乐。所谓“德”，即人体会天地之生德而内化于心的生活信念。颜子之乐来自颜回对生命本质和道德境界目标的体认之乐，是在追求与道合一过程中获得的生命本体之乐。这种乐不是把道作为一种外在的知识性对象加以追求的乐，而是在精神上与道合一之乐，也即个体生命与宇宙生命通彻合一的自然心境产生的泰然之乐，它有着昭纳宇宙、涵养万物的恢宏气象，故超越了个体的境遇得失。

西方元伦理学百年发展历程的回顾与前瞻　陈真、王桂玲，哲学动态，2020(11)

整个西方百年元伦理学史可以大致分为三个时期，即 20 世纪上半叶的初创时期、下半叶的扩张时期和 21 世纪以来的全盛时期。

一、20 世纪上半叶初创时期的“分析元伦理学”

“分析元伦理学”的出现几乎与分析哲学同步。就元伦理学而言，这一特点具体表现为：以追求规范性知识(即对规范性问题的确定性认识)为宗旨，并贯穿于西方元伦理学百年发展史的始终。第二，分析哲学家们主张，分析哲学的方法(即逻辑和经验的方法)是实现上述哲学和伦理学任务的不二法门，以往的任何哲学理论都必须接受逻辑和经验方法的检验，或抛弃，或扬弃，或发展。这一时期元伦理学研究也出现了一些问题：

第一,元伦理学被界定为仅仅限于道德术语和判断的语义分析的伦理学,哈曼认为这会使得伦理学忘掉自身的主要问题而变得无趣;第二,除了道德术语或道德判断的语义分析外,这一时期的元伦理学缺少对实质性道德问题的研讨。这一方面使得早期的"分析元伦理学"走向停滞,另一方面则促使西方伦理学家将视野放到了纯语义分析之外,尤其放到了对实质性道德问题的思考上,从而带来了20世纪下半叶西方元伦理学的"伟大的扩张",被达沃尔(Stephen Darwall)等人称作"分析元伦理学"的狭隘的元伦理学也随着这一扩张而被充满着新内容、新方法和新理论的元伦理学所取代。

二、20世纪下半叶扩张时期的元伦理学

随着西方哲学家对现实社会问题的思考,以及对更为丰富、更为实质性问题的研究,西方元伦理学开启了达沃尔等人所说的"伟大的扩张",这一扩张带来了"史无前例的伦理学研究的哲学努力与人力投入",并扩展到最为多样的问题和应用的研究,从而带来了一场思想解放运动。西方道德哲学家由此发现了将规范性的、实践性的道德(相对于描述性的道德)作为具有客观性的认知领域来探讨的方法,而无需诉诸摩尔式直觉之类的哲学良心。这一切使得几乎要"荒芜"的元伦理学从20世纪70年代开始重获新生。一种理论或方法是费斯(Roderick Firth)的理想观察者理论和布兰特(Richard Brandt)的合适态度理论。另一个重要理论或方法则是罗尔斯(John Rawls)在《正义论》中所提出的反思平衡的方法和新的道德直觉。这一时期还有一种反实在论的认知主义,即麦凯(John Mackie)的错论。

三、21世纪以来全盛时期的元伦理学

这一时期的西方元伦理学出现了一个明显的趋向,即"理由转向"。"理由转向"给21世纪以来的西方元伦理学带来了明显不同于以往元伦理学的三个方面的变化:认知主义与非认知主义出现了某种程度上的"理由转向"。道德语义主线和实践理性主线呈现某种交叉合流的趋势。一方面,随着20世纪元伦理学的"伟大的扩张"和由此带来的"思想解放",沿着道德语义主线发展的元伦理学家也开始思考实质性的道德问题,即实践理性问题。另一方面,实践理性理论通常只考虑行动理由的有效性,主要涉及实质性的规范伦理学问题,而不考虑其本体论性质。自然事实与规范性判断(包括理由)之间的关系成为关注和争论的焦点。这两种理论所面临的共同问题是:如何通过对"理由"本质的阐述,合理地解释自然事实与道德判断的规范性之间的本质联系,解释后者的客观性与权威性。

四、趋势与展望

20世纪90年代初，达沃尔等人曾指出，当时的西方元伦理学有两种总体的、在我们看来今天依然如此的发展趋势。一种趋势是接受伦理学的经验自然科学"定位"，即主张道德判断归根结底是经验自然科学意义上的事实判断，伦理学与经验自然科学、价值与事实之间具有连续性。另一种趋势是不接受伦理学的经验自然科学"定位"，坚持主张伦理学与经验自然科学、价值与事实之间的非连续性。代表以上两种趋势的连续性理论与非连续性理论争论的焦点不是自然事实与伦理判断的规范性之间有无联系，而是有何联系。这两种趋势的理论都关注自然事实与规范性的关系。应当看到，元伦理学只是为规范性知识的创立提供方法论原则和一般的价值原则，能够运用于实践的规范性知识都是具体的和情景依赖的。西方元伦理学对规范性知识不屈不挠的追求，为我们创立真正的规范性知识创造了许多概念上和理论上的技术条件，我们应当借鉴西方元伦理学有益的研究成果，为尽快建构具有普遍价值的规范性知识体系而做出努力。

知识论视野下的道德分歧与道德共识 喻郭飞，中国社会科学报，2020-11-03

道德分歧是人类社会中普遍存在的一种现象，指不同的价值主体对于特定道德情景中的某一观念、行为或规则的正当性（合理性）做出了不同的判断，而产生分歧的各方认为自身所持的理由充分、辩护有力。道德分歧难以解决的根源在于，产生分歧的各方都认为自身的道德直觉是可靠的，所做出的道德判断是正确的，进行的道德辩护所依赖的事实清楚、理由充分。人们也注意到，道德判断的合理性不仅涉及个体的辩护，也涉及道德判断的客观性与可公度性。

在道德分歧问题研究上，非认知主义与认知主义这两种路径对"道德分歧是什么""道德分歧是如何产生的""道德分歧为什么值得关注""道德分歧如何解决"等一系列核心问题给出了不同的答案。

根据非认知主义的立场，道德分歧反映了人们在价值偏好、品位和情感方面的差异，这些差异与道德认知无涉。他们并不认为存在客观的道德事实，也对人类的道德认知能力心怀疑虑，所以非认知主义者将道德分歧理解为不同价值主体之间的态度分歧。

非认知主义对道德分歧的处理不能从根本上缩小道德分歧、扩大道德共识。因此，受到越来越多的诟病，人们开始重新考察道德分歧所涉及的信念、态度与意向之间的关系,希望对道德分歧的认识论基础进行刻画,阐明信念在道德分歧中的作用,克服非认知主义面临的困难,找到解决道德分歧的理性路径。

查尔斯·斯蒂文森(Charles Stevenson)在《伦理学与语言》中提到,“任何态度上的分歧都根源于信念上的分歧”。因此,将道德分歧问题置于当代伦理学和认识论的双重研究视域之下,从道德实在论、道德语言和道德认知的角度对道德分歧的类型、特征、成因和解决机制进行认识论研究,既有利于全面理解道德分歧的本质,也有利于通过信念上达成一致进而实现态度的融合、缩小道德分歧。

非认知主义过分强调道德分歧中的情感和非理性因素,所以容易陷入相对主义的桎梏,而非认知主义向认知主义的转向则意味着人们更加注重道德分歧的认识论基础,试图在实在论的背景下考察道德分歧所涉及的信念、态度、意向等因素的内在联系。同其他类型的分歧类似,道德分歧也以价值主体关于客体的信念与判断为基础。因此,理解道德分歧应当从信念层面的分歧入手,消除道德分歧也应当从达成道德认知的一致出发。

20 世纪 80 年代以来,围绕道德分歧问题的认识论研究主要从以下几个方面展开:第一,信念与态度在形成道德分歧过程中的作用;第二,道德分歧所涉及的道德语言、道德辩护和道德判断的认识论特点;第三,道德分歧在认识论层面的解决方式、道德宽容的边界与实质内容。

为了克服非认知主义的局限,人们通过考察道德分歧所涉及的信念、态度、意向诸因素,在道德实在论、语义学和道德认知的框架内刻画产生道德分歧的认识论基础,并通过对“道德分歧”概念的语言学分析,考察道德分歧的类型与特征、对比道德分歧与其他类型认知分歧的异同,提出了刻画和评估道德分歧的认识论标准。当代认识论中分析一般意义上认知分歧的“固执己见论”“折中主义”“整体证据论”立场也被用作具体分析与道德分歧相关论证的有效性和可靠性。比如,一个社会在多大程度上能够宽容同性恋群体而不是认为他(她)们在道德上存在过错?此外,人们还从道德心理学角度分析道德分歧中理性因素(信念辩护)与感性因素(情感态度)的内在联系,从信念层面出发理解价值层面的分歧,进而对分歧中各方道德判断的合理性进行评估。

自由意志只能趋善避恶　刘清平,中国社会科学报,2020 - 11 - 03

古希腊哲学确立起“决定论”与“自由意志”的二元对立架构之后,奥古斯丁又凭借“自由意志可善可恶”的见解巩固了这个架构:“如果人是善的,且他只有如此意愿才能行正当,那么他应当有一自由意志……当然,他也能利用自由意志犯罪。”直到今天,许多学者还在用类似的说法彰显意志的“自由”属性:既然自由意志是随意任性的,它当然能以“可能如此,也可能不如此”的随机偶然方式,想趋于善就趋于善,想趋于恶就趋于恶,却不会以“一定如此,不可能不如此”的因果必然方式趋善避恶。

然而,这是一个流行的误解,实质上是用应然性的评判扭曲了实然性的事实。实际上,如同“不可抗拒的厄运必然导致自由意志失败”是个同义反复的分析性命题一样,“自由意志遵循趋善避恶的人性逻辑”也是个同义反复的分析性命题:按照“可欲之谓善”“可恶之谓恶”的概念界定,无论人们的自由意志怎样的随意任性,都只能是“想要”得到他们认为是“值得意欲”的好东西,“不想”碰上他们认为是“讨厌反感”的坏东西,却不可能背道而驰,居然逆反性地“想要”得到他们认为是“讨厌反感”的坏东西,“不想”碰上他们认为是“值得意欲”的好东西。就此而言,“随意任性”的自由意志显然不在于随机偶然地可善可恶,而是在于“随”了一定要趋善避恶的“意欲”,“任”了不可能趋恶避善的“人性”。

更重要的是,只有以趋善避恶的必然方式获得了自己心仪的好东西、摆脱了自己讨厌的坏东西,人们才能将随意任性的自由意志落实为从心所欲的自由行为,享受到志得意满的自由快乐;否则,哪怕只是碰巧撞上了反感之恶,他们也会觉得自己落入了不自由。说白了,即便在“两恶相权”的冲突情况下,人们也还是会勉为其难地“取其轻”,根本谈不上心甘情愿地趋于坏东西。例如,人们就算懂得良药苦口利于病的大道理,也不会像享用美味那样,满心欢喜地把一碗苦药喝下去,而只会出于把病治好的目的,不得不皱着眉头把药硬灌下去。严格说来,假如人真能主动趋恶,世上也就不会有“惩罚”这回事了,因为它的实质正在于违背一个人的自由意志,把他厌恶的东西强加给他,让他受苦遭罪。所以,要是人可以自愿趋恶的话,惩罚还有什么用呢?岂不是一切都可能成为人们期盼的“奖赏”了?

那么,何以人们还会经常指责某某“为非作歹”“无恶不作”呢?这是因为不同的人持有的不同善恶标准。奥古斯丁主张自由意志既能引人向善,又能诱人犯罪,就潜藏着这种把应然当实然的扭曲。

其实,在奥古斯丁之前,中外一些哲人已经意识到趋善避恶的人性逻辑了。既然如此,何以奥古斯丁反倒不明白如此简单的道理,连他自己十分推崇的柏拉图也给否定了呢?这主要是因为他想用随机偶然的解释来回答“全善的上帝怎么创造了邪恶世界”的神学难题,强调世界充满了恶的根源不在上帝,而在于人的自由意志随机偶然地作恶犯罪。当然,他没有察觉到的是,这个看似逻辑自洽的解释包含着另一个自败的悖论:全能的上帝为什么要赋予人可善可恶的自由意志呢?要是他当初创造人类的时候,让他们全都拥有按照自己的命令行善趋好的单向度意志机能,岂不就省了这么多让上帝也头痛的麻烦了?

俭德的三重意蕴 王颖,光明日报,2020-11-09

习近平总书记一直提倡“厉行节约、反对浪费”的社会风尚,今年8月又对制止餐饮浪费行为做出重要指示。他强调,“坚决制止餐饮浪费行为”“切实培养节约习惯,在全社会营造浪费可耻、节约为荣的氛围”。

一、俭以养德

《说文·人部》有言:“俭,约也。”段玉裁注:“约者,缠束也。”由缠束而引申出抽象意义的约束、节制,就是俭德的本义。《礼记·乐记》有“恭俭而好礼”,《论语·学而》有“夫子温良恭俭让以得之”,其中的“俭”字皆为此意。进而,又由约束、节制义引申出在消费财物上的具体要求:节俭、节约和不浪费。节俭节约之重点就在于少用、减用,“少”“减”所呈现的是一种内向回缩的收敛趋势,故古人亦以“敛”释俭,如“俭者,敛也”“广较自敛谓之俭”。这一消费上的收敛趋势,因能直观展示出个体的节俭力度和决心而较易得到外界的关注和赞誉,个体由此获得的强烈认同感和愉悦感,又推动其在后续行为中坚持和强化这一趋势。久之,就会形成对物欲的良好管理,使之处于一个合理范围,有效防止物欲泛滥。正是基于“俭则寡欲”的认识,人们确信“俭以养德”,特别是有助于养成廉德,即“惟俭可以助廉”,甚至认为“欲求廉介,必先崇俭朴”,俭德是养成廉德的必要前提。

二、爱物惜物

俭德作为一种收敛式消费导向,最低标准就是不浪费,其实质是对劳动果实的爱惜和对自然资源的保护。首先,劳动果实是人类社会存在和发展的基本物质基础,是无数劳动者辛勤工作的共同成果。对劳动果实的爱惜中,就包含着对劳动和劳动者的理解、认可与尊重。需要注意的是,古代社会生产力水平低下,人们可直接观察到“稼穑之艰难”以及劳动果实之不足,从而更易于生发和强化对劳动果实的珍视情感;而现代社会生产力发展迅速,劳动产品日益丰富,劳动形式也发生转变,故有些人对劳动艰辛的认知以及对劳动果实的珍惜开始弱化,客观上造成了不以为然的浪费。其次,自然资源是人类社会发展的必要物质储备,但并非取之不尽用之不竭。如果对自然资源不节制使用,即使数量充足最后也会枯竭。不仅如此,无法预知的天灾人祸还会突然打断各类资源的生成链条,可能造成物资的严重短缺,威胁到人类的生存和发展。新冠肺炎疫情为人们敲响了警钟,我们必须始终保持危机意识。俭德在中国历史上始终得到高度倡导,甚至被视为最大的美德。它之所以成为中华民族的主流价值导向之一,与其作为应对资源有限性的积极策略是分不开的。

三、崇俭戒吝

俭德并不追求无限节俭,而是主张量入为出。即根据自身实际经济能力规划开支,“富家有富家计,贫家有贫家计”;在满足生活需要的基础上鼓励“日常有余”,以为“意外横用之备”;反对超出能力的消费。不过,这并不意味着拥有巨额金钱就可以追逐奢华,肆意消费。一方面,个体金钱虽有明确归属权,但是通过金钱消耗的资源则属于所有人;另一方面,对资源的过度消耗,本身就与节俭要求相背离。因此,人们赞誉那些贵而持俭、富而居俭的典范,这些人虽身居高位或家境富足,但都崇俭戒奢。

俭德并不以对财富的绝对占有为至善,而是主张不吝不啬。吝的本义是遗憾、悔恨,啬的本义是收获谷物,吝、啬二字时常连用。吝、啬、俭三字的引申义都有强调爱惜外物的意思,但又具有本质的区别。俭的核心是“节己不节人”,要节制和控制的乃是自身的物欲和财物消费;至于对他人的救济援助,则尽可慷慨大方,并不需要刻意节制;但吝啬则不同,吝啬的实质就是贪婪,这种态度并不属于节俭。因此,我们在道德实践中要崇俭戒吝,积极弘扬自身虽节俭质朴但却能恤贫救苦的美德和行为。

不懈探索人与自然和谐共生的科学路径 张云飞,人民日报,2020-11-16

恩格斯高度关注人与自然的关系。《德意志意识形态》《共产主义原理》《共产党宣言》《自然辩证法》等马克思主义经典著作,揭示了人类史和自然史的辩证统一性,将人与自然看作生产力的构成要素,认为人类盲目对待自然必然会招致自然的报复,打破了西方近代人与自然二元对立的自然观。重温恩格斯关于人与自然关系的观点,有助于更好地学习贯彻习近平生态文明思想,深入推进新时代生态文明建设,实现人与自然和谐共生。

一、保护自然就是保护人类

人与自然的关系是人类社会最基本的关系。恩格斯认为:“我们连同我们的肉、血和头脑都是属于自然界和存在于自然界之中的”。人与自然是生命共同体的理念表明，保护自然就是保护人类，建设生态文明就是造福人类，人类对大自然的伤害最终会伤及人类自身。恩格斯从历史发展的角度入手，以进化论为依据，揭示出劳动在从猿到人转变过程中的重要作用，科学地说明人是自然界的产物，自然是生命之母，人因自然而生，人与自然具有共生关系，命运休戚与共。唯物史观认为，人靠自然界生活，自然物构成人类生存的自然条件，自然不仅给人类提供了生活资料来源，而且给人类提供了生产资料来源。人类通过实践使自然界为自身服务，必须敬畏自然、尊重自然、顺应自然、保护自然，正确认识和运用自然规律，而不能违背自然规律，破坏自然生态。

二、绿水青山就是金山银山

正确认识和处理人与自然的关系，就是要正确处理经济发展和生态环境保护的关系。恩格斯在《劳动在从猿到人的转变中的作用》中说过，“政治经济学家说:劳动是一切财富的源泉。其实，劳动和自然界在一起才是一切财富的源泉，自然界为劳动提供材料，劳动把材料转变为财富”。这一论述表明，人和自然都是生产力的构成要素。这为我们正确处理生态环境保护和经济社会发展的关系提供了科学认识论和方法论。

人与自然的关系，在现实生产中主要表现为经济发展和生态环境保护的关系。习近平总书记创新发展马克思主义关于人与自然关系的思想，尤其是经济发展和生态环境保护关系的思想，提出“绿水青山就是金山银山”的理念，阐明保护生态环境就是保护生产力、改善生态环境就是发展生产力的道理，指明了实现发展和保护协同共生的新路径。作为习近平生态文明思想的重要组成部分，“绿水青山就是金山银山”理念揭示出生态环境保护和经济发展不是矛盾对立的关系，而是辩证统一的关系，良好生态本身蕴含着无穷的经济价值，能够源源不断地创造综合效益，促进经济社会可持续发展。生态环境保护的成败，归根到底取决于经济结构和经济发展方式。“绿水青山就是金山银山”的理念，进一步丰富和发展了马克思主义生产力理论，集中彰显了马克思主义劳动价值论的生态意蕴，夯实了推进绿色发展的理论基础，为实现人与自然和谐共生指明了实践路径。

三、推动实现人与自然和谐共生

在《自然辩证法》这部经典著作中，恩格斯从人类文明繁衍兴盛的高度，深入分析了美索不达米亚、希腊、小亚细亚以及其他一些地方的居民为得到耕地而毁灭森林，最终导致这些地方成为不毛之地的惨痛教训和深层原因。恩格斯所持的立场、观点、方法,为推动实现人与自然和谐共生提供了丰富哲学滋养。

习近平总书记指出:"生态环境是人类生存和发展的根基,生态环境变化直接影响文明兴衰演替。"历史和现实均表明,生态环境问题归根结底是发展方式和生活方式问题。推动经济社会持续健康发展,实现人与自然和谐共生,不能只讲索取不讲投入、只讲发展不讲保护、只讲利用不讲修复,而要坚持在发展中保护、在保护中发展,做到发展和保护的辩证统一。实现这一目标,必须牢固树立和践行创新、协调、绿色、开放、共享的新发展理念,在生态环境保护上算大账、算长远账、算整体账、算综合账,坚决摒弃损害甚至破坏生态环境的增长模式,坚决不做吃祖宗饭砸子孙碗的事,加快形成节约资源和保护环境的空间格局、产业结构、生产方式、生活方式,把经济活动、人的行为限制在自然资源和生态环境能够承受的限度内,给自然生态留下休养生息的时间和空间。

自由伦理学的世界主义论证 张永义,哲学动态,2020(12)

自由与伦理的关系之于世界主义尤具重要意义。自由的世界主义强调每位个体都拥有人格自由、道德自由和意志自由,其内涵是对个体自由在自然法和基本人性意义上的确认。自由伦理的世界主义意味着自由伦理语境下的世界主义道德关系、道德权利和道德责任;在自由伦理的背景下,世界主义的自由个体成为自由的世界公民,但个体的自由边界须与其道德边界、关切边界和利益边界保持一致。自由伦理学的世界主义致力于探究如何实现此种一致性,它认为自由个体寻求世界主义意义上的自由个体间的契约关系——世界公民法——是必然选择。这可消解自由个体在社群范畴外的道德关系赤字与契约关系赤字以及传统自由理论的国际伦理困境,自由伦理学的目标和意义由此得以更好地实现和彰显。这种情形下的自由与自由伦理才是完整的,而建基于自由伦理学的世界主义因此成为自由伦理学在国际伦理领域和世界公民范畴的思想形态与理论呈现。

一、自由的世界主义

自由的世界主义指的是,普遍享有独立且平等的全球性道德地位和道德主体资格的每位个体,都拥有充分而完整的人格自由、道德自由和意志自由,这意味着世界主义要求每位个体都是自由范畴的道德攸关者和道德共振的参与者;具有如此道德诉求和人文内涵的世界主义,才是以个体自由为导向的世界主义,才是不偏离人格自由、道德自由和意志自由的世界主义,也就是真正意义上的自由的世界主义。

二、自由伦理的世界主义

自由伦理指涉以自由为思想奠基的道德关系、道德权利和道德责任,自由伦理的世界主义则致力于追寻和论证在自由伦理语境下的世界主义道德关系、道德权利和道德责任。第一,自由是一个典型的社会性概念;第二,世界主义思想之于自由理论的最大价值就在于,它可以给自由理论的全球形式带来使其具备充分正当性的思维进路和现实途径。自由的世界主义中的道德攸关在自由伦理的世界主义中就必须转变成为责任攸关。囿于传统自由理论的国际伦理困境的后果是它不能对世界公民状态中的伦理集合体做出及时有效的回应,而在内在机理和人性需求的驱动之下,出场的是自由伦理学的世界主义。

三、自由伦理学的世界主义

自由伦理学的世界主义致力于探究如何建构完整意义上的自由伦理,如何经由世界主义进路消解传统自由理论的国际伦理困境,从而实现并保持个体的自由边界与其道德边界、关切边界和利益边界的一致性,以此达致伦理集合体和自由个体间普遍道德关系的确立。

四、结语

自由的世界主义,强调每位个体都拥有人格自由、道德自由和意志自由。自由伦理学的世界主义则试图通过此种一致性的实现,来建构完整意义上的自由伦理,使伦理集合体和自由个体间的普遍道德关系得以确立。自由伦理学的世界主义寻求世界主义意义上的自由个体间的契约关系——世界公民法,以消解自由个体在社群范畴之外的道德关系赤字和契约关系赤字以及传统自由理论的国际伦理困境,从而更好地实现和彰显自由伦理学的目标与意义。

在满足人的需要中生成文化 姜晶花,社会科学报,2020-12-03

建筑对于人类具有何种意义?要解开此,需回溯建筑本身。远古时代,人的生存能力在洞穴中展开。随着生存能力的提升,人类逐渐从动物式的穴居走向人伦意义的家居,从洞穴到家的转变,赋予人本身更多文化与文明的意义。因此,建筑自其产生开始就带有浓郁的人文气息和伦理意蕴,不仅仅是满足人类居住、解决基本生存的需要。简言之,建筑是实现人的需要,是对人的思想和情感的仪式表达。

一、缺失了基本的人伦关怀

然而,今天的城市中大量建筑给人以宏大感的同时却缺失了基本的人伦关怀。人们不禁追问是建筑在安排人、主导人,还是建筑在表达人、展示人？当下,建筑占据城市大量空间,而空间却“与人为敌”,人与建筑的天然存续不知何时被强行隔离。建立在美好生活之上的人居环境在城市空间中位置何在?

二、建筑如何实现为人的目的

首先,实用理性与地域特色结合。所谓实用不是洞穴意义上的满足生存,而是家居意义上的人际生存。其次,道德合善与精神家园契合。道德合善表现在建筑中,无论是早期的茅草屋,还是今天的现代建筑,如赖特设计的流水别墅,它们都试图在表现人与自然和谐相处的诉求中实现人的原始冲动。最后,审美情感与人文气息融合。建筑一旦被赋予人文气息,凸显伦理意蕴,便成为艺术的一部分,成为美的一部分,也成为审美观照的对象。

三、建筑师须富有美德与专业技能

建筑通过满足人的实用理性、道德合善及审美情感需要从而实现为人之目的,但这一目的最终通过建筑师来实现。因此,建筑师唯富有美德与专业技能才能实现建筑目的,“每一件东西对于它的目的服务得很好,就是善的和美的,服务得不好,则是恶的和丑的”。同时,每个建筑师都基于自己生活的时代,把握时代特征,以展示建筑仪式。因此,建筑师只有把握伦理、文化与时代方向,才能直面建筑的未来。

常识道德:哲学分析的起点和终点　刘作,中国社会科学报,2020-12-08

常识道德是人类普通理性在道德领域的一种体现。它诉诸健康的理性或者健康的知性,把从这些能力中获得的道德原则看作第一原则,并不认为有必要从哲学上对这些原则进行辩护。

一、常识道德无法解决义务的规范性来源问题

康德的论述从善的意志概念出发,善的意志属于普通的道德理性知识,是一种非哲学的常识的道德知识。人们只要诉诸常识,无需哲学反思,就会认同善的意志是无条件的善。

常识道德坚持直接感知到的道德原则,并不对这些原则进行反思。常识道德认为,善的意志自身是无条件的善,节制等品格只有与善的意志结

合在一起才是善的。对常识道德的原则进行分析,恰好是哲学的工作。哲学的分析从常识道德承认的善的意志开始。澄清善的意志概念需要通过"出于义务"的三个命题,得到善的意志的原则是准则的普遍合法则性的结论。实际上,人们在日常生活中也在具体地使用这条原则来判断自己的行动。

如此看来,人们在日常的道德生活中立足于常识道德就可以了,然而事实上常识道德并不能满足人的理性追问。为了解答规范性来源的疑惑,一个人需要走出常识道德,求助于哲学。如果哲学无法做到这一点,那么他很容易在困惑中被宿命论所占据,甚至走向道德怀疑主义。

通俗道德哲学家们如费尔德等人把对幸福的追求当作道德性原则的基础,把义务等道德性概念看作经验性概念,并通过例子或榜样的作用来解释义务概念。康德认为,这种做法从根本上是错误的,也无法解答规范性来源的问题;对道德性原则的寻求不能以经验性的方式来进行,而应该以先天的方式在纯粹理性中寻求。只有这样才有可能寻找到真正的道德性的最高原则,也才能回答规范性来源的问题。

二、哲学分析揭示出道德法则根据

真正的道德哲学应该是道德形而上学,它是从纯粹理性出发思考道德性的根据问题,把道德性的核心概念建立在纯粹理性而不是经验的基础之上。在道德形而上学的领域中,康德分别从准则所具有的形式、质料和完备规定三个方面逐步揭示出道德性的最高原则。这些原则从不同的方面表达了同一条道德性的最高原则。

道德形而上学虽然详细地展示了常识道德所相信的善的意志的原则,但是没有解决人们在常识道德中感到疑惑的规范性来源问题。

对规范性来源的追问要求从道德形而上学过渡到纯粹实践理性批判,对主体的实践理性能力进行批判。批判的核心在于指出实践哲学的界限问题。道德形而上学揭示出来的概念和原则都是并非处于现象之中的超感官的概念和原则。把自身保持在超感官的界限内,是纯粹实践理性批判的任务。具体而言,实践哲学总是希望为道德法则和自由寻求根据,试图寻求我们服从道德法则的兴趣。然而,道德法则只能以自由为根据,在自由之外,道德法则无其他根据;自由只能以道德法则为根据,在道德法则之外,自由没有根据;作为理性的存在者,人对道德法则必然感兴趣,但是他无法解释这种兴趣。

人在面对幸福的诱惑时,会怀疑道德法则的规范性。纯粹实践理性批判揭示了道德法则的规范性来源，即人除了处于感官世界，还具有超感官世界的身份。从后者来看，他必然对道德法则感兴趣。人不顾幸福的诱惑而坚持服从道德法则，正是为了维护自己超感官世界的身份。常识道德不仅认可这种批判，而且批判使常识道德的原则更加稳固。同时，常识道德也让哲学的道德学说不那么抽象，让人能够更好理解哲学的道德学说。

马克思生态伦理思想及其当代价值　王萌，光明日报，2020－12－14

党的十九届五中全会提出，深入实施可持续发展战略，完善生态文明领域统筹协调机制，构建生态文明体系，促进经济社会发展全面绿色转型，建设人与自然和谐共生的现代化。在马克思的著作中蕴含着深刻的生态伦理思想，为生态文明建设提供了世界观与方法论的指引，具有重要的时代价值。

一、马克思生态伦理思想的理论内涵

马克思的生态伦理思想肯定了人与自然界之间的内在关联，将伦理关怀的对象延伸到自然界，使人在尊重自然界价值的基础上达到保护生态环境的道德责任目标。

人与自然界具有对立统一的辩证关系。人和自然界是两种不同的存在物，但二者之间并非绝对的对立。正如马克思指出的："人的普遍性正是表现为这样的普遍性，它把整个自然界——首先作为人的直接的生活资料，其次作为人的生命活动的对象（材料）和工具——变成人的无机的身体。自然界，就它自身不是人的身体而言，是人的无机身体。"通过理性和能动性的发挥，人能够让自然界成为"人化自然"，但自然界也具有不以人的意志为转移的基本发展规律。人类的理性能力在付诸实践的过程中要不断关注人类行为与自然环境之间的变化关系，才能取得符合人类需求的结果。

人与自然的和谐统一是现代社会发展的重要特征。社会是"人同自然界的完成了的本质的统一，是自然界的真正的复活，是人的实现了的自然主义和自然界的实现了的人道主义"。在马克思的哲学视域中，人的本真状态不是原始的无为状态，也不是遮蔽了人的本质的异化的社会形态，而是实现了人与自然和谐统一的自由人联合体。

劳动是人与自然界统一的实现形式。通过劳动，人与自然界相互渗透、相互交融、实现人与自然界之间的共生关系。物质生产活动是劳动最主要的表现形式，马克思始终从物质生产活动出发来探索人及其与外部世界的关系,并指出,“劳动首先是人和自然之间的过程,是人以自身的活动来中介、调整和控制人和自然之间的物质变换的过程”。物质变换是基于人与自然界和谐统一的基础上的,只有双方关系稳定,物质变换才能顺利进行,反之,人与自然之间物质变换的顺利进行也确证了人与自然关系的统一。

二、马克思生态伦理思想的当代价值

第一,秉承人与自然相互交融的生命共同体理念。面对自然界,我们要肯定自然的价值、重视人的主体性地位。一方面,自然界是与人类血脉相连的有机整体,我们要“把生态环境保护放在更加突出位置,像保护眼睛一样保护生态环境,像对待生命一样对待生态环境”;另一方面,人类具有认识自然界的探索能力、承认自然界内在价值的认知能力和实践能力。人与自然界是一种对象性的存在关系,我们要承认人和自然界各自的价值及二者之间的联系,并且在这种联系的基础上构建一个人与自然界和谐共生的共同体,实现人与自然界的有机统一、和谐共生。

第二,树立人与自然和谐共生的绿色发展理念。在社会主义现代化建设过程中,要让良好生态环境成为人民生活新的增长点,让老百姓呼吸上新鲜的空气、喝上干净的水、吃上放心的食物、生活在宜居的环境中,并且真实感受到经济发展带来的实实在在的环境改善。因此,党的十九大报告强调“我们要建设的现代化是人与自然和谐共生的现代化”。

第三,坚持全球共建生态文明的人类命运共同体理念。当前,生产力的飞速发展与自然资源有限的承受力之间出现了严重的冲突,生态危机成为每个国家和地区无法逃避的现实问题。人类命运共同体理念要求世界各国能够在人类命运共同体的视野下,正确处理人类与自然资源的关系问题、生态环境与经济发展的关系问题、生态安全与国家安全的关系问题,最终要解决好工业文明带来的各种挑战,以人与自然和谐共生为目标,实现世界的可持续发展和人的自由全面发展。

立德树人要往实里去 朱晓民、黄雪莉,中国教育报,2020-12-17

青年大学生是国家的未来和民族的希望,他们的价值取向决定了未来整个社会的价值取向,而这个阶段的大学生又处在价值观形成和确立的关键时期,抓好这一时期的价值观养成至关重要。对大学生的培养者——高校教师而言,坚持以立德树人为育人之本之根之魂是其不可推卸的社会责任;引领当代大学生成人与成才并重、德行与学问兼修是其必须肩负的时代使命。

教师即课程,师德本身是学生最生动、最鲜活、影响最深远的德育课程,若师德不“立”——立己德,如何担当学生的引领者?若师德不“传”——传美德,如何成为学生的服务者?若师德不“进”——立人与立己同向共进,又该如何成为学生的同行者与合作者?高校教师须以认真领会学生、自身与立德树人三者之间的内在关系为前提,坚持以“立人先立己”“立己以达人”“立人与立己并行”为基本遵循,唯有如此,才能更好地落实立德树人根本任务。

一、坚持立人先立己,做明道信道的道德先行者

“立人先立己”,要求高校教师要坚持育人者先育己,立德者先修德原则,将立德修身、自律自强作为立德树人工作的首要前提。

《论语·宪问》记载:“子路问君子。子曰:修己以敬。曰:如斯而已乎?子曰:修己以安人。”“修己”,就是修养自身。“敬”,就是戒慎、虔诚,亦可指个人本身的榜样作用。这一思想对于当今高校教师落实立德树人根本任务有着重要启发意义。它启发我们,教师要先修己,通过修己来明道、信道,以增强承担立德树人使命的资格与底气,并对立德树人根本任务保持敬畏与信念。

习近平总书记强调,传道者自己首先要明道、信道。高校教师要坚持教育者先受教育,努力成为先进思想文化的传播者、党执政的坚定支持者,更好担起学生健康成长指导者和引路人的责任。如此,高校教师才能真正担当起引领者的角色,其立德树人使命才有实现的前提和可能。

二、坚持立己以达人,做德业双馨的传道授业解惑者

“立己达人”语出《论语·雍也》,“夫仁者,己欲立而立人,己欲达而达人”。于高校教师而言,立己达人不仅意味着要以德立学,做一位学问之师,以德立身,做一位品行之师,更要以德施教、以德化人,做一位传道与行道之师。

习近平总书记指出,“‘传道’是第一位的”,“一个优秀的老师,应该是‘经师’和‘人师’的统一,既要精于‘授业’‘解惑’,更要以‘传道’为责任和使命”。传道既是“成己”,也是“成人”,成己意味着“成德”,而成人是教师“己”之德行通过育人对社会所产生影响,也就是“成业”。唯成己成人,方能德业双馨。

高校教师要做到立己以达人,一方面,须提高自觉意识和主体意识,尽心尽力为学生“立德”服务,全心全意为社会“传道”,努力将“立己修道”之果——自身修得的优秀德行,转化为“立人传道”之果——让学生精神明亮、生命饱满。另一方面,须坚定自身的理想信念,自觉把教书育人与国家、民族的前途命运紧密联系起来,把立德树人贯穿于人才培养、科学研究与服务社会的重要任务始终,把培养担当中华民族伟大复兴大任时代新人的责任和使命贯穿于教育教学的方方面面,努力将青年学子培养成具有深厚家国情怀和社会责任感的社会主义建设者和接班人。如此,高校才会焕发“立德树人”的生机与活力。

三、坚持立人与立己并行,做教学相长的同向共进者

“立人与立己并行”要求高校教师在实施立德树人时既能以教为学,将“立人”看作对自我的检视和完善,又能互教互学,从学生身上汲取阳光和能量,与学生共同成长。

“教学相长”出自《礼记·学记》:“是故学然后知不足,教然后知困。知不足然后能自反也,知困然后能自强也。故曰教学相长也。”教师同学生一样,永远是一个发展着的主体,他们同样需要不断地学习和成长。

总之,高校教师的立德树人工作并不只是一项面向学生、服务学生的单向任务,而是一种既能促进学生成长进步,又能促进教师自我提升的双向互动。教师既是立德树人的践行者,又是立德树人的受益者,既是“立他德者”,又是“立己德者”。高校教师只有始终坚持立人先立己、立己以达人、立人与立己并行,立德树人工作才能真正往深里去,往实里去。

伦理学研究需要面向现实生活 李志祥,光明日报,2020-12-21

近年来,我国一些伦理学学者积极关注重大现实问题,使伦理学研究走进了现实生活,起到了引导社会风气、调和社会关系的重要作用。但从总体上看,我国伦理学界面向现实生活的意愿相对还较弱,探讨现实问题的成果不够丰硕,理论研究与现实生活脱节的现象也时有发生,这在一定程度上影响了我国伦理学研究的发展,限制了伦理学学科规范和完善现实生活的能力。在这种情况下,反思伦理学研究与现实生活的关系,对于正确把握伦理学学科发展方向具有十分重要的意义。

一、现实生活是伦理学研究的发展动力

伦理学是一门对人类道德生活进行系统思考和研究的学科,进行伦理学研究首先需要思考一个前提性问题:我们为什么要进行伦理学研究?或者换句话说,伦理学研究的意义到底是什么?一般来说,认知的动力主要有两种:一种是追求真理、渴望探索世界奥秘的自然天性,一种是寻求智慧、渴望解决生活问题的现实要求。伦理学研究的根本任务不只是认识生活,更是改造生活。

现实生活是伦理学研究的发展动力,意味着伦理学研究归根结底要从现实的生活出发,而不是从抽象的、一般的理论出发。对于我国伦理学界来说,从现实道德生活出发就是要立足当代中国现实生活,紧贴中国道德发展的脉搏,构建符合中国实际的道德概念、范畴、话语和理论。当代中国生活实际就是新时代中国特色社会主义建设,我们的伦理学研究应该从这个生活实际出发,创造出具有中国特色的道德概念、范畴和话语,创造出符合中国发展需求的伦理学理论。

二、现实生活是检验伦理学理论的重要标准

从现实生活出发,伦理学研究最终要走向理论分析,提出相应的伦理学理论。从逻辑上看,一个理论是否为真理,必须满足两个条件:一个是理论要与自身保持一致,即理论内部不会出现逻辑矛盾;另一个是理论要与现实保持一致,即理论必须符合客观事实。

以现实生活作为道德理论的检验标准,意味着我们的伦理学理论应该能够真正解决中国的道德问题。创新伦理学理论需要融通古今,需要借鉴中外各种伦理思想。在借鉴吸收各种伦理思想的时候,我们需要重视"现代化"转换和"本土化"转换问题。从古代社会生长出来的中华优秀传统伦理思想,只有经过创造性转化和创新性发展,才能适应当代道德发展的需要。从西方土壤生长出来的现代积极伦理思想,只有经过批判借鉴,结合中国优秀文化基因进行重新创造,才能适应中国道德发展的需要。

三、现实生活是伦理学理论的最终归宿

伦理学理论可以从两个层面回归现实生活,一个层面是进入个人生活。社会由一个一个的人组成,行为由一个一个的人完成。理论要回归现实生活,首先就要进入个人生活。理论进入个人生活,需要经过"由外而内"和"由内而外"两个过程。当前中国伦理学研究的重要任务就是要使社会主义核心价值观真正进入个人的现实生活,内化为个体的道德德性,外化为个体的道德行为。这个层面的回归要求伦理学必须研究德性的养成规律和德行的发展规律。

另一个层面是进入社会生活。任何个人都生活在社会中,不同的个人通过各种关系联结为一个社会。人是一切社会关系的总和,而社会是由单个的个体汇聚而成的。伦理学理论要在现实生活中起作用,就必须进入到社会制度层面。理论可以通过两种方式进入社会制度:一是"制度的道德化”;二是“道德的制度化”。只有将道德观念与我国经济制度、政治制度、文化制度、社会制度、生态文明制度结合起来,道德理论才能真正进入社会生活。

面向现实生活,并不是不要理论研究,而是要把理论研究和现实研究结合起来。只要现实不要理论,会走向粗糙的经验主义;只要理论不要现实,会陷入空幻的理想主义。从道德生活上升到道德理论,将道德理论应用于道德生活,形成道德理论与道德生活的良性互动,才是二者关系的理想状态。

面向深度科技化时代的中国智慧 段伟文,光明日报,2020-12-21

进入21世纪以来,在信息通信技术、生命科技、数据与智能科技等新兴科技力量的推动下,世界进入了一个新的技术时代。单从技术形态的角度来看,当前的技术时代,显然有别于海德格尔和埃吕尔批判现代技术和技术系统时所置身的那个技术时代,可以称之为技术时代2.0。而更重要的是,在上一个技术时代置身其外的中国,无疑是这个新的技术时代的积极参与者和重要推动者,诸多创新和应用已然走到前沿甚至“无人区”。因此,当下中国科技哲学研究的出发点在于,一要致力于洞察我们所处的技术时代的基本特征,二应更多地审视身边的技术创新活动并及时做出哲学层面的省思。在面向深度科技化时代的伦理审度与调适中,中国科技哲学研究应该在理论与实践层面迈出四个具有中国思维特质的新向度。

第一,从代表中国传统哲学思想精华的有机整体论视角出发,拓展关系哲学和生成哲学的向度。一方面,对技术的伦理追问不应仅关注已存在的价值冲突或被动地等待伦理难题的出现,而应该通过具有连续性和加速度的思考,纵观不断变迁的技术趋势,积极地对其进行前瞻性评估,全面权衡其可能的伦理影响。另一方面,应该意识到技术伦理审度的关键,在于揭示技术对世界、社会和未来的建构中固有的不透明性,不断提高洞察新技术及其运作机制的能力,使其中可能存在的不确定性风险、不公正的情况乃至失控的危险得以及时地纳入伦理辨析与考量之中。

进一步而言,这种主动敏捷而执中有权变的技术伦理审度,旨在激发人们在技术时代发展出一种新的美德,促使人们形成和保持对其技术化生存境遇的道德敏感性,通过不断的自我提升养成敏锐的道德洞察力等技术时代应该具备的道德能力与伦理素养。

第二,从“参赞天地之化育”的向度,重新思考人类与自然和技术共生的可能性。技术对世界的重构,要充分考量自然生态和人类生命的脆弱性,技术对社会的型构要有助于给人创造自由而全面发展的空间,技术对未来的创构要以人可以承受的节奏推进,而不应让人为技术进步付出过高的代价,由此寻求人与自然和技术创构共生的技术时代的未来观和宇宙生命观。

第三,从技术赋能的向度探讨技术善用的现实路线图。从以人为本的角度来看,技术创新应该是一种赋能活动。中国在文化和制度上可以进一步发挥以技术促进群体团结的优越性,探寻技术善用的中国路径。一是由效率逐渐转向兼顾效率与公平。二是恰当运用技术的调节功能,促使技术的杠杆朝着有益社会的方向撬动。在此过程中,应在反复测试和细腻调适的基础上,做出审慎的动态协调。

第四,走向"技术—伦理"参与式预见的向度,推动科技伦理的敏捷治理。新兴科技的试验性与高度不确定性使得科技伦理规范必须不断地探索新的方法与工具,更好地预见未来和更有效地鼓励公众参与,通过系统的价值厘清与权衡机制,形成兼具包容性和稳健性的伦理抉择。为此,一方面要审视伦理原则与标准、伦理矩阵、建设性与参与性评估、伦理预见与影响评估等伦理工具的有效性与局限性,使其得到有效运用。另一方面,应在此基础上,探讨如何构建整体性、容错性和敏捷性的全球科技伦理治理架构的可能方案。目前,无论是新兴科技的评估工具还是治理架构,从中国到世界所面对的共同难题是,如何既能规避不可接受的伦理风险,又能缓解新兴技术创新所导致的创新者与使用者皆为之困扰的双重伦理焦虑。展望科技未来,中国智慧不能缺席。

亚里士多德会与非道德主义者做朋友吗 刘甘霖,中国社会科学报,2020-12-22

伯纳德·威廉姆斯(Bernard Williams)将非道德主义者描述为将自身完全置于"道德"之外的人,他会撇清自己与道德的一切联系,拒绝自己的一切被"道德化"。不过,威廉姆斯指出,非道德主义者和精神变态者之间的最大差别,是后者不具备前者所拥有的关心他人的能力,因而我们可以利用这一点,通过拓展非道德主义者的同情心,最终将其改造成为具备正常道德观念的普通人。

一、普遍道德与偏私性友谊之间存在张力

显然,在威廉姆斯的定义下,能否与非道德主义者做朋友构成一个问题。一般来说,当代伦理学家将友谊视作一种非道德性的善,他们关注的重点是道德的普遍要求与友谊的部分道德要求之间的张力:对友谊的道德要求低于道德的普遍要求。

但事实上,人们似乎对友谊并没有那么高的道德要求。有学者指出,我们能否与非道德主义者做朋友,取决于非道德主义者对我们所认可的道德规范的违背程度,这中间有一个“不道德”和“非道德”的区分:“不道德”比“非道德”对于道德规范的违背程度更重,我们不能接受“不道德”,却可以接受“非道德”。这一区分与人们成为朋友的实际状况不符。在现实生活中,人们成为朋友的原因多种多样,绝不仅限于道德考量。友谊成因的多样性,彰显了人性本身的复杂。

二、亚里士多德区分两种友爱

所谓友爱的对象,即把人们联系起来的可爱之物,人们因发现彼此身上的可爱之物而成为朋友。可爱之物有三种:其一,能带来快乐的;其二,能带来功利的;其三,善,即好的德性。与此对应,友爱可以分成快乐友爱、功利友爱和德性友爱。功利友爱因互相给予好处或利益而产生。快乐友爱因人们共享快乐而产生。德性友爱产生于有德性的人之间,他们互相欣赏对方的德性而成为朋友。在三种友爱中,快乐友爱和功利友爱可以存在于所有人之间,好人与好人、坏人与坏人以及好人与坏人之间都可找到这两种友爱;而德性友爱只能产生在好人之间,作为朋友的双方都必须是有德性之人。

两人成为朋友必须满足一些条件:第一,因为朋友自身缘故而真心希望朋友好;第二,朋友之间的爱或好意是相互的;第三,彼此都意识到互相之间的好意;第四,长期在一起生活。亚里士多德认为,只有德性友爱是最完满的、无条件的和持久的,而其他两种友爱是有条件的、程度较低和不稳定的。

若我们严格遵照成为朋友的条件,会发现快乐友爱和功利友爱似乎与之相冲突。首先,快乐友爱和功利友爱依靠的是快乐或功利的共享,而这种共享是以满足自我的快乐或功利为前提条件的,这违背了“因为朋友自身缘故而希望朋友好”这项条件。其次,快乐友爱与功利友爱存在于所有人之间,但我们很难相信坏人之间存在好意,更是难以想象他们彼此间意识到对方的好意。

三、“应然”友爱与普遍道德一致

“应然”的友爱是亚里士多德心中理想的友爱,它在亚里士多德的整个伦理学框架中有着重要地位——是幸福生活不可或缺的一部分。理想的友爱作为幸福生活的一部分,必定是一种德性——也就是亚里士多德所说的德性友爱。只不过,这种友爱极难获得,它是最严格意义上的完满的友爱,只存在于极少部分有德性的人之间。亚里士多德对成为朋友的条件的限定,是就德性友爱而言的。“实然”的友爱则是最为生活所需的快乐友爱与功利友爱,蕴含着亚里士多德对现实世界的深刻理解。

站在应然的立场上,亚里士多德会严厉拒绝与非道德主义者做朋友,要求与有德者为友;从实然角度看,只要某人与一个非道德主义者有互利的可能,在一起很快乐,他们就能发展出功利友爱或快乐友爱。

今天我们需要向尼采学习什么　邓安庆,社会科学报,2020-12-24

决定文明强弱的力量源泉究竟是什么?究竟是什么因素决定了尼采的意志是“追求强力的意志”(Wille zur Macht)?这才是我们当前在纪念尼采时最为重要的思想任务。

一、尼采阐释的一大方向

近代大哲学家对尼采的阐释,无论海德格尔式的还是福科、德里达式的,都在哲学层面把尼采视为西方形而上学的摧毁者而不是完成者。但一个把世界彻底地阐释为基于强力意志之“永恒轮回”的人,怎么就不是一个形而上者?通过把尼采视为一个反形而上学者,虽然可以满足根深蒂固的厌恶纯粹思想的实用理性癖好,虽然可以满足某些人害怕纯理论而喜好以轻松活泼的散文与随笔表达心中随时出现的灵感火花的文人心态,但我们同时也必须承认,真实的尼采思想远比我们以为的,无论形式上还是内容上,都要深刻得多。当今,无论是通过对尼采的“隐微”解读以宣称其“微言大义”者,还是直接理解尼采的“显白教诲”以阐发其哲学的现实意义者,实际上都有一个共同的信念,那就是尼采的哲学对当今世界依然具有强大的解释力和某种摧毁或建构性的力量。

二、以生命本原之力抗拒现代性虚无主义

经历今年全球大流行的新冠疫情,世界已经处在了最为危险的边缘,每个人,每个国家,无论强弱,无论东西,都毫无例外地经受着、煎熬在这个最为危险的时刻。在这一刻,既没有拯救者,也没有“超人”,唯一让人明白的似乎只有一个道理:每个物种,无论贵贱,每个人,无论正邪,都可能是某种病毒的“宿主”,而成为病毒的无症状感染者或传播者。世上没有什么救世主,能有的可能就是各种不同病毒的“宿主”。认清“宿主”的真面目,正如"认识你自己"一样,才是当今哲学的主题。这也是尼采在《善恶之彼岸》"前言"中第一句"追求真理"和"求真的意志"(der Wille zur Wahrheit)所要表达的内涵。

尼采提供的是一种"价值重估"的价值哲学之路。这种价值哲学与实践哲学不同,它不直接通过考察人的行动原则(规范)来反推此人行动原则(道德的或非道德的规范)中所体现的"价值",与他宣称的"价值"是否一致(日常生活中的"言行一致"),有的人是行动上的"小人"和"言语"(价值)上的"君子",但"行动原则"不会骗人,我们每个人的日常理智就足以看清楚。尼采的"价值重估"实际上依然走的是传统形而上学的老路:追本溯源,只是他需要追到作为世界之本质的意志背后的决定性力量,即"肯定""本原存在"的力量上,这种"价值"就不是"主观的东西",也不是"客观东西""满足于主观需要的"那种"价值",而是实体的生命本身,立身之本,使它成为它自身的那种内在生命力。因而,他的"价值重估"不是一般表面上认为的,提供了一个"新的价值标准"以否认旧的价值标准,这种认识之所以肤浅,就在于这种"新"与"旧"依然是"主观的"。价值对于尼采而言,不是主观的,虽然"重估"给人以"主观"的假象;不是单纯"客观的",因为真正的"价值"无非像一件"客观事物"呈现在人类的感官系统面前供人"直观"。柏拉图之后的传统哲学无一例外地使得"绝对价值"本身进入了虚无化的进程,而尼采的"价值重估"所要确立起来的价值哲学,就以摧毁柏拉图以来的传统价值观(形而上学只是这套价值观的哲学奠基形式)的激进面目出现,而深入到实体生命之中那肯定生命的本原之力来抗拒着现代性的虚无主义,这才是尼采哲学永恒的意义之所在。

三、向尼采学哲学

向尼采学哲学,不是学他表面上"苟日新,日日新"的价值重估,而是学他如何深入到实体生命中去把握那本原的肯定生命的意志,这种"求真意志"才是刺穿各种有毒"宿主"的思想武器。

第一步,沿着"超善恶"而达至"求真的意志",即超越一切习俗的、主客对立和主体间对立的善恶观念而直达"存在之真"。第二步,非常艰难的一步,如何撕碎传统哲学制造的"善的面纱"。传统哲学通过"善的理念"(绝对价值)来阐释"存在之意义",似乎最高的存在理念发现了,存在就善化了,好生活就实现了,其实不然。进入到第三步,那就是"思想"进入到"存在内部""生命机制"的探究上,它既是纯粹思辨的,也是纯粹"实践"的,即存在本身的内在生命"实践":存在的实存如何实现存在自身的本真。一般的形而上学都在以善来阐释存在之意义这一光明面上舞蹈，而尼采却沉浸在这无底深渊的“绝对的黑暗”中挣扎，以发现存在之活出自身本真存在所需要的本原意志力。这种本原的意志力就是一切保存生命、肯定生命的力量，只有这种力量才是善，而虚化生命、否定生命的力量就是恶。因而，存在绝非仅仅是一种向善的心愿，而且同时必须具备一种向恶而生的不畏死亡的力量，唯有这种向恶而生之力，存在才能实存，存在才是强力！

著作简介

幻象与真实:重检先秦人性论　池桢，上海社会科学院出版社，2020

本书摒弃了传统上对中国古典思想研究从哲学—宗教概念出发的方式，试图从文本中流露出的情感作为先秦人性论的核心内容，认为用将中国古典思想与西方思想相对的方式得出的结论是一种“幻象”。

本书分为三部分:第一章“理论背景”，第二章“先秦人性论:在文本里”和后记“十六年的思考”。第一章阐释了人性的幻象和现代性、后现代性视角下的多样化的世界。西方人头脑中的东方是一个大的地理—文化范畴，这是西方人以自我为中心审视世界的结果，在二元对立意识指导下，他们认为东方相对于西方来说是危险的存在，这导致了西方对东方人民人性的认识是错误的。这是一种幻象，东方是被西方造出来的，这种幻象给了西方殖民东方的借口，并以这种被单方面创造的话语体系形成霸权。在这种单方面的霸权体系里，现代性逐渐张狂，与此同时后现代性开始对现代性进行质疑，认为西方“故事”无论编造得多么美好都是虚假的，开始以更加客观的视角和态度看待自己和整个世界。第二章重点聚焦文本里的先秦人性论，从理性、感情和欲望三个方面分析并认为三者都是情感的。本章的探讨开始于神话，通过对先秦文本中关于神话内容的分析揭示了久远年代人们对自身和世界的看法。在近年来对中国古代思想的研究中，“情”占据了重要的位置，这些研究突破了理性—激情二分法。在先秦的诸多文献中，“情”与人性有着密切的关系，尽管诸子百家的人性论不尽相同，但明确不变的是人的情感来源于人的本性，只有面对现实内心有了情感性冲动和力量后人们才会深入思索人生。要想使人性论对建设美好社会有所帮助就要做到让个体生命有所提升，先秦思想家在这方面树立了榜样——君子与圣人。君子通过全面长期的修为获得美好品格，但依然没有达到人性最完美的境界，圣人比君子高一层级，其掌握了万事万物的发展规律，他追求人性的完整。后记主要是作者多年来对人性、中国传统思想、美好生活等的思考。在西方种族主义、民粹主义、右翼思想等势力抬头的今天，一些人对中国传统思想的误解越来越深并借此“幻象”指责中国，通过对先秦人性论的文本阐释回应西方霸权式的话语体系和“民主原教旨主义”是有意义的，借重检先秦人性论提醒人们重视人性的力量并以此抵抗混乱的生活、实现美好社会的探索之路。

本书揭示了西方对东方尤其是中国产生“幻象”的原因、意图等，试图以中国本土立场和情怀重新考察先秦人性论，研究中尽量规避复杂的哲学和宗教概念，深入探讨先秦文本让人性论更加真实。

伦理世界研究 刘淑萍，江苏人民出版社，2020

伦理学是对人生存价值的关注，是“深思人的居留”。在中国文化传统中，建立一个道德世界，实现天下治平，是历代士子的学术追求。伴随着社会现代性的艰巨转型，现代社会伦理精神危机凸显，社会伦理而不是个体道德愈益成为先哲们探求的重心。转型中国社会发展中的种种乱象，现象形态表现为道德缺失，实质上是伦理问题，准确地说表现在伦理——道德生态链的断裂。

本书以建构中国道德哲学的“伦理世界”为理论诉求，积极回应西方现代社会伦理发展困境，努力探索中国现代道德建设的实践路径。

全书分为五章。进行道德哲学探讨并研究伦理变革及实体建构现实问题。第一章“伦理世界的道德形而上学”探讨了伦理、道德及其相互关系，分析了“伦理世界”的深刻含义。第二章“中国文化的‘伦理世界’”探讨了伦理世界与文化精神的关系，阐述了中国文化中“家国一体”的伦理世界、作为中国文化“伦理世界”的精神元素：“五伦四德”、中国文化“伦理世界”的文化机制——情理；探析了中国文化“伦理世界”的异化问题。第三章“西方文化的‘伦理世界’”分别探讨了希腊“伦理世界”、基督的“伦理世界”以及契约“伦理世界”，分析了西方“伦理世界”的文化条件。第四章探究了“黑格尔的‘伦理世界’”，阐述了黑格尔“伦理世界”的理念、黑格尔“伦理世界”的社会基础以及黑格尔“伦理世界”的体系。第五章探讨了“公民的‘伦理世界’”，分别从“公民的家庭伦理世界”和“公民的国家伦理世界”两个层面探究了公民的“伦理世界”，认为伦理世界的主体精神就是公民的道德世界。

中国伦理学70年 王小锡等，江苏人民出版社，2020

本书全面而系统地展现了新中国成立70年来中国伦理学发展中富有

创新性的思想观点、最具争议性的理论论题和最具代表性的学术文献，简要而深入地评述了新中国伦理学研究的历程与概况、学术路径与理论成就，并力图做到“镜像式”展示，以帮助广大读者获得对我国70年来伦理学发展的整体把握和系统理解。本书共有二十九章，既对伦理学的学科体系、研究方法和道德的本质、功能进行了系统的述论，又对伦理学的诸多分支学科的研究成果进行了全面的梳理和分析，包括应用伦理、经济伦理、企业伦理、管理伦理、劳动伦理、金融伦理、乡村伦理、环境伦理、体育伦理、政治伦理、行政伦理、科技伦理、教育伦理、法律伦理、生命伦理、宗教伦理、性和婚姻家庭伦理、传媒伦理、网络伦理、军事伦理、艺术伦理、文学伦理、中国传统伦理思想、西方伦理思想、马克思主义伦理思想等，呈现了一幅中国伦理学70年发展“全息图”。

序言“新中国伦理学70年发展述要”，介绍了中国伦理学学科从孕育期、初创期到发展期的发展历程，总结了中国伦理学的发展成就及主要问题。第一章“伦理学学科体系”，介绍了中国伦理学学科体系研究从开创和奠基、严重挫折、重建与勃兴到多样化繁荣的基本历程和主要问题。第二章“伦理学研究方法”，介绍了中国伦理学研究方法从马克思主义研究方法应用期、多种伦理学研究方法争鸣期到中国特色伦理学研究方法形成期的发展历程，讨论了辩证法与形而上学、新研究方法等主要问题。第三章“道德本质”，介绍了不同历史时期对于道德本质问题的探讨，讨论了西方传统、中国传统、马克思主义的道德本质观。第四章“道德功能”，介绍道德功能研究从初步研究、恢复与起步、多维研究到研究黄金期的发展历程，讨论了道德功能、公民道德教育和等主要问题。第五章“应用伦理”，通过图表展示了应用伦理学各类别的发文量及趋势，从基本问题、国内外研究比较和学科内外部关系方面阐述了应用伦理学研究的主要问题。第六章“经济伦理”，介绍了经济伦理研究从萌芽期、形成期、繁荣期到新发展期的发展历程，从本体论问题和基本论域问题介绍经济伦理学研究的主要问题。第七章“企业伦理”，分析了企业伦理研究从自发起步、自觉丰富到深化创新的发展历程，从学科定位、研究任务、社会责任、伦理规范、道德建设等方面阐述企业伦理研究的热点问题。第八章“管理伦理”，分析管理伦理研究从萌芽期、形成期、成熟期到发展期的发展历程，总结了管理伦理研究涉及的重要主题、观点和存在的主要问题。第九章“劳动伦理”，分析了劳动伦理的研究历程、主要研究成果、研究概况及其特点，从基本问题研究、拓展性研究、体面劳动研究和劳动正义问题方面介绍了劳动伦理研究的主要问题。第十章“金融伦理”,分析了金融伦理研究从萌芽、形成到繁荣的发展历程,讨论了金融伦理研究的基本问题和相关热点问题。第十一章“乡村伦理”,分析了乡村伦理研究从探索时期、萌芽时期到快速发展时期的发展历史,分析了乡村经济、村庄秩序、家庭关系、环境正义、道德教育及伦理文化重建等方面的主要问题。第十二章“环境伦理”,分析了环境伦理研究的基本历程和概况,从学科性质、研究对象、研究内容、人类中心主义与非人类中心主义之争入手介绍了环境伦理研究的主要热点问题。第十三章“体育伦理”,梳理了中国体育伦理研究的发展历程和主要观点。第十四章“政治伦理”,回顾了中国政治伦理研究的70年历程及其研究得失和未来展望。第十五章“行政伦理”,回顾了中国行政伦理研究的三大历史阶段及其主要研究成果,分析了概念界定、研究对象、价值基础、制度伦理等热点问题和主要观点。第十六章“科技伦理”,分析中国科技伦理研究从孕育期、初探期、开创期到发展期的发展历程,介绍了科技伦理中“科技工具论”和“科技至善论”、科技与道德的关系、科技工作者的道德规范和新技术应用等主要问题。第十七章“教育伦理”,分析了中国教育伦理研究从酝酿期、发展期到有序繁荣期的三大发展阶段,讨论了学科建设、理论发展、师德问题、立德树人等重要教育伦理问题。第十八章“法律伦理”,分析了中国法律伦理研究的基本历程和概况,讨论了法律伦理的本体论问题和基本论域问题。第十九章“生命伦理”,回顾了中国生命伦理学的研究历程和概况,讨论了生命伦理观、辅助生殖技术、安乐死与临终关怀、器官移植等重要伦理问题。第二十章“宗教伦理”,介绍中国宗教伦理研究从方法确立、学科创立、初步发展到快速发展的发展历程,阐述了宗教伦理的研究概况和主要问题。第二十一章“性和婚姻家庭伦理”,介绍了此研究的基本历程和概况,讨论了学科界定、婚姻家庭关系、性交易、性别运动等主要问题。第二十二章“传媒伦理”,介绍了传媒伦理研究的初探期和发展期概况,讨论了学科界定、基本原则、价值冲突、案例审视、机制构建等主要问题。第二十三章“网络伦理”,介绍了网络伦理研究从初步探索、全面繁荣到纵深发展的发展历程,梳理了中国网络伦理的研究成果及不足之处。第二十四章“军事伦理”,介绍中国军事伦理研究的初步兴起、学科形成、理论体系建立并日益发展过程,讨论了军事伦理学的学科界定和研究领域两大问题。第二十五章“艺术伦理”,介绍了艺术伦理研究的基本历程和概况,讨论了学科定位、概念界定、艺术与道德关系等重要问题。第二十六章“文学伦理”,介绍了我国文学伦理研究从西学东渐、命名之争到走向实践的发展历程,而讨论了文学伦理学批评、文学道德责任、学科设置以及文学与道德关系等重要问题。第二十七章“中国传统伦理思想”,介绍了中国传统伦理思想研究的发展历史,讨论中国传统伦理思想研究的主要问题及正反经验。第二十八章“西方伦理思想”,介绍西方伦理思想研究从初步奠基、全面深化到发展繁荣的基本历程,讨论了西方伦理思想研究的热点问题。第二十九章“马克思主义伦理思想”,介绍了马克思主义伦理思想研究从坎坷曲折、变革进步到繁荣发展的发展概况,讨论了马克思主义伦理思想研究的六大主要问题。

成人之道:儒家伦理文化 唐凯麟、陈仁仁,山东教育出版社,2020

本书是“儒家文化大众读本”丛书中的一册。传统儒家文化是一个博大精深、内涵丰富的体系,在这个体系中,伦理道德问题是它致思的焦点和解题的路径。本书分为儒家与伦理、心性与德性、人格与修养、人伦与社会、五常与做人、原则与方法、传统与现代等部分,儒家伦理是教人如何“成人”,如何在社会生活中扮演好自己的角色,主动自觉地承担自己的责任,履行自己的义务,同时又能活出自己的人生境界,培养和成就某种品格。伦理道德是构成民族文化传统的核心部分,可以为中华民族伟大复兴提供深厚的思想文化资源。

第一部分“儒家与伦理”,认为孔子作为儒家学派的创始人,他的伦理智慧在某种程度上决定了儒家思想文化的伦理型特征。又由于儒家思想文化在中国传统文化中居于主流地位,所以整个中国传统文化从总体上都表现为一种伦理型文化。儒家伦理文化又是一个包含了诸多层次的复杂体系,这就决定了它本身具有多方面性质相结合的特征。不管它有些什么特征,作为一种伦理文化最终必须要落实到人伦日用中来,要能够对人的现实生活产生影响,这是伦理的根本功能。伦理功能的实现,可以有很多途径,儒家伦理主要是通过礼乐教化来实现其对社会人生的影响。第二部分“心性与德性”,讲述了儒家伦理以德性(美德)为中心,向社会政治与个体人生两个维度展开。在社会政治维度上,主要是道德规范上的意义,但同时又强调这种对道德规范的遵循乃是有人的内在德性作根据的,从而清除了外在规范对个人道德自由的压抑。在儒家伦理思想中,规范乃是以德性为前提和基础的,因而儒家伦理从根本上说是种德性伦理。儒家德性伦理的理论基石和背景是“天人合德”观,其直接的根据是“心性”观。当儒家把心性归之于“天”时,就赋予了儒家伦理道德以形上性。儒家心性论的一个核心问题是人的本性善恶问题。而若要将德性贯彻到具体的个体人生中,就关涉到个体人生成就自身德性的进路问题,“尊德性”与“道问学”正是儒家成德进路的两条基本线索。第三部分“人格与修养”,认为心性与德性必须落实到人的道德品质修养上来,否则就是空谈,而与伦理的实践性不相符,也不可能对实际社会人生产生长远的影响。道德品质修养的目的无非是要培养高尚的道德人格。道德人格与心理个性意义上的人格是不一样的,它是从人这个类意义上来讲的,儒家伦理严于人禽之别正体现了这一点。孟子认为,人与禽兽之间的区别非常非常小,只那么一点点,那就是人具有道德意识和道德品质而禽兽没有,正是这么一点点区别,使人成为人,具有自己的人格,在儒家看来,每个人都有自己的人格,是因为每个人都有道德本性,但是由于人的道德本性的隐显与发挥程度不同,从而使得人格有境界高低之别,从小人到士君子,再到贤人、仁人,最高的理想人格是圣人,这是儒家的人格进路。儒家伦理不论是讲心性,还是讲人伦,或是讲待人接物,或是讲平治天下,无非是讲“成人之道”,即教人如何成就自己的高尚人格。贯穿于不同层次的人格之终始的是“德性”。德性有深浅广狭之异,通过修养可将德性培植和扩充,修养到哪个层次就可以扩充到哪个层次。第四部分“人伦与社会”,认为个体人格修养的成果,必须放在广泛的社会关系中才能获得检验,所以人格修养绝对不是独自一人关起门来就可以实现的,它必须在社会人伦中完成。儒家伦理把社会上人与人之间的关系条理化而概括为五种关系,即所谓五伦:君臣、父子、夫妇、兄弟、朋友。当然,在现代社会,传统的人伦关系只能起到一种可资借鉴的参考作用,而不能简单地取代现代人伦关系。因为在新的社会条件下,人与人之间的各种关系不仅应该有新的具体形式与之相适应,而且产生些新型的人伦关系也是不可避免的。第五部分“五常与做人”,探究了儒家伦理中五种最基本的道德规范,即“五常”。在儒家那里,“五常”诸德目之间的重要性是不一样的,依仁、义、礼、智、信之序,一般排在前面的比排在后面的要更重要些。如果我们把“五常”从它的具体社会条件中抽离出来,放在更广阔的社会人生语境中来考察,就会发现它具有某种普遍的意义和价值,它仍然可以作为指导人际关系的道德行为规范,它从本质上还是教人如何做人。第六部分“原则与方法”,认为儒家伦理中仁、义、礼、智、信等基本德目和所有伦理活动,其背后都含有儒家道德实践中更为一般性的方法论原则。比如忠恕之道的道德思维方法,重义轻利的行为选择模式,中庸之德的行为选择标准,以及以权返经的对待道德冲突的态度等等。儒家伦理中的具体德目更容易受制于具体的时代条件而具有比较大的局限性，而这些一般性的方法论原则在某种意义上更能够超越时代的限制而具有更加久远的价值，所以，相对于儒家伦理中的具体道德规范和德目而言，这些道德上的方法论原则更是儒家伦理的精华所在。第七部分“传统与现代”，认为传统是历史的积淀，但并非历史本身。真正的传统不会因某个具体历史时期的终结而终结，它会依然以某种方式得以传承。民族传统是一种历史经验，虽然其中有不少不可避免地打上了深刻的历史烙印，成为一种过时的保守的力量，但其中的精华部分所构成的民族优良传统，却往往能超越历史时空的界限，成为一种新文明的积累。一个民族的传统伦理道德文化是构成该民族传统文化的核心部分，也是该民族传统文化的主要载体，因为任何一个民族的传统文化得以传承和延续的力量和原因，都不是以强制性的法律为前提的，而是对一定道德观念社会认同的结果。所以一个民族在走向现代的过程中，必须正确对待本民族的传统伦理道德文化。我国传统伦理道德文化的主体是儒家传统，所以我们有必要发掘儒家优良的伦理道德传统，以更好地促进我国实现现代化。

社会转型时期伦理热点问题十五讲　喻文德，湖南大学出版社，2020

本书所言的社会转型时期特指改革开放以来我国从计划经济向市场经济转变的历史过程，在这一过程中人们的社会生活、价值观念等都会发生全面而深刻的变化，由此伦理道德领域产生了一系列问题。本书是作者对社会转型时期的伦理问题的思考。

本书共有十五讲。第一讲“价值是什么：价值的形而上学追问”，认为价值概念有三种形态，经济学意义上的价值概念是最初形态，价值哲学意义上的价值概念是价值概念的引申形态，日常用语意义上的价值概念是价值概念的泛化形态；价值是主体实践活动的内在原则和精神支柱，是客体的一种关系属性，它源于主体的需要和主客关系。第二讲“‘价值围城’：非物质价值的货币化”，认为“价值围城”严重腐蚀了人们的精神生活，导致了生存、人际关系和社会发展的物化，继而导致了现时代国人精神生活所遭遇的现代化困境，要想走出“价值围城”就要树立正确的价值观，义利并重，心物并重。第三讲“发展的价值导向：为什么而发展”，论述发展涉及人类生活的整体变迁，需要发展伦理学对发展实践进行价值审视，其中通过价值导向的价值清理、价值批判和确立发展的价值总目标对社会各成员的价值取向产生引导和制约的作用，也为整个社会发展提供价值指引和终极目标。第四讲“社会主义核心价值观:中国崛起的精神动力”,论述社会主义核心价值观是对中华民族精神家园的一种总体设计,为整个社会的伦理运行描绘了一幅动人的图景,内蕴着国家伦理、制度伦理、公民伦理的互动机制。第五讲“领导干部道德:社会主义核心价值观建设的关键”,主张领导干部要在培育和践行社会主义核心价值观中充分发挥模范带头作用,切实加强领导干部道德建设,预防领导干部道德失范对社会主义核心价值观建设的严重危害。第六讲“分配正义:从市场正义到社会正义”,主张分配正义的核心在于分配原则,在市场经济条件下市场正义是一把双刃剑,在道德上具有两面性,因此需要社会正义对市场正义进行矫正,既要保障自由,又要促进平等。第七讲“善恶并存的资本:伦理规约刻不容缓”,论述资本具有善恶二重性,资本的反道德性在于其原始积累的掠夺性、逐利的贪婪性、增值的剥削性和文化的媚俗性,资本之恶对发展有诸多不利影响,因此要对其进行伦理规约,做到以人为本、义利兼顾、天人和谐等。第八讲“道德资本:能否借道德以谋利”,通过介绍与道德资本概念相关的争论澄清道德是目的与工具的统一,以利益为动机为追求利润而鼓动道德是对道德的亵渎。第九讲“经济与伦理的较量:食品技术的伦理规制”,在经济利益驱动下食品技术被滥用带来了一系列问题,如违规添加非食用物质和食品添加剂、滥用化肥农药以及动植物生长调节剂、违规进行身体实验等,面对这些败德行为我们要引入伦理规约,坚持以人为本、责任原则和不伤害原则。第十讲“生育、疾病与死亡:生命伦理如何应对”,介绍异源人工授精、代孕、克隆生殖等与生育相关的伦理问题,基因治疗、器官移植、人类胚胎干细胞研究等提升生命健康水平相关的伦理问题,放弃治疗、临终关怀、安乐死等与死亡相关的伦理问题,均存在伦理争议。第十一讲“负重前行:中国现代性道德转型”,就当前中国的道德现状进行初步分析,描述不同的关于当前中国道德现状的观点,讨论道德善恶的评价标准,试图提出道德现状转型与重塑的方法。第十二讲“道德信仰危机:转型期深层道德难题”,通过对道德信仰的内涵、实质和价值的分析指出道德信仰危机的根源,并试图从让人们坚信道德是人的存在方式和生活方式的角度化解道德信仰危机。第十三讲“学会感恩:大学生亟待加强的必修课”,分析感恩的由来、本质与意义,指出当代大学生感恩意识的缺失,将大学生感恩教育与和谐社会的构建结合起来培养大学生感恩自然、感恩他人和感恩社会的观念。第十四讲“世俗道德:现代社会的平民道德”,世俗道德是将道德建立在现实生活基础之上的淑世道德,具有现实性、人本性、平凡性的特点,但其存在实利主义、享乐主义、庸俗化等局限性，世俗道德表现为日常道德、商谈道德、底线道德和次道德，旨在使道德回归现实的生活和真实的人性。第十五讲"善治愿景:美德与美德社会"，美德作为一种价值目标一旦确立起来对于追求者来说意味着一种无比崇高的道德品质，但因其代表着完美的追求导致其包含着某些局限性，美德社会中道德的个人与道德的社会必须实现统一，因此我们要从构成社会的人以及社会本身寻找依据。

信息文明的伦理基础 段伟文，上海人民出版社，2020

本书主要为信息文明的伦理反思与实践提供理论基础，并对当代信息技术所引发的伦理问题形成了一系列基调性认识。

全书由四大部分构成。导论部分聚焦信息技术伦理构建的基本层面、内涵与策略，首先从科技伦理、工程伦理、专业伦理、责任伦理、权利伦理、规范伦理等多维度分析信息技术伦理的属性，然后对隐私、安全、责任、权利、赋权、包容等信息技术伦理的核心问题做出必要的廓清，进而对相关信息伦理规范中涉及的伦理原则及其基本内涵进行简要的阐述和必要的辨析，最后介绍价值敏感设计争胜性设计、计算机说服与智能化助推等信息技术的实践策略。第一部分探讨信息网络空间的本质、网络交往的社会心理分析、信息网络空间的治理与自治、虚拟生活的自我伦理、网络新媒体生活的伦理调节。第二部分讨论虚拟现实的社会伦理问题及其应对、大数据的伦理问题与规范、数据智能的算法权力的边界与校勘、数据智能的价值偏向与争胜性设计、人工智能的价值审度与伦理调适、机器人伦理的基本进路与伦理规范。主要思路是将信息技术伦理视为一种开放的和未完成的伦理，通过行动者网络分析等方法揭示信息技术新发展中的价值内涵并加以反思与审度。结论部分走向智能化的实践智慧，在总结全文的基础上进一步探寻信息技术所带来的智能化时代的实践智慧问题。

努斯鲍姆"好生活"伦理思想研究 郑琪，社会科学文献出版社，2020

在努斯鲍姆看来，在德性和"好生活"之间存在一条裂缝，运气可以通过这条裂缝作用于"好生活"。努斯鲍姆通过古希腊悲剧，富有新意地揭示了脆弱性与"好生活"的关系，把人的有限性的伦理意义行了深层次的阐发。同时，"人是政治动物"，个人的幸福要在城邦中得到实现，努斯鲍姆"好生活"思想也必然要探讨政治哲学视野下的"好生活"问题。其试图运用一种与契约论完全不同的"能力理论"路，对罗尔斯的社会正义思想行补充和完善。努斯鲍姆“好生活”伦理思想和政治哲学思想具有内在理论关联,伦理学作为努斯鲍姆“好生活”的起点为政治哲学研究开辟了道路,努斯鲍姆从对个人“好生活”的追问转向对政治共同体“好生活”的追寻具有理论和现实的必然性。

全书共有五章。第一章探究了努斯鲍姆“好生活”伦理思想的缘起,认为努斯鲍姆“好生活”伦理思想是在批判和继承前人伦理思想的基础之上建立的,而且他把古希腊和现代的哲学和文学资源都视为重要的伦理思想来源,其伦理思想不仅具有哲学的思辨意味,还具有文学的吸引力和感召力。努斯鲍姆“好生活”伦理思想是在德性伦理学复兴的背景之下形成和发展的,她的思想深受古希腊、古罗马时期的柏拉图、亚里士多德、斯多葛学派,以及现代的麦金太尔、伯纳德威廉姆斯、阿马蒂亚森等人伦理思想的影响。第二章谈论了努斯鲍姆“好生活”伦理思想的内容,在她的《善的脆弱性》这部伦理学著作中,努斯鲍姆集中讨论了悲剧性冲突、运气、脆弱性、理性、德性和“好生活”的关系性问题,她用大量篇幅探讨了古希腊悲剧诗人通过悲剧带给人们的思考,以及古希腊哲学家(这里主要指柏拉图和亚里士多德)有关运气和“好生活”的伦理思想。虽然努斯鲍姆不是第一个探讨运气的现代哲学家,但是她运用古希腊悲剧和哲学思想对运气和“好生活”进行关系性研究着实让人耳目一新,为当代的德性伦理学研究提供了一个新的视角。第三章是对努斯鲍姆“好生活”思想的实践探索,认为幸福不仅仅是灵魂合乎德性的实现活动,也是人应该在其一生之中努力追求的,人是政治动物,个人的生活和幸福与城邦密不可分,个人的幸福应以城邦幸福为目标。拥有好品格对于“好生活”来说并不是充分的,好品格需要在行动中彰显和体现,而“人的行为恰恰是政治学的前提与题材”,“最高的善即人的好生活或幸福,亚里士多德认为,应当由最高的科学即政治学来把握”。在《善的脆弱性》之后,努斯鲍姆“好生活”伦理思想出现了政治哲学转向,我们也可以将她之后的思想归结为对“好生活”的实践探索,包括教育探索和正义探索。“好生活”离不开德性,如何培养德性和人性是努斯鲍姆教育思想探讨的核心问题,教育探索把努斯鲍姆伦理思想和政治哲学思想紧密地联结起来,并为正义探索开辟了道路。尽管努斯鲍姆的“诗性正义”思想并不成熟和完善,但是“诗性正义”是努斯鲍姆对正义实现进行的早期有益探索,“诗性正义”为基于能力理论的社会正义思想奠定了基础。第四章探究了努斯鲍姆“好生活”思想的内在要求:实现正义。作为政治动物的人,德性的实现即人的政治性体现,政治性的德性即正义,努斯鲍姆"好生活"伦理思想转向政治哲学研究之后,她在寻求一种有尊严的生活过程中必然要积极探讨正义问题,对于个人来说,"公正常常被看作德性之首",正义和公正问题异常重要,对于政治共同体来说,人与人之间的交往也离不开公正问题,公正是"交往行为上的总体的德性",所以正义问题的研究也是努斯鲍姆政治哲学研究的重点,实现正义是"好生活"思想的内在要求。虽然努斯鲍姆在早期进行了"诗性正义"的探索,但是正如她自己所意识到的那样,"诗性正义"并没有很好地解决社会正义问题,努斯鲍姆在借鉴和吸收当代正义理论优秀成果的基础之上,阐发了颇具影响力的正义思想。在20世纪的所有正义问题研究中,罗尔斯的正义理论影响最大,努斯鲍姆的正义理论则是在批判和继承罗尔斯正义理论基础之上展开的。努斯鲍姆不仅直面罗尔斯三个悬而未决的正义问题并进行讨论,她还试图把能力理论作为实现正义的进路。可以说,努斯鲍姆的方法和崭新的理论结构为正义的实现提供了与众不同的思路。第五章是对努斯鲍姆"好生活"伦理思想的分析与评价,作者认为努斯鲍姆"好生活"思想包含以运气为着眼点的"好生活"伦理思想,以培养人性为目的的教育思想,以能力进路为核心的正义思想等理论内容。虽然努斯鲍姆的"好生活"思想内容翔实丰富、学科覆盖面广,但是她的"好生活"思想并不是杂乱无章的学术堆砌,而是具有内在的逻辑统一性,即以伦理思想为根本出发点,以政治哲学为实现路径,以"好生活"为思想旨归。努斯鲍姆的"好生活"思想引发了国内外学者的热烈讨论,因此,对其思想进行客观和公正的评价尤为必要。

在明明德:大学的伦理之基 杨斌、姜朋、钱小军,机械工业出版社,2020

"大学之道,在明明德,在亲民,在止于至善。"大学之大学问在于君子之道,教育最终是要"学好",第一境界在于好好学,学得好;第二境界在于学好(hào),指好奇的心态、好学的习惯、好问的精神、好研究问题、好挑战现状;第三境界在于学好(hǎo),为学之人要有好的品德、修养与价值观。本书是作者对教育所涉过程的深入研究的结果,是对"好"的拷问。

本书分为上下两篇,上篇"大学的伦理维度"共五章,下篇"大学职业伦理课程建设"共六章。第一章"言行德范:大学育人伦理论要",大学初心旨在育人,大学的人性面来自人与人之间特别是师生之间的有温度、有质量的互动,研究生教育发展转型的关键时期要坚持教书和育人相统一、坚持言传和身教相统一、坚持潜心问道和关注社会相统一、坚持学术自由和学术规范相统一;关于深化教育理念、提升教学能力、更好地促进学生成长发展要注意师如何教、亦师所教,生如何学、亦生所学,生如何活、生学良多,生如何学、亦师应学。第二章"师责辨难:大学教学伦理论要",通过本体论伦理学、规范伦理学、应用伦理学的解释厘清教学伦理概念,列举并分析大学课堂教学中存在的伦理问题,在教育手段、教师立场和观点表达、教师讲授的限度、评价学生的尺度、情感因素的去与留、教学目的这六个方面讨论教学的伦理责任。第三章"知止有度:大学学术伦理论要",学术规范和学术伦理关乎科学研究的边界,需要专业机构提醒、评估和把关,这一方面可以参照生物医学领域的伦理审查委员会进行大学伦理委员会的制度设计。第四章"表里之间:大学管理伦理析微",注意对学生、研究生导师、成年学生"家长"、教师、学生组织成员和外籍教师的称呼,做到遵循教育规律。第五章"简历不简:大学管理伦理续谈",学生撰写简历要遵循一定的伦理原则,做到对自己负责,为自己设定道德义务,大学也要对此承担相应的道义责任。第六章"伦理课能教吗:以专业硕士学位项目为中心",在专业硕士学位项目中开设职业伦理课具有必要性,这关乎学生在复杂环境中独立思考的能力和责任,能够弥补基础教育的不足。第七章"伦理课教什么:伦理教育与法律教育的取舍",伦理和法律发挥作用的机理不同而且存在底线之争,尽管如此法律有时也会寻求伦理的帮助,在教育过程中要同时注重两者。第八章"伦理课怎么教:警惕与挑战",伦理课不好教,要警惕过度教学,挑战智识犬儒主义,研究教育与社会对成年学生的影响。第九章"伦理课怎么教:案例教学法的有效运用",合理取舍职业伦理课的教学目标、教学法和教学工具,注重学生的主体性和创造性,传统的教师角色应当发生改变。第十章"个例解析:清华大学经济管理学院工商管理硕士(MBA)'伦理与企业责任'课",通过对这门课的缘起、定位、课程设计与组织、评价的介绍,提醒大学教育要始终保有与时代同向同行的意识,培养拥有正直品德和承担社会责任的人。第十一章"个例解析:MBA 商业伦理课上誓言写作的实效评价",对学生来说伦理教育有利于培养其责任修养,其存在感、荣誉感和道德感依赖于社会、社群的文化结构与承诺人的主观意愿,需要对此方式进行全景化的考察。

新理性直觉主义作为道德形而上学的奠基 陈海,中国社会科学出版社,2020

本书是作者的博士毕业论文,作者从伦理直觉主义入手采取自上而下的论证过程,通过道德心理学的研究成果说明人们具有道德直觉,继而通过对道德直觉的分析证成认识论伦理直觉主义,进而论证新理性直觉主义如何为道德形而上学奠基。

本书共有五章。第一章“伦理直觉主义的前世今生”,通过对伦理直觉主义历史和含义的考察,并在此基础上提出了新理性直觉主义,即一种将具有方法论意义的道德直觉视为道德基础的伦理理论,认为我们通过对道德直觉的反思可以获得道德知识。第二章“从道德心理学现象过渡到道德判断的方法论”,从道德直觉入手,讨论了作为一种心理事实的道德直觉的解释,认为道德直觉作为一种心理事实确确实实是存在的。然后,从情感主义和认知主义两条线索,展开对作为一种心理事实的道德直觉的解释,确认了道德直觉是由认知因素和非认知因素共同构成的,并由此转入作为道德判断方法论的道德直觉的讨论。把道德直觉作为一种道德判断的方法来进行研究,通过给道德直觉和反思平衡建立联系,以及对持基础主义立场的反思平衡的论证表明具有方法论意义的道德直觉作为道德探究的基础。第三章“从道德判断的方法论过渡到道德认识论”,首先利用现象保守主义理论对具有方法论意义的道德直觉进行认识论解释,然后通过认识论伦理直觉主义的标准论证来确定下一步需要展开的工作:论证我们具有非推论性的道德知识。第四章“从道德认识论过渡到道德形而上学”,从多元论直觉主义和一元论直觉主义入手分析新理性直觉主义的道德形而上学。第五章“新理性直觉主义为道德形而上学奠基”,本章为本书研究的目标,新理性直觉主义所主张的作为道德形而上学基础的一条原则——不伤害原则实现了新理性直觉主义对道德形而上学的奠基。

董仲舒德育思想当代价值研究　杨丽,中国社会科学出版社,2020

董仲舒身处先秦、秦汉政治制度大变革时期,政治制度的大变呼吁伦理道德的转变,但西汉慢慢复兴的过程中,中央集权的专制制度并没有稳定巩固,因此为了稳定国家形势、维护中央统一,社会需要普遍意义的道德规范,“罢黜百家,独尊儒术”应运而生。

本书共分为五章。第一章“绪论”,介绍了本书的研究背景、选题依据、研究目的和意义、研究思路和方法等,指出董仲舒的德育思想在中国教育史上占重要地位,本书创新点主要集中在视角创新和内容创新两个方面,运用思想政治教育(德育)的崭新视角阐发董仲舒思想,构建董仲舒德育思想的完整体系,挖掘其历史贡献和当代价值为社会主义道德建设提供理论支撑。第二章“董仲舒德育思想的形成”,从时代背景、主观条件、理论渊源和哲学基础四个方面描述了董仲舒德育思想的形成。第三章“董仲舒德育思想精要”,其德育思想以“独尊儒术”为指导,以“三纲”为核,以“五常”为心,以“任德”为主,以“顺服”为要,从学校教育、社会教育和家庭教育入手并从经济、社会和心理层面保障董仲舒德育思想的实施。第四章“董仲舒德育思想的分析与评价”,其德育思想高度强调德教的作用,以阴阳五行作德育思想的论说根据,设“三纲五常”上下同制,推广私学保障了道德教化同时做到博采众长、与时俱进,实现了教育价值取向一维化,使得“教”与“化”相得益彰,但不能否认的是董仲舒德育思想具有二重性——进步性和局限性并存。第五章“董仲舒德育思想的当代价值及现代转换”,其德育思想是适应西汉王朝统治而诞生的具有高度实践操作意义的道德教化体系,对当今德育变革仍有重要的借鉴价值,但需要对此进行甄别,结合时代特征继承和弘扬董仲舒德育思想的精华,坚持马克思主义的方法使之融入社会主义道德建设和社会实践。

在当代中国,马克思主义道德教育要在中国生根发芽必须要与中国传统相结合,从董仲舒德育思想思考当下中国德育教育具有重要意义。本书对董仲舒德育思想进行研究和梳理,挖掘出董仲舒德育思想的精华,为我国当前的思想道德建设和社会主义核心价值体系的培育和弘扬提供有益的借鉴。

人工智能的伦理和治理 郭锐,法律出版社,2020

如何应对以人工智能为代表的新一轮科技革命带来的伦理和治理上的挑战?这是一个未被以往任何单个学科的研究所涵盖的问题。相比以往的技术,人工智能的独特之处就在于它的“自主性”。换言之,或由于技术本身的特性、或由于其应用过程中社会赋予了它特定角色,当代人工智能技术已经在深度“参与”人的决策。在这个意义上,人工智能技术与传统的工具意义上的技术有质的区别。正是由于这种对人的决策的深度“参与”,人工智能技术导致了短期和长期的伦理问题。本书系统地讨论了这些问题,在社会如何应对新一轮科技革命和产业变革的问题上有思想资源和分析框架上的独创性贡献。

全书共九章。引论由“‘不合时宜’的伦理学”“伦理知识的危机”“人工智能伦理的终极困境”“‘道德算法’的缺陷”“人工智能伦理风险管理”

以及“无法离开的游戏”六部分构成。第一章探究了人工智能的伦理问题从何而来,分析了人工智能的技术特征、存在的伦理问题;探讨了人工智能伦理基本原则以及一些典型的人工智能伦理问题。第二章以“精准营销”为例,探讨了大数据阴影下的隐私问题,分析了精准营销下个人数据的商业价值、精准营销中的隐私疑云之“大数据杀熟”、隐私的可能性与“全景敞视监狱”的弥散以及大数据时代下人的隐私权与人的道德主体性问题。第三章以“推荐系统”为例,探讨了“算法的殷勤和背叛”;具体分析了以“今日头条”为例的推荐系统及其伦理风险,以“内容推荐”为例,认为推荐系统就像一个无形的“信息茧房”,它是“信息捕猎者”的天堂,为其成瘾而设计;分析了算法推荐与社会的多样性的关系,认为算法推荐导致的社会多样性的降低可能导致机会的缩小。第四章以“金融领域人工智能应用”为例,探究了风险控制的“迷思”;阐述了人工智能金融反欺诈的窘境,认为人工智能金融风控过分自信;探讨了“技术之不能”与“社会之能”的关系,提出以社会之能来代替技术之不能,防止过分依靠技术带来灾难性后果。第五章以“自动驾驶”为例探究了机器决策的困境和归责。第六章以“性爱机器人”为例探究了人机关系之惑,分析了作为控制系统的性爱机器人以及对其管制的正当理由,探讨了其中的主奴关系之辩。第七章以“公共决策中的人工智能应用”为例,如“预测性警务”“人脸识别”,探析了用于决策的人工智能伦理问题,认为应该走出“简单化”的路径依赖。第八章以“司法领域人工智能应用”为例,探究了司法领域已有的人工智能应用的伦理问题,包括司法判决的数据开放引发的伦理问题、人工智能中机器学习算法在司法领域带来的伦理问题;分析了人工智能在司法领域的前景:司法是否会被算法取代;探究了未来人工智能在司法中的应用与伦理风险。第九章提出了人工智能伦理与治理的新思路,即风险管理;基于人的根本利益原则和责任原则,作者从算法、数据和社会影响等三个方面提出了人工智能伦理风险的指标;探讨了人工智能伦理风险管理的最佳实践和以企业为例的人工智能伦理委员会。最后余论部分讨论了对人工智能风险的警觉问题、应对的规划以及人工智能的法律角色问题。

儒家角色伦理——21世纪道德视野 [美]罗思文、[美]安乐哲著,吕伟译,浙江大学出版社,2020

本书为“孔子研究院翻译中国”系列之一,将儒家角色伦理建构为当代伦理话语中的艺术术语,由"论翻译与解释:以古汉语文献为例""个人与人:权利享有者与角色扮演者""论'孝'为'仁'之本""《论语》中的'孝'""与家庭和文化同行:儒家思想的时间之旅""早期儒学是否符合西方'美德'标准""碎镜或可重圆:从库伯曼的品格伦理到儒家角色伦理"和"负重而行:儒家文化的代际传承"八个部分组成。本书提出的整体哲学基于关系的首要地位和对人的叙事理解,并且是对基础自由个人主义的挑战,后者将人定义为离散的、自主的、理性的、自由的,并且通常是自私的代理人。儒家的角色伦理从一个关系构成的人的概念开始,把家庭角色和关系作为发展道德能力的切入点,引发道德想象及其作为人类道德实质所激发的关系的增长。

多年以来,罗思文和安乐哲一直致力于中西比较哲学阐释学研究。他们以比较哲学阐释方法,开辟新视野,纠正百年来以西方哲学文化为尊的对中国思想文化的不对称解读,消除误解,消除隔阂,增进相互理解。本书正是以儒家角色伦理为切入点,希望打破中西文化壁垒,探讨儒学当代使命,促进人类命运共同体的构建。

德性伦理生活化反思　童建军,中山大学出版社,2020

德性伦理学不是一种单独的伦理学方法类型,它的理论结构可以是一元论的或多元论的、幸福主义的或非幸福主义的、基础主义的或非基础主义的。本书不是一般地讨论德性伦理在生活中的应用,而是反思德性伦理学在其复兴过程中回应批评者提出的两个根本性问题的合理性。

本书共有五章,第一章"德性伦理的当代复兴"主要介绍经典德性伦理的核心概念以及德性伦理对以功利主义和康德式道义论为主导的规范伦理的批评,并在此基础上提出要辩证看待德性与规范之间在实践中的圆融关系。人的道德成长总是要从习得规则开始,慢慢地将规则内化成第二天性,成为稳定的习惯或者性情。因此,孩童的道德成长始于"不要撒谎""保护动物""爱护环境"等规则训诫。但是,如果成年人因恪守这些道德规则而无法根据情势的改变做出具体的决定,那么,这位成年人就是刻板的甚至迂腐的道德人物。第二章"规范德性伦理"主要论述当代西方德性伦理对道德行动的正当性提供的说明。赫斯特豪斯(Rosalind Hursthouse)、斯洛特(Michael Slote)与斯旺顿(Swanton)等当代西方德性伦理学者的一个重要学术追求是为行动的正当性提供德性伦理的说明。不以义务或者后果去解释行动的正当性,这在赫斯特豪斯与斯洛特之间是共通的。他们彼此之间最主要的区别在于：赫斯特豪斯认为，无论行动者的内在动机、性格倾向或内在生活如何，只要他/她的行为是有德者在相同的情势中依其性格会做的行为，那么，行动就具有了道德正当性；斯洛特强调的是，关键不在于模仿有德者，因为即使是有德者依其品格而为的行动，也可能不具有道德正当性，因此，重要的是，行动者在行动中是否显示出了其内在动机、性格倾向或内在生活。而在斯旺顿那里，关键的是行动总体上符合了德性的目标。第三章"环境德性伦理"、第四章"生命德性伦理"和第五章"法律德性伦理"主要介绍在当代重要的应用伦理议题中德性伦理做出的尝试与批评。在对一些现实问题进行讨论研究的基础上澄清德性伦理学不再是小范围的概念理论，而是作为伦理学研究的第三条路深入到当代应用伦理学实践中了。

伦理学与公共事务(第七卷)　李建华主编，浙江大学出版社，2020

本书是由浙江师范大学国家治理研究院、中国人民大学伦理学与道德建设中心政治伦理研究所、中南大学应用伦理学研究中心共同主办，以伦理学与公共事务为主要研究视域的跨学科专业出版物。目前，已连续出版了六卷，在海内外产生了一定的学术影响，这是第七卷。该书与时代共呼吸，注重原创性、前沿性和动态性，欢迎与伦理学相关的专题研究成果，尤其关注当代中国政治、伦理、公共事务等各个领域的重大理论、重大事件及重大命题，以对实际问题的研究为自己的学风追求，以建设性地解决问题为自己的学术标准，侧重具有国家及世界意义的公共事务问题研究，侧重事关中国国家利益的国际问题研究，侧重影响现实及未来发展的历史研究，力图反映当代中国伦理学与公共事务领域具有一流水准的学术研究成果。

全书共由七个部分构成。第一部分是"当代马克思主义伦理学研究"，其中收录了四篇重要学术研究成果，分别是《马克思及其社会伦理批判》(万俊人)、《马克思主义伦理学可以内含政治哲学吗?》(张霄)、《马克思主义视域下的"人类命运共同体"概念辨析》(王晓路)和《自然世界、历史世界和辩证唯物主义》([美]艾德·普鲁斯著，李西祥译)。第二部分是"伦理学前沿问题研究"，其中收录了一篇重要学术成果《神经伦理学》([加]沃尔特·格兰农著，黄家裕、申佳佳译)。第三部分是"公共伦理学研究"，其中收录了一篇重要学术成果《基于央地互动视角的行业协会管理制度演进分析》(郭金喜、谢威望)。第四部分是"西方政治伦理问题研究"，其中收录了三篇重要学术成果,分别是《社会自由的限度》(周谨平)、《“自由”的当代境遇》(徐正铨)和《从古典政治看世界生活的现代性问题——以“苏格拉底之死”为视角》(郭吉军)。第五部分是“中国传统伦理研究”,其中收录了两篇重要的学术成果,分别是《黄道周“孝”的伦理思想解析——以《孝经集传》列《孟子》条文的考释为例》(谌衡)和《传统伦理的“转换性创造”:李泽厚的伦理进路》(陆宽宽)。第六部分是“学术争鸣”栏目,收录了重要学术成果《格林支持功利主义的理由及其问题——兼与朱菁教授商榷》(张子夏)。最后是“书评”栏目部分,收录了一篇重要学术成果《从理论到践行的演绎——评社会主义核心价值观构建与践行研究》(周琳钰)。

康德伦理学:解读、研究与启示 邓晓芒,文津出版社,2020

这部专集广泛探讨了康德伦理学的立论方式、康德对西方形而上学传统的复兴,以及康德有关道德教育的方法论的思考;作者尤其深入讲解康德伦理学所包含的逻辑结构及自我意识、自由意志等内容:人是人自己造成的;真正的道德不是天地自然或神的赐予,而是人的自由意志建立起来的。康德伦理学颠覆了东方数千年的传统,赋予独立的人以最高的尊严;研究康德可以救治儒家伦理学主体意识和理性的缺失,从而回应当今诸多现实问题和时代精神的感召。

本书分为四大部分,即“康德哲学与中国”“康德道德哲学原理”“康德道德哲学文本句读”和“关于读康德文本的论战”。第一部分“康德哲学与中国”主要从“康德哲学对中国启蒙的意义——在《康德〈纯粹理性批判〉句读》首发式上的讲话”“康德哲学与企业文化”和“论康德哲学对儒家伦理的救赎”三个部分进行论述,阐明了康德哲学对于中国人的重要意义。第二部分“康德道德哲学原理”主要由“康德道德哲学的立论方式”“康德论道德教育”“康德对西方形而上学的复兴”“程新宇《人的尊严和生命伦理》序”以及“在《康德〈实践理性批判〉句读》新书发布会上的发言”五部分构成。第三部分“康德道德哲学文本句读”由“康德‘总论纯粹实践理性的悬设’句读”“康德《实践理性批判》的‘结论’句读”以及“康德‘德行论导论’句读”三部分构成。第四部分“关于读康德文本的论战”主要由“也谈康德宗教哲学中的问题意识和基本概念——回应谢文郁先生”“读后无感还是读前有感——关于王路《研究还是读后感》的几点回应”以及“再谈读前有感和读后无感——对王路先生回应的回应”三部分构成。

本书既有专论,也有句读,包含了作者数十年研究康德哲学和伦理学的一系列重要心得。100年前,鲁迅先生以国民性批判相号召,其后新儒学对于如何继承传统也各有阐发;值此"五四"运动100周年之际,邓晓芒先生标举新批判主义的治学理念,从康德伦理学获得启示,借以厘清中华传统文明中被遮蔽的人性的普遍需要,实在可说是为当下的学术研究开一新境。

生命科学领域前沿伦理问题及治理 黄小茹,北京大学出版社,2020

当前,基因编辑、合成生物学、干细胞、神经技术、人工智能等新兴科学技术研究和应用带来了涉及生命健康安全、隐私保护、社会关系、生态安全、资源分配、国家安全等诸多伦理、法律和社会问题,一些存在伦理问题和争议的研究和应用引起国内外学界和社会的强烈关注,既有的科技治理体系面临巨大挑战。科技伦理治理体制是国家治理体系的重要组成部分。研究新兴科技伦理问题及治理,借鉴国际上科技伦理治理实践经验,认识我国社会文化背景下伦理问题的特殊性,思考可能的治理架构和相应的制度、程序、政策等,是健全国家科技伦理治理体制的研究支撑工作。本书是作者近十年来在科技伦理与治理方向上研究的积累,是关于生命科学领域前沿伦理问题及治理较为系统的思考和阐述,期望能够对科技伦理及治理的研究和实践有所贡献。

全书共五章。第一章导论部分从总体上探讨了生命科学领域存在的伦理问题与伦理治理问题,进而探讨了目前我国生命科学领域的伦理问题及治理。第二章探究了社会情境中的科技伦理、法律和社会问题,认为伦理问题折射的是一个国家或地区的社会文化,在具体的社会情境中,伦理问题受到多种因素的干扰,始终处于伦理观念尺度和事实价值选择尺度的共同作用和互相"牵扯"之下。第三章以"转基因技术、神经科学数据、ICT植入物、基因编辑技术"的应用为例,探讨了生命科学领域的前沿伦理问题及应对。第四章探讨了科技伦理问题与政策,认为在一个国家或社会中,不同个体基于各自的宗教信仰、社会背景、受教育程度、现实需求等而有不同的伦理态度和选择,使相应的科技伦理问题的讨论也形成了不同方向。为了引导科技发展,一定的政策、法律和体制约束非常必要。第五章探讨了科技伦理治理体制与机制建设,认为从"边界组织"的视角来看,多主体参与促成了新的治理机制的形成,并且更加有效地推动了新兴科技的伦理治理。建设一个能够将不同类型的利益相关者整合在一起、共同协商治理的平台,也即边界组织,尤为重要。其中,建立各种形式的伦理委员会,包括国家级别、地区级别、机构级别的伦理委员会，并在不同级别建立研究伦理委员会，是多主体参与的一种重要形式，可以成为我国科技伦理治理的一个很好的切入点。

文化伦理学批评理论研究 聂珍钊、王松林主编，北京大学出版社，2020

本书在阐述文学伦理学批评理论的缘起和基本原理的基础上，从跨学科的视域就文学伦理学批评的历史主义特征、文学伦理学批评与美学之间的复杂关系、精神分析伦理批评、后殖民伦理批评、生态伦理批评、叙事学与文学伦理学批评、形式主义伦理批评、存在主义伦理批评、马克思主义伦理批评等方面的问题进行了讨论。

本书共有十一章。第一章“导论：文学伦理学批评的理论基础”，解释了文学伦理学批评的定义，介绍了自然选择、伦理选择和科学选择以及如何从伦理选择转向科学选择；第二章“从伦理批评到文学伦理学批评”，重点介绍了文学伦理学和文学伦理学批评，文学伦理学批评在文学伦理学研究和伦理批评的基础上兴起与繁荣；第三章“历史主义视域下的文学伦理学批评”，在阐释历史主义和新历史主义的前提下概述了从古希腊到文艺复兴时期的伦理观的历史演变，进而展示了感性主义伦理观和理性主义伦理观的差异性；第四章“美学伦理批评”，首先从概念上对美学和伦理学进行辨析，指出美与善在何种意义上互通与融合，美学伦理批评最终实现至善和至美；第五章“精神分析伦理批评”，再思考压抑理论、无意识与文学本质的伦理学，阐释集体无意识和文学的起源，并从主体、语言和欲望的角度思考俄狄浦斯情结；第六章“后殖民伦理批评”，澄清后殖民作家不是“戴着白色面具的黑人”，阐释殖民伦理、家国臆想和焦虑以及对殖民伦理和帝国殖民政治的担忧；第七章“生态伦理批评”，概述生态批评的发展情况，介绍生态批评的理论基础与特征及其实践，在此基础上展望生态伦理批评的发展趋势；第八章“叙事学与文学伦理学批评”，探讨两个转向——从“叙事转向”到“叙事学”和从“伦理转向”到“文学伦理学”，进而明晰叙事学的“伦理转向”与文学伦理学的“叙事转向”；第九章“形式主义伦理批评”，在形式主义的反道德批评基础上明确文学性与文学的伦理本质，解释陌生化与审美过程的非道德评判和表明诗性语言与文学的伦理属性；第十章“存在主义伦理批评”，通过重点介绍萨特“人的自由先于人的本质”的存在主义理论解释为何文学伦理学批评意味着“人是一种伦理的存在”,同时探讨何为自由选择的道德依据;第十一章“马克思主义伦理批评”,借助文学的道德起源论与文字的教诲功能介绍马克思主义伦理批评及其相关概念。

伦理与无限:与菲利普·尼莫的对话　[法]伊曼努尔·列维纳斯著,王士盛、王恒校译,南京大学出版社,2020

伊曼努尔·列维纳斯是法国著名哲学家、伦理学家,《伦理与无限:与菲利普·尼莫的对话》一书是对法国文化广播电台录播的访谈的修缮与补充,简洁展现了列维纳斯的哲学思想。此书中,列维纳斯亲口讲述其现象学致思之路,并梳理了其伦理现象学的核心概念。

本书集结了列维纳斯与菲利普·尼莫关于十个主题的对话。《圣经》与哲学:通过对经典书籍的阅读找到思考的对象,感受“不在场的真实的生活”,在此意义上《圣经》是最卓越的书,因为它阐明了最初的事情并让人们得以理解生命的意义;《圣经》不必要与哲学达成一致,哲学本质上与上帝有关,但经文不能代替证据;诸多哲学家的思想启迪了列维纳斯,甚至是其思想的线索。海德格尔:动词性的“存在”在海德格尔那里得以复苏,《存在与时间》旨在描述人的存在或生存;海德格尔后期作品中的现象学消失了,他开始转向词源学,但海德格尔的思想为大家提供了一种新的阅读哲学史的方式——直接与哲学家对话以及向伟大经典寻求对当下有所教益的方式。“il y a”:“il y a”无人称性,它是一种沙沙作响的静默,它不是存在之物也不是虚无。存在之孤独:《时间与他者》研究人与他人的关系,时间不是单个人的主体成就,而是主体与他者的关系本身,存在是孤独中的绝望,在与他者的直接关联中主体得以出离孤独,继而出离存在。爱与子:爱欲中存在者之间存在他异性,与黑格尔“同者和非同者的同一性”不同,他异性与二元性在爱情关系中不会消失,爱欲既不是斗争也不是合一更不是认知;亲子关系也存在他异性。秘密与自由:《总体与无限》中将“总体”和“无限”作为一对概念意味着对“总体”的批判,矛头直指以普遍综合为模式的哲学史,道德并不依附于总体而是独立的第一哲学。脸:《总体与无限》中对脸的描述是伦理性的,即不能对人的脸做物的理解,脸是直接性的不带背景的示意,它独自即是意义,与话语相联系。对他人的责任:《异于存在或本质之外》中所谈的责任是主体(性)的基础性、首要性和根本性结构,责任是为他人的责任,主体承担的责任不可让渡。见证之荣耀:伦理要求是对神圣性的要求,一个人任何时候都不能说自己尽了全部的义务,因此伦理要求中存在一种无限;伦理见证是一种灵启,以这种模式见证无限、上帝等,上帝的荣耀即“异于存在”。哲学之难和宗教之慰藉:预言是灵启的基本模式,成为了宗教的、具体的形式的预言让人们得以慰藉,伦理主宰着《圣经》全书,哲学不一定会带来宗教那般的慰藉,两者不是一回事。

学术活动

数字伦理前沿论坛(2020)暨中国科技新闻学会数字传播伦理专业委员会揭牌仪式

参加人员:来自清华大学、北京师范大学、中国社会科学院新闻与传播研究所、苏州大学、腾讯研究院、中南大学、中国传媒大学等高校和研究机构的专家学者,以及新华社、光明日报、经济日报、中国教育报、中国科学报、中国高等教育杂志、网络传播杂志、中国社会科学网等媒体单位的业界人士汇聚一堂,共同参加了数字伦理前沿论坛(2020)

主办单位:由中国科技新闻学会和中国传媒大学指导,中国传媒大学协同创新中心、中国科技新闻学会数字传播伦理专业委员会、中国传媒大学国家传播创新研究中心和数字伦理研究所联合主办,北京市高校高精尖学科建设项目(中国传媒大学互联网信息学科)提供支持

时间:2020年1月4日

地点:中国传媒大学

主要议题:就智能媒体、大数据等科技现象及其引发的信息传播领域的伦理问题,展开了跨学科和多维度的研讨

一、数字时代的伦理边界

清华大学新闻与传播学院常务副院长陈昌凤教授做了题为《信息个人化与算法推荐:现状与前景分析》的报告。她认为,算法深刻地介入到了新闻采访和新闻发布环节,并加深对新闻写作阶段的渗透,围绕算法的规则,用户也会有意识地与其进行交互;从文化意义和价值观出发,她也探讨了“个性化新闻”是否局限了人们的信息范围和媒体的公共性、专业性等问题。北京师范大学艺术与传媒学院院长胡智锋教授就数字艺术伦理新边界进行了分享。他认为,传统的艺术美学伦理问题被颠覆,从而进入一种不确定的状态;在数字艺术新语境中,在高度艺术化和戏剧化的叙事情境下,“真与假”“善与恶”“美与丑”这三对基础概念的边界不再清晰。苏州大学传媒学院执行院长陈龙教授做了题为《大数据算法的公共性背离风险》的发言。他主张,数字传播的本质即为社会控制,其形成了精准投放和针

对性传播修辞。数字算法传播营造的特殊拟态环境所导致的算法迷思,塑造的“认同”和偏执型人格加强了这一社会控制。因此,一场数字传播的“启蒙”在当今数字平台霸权式的操控之下亟须到来。中国传媒大学国际传播研究中心主任陈卫星教授在点评中提出,新闻信息源越来越多地在个人身上形成,一种策展的方式,一种定制的新闻正在出现,但这一趋势加剧了人的单向性困境和被操纵性可能以及社会范围内公共性讨论的缺失,这正可以从传统艺术美学“真”“善”“美”等理念的模糊状态中找寻答案,而就国际语境而言,可以先从商业伦理的相关规范开始着手做起。

二、数字伦理的价值追问

上海交通大学媒体与传播学院院长李本乾教授在题为《人类社会和谐发展的新秩序:数字伦理》的发言中指出,人类伦理和人工智能伦理的概念需要进行区分,人工智能伦理超越了“物我两分”的格局,而一种人类和谐发展的新秩序是未来的发展方向。中国社会科学院新闻与传播研究所副所长季为民研究员就2019年我国新闻伦理研究的成果、问题和趋势进行了综述性分析。华中科技大学新闻与信息传播学院袁艳教授带来了题为《谁的AI(爱)心陪伴?——对中国儿童智能陪伴机器人伦理的性别追问》的研究分享。她就儿童智能陪伴机器人的发展现状发出质问,AI能等于爱吗?这是一种怎样的爱,又是谁在爱?从“性别与技术”角度切入,她追问了技术如何被性别化和二者相互建构的关系问题。腾讯研究院研究员余潸倩分享了报告《科技向善,开启一场社会实验》。她认为,科技向善的实践应该从学界的理论思考中汲取营养,而运用技术手段去解决一些社会固有问题是可以尝试的。从条款理念到实践行动,科技向善的真正“落地”离不开社会业界和前沿研究的合力,最终期待一线产品设计师的产出,而科技向善的实践如何规避商业利益的诉求也值得进一步思考。北京师范大学新闻传播学院王长潇教授在点评中指出,对人类社会发展新秩序的展望一定要基于新时代数字伦理传播的基本状况;人工智能“精神与灵魂”的追问,更是对生活本身的追问;对于元伦理学的回顾,对理论和实践的有效结合,将影响数字伦理研究的未来。

三、数字伦理的原则规范

密歇根大学伦理、社会与计算中心主任克里斯汀·桑德维格教授的发言以《投喂之忧:数字媒体新类型的上升》为题。他认为,“投喂”是一种个性化的但非人为介入的算法推荐和持续更新,这种无所不在的连接满足了当今的社交需求和个性化需要;但社交媒体、搜索引擎、算法推荐系统和一些应用程序形成的个性化投喂现象有可能并非是自己真正的兴趣,这一张力和矛盾形成了当今互联网空间的一个伦理议题。西交利物浦大学助理教授、国际媒介与传播研究学会公共服务媒体政策分会主席钱忆亲带来了题为《人工智能伦理的原则和机制》的汇报。她提出,从哲学路径进入人工智能伦理问题研究,可以参照实用主义、社会契约论、儒家思想等理论进行思考,而是否需要将规范性伦理和描述性伦理相结合亦值得学界反思。同样,伦理原则问题也应在全球社会语境中加以讨论。肯塔基大学传播学院郜子学副教授就“机器有精神,但是否有灵魂?”这一话题,做了关于智能算法和人工智能时代的伦理的发言。他提出,随着一个“黑箱社会”的到来,人工智能和智能算法带来了我们日常生活所依赖的信息消费,也带了伦理问题,即新技术越有用,我们就越难找到可替代的选择。人工智能可以超出设定地按照自己的逻辑运作,这可能给人类的生存带来威胁。宾夕法尼亚大学安南伯格传播学院博士研究生穆拉·尼古莱特·迈凯门的讲述以“删除:美国政府网上印象管理的伦理问题”为主题。她研究了美国政府在社交媒体上的一系列表现,以及对平台、用户、受政府雇佣的社交媒体运营者等多维度的观察,指出伦理问题以及对自由表达的诉求在当今的“删除”时代尤为重要。

四、数字伦理及其可能性

未来的数字伦理研究如何进行?如何找寻其跨学科的身份,打通理论与实践的壁垒?圆桌论坛“数字伦理及其可能性”致力于回应这一系列问题。在龙耘教授的主持下,腾讯研究院研究员余潜倩、北京师范大学新闻传播学院教授王长潇、密歇根大学教授克里斯汀·桑德维格、肯塔基大学传播学院副教授郜子学、西交利物浦大学助理教授钱忆亲、宾夕法尼亚大学安南伯格传播学院博士研究生穆拉·尼古莱特·迈凯门、华中科技大学新闻与信息传播学院教授袁艳和中国传媒大学国家传播创新研究中心讲师叶珲、副研究员姬德强参与讨论。各位专家就传播伦理的概念、适用边界、和其他学科领域的关系、在实际传播中的尺度作用及对其未来发展可能性的理解,阐发了自己的观点并展开了丰富的交流对话。

传染病突发事件的伦理问题探讨:“传染病突发事件的伦理与监管在线研讨会”会议纪要

参加人员:中国社会科学院哲学研究所研究员、中国人民大学伦理学与道德建设研究中心研究员/生命伦理学研究所所长、海斯廷中心研究员、国际哲学院院士邱仁宗,中国医学科学院/北京协和医学院生命伦理学研究中心执行主任、特聘教授、国家卫生健康委员会医学伦理专家委员会副主任兼办公室主任翟晓梅,复旦大学教授、上海市临床研究伦理委员会副主任委员朱伟,华中科技大学人文学院副院长、生命伦理学研究中心执行主任、华中科技大学国家治理研究院研究员雷瑞鹏,山东大学动物保护研究中心主任、山东大学哲学与社会发展学院教授郭鹏,上海交通大学六院南院老年医学科主任、中心实验室副主任、南方医科大学心血管病研究所所长、国家卫生健康委员会医学伦理专家委员会委员、国家动物使用资质评估委员会评审专家侯月梅等国内知名伦理专家应邀参会

主办单位:由上海市临床研究伦理委员会主办,中国医学科学院/北京协和医学院生命伦理学研究中心、中国自然辩证法研究会生命伦理学专业委员会、华中科技大学生命伦理学研究中心、《医学与哲学》杂志社协办

时间:2020 年 3 月 27 日

地点:上海

主要议题:本次会议围绕"急性传染病的伦理治理""传染病突发事件热点伦理问题"两大内容展开讨论

一、急性传染病的伦理治理

会议的第一个主题是急性传染病的伦理治理。陈佩主任主持这一主题讨论环节。我国著名生命伦理学家邱仁宗教授以"公共卫生伦理学——预防和控制动物源病毒疾病大流行的策略"为主题做报告。邱教授认为,公共卫生是我们作为一个社会集体采取必要措施以确保人民健康,公共卫生伦理学是生命伦理学学科的一个分支(其他分支是临床伦理学,与健康相关的研究伦理学),是用伦理学的理论、原则和方法探讨公共卫生实践和研究中的规范性问题,即应该做什么的实质性伦理问题和应该怎样做的程序性伦理问题,帮助公共卫生人员和决策者(规划者、政策制定者、立法者)做出合适的(合乎伦理的)决策。

翟晓梅教授以《重大疫情时临床研究的若干伦理问题》为题展开会议报告。首先明确了其讨论的伦理问题是从专业伦理的视角展开的,所分析和讨论的问题也是在专业伦理的框架内进行的。翟教授在报告中分析了临床研究与临床治疗的使命冲突问题、紧急公共卫生背景下临床试验中受试者的脆弱性问题,以及知情同意和伦理审查所面临的挑战和如何应对的问题。

朱伟教授做了题为《突发传染病研究中的预警和同意》的会议报告,从

COVID－19疫情突发时没有已知有效药物的情况切入，结合过去未知流行病暴发时加速新药研制的经验教训，分析了预警原则和知情同意原则在公共卫生紧急事件中的适用性，阐述了研究性治疗的可及性和阶梯式的群随机对照研究的意义。

二、传染病突发事件热点伦理问题

会议的第二个主题是传染病突发事件热点伦理问题。侯月梅教授主持这一主题讨论环节。雷瑞鹏教授结合疫情下突出的跨物种感染问题，做了题为《预防和控制动物源病毒从动物外溢到人的伦理和政策问题》的主旨报告。她指出，近25年来人类社会新发的烈性传染病基本上都是来自动物源疾病的传播，给公共卫生安全带来巨大的挑战，尤其在此次疫情暴发中，公共卫生安全已经上升到国家安全的高度，制定解决动物源疾病问题的相关制度就显得越发紧迫。动物源疾病的跨物种传播，从人类驯化牲畜开始出现，而加速动物源疾病传播的重要因素之一，正是社会环境的变化，科技和产业发展等人类活动，人的因素一直是人类流行病学变化的驱动力。郭鹏教授聚焦当下中国野生动物产业化开发的伦理问题做了相关报告。

会议最后，胡庆澧教授对本次会议进行了精彩总结。本次会议持续3个小时，累计观看次数近4 000次，在线参会人数超过1 300人，大家纷纷对会议主办方、协办方以及工作人员表示感谢。在疫情大流行中存在诸多不确定因素，这个过程中还有很多问题要考虑。世界是一个大家庭，只要在全球还有冠状病毒的感染，我们就永远处在这个危机当中，不能说疫情已经过去，我们要回顾疫情发生的前中后期情况，做到必要的反思；SARS、冠状病毒的感染本应使我们真正汲取教训。本次会议只是一个开端，接下来希望大家再接再厉，努力办好后续会议，为好的决策提供建议，努力对防范和阻断公共卫生突发事件的发生有所助益。

“疫情中的传播伦理与社会治理”云论坛

参加人员：来自北京、上海、南京、广州和纽约五地的7位学者和传媒业专家在论坛发言，除了会议室近300名与会者，还有几百名师生观看了会议直播

主办单位：由中国新闻史学会媒介法规与伦理研究委员会和广州大学新闻与传播学院主办，广州大学数字传播与社会治理研究中心承办

时间：2020年5月8日

地点：广州大学、腾讯会议平台

主要议题:共同探讨新冠肺炎疫情中的传播伦理和社会治理问题

一、运用思辨性思维对疫情报道的伦理加以反思

首先,中国新闻史学会名誉会长、清华大学新闻与传播学院常务副院长陈昌凤教授就"思辨性思维与疫情报道中的伦理问题"进行了探讨和分享。她认为,疫情期间信息的准确性、真实性比平时更加重要,对这些准则的坚守于守护人类健康有直接影响,但现实状况中的谣言和虚假信息却充斥着整个媒介环境。在这样一种大家亟须信息却又泛滥着虚假信息的情况下,我们必须思考该怎么办的问题。

陈昌凤教授认为,有一个重要的思维模式可以解决这一问题,即"critical thinking"的思维模式。作为一种现代思维,"critical thinking"的思维方式事实上经历了一个过程:从古代儒家整体思维的明辨性,以及苏格拉底的问答法,直到20世纪初才出现了我们现在所讲的现代思维。

二、惩治疫情中的谣言不能单靠法律

紧接着,中国新闻史学会媒介法规与伦理委员会学术顾问魏永征教授就"疫情防控与依法惩谣"的话题从法律的角度进行了讨论。进而,魏永征教授解释了人们对谣言的日常理解与其法律界定之间存在着差距。日常生活当中或者说传播学里,谣言被定义为一个未经证实的广泛流传的命题。但在法律上,谣言是虚假信息,法律条文里面与之相应的罪名是编造传播虚假信息,或者用法律的解释就是没有事实根据的消息。未经证实的消息同虚假的消息二者有很大不同。除此之外,进入法律制裁范围的谣言是要有严格的界定的,一般来说要有四个要件:处罚的主体、主观的要件(故意编造)、被侵犯的客体(被扰乱的社会秩序等)、客观的行为(公开的散布和公开的宣扬)。

三、实现疫情中的公民隐私保护与公共利益的平衡

中国新闻史学会媒介法规与伦理研究委员会会长、南京师范大学新闻与传播学院的顾理平教授结合疫情期间的种种案例,就数字化时代对公民隐私保护与公共利益的平衡进行了探讨。

顾理平教授还提出数字化时代监控社会的到来与个人隐私保护之间的张力问题。之所以说"隐私"是因为它需要隐,但是个人的私人空间如何去保持它的独立性、思想性和安宁,是个非常值得思考的话题。在传统媒体时代,私人空间和公共空间的界限非常清楚,而在今天这样一个数字化时代,公民的私人空间和公共空间界限是非常模糊的,或者是交融的。他认为,在这样的监控社会,监控的特征往往具有警示性、动态控制性和侦察性,但一定要符合以下几点逻辑:合理监控普遍的存在、社会有序治理目标的实现、满足智能社会的建设、满足人们的安全性要求等。

四、疫情期间舆情和社会治理发展呈现新态势

民网舆情数据中心、人民在线副总编辑刘鹏飞则结合业界的观察与调研实践就疫情期间舆情和社会治理发展的新态势做了探讨。刘鹏飞介绍道,我们要认清的一个现实就是全球已无法杜绝新冠病毒,它可能在相当长的一段时期存在。疫情将给社会带来前所未有的冲击,对于国家、社区、政府、企业、个人、家庭都是立体的、全方位的考验。在此情形下,众多问题得以显现:民间舆论场的反弹、社会流言的产生等一定程度上产生了对社会警示的一种免疫作用;大数据及智能科技手段的运用带来了隐私权保护与疫情防控、舆情引导之间需要平衡的问题;有关病毒起源,关于索赔、"甩锅"的争议问题在世界范围内成为一个空前的舆情;有关生物医学、科学等人文理念的反思开始受到重视;不同意识形态对舆论场的割裂引起社会热烈的讨论;等等。

五、疫情中的美国新闻发布会与公众知情权的满足

华中科技大学新闻与信息传播学院的牛静教授则结合疫情期间自己的生活见闻和研究观察,探讨了有关疫情中美国新闻发布会的信息公开制度和公众知情权的话题。牛静教授分析,美国是一个多种族、多元文化共存的国家,政府官员如何说服和鼓励不同种族、不同文化认知的人去面对困境,是一种挑战。抛开利益的纠纷,抛开政治的宣传,把人性中那些共同的价值观和价值认同进行呈现,也是发布会每次都要呈现的内容。纵然这些共情式的温暖能够给予一些希望,但实际上美国还是深陷疫情的沼泽之中,现实状况非常严峻。

六、新闻媒体报道官方通报的两大伦理原则

南京大学新闻传播学院胡菡菡副教授则带来了有关"合理信赖与合理怀疑——新闻媒体如何报道官方通报"的思考。胡菡菡副教授认为,"平安武汉"在1月1号发布的警方通报,引发了一个舆论焦点。其中值得我们关注的与其说是警方应该如何去处理这样一个谣言,倒不如说是去关注类似的官方通报,新闻媒体应该如何去处理的问题。从学理角度去思考,这是一个如何看待政务新媒体所发布的信息,其发布应该遵循一个怎样的原则,新闻媒体如何对官方通报进行报道,以及从宏观的角度来看如何更好地构建一个信息传播的体系的问题。

七、新冠肺炎疫情成为国际互联网治理话语权之争的又一节点

广州大学新闻与传播学院李彦博士则就国际互联网治理的历史沿革和变迁及其中中美冲突的问题进行了探讨,并结合此次疫情分析了新冠肺炎疫情可能成为在国际互联网治理主要国家(尤其是中美)的话语权争夺中的又一个关键节点。李彦博士提到,目前美国主导的这样一套互联网治理的话语,它作为既有的观念,其实有一个路径依赖的优势;而中国互联网治理的方案,要想作为一种替代品,需要更加完善才会被国际社会所接受。在当前疫情之下,国际互联网的治理问题更加严峻和突出,只有我们建立网络命运共同体,避免"修昔底德陷阱",才能正确提出国际互联网治理的"中国方案",推动社会更好地进步。

"科技伦理与公共治理"跨学科研讨会

参加人员:来自哲学、医学、政治学、管理学等人文社科领域和自然科学领域的专家学者参加了会议

主办单位:由浙江省社科联主办,浙江工商大学人文社科处、马克思主义学院承办,浙江省伦理学会协办

时间:2020 年 6 月 7 日

地点:杭州

主要议题:围绕"当代公共治理中的科技成果运用及其伦理规制"这一主题展开充分讨论和深度交流

浙江师范大学国家治理研究院院长李建华教授应邀出席研讨会,并做题为《科技伦理与道德的适应性变化》的主旨报告。他认为,新冠肺炎疫情的全球暴发,是第二次世界大战以来的最大公共卫生事件,使全球陷入一种综合性危机,导致经济全球化的受阻甚至倒退,国际关系、族群关系、人际关系出现撕裂,会形成"后疫情时代",影响世界 50 年甚至 100 年。这场疫情带来的影响是全方位的,首当其冲的是世界公共价值、公共秩序与公共治理,这就迫使我们重新思考现代化与全球化。在全球治理过程中,科技具有十分重要的作用,但千万不能无限夸大这种作用,必须有严格的道德限度和伦理规制。

针对现代性道德危机,李建华教授认为,对个人主义价值观所带来的伦理断裂是非常严重的,而道德是一种"隐秩序",道德需要一种嵌入性适应机制,这有赖于用一种非体系化和非概念化的方法来建立重视经验伦常的道德体系。我国正处于双重社会转型过程中,即处于从传统向现代与从

现代向后现代的转型中，这种转型其要素和过程异常复杂，几乎没有历史经验可以参照。道德的变化无所谓进步或退步，只存在道德的转型问题，因为道德演化所遵循的是适应原则而非发展原则，我们必须用复杂性思维方法重新认识道德变化。

新基建数据伦理研讨会暨国家社科基金重大项目推进会

参加人员：由华东师范大学颜青山教授主持，来自中南大学、华东师范大学、大连理工大学、湖南大学、湖南师范大学、长沙理工大学和湖南省社会科学院等单位20余位学者出席会议

主办单位：由国家社科基金重大项目“大数据环境下信息价值开发的伦理约束机制研究”项目组、湖南师范大学人工智能道德决策研究所、大连理工大学大数据与人工智能伦理法律与社会研究中心、大连理工大学科技伦理与科技管理研究中心、中国人民大学伦理学与道德建设研究中心科技伦理研究所联合主办

时间：2020年7月10日

地点：长沙

主要议题：围绕新基建数据伦理展开讨论

首席专家李伦教授以《新基建伦理：一个研究议程》为题做主题报告。他首先从政策层面简要介绍了国家发展新基建的基本情况，然后回顾了农耕时代—工业时代—信息时代的发展过程，分析了技术与时代、技术与文明的关系，以及新基建与普适计算、赛博空间、信息社会的关系，认为新基建将超越自发的、分块的数字化、智能化、网络化，走向自觉的、全域的数字智能网络化，促成万物互联的人工自然的形成，重构人与人之间的关系。

湖南师范大学人工智能道德决策研究所孙保学博士作为项目组成员，以《技术的数字会聚与基于价值的数据伦理——数字基建重塑赛博空间的伦理规范》为题做主题报告。华东师范大学颜青山教授指出，要关注新基建与人类生活意义的问题。他提到“infraethics”（基础伦理学）的概念应当受到重视，他看到的最早的相关论文是卢恰诺·弗洛里迪在2013年发表于*Philosophers magazine*上的论文。弗洛里迪这个人的影响力比较大，但他的这个很有哲学意味的概念却还没有引起应有的关注。长沙理工大学陈万球教授认为，老基建是建立传统工业革命的基础之上，而新基建是与第四次工业革命相适应的技术发展新业态和新样态。目前，人工智能、工业互联网、物联网、卫星互联网等新基建正处在迅猛发展过程之中。

湖南师范大学人工智能道德决策研究所万丹教授指出,新基建为中国网络时代提供了坚实的物质基础。从信息高速公路到万维网,赛博空间的出现为哲学讨论提供了全新的对象,开启了对本体论、认识论、价值论的众多新问题的研究。湖南师范大学人工智能道德决策研究所文贤庆副教授就话题“物的数据化到数据的物化——一种责任伦理”进行了讨论。湖南省社会科学院宋春艳副研究员从“新基建背景下超级思维形成的道德风险”的视角分享了她的思考。

“疫情之下的道德教育”系列云端论坛

参加人员:来自各大高校和研究机构的900余位教师与学生参与了本次论坛,论坛吸引了300多名高校师生和一线教育工作者在线观看

主办单位:由教育部人文社会科学重点研究基地南京师范大学道德教育研究所、省部共建南京师范大学立德树人协同创新中心、《中国德育》杂志社联合举办

时间:2020年7月13日—15日

地点:腾讯会议平台

主要议题:回应新冠肺炎疫情对社会伦理与道德提出的挑战;构建后疫情时期伦理与道德的新内容、新体系,是疫情带给伦理学和教育学的一个大考题

一、疫情之下的伦理与道德:反思与重构

中国伦理学会副会长、教育部人文社科重点研究基地中国人民大学伦理学与道德理论研究中心主任曹刚教授做了题为《疫情过后的七个道德愿景》的精彩报告。曹教授认为,愿景是基于疫情带给人们的反思和启示对未来的一种道德期待。他表示,最可爱的人最应该享有尊荣,我们要做有礼有爱的文明人,愿谣言和暴力不再肆虐网络世界,形成弱有所扶的温暖社会,建构“山河异域,风月同天”的人类命运共同体,愿人们诗意地栖居在大地上,将论文写在祖国大地上。

中国伦理学会常务副会长、教育部长江学者特聘教授、浙江师范大学李建华教授发表了题为《后疫情时代共生伦理及其实践》的演讲。李教授提出疫情之后对现代化要进行退一步的思考,思考“大家如何在一起活下去”,确立人类共同生存的底线伦理。他认为,共生是后疫情时代的重要特征,并就如何实现共生伦理提出了自己的看法。

上海师范大学晏辉教授发表了题为《面对公关危机,伦理学如何思考

和表达》的演讲。晏教授通过对伦理学中的元理论、伦理生活中的元问题等的追问，强调伦理学的思考与表达应回到语境中，要关注中国问题。后疫情时代，应该实现观念论的转变，对现有制度进行修正，并落实在行动中，做一个正确的言说者、公正的旁观者与正当的行动者。

二、疫情之下的道德教育：反思与重构

全国德育论学术委员会理事长、《中国德育》学术委员会主任、北京师范大学公民与道德教育研究中心主任檀传宝教授做了题为《不变的德育：疫情之下的德育之思》的精彩演讲。檀教授谈到不变的德育分为"最大"的德育和"最小"的德育两部分，前者表明与德育紧密相关的教育行业首先要合乎伦理，后者则包含基本的道德品质教育问题、爱国主义教育问题、媒介素养教育问题和批判性思维培育问题。

南京师范大学道德教育研究所所长、教育部长江学者特聘教授冯建军教授进行了题为《疫情之下的公民品格教育》的演讲。冯教授认为，疫情为加强道德建设、提升公民道德素质提出了现实的参照，他从公民意识教育、公共品格教育、公民生态意识教育三个方面阐释了自己的感悟，进一步厘清了身为公民的个体性与公共性的特征以及在公民教育中如何处理好二者的关系。

全国德育论学术委员会副理事长、华东师范大学基础教育改革与发展研究所道德与法治研究团队首席专家黄向阳博士发表了题为《新冠大流行时代中的公共伦理教育》的演讲。黄教授通过抗疫中的事例阐释了"公共利益""公平""公共理性""公民联合行动"四个教育议题，并结合中小学道德与法治教材明晰了这四种导向的教育应该怎么做。

华中师范大学道德教育研究所所长、湖北省人文社科基地学校德育研究中心主任、全国德育论学术委员会副理事长杜时忠教授发表了题为《劫后余思：从疫情应对反思公民德育的若干主题》的演讲。杜教授结合疫情期间在武汉的切身体验，对"集中力量办好事的制度优势""感恩事件：公民与国家的关系""战'疫'之中的理性爱国""地域歧视与公民人权、人权教育"和"记者廖君：职业道德、个人良知与平庸之恶"五个主题，从社会事实、理性思考和问题讨论等方面，引领大家更好地认识了疫情期间公民的道德与道德教育问题。

三、疫情之下学校德育的应对：策略与经验

李娟副校长以"化磨砺为成长滋养逆境中育家国情怀"为主题，从疫情给学校德育提出的具体问题、史家德育面对疫情大考的应对策略，以及疫情为未来学校德育工作指明的方向入手,分享了疫情背景下史家的德育经验。李百艳校长做了题为《对话:家校共育机制的探索与实践》的主题演讲。李校长阐述了家校共育的理想境界与现实困境和对话及对话机制的概念,并从共情、共建、共治、共商、共生五个方面,为与会者介绍了学校一系列富有启发性的探索与实践。宋艳丽副校长做了题为《疫情期间日常生活劳动的探索与实践》的主题报告。袁卫星校长围绕生命教育的价值、定义以及如何开展等问题为大家做了题为《后疫情背景下的生命教育》的演讲。

新时代教师伦理学与师德建设学术研讨会

参加人员:来自中山大学、上海师范大学、南京师范大学、湖南师范大学、首都师范大学、陕西师范大学、广州大学、湖北大学等高校的15位全国教育伦理和师德研究专家出席了会议

主办单位:由中国伦理学会教育伦理学专业委员会、广州大学马克思主义学院和上海师德研究与评价中心主办

时间:2020年8月14日—17日

地点:广州

主要议题:与会专家围绕新时代教师伦理学的时代特征、基本理论建构、主要内容以及如何提高师德的理论教学和实训的科学性与有效性展开了热烈讨论

上海师德研究与评价中心主任、上海师范大学王正平教授在主题发言中指出,当前我国师德师风建设的深入发展,需要新时代教师伦理学科学理论的引导。该学科在理论上的开拓和创新,应坚持以实际问题为导向,以教育科学理论和道德科学理论为基础,以兼顾应用心理学、社会学等理论进行跨学科研究为特征,突出教材内容和教学方法的科学性、合宜性、稳定性和创新性。湖南师范大学道德文化研究院院长向玉乔教授认为,要研究新时代教师伦理学,应该解答:教师伦理学的新时代内涵是什么?如何凸显教师职业道德的普适性和特殊性特征?如何概括新时代的教师美德?如何确立教师伦理学的研究框架?

陕西师范大学马克思主义学院董辉教授在发言中提出,中国现当代的教育伦理学研究,应该呈现教育实践活动自身的独特伦理属性和本质,解决深层次的根本的教育伦理难题。中山大学马克思主义学院林滨教授认为,教育伦理学最本真的思考是要明确:什么是一个好的教育?什么是一个好的老师?怎样培养一个好的学生?因此,教材编写除了理论、原则之

外，最重要的是要有生命在场的自觉意识。湖北大学教育学院靖国平教授指出，《教师伦理学》教材的编写要加强“三个回归”：一是“回到教师立场”，二是“回到现实本身”，三是“回到伦理本身”。

罗明星教授认为，教师伦理学应该注重教师职业形象的道德定位。上海师范大学知识与价值研究所所长何云峰教授认为，新时代教师伦理学应当是每个教师明确教师道德的基本行为规范。首都师范大学教师工作部部长苏寄宛教授认为，加强师德师风建设是落实新时代立德树人根本任务的重要内容。中山大学马克思主义哲学与中国现代化研究所所长、哲学系李萍教授指出，在全球化的历史进程和建设人类命运共同体的社会背景下，中国的教育和教师道德建设要站在中国的大地上，坚持人类文明发展的正确方向。南京师范大学吴贻芳研究中心主任钱焕琦教授认为，当前编写与时俱进的新时代教师伦理学教材、为在职教师专业进修和师范生专业发展系统开设《教师伦理学》课程非常有必要。

第十七届全国科技文化与社会现代化学术研讨会

参加人员：来自北京、上海、天津、辽宁、河北、广东、山东、河南、浙江、安徽、江西、四川、甘肃、云南、湖南、湖北等省、市的高校和科研院所等单位的140余位专家、学者出席了会议

主办单位：由中国自然辩证法研究会科技文化专业委员会和武汉理工大学马克思主义学院共同举办

时间：2020年8月18日—19日

地点：腾讯会议平台

主要议题：会议主题为“小康社会新时代科技文化创新”

一、当代高技术前沿的文化研究

中国科学院《自然辩证法通讯》杂志社原主编李醒民教授做了题为《人工智能技性科学与伦理》的报告。他针对强人工智能的发展现状及其前景，讨论了人工智能的诸多伦理问题。长沙理工大学易显飞教授在题为《传统人类增强技术与新兴增强前沿技术的比较》的报告中提出，纳米技术、生物医学技术、电子技术、认知技术等新兴增强技术的融合与会聚，促成了“后技术时代”的来临，进而探讨了传统人类增强技术与新兴人类增强技术四个方面的差异。

江西财经大学黄欣荣教授在题为《哲学研究的数据转向与数据哲学的研究纲领》的报告中指出，随着大数据时代的来临，数据成为21世纪最重

要的通用语言,因此有必要建构以数据为研究对象的数据哲学,提出了数据本体论、数据认识论、数据方法论、数据社会论和数据伦理观的基本架构。黄冈师范学院石国进教授从总体国家安全观的视角探讨技术风险的检视与规避。大连理工大学王飞副教授评介了伦克的生态伦理学的发展历程、核心思想与理论基础。伦克对伦理问题的关注经历了从技术走向生态,从代内责任走向代际责任的发展历程,提出"享乐者困境"来代替"公地悲剧"和"囚徒困境"以解决代内冲突与生态困境,通过合法性论证来解决对未来负责即代际责任的问题。

二、科学技术历史的文化研究

华南师范大学肖显静教授在题为《科学史研究:从内史论、外史论、语境论到综合论》的报告中提出,科学编史学传统的"内史论"和"外史论"是错误的,默顿的科学社会学的科学共同体的社会规范,科学知识社会学的科学的社会建构,以及舒斯特的科学"语境论"是不恰当的,比较合适是"综合论"。科学史研究就是从无文化到有文化,从科学的社会文化到科学的社会亚文化以及将两者综合起来的过程。中国科学院大学孟建伟教授从文化的角度解析"李约瑟难题"。

中国科学院大学尚智丛教授在题为《科学与社会秩序共生的理论探讨》的报告中评析了共生理论的概况及其未来发展趋势。共生理论克服了以往哲学与社会学关于科学知识本质和来源的对立观点,从社会实践的角度阐述科学知识的形成及其与社会秩序的一致性,提出了一个交叉学科STS的理论框架。但共生理论尚存在经验主义认识立场、概念体系远未成熟等局限性,未来将朝着完善概念体系、扩大理论解释范围的方向发展。

北京化工大学张明国教授在题为《日本"工匠精神"的演变及其辩证思考》的报告中提出,日本21世纪以来诺贝尔奖获得者人数迅速增加的一个重要原因在于其"工匠精神"。他认为日本工匠精神的本质是工匠对产品精雕细琢、精益求精的理念。正是由于工匠精神的内在驱动,造就了终身以追求学术创新为乐趣的日本诺贝尔奖获得者。

三、科学技术共同体的文化研究

清华大学刘立教授做了题为《新时代科学精神》的报告。他从中国化的马克思主义和中国传统文化的视角考察了中国科学共同体和中国共产党人不同时期对科学精神的认识和解读。结合中国特色社会主义新时代的新形势,他将新时代科学精神概括为"实事求是、守正创新、理性批判、实践检验"。中国科学院大学袁江洋教授在题为《科学家精神:守护由真鉴善的理性人文主义》的报告中提出，文艺复兴、宗教改革和科学革命共同奠定了西方社会先于其他文明向现代社会转型的基础，促使了以“自由、民主、科学”为核心的新的价值论确立。

天津市科学学研究所李春成研究员在考察科学共同体的起源与演化及其文化价值观的基础上，提出当代科学共同体正在走向科技创新共同体。科技创新共同体具有四大基本特征：一是科学、技术与创新界限的不再决然分明；二是科技创新利益相关者以创新文化价值的跨界认同为基础；三是科技创新主体多元化、大众化；四是科技创新要素的纵横融通与跨界创新。中国传统文化价值强调和合共生、多元一体，与科学共同体文化价值的未来高度契合。

四、疫情背景下的科技文化研究

华中师范大学李宏伟教授基于“行动者网络理论”思考后疫情时代的生态文明建设。按照科学实践哲学的“行动者网络理论”，既有可见的生产者、技术工具，还有隐秘不可见的各种各样的病菌微生物，这些“行动者”改变了历史文明进程。河北北方学院李振良教授在题为《疫病态势下国家健康权力行使的伦理规制》的报告中提出，在新冠肺炎疫情态势下，国家健康权力在疫病防控、人员物资调配、疾病检测、疾病治疗等方面起着关键作用。

武汉理工大学孙德忠教授在题为《新发展理念是引领后疫情时代的行动指南》的报告中提出，新发展理念以创新的诉求、协调的方法、生态的底色、开放的视野和共享的关怀，破解包括新冠肺炎疫情在内的全球发展难题和治理困境，对于构建人类命运共同体，推动人类文明转型跃升，将发挥极其重要的价值引领和实践规范作用。武汉理工大学马克思主义学院杨海波在题为《霍布斯社会契约论与穆勒不伤害原则》的报告中提出霍布斯的“自然状态”思想实验与社会契约理论为我们遵守道德规范提供了依据，穆勒的“不伤害原则”是黄金法则的一个间接逻辑推论。

“嵩山论坛——华夏文明与世界文明对话”2020 年年会

参加人员：来自海内外的 70 余位文化学者、经济专家参加了本次会议

主办单位：由中国国际文化交流中心、中国文物学会、北京大学高等人文研究院、河南省华夏历史文明传承创新基金会主办，嵩山论坛秘书处、河南省国际文化交流中心、杭州一带一路投资管理公司、河南执美文化股份有限公司承办

时间：2020 年 9 月 19 日

地点:登封

主要议题:围绕“何以为家——面对全球疫情的伦理思考”主题展开思想交流与碰撞

开幕式前,年会首先举行了默哀仪式——致敬抗疫英雄,向在全球抗击新冠肺炎疫情斗争中牺牲的勇士和遇难人员表示深切哀悼。年会开幕式由嵩山论坛组委会副主任、省政协教科卫体委员会主任杨丽萍主持。郑州市委常委、宣传部部长黄卿,第十一届河南省政协副主席张广智,北京大学高等人文研究院院长、国际哲学院院士杜维明,中国国际文化交流中心秘书长许红海等先后致辞。

黄卿在致辞中代表郑州市委、市政府向与会来宾表示热烈欢迎。黄卿提到,在这个特殊的时代背景下,本届嵩山论坛主题定为“何以为家——面对全球疫情的伦理思考”,从选题立意方面就体现了嵩山论坛扎根华夏文明沃土,思考人类现实与未来的文化担当,体现了中华传统文化“家国同构——推己及人”的“天下情怀”。办好论坛年会具有重要的现实意义和实践考量。张广智指出,本届年会以“何以为家——面对全球疫情的伦理思考”为主题,既有十分鲜明的现实意义,又有意味绵长的深远考量。疫情下的庚子年春节,万家团圆祥和热闹非凡的年味受到很大冲击,“家”成为被隔离的最小单元,成为个人的避难所,成为防疫抗疫的堡垒,“家”的传统作用和现代价值在疫情面前再次彰显。从儒家的“修身、齐家、治国、平天下”理念,到“家—国—天下”同构,再到构建“人类命运共同体”,中华民族一直为共建人类更加美好的未来而不懈努力。

据悉,除开、闭幕式上专家学者演讲外,论坛还将分组探讨“隔离与对话”“危机与转机”“疫情下的世界经济发展展望”等论题。

第二届“马克思主义与中国传统文化高端论坛”纪要

参加人员:来自南京大学、中国人民大学、复旦大学、北京师范大学等全国20余所高校以及学术期刊的50余位专家学者参加会议

主办单位:由南京大学马克思主义学院、江苏省哲学社会科学重点研究基地“新时代中华传统美德研究基地”、南京大学仲英道德讲堂、《马克思主义理论学科研究》杂志社和《道德与文明》杂志社联合主办

时间:2020 年 9 月 26 日

地点:南京

主要议题:本次论坛聚焦“中华传统美德与新时代公民道德建设”主

题,着力于马克思主义理论学科与哲学学科的深入交流与对话

一、面向新时代公民道德建设的中华传统美德诠释

新时代公民道德建设离不开对中华传统美德的自觉传承,而其首要工作当是对中华传统美德内涵的系统性诠释。只有在此基础上,才能基于传统—现代二维视角准确把握传承的内在意蕴。学者们对中华传统美德的诠释主要基于三个向度展开。一是正本清源式的诠释。二是对传统美德的现代阐释。陈继红基于"大德"的内涵、"大德"的养成逻辑和"大德"的主体建构三个维度,阐释了"大德"的历史意蕴与当代建构。沈永福论述了抗疫精神中传统美德的彰显,认为抗疫精神中的"生命至上"彰显了仁爱的传统美德,"举国同心"彰显了守望相助的家国情怀,"舍生忘死"彰显了舍生取义、道义为先的传统美德,"尊重科学"彰显了求真务实、知行合一的传统美德,"命运与共"彰显了天下一家、以义为先的传统美德。孙其昂提出将"修身"作为新时代公民道德建设的基础,认为新时代公民道德建设是以人为纽带的社会工程,是以"修身"为基础的文化工程。戴锐讨论了"宽厚"品德的中国传统与当代境遇,对宽厚品德的现代转化进行了深刻的阐发。三是从方法论上思考传统美德的诠释问题。蒋旭东认为应着眼于历史渊源、发展脉络和基本走向研究阐释中华文化的独特创造、价值理念和鲜明特色,深入挖掘和阐发中华优秀传统文化的思想精华和道德精神。高国希以社会主义核心价值观为例探讨了传承创新传统文化的方法论问题,强调应当深入思考意识形态话语与日常话语、民族性与世界性、时代性与历史性等关系问题。

二、传统道德文化对新时代公民道德建设的价值启示

从理论上阐析中国传统道德文化与新时代公民道德建设的内在关系,将在一个更为开阔、更为务实的视野中深入推进中华传统美德与新时代公民道德建设研究。民俗、家礼是传统道德文化的重要存在形态,对新时代公民道德建设具有重要的启示意义。徐嘉阐释了"慎终追远,民德归厚"在逻辑上何以可能的问题,将其内在根据归结为皇权与宗法家族社会相结合的古代社会结构和宗法家族文化两个方面。陈延斌研究了家礼文化的传统意蕴与当代价值,认为中国传统家礼思想是一种非官方的、与国礼相互配合的礼法,当代社会应当合理借鉴其内容、路径和方法进行家礼建设,从而助益道德建设。如何正确传承"德""法"互济这一传统道德文化理念,是道德建设中的一个重要理论问题。余玉花以爱国主义教育为例思考了法治与德治之间的内在关系,认为法治意味着将法治思维及相关处罚措施等

引入道德建设过程,这客观上要求在立法、司法、执法等诸多环节中全方位实现法治。吴延溢基于对孔子道德话语的考察,肯定了传统道德话语中蕴含的法理意涵,并从本体论、价值意义、形态论等维度进行论证。杨生照认为以现代法治保障自由和权利是新时代公民道德建设的基本前提。对此,李程骅指出,“自由”在不同话语体系下有着丰富内涵,不能过分强调人的自由而忽视社会的自由,而应更观照社会现实。传统道德文化中关于处理天人关系的丰富智慧,为道德建设中处理好人与自然关系提供了理论借鉴。杨峻岭探讨了马克思、恩格斯人与自然关系理论,认为其与中华传统的“天人合一”思想相通,为建立人与自然和谐共生的发展道路奠定了坚实理论基础。赵妍妍从比较哲学的视角,阐述了朱熹意义上的美德环境伦理学,以期应对当前环境伦理学的内在问题。

三、中华传统美德对治理新时代公民道德建设中突出问题的资源借鉴

加强新时代公民道德建设是一项长期而紧迫、艰巨而复杂的任务,针对当前道德领域中的突出问题,学者们试图从中华传统美德中寻找有效的治理思路,以此推动全民道德素质的提升。

“勤俭”是中华传统美德的重要内容,提倡“厉行节约、反对浪费”的社会风尚是新时代公民道德建设的题中之义。针对当前存在的餐饮浪费行为,吴俊提出既要维护好勤俭节约的公序良俗,又要保障个体正当权利,从而处理好治理浪费行为的法律正当性问题,并要在此基础上通过一系列手段完善制度保障。赵玲基于传统文化立场探讨了反对铺张浪费行为的正当性,并针对当前反对铺张浪费行为提出明晰边界、形式正当、法治保障、道德自律等改进策略。重信守诺是中华民族的传统美德,持续推进诚信建设是当前道德建设的重要任务。张允熠对当前诚信建设现状进行了反思,他提出诚信建设要处理好正面教育与反面禁止、道德说教与道德实践的关系。关注重点群体的教育引导是传统德育思想的重要理念,也是新时代深化道德教育的有效策略。针对党员干部等公务人员群体,陶倩论述了“政德”对社会道德建设的示范作用、对社会道德准则的统摄作用、对社会道德风尚的引领作用。针对青年人的道德建设问题,冯刚探讨了国际视野下培育时代新人的现实缘由、战略意义以及实践路径。庞俊来提出要在承认偶然性事实的基础上去追求必然性,用建构性的眼光来看道德建设,并尊重个体道德发展的阶段性。

四、新时代公民道德建设视野中马克思主义与中国传统文化的融合

坚持马克思主义道德观和社会主义道德观,自觉传承中华传统美德,二者被同时包含于新时代公民道德建设中。这就要求广大学者在理论上深刻把握马克思主义与中国传统文化的关系。

针对马克思主义与中国传统文化的内在思想契合性,王永贵以习近平同志关于中华优秀传统文化的观点为例,提出中华优秀传统文化在推进马克思主义中国化向更深层次发展方面具有重要的助力作用。关于马克思主义与中国传统文化在道德领域中的理论融合,杨义芹基于道德建设实践的视角,提出新时代公民道德建设需要总结社会主义革命、建设过程中的道德建设经验,积极把握道德建设规律、创新道德建设形式。肖群忠阐发了传统道德、西方道德与社会主义道德在当代社会的张力与整合,并提出了"马引中本西用"的基本观点,即马克思主义道德用于国家的顶层设计和政治伦理,西方道德用于社会公共生活领域,儒家道德用于民众的日常生活领域。王文东考察了马克思主义视域下的美德、德性与德性论,提出了马克思主义德性论"一体六位"的基本表述,"一体"即自然性、道德性和伦理性相统一的人的存在,"六位"即以人的存在为基础的存在论为前提,从心性、行为、规范、工夫、人格、觉悟等诸方面探究德性的整体性、统一性和现实性。

古典德性与现代文明暨《柏拉图〈法义〉研究、翻译和笺注》研讨会

参加人员:来自20多所高校及科研院所的40余位专家学者参加了研讨

主办单位:由浙江大学古希腊罗马哲学研究中心主办,商务印书馆南京分馆与《浙江学刊》杂志社协办

时间:2020年10月24日—25日

地点:杭州

主要议题:本次会议涉及古典德性与现代文明、德性与知识、伦理德性与理智德性、古典德性与政治哲学、德性与立法、立法与哲学等议题

一、古今中西视野中的德性

第一场会议由商务印书馆南京分馆白中林总编辑主持,他表示,这次会议探讨古典德性与现代文明的深层关联及现代价值,具有重要的学术意义,商务印书馆将不断推进经典译著和相关深度研究著作的出版。复旦大学政治学系任军锋教授首先做题为《思想·政治·教育:修昔底德的路标与智术师式的启蒙》的报告。浙江大学哲学系林志猛教授在题为《柏拉图论智慧:试析德性的多与一》中论述了柏拉图在不同对话中呈现的多种形式的智慧德性。海南大学社科中心程志敏教授在《论五星与德性》中引证

中国古籍中的大量文献,论述了所谓"祥瑞天象"与德性之间的关系。北京大学哲学系吴增定教授在《私有财产、自我意识与自由——试析卢梭对于资产者的批评》中指出,卢梭批评的对象是资产者。卢梭不仅敏锐地觉察到"资产者"这一新型的社会现象的出现,而且深刻地揭示了现代社会作为一个资产者的社会的内在危机。

二、柏拉图与亚里士多德的德性论

华侨大学哲学系常旭旻教授在《柏拉图公正观念是否后果论》的报告中从后果论角度解读柏拉图的公正观念。浙江财经大学马克思主义学院张波波老师做了名为《"与神相似"作为终极目的:柏拉图哲学伦理学新探》的报告。张波波老师依据《会饮》《泰阿泰德》《蒂迈欧》等文本指出,柏拉图所谓的终极目的是"与神相似",它并非意指道德德性,而更侧重理智德性上的似神。浙江理工大学马克思主义学院柳孟盛老师在题为《作为正义的治疗术》的报告中分析了《高尔吉亚》篇中卡里克勒和苏格拉底的对话,勾勒了二者的外在强者与内在强者之争。

浙江省社会科学院陈明珠研究员在报告《法律正义与悲剧错误:从〈诗术〉看〈尼各马可伦理学〉中的德性与正义问题》中指出,悲剧与德性和正义问题密切相关,对于悲剧的理解不能局限于美学、诗学或文艺理论视野,悲剧问题中所涉及的伦理政治意涵与亚里士多德的伦理学、政治学密切相关,完全兼容。中山大学哲学系江璐副教授在《古希腊德育中的友爱与团结之现代思索》中以对西方现代文明的反思为出发点,回溯到亚里士多德的友爱观念。东南大学哲学系胡辛凯老师的报告《亚里士多德笔下的完满德性及其对幸福的定义》旨在挑战对《尼各马可伦理学》和《欧台谟伦理学》中"完满德性"的传统理解,并给出一种多元论解读。同济大学哲学系樊黎老师的报告《亚里士多德明智概念的哲学动机初探》主要探讨明智概念,对柏拉图和亚里士多德的观点进行对勘。

三、古典哲学与诗学视角中的德性

浙江大学哲学系包利民教授的报告题为《德性的轻与重:试析普鲁塔克的德性行动双重指向》,通过普鲁塔克的德性行动双重指向探讨价值问题。包利民指出,价值的来源可视作三个:主体、行动、德性。主体的价值无可厚非,而德性与行动之间存在着手段性与目的性的张力。中山大学博雅学院罗勇老师在报告《权威与批评:普鲁塔克论柏拉图的"真实学说"及其伦理学运用》中研究普鲁塔克与《蒂迈欧》的关系,探讨普鲁塔克追问这本书的意图是什么。罗勇从《论〈蒂迈欧〉中灵魂的生成》入手,发现普鲁塔克利用柏拉图的“真实学说”来批评老学园和廊下派。中国人民大学文学院彭磊副教授在报告《色诺芬——苏格拉底论德性》中指出，色诺芬的思想为“美德是否可教”问题提出了线索。

浙江工商大学哲学系陈郑双老师的论文《忒奥多德与美德：色诺芬〈回忆录〉卷三章十一释读》表明，忒奥多德在《回忆录》的位置偏后，这可能对其重要性有所暗示。南京师范大学哲学系陶涛副教授的报告题为《斯多亚派论“合宜行为”》。陶涛副教授首先尝试改变对“καθῆκον/kathēkon”一词的翻译。“kathēkon”通常被译作“duties”（义务）、“properfunctions”（恰当的功能）等，但陶涛副教授将此词重译为“合宜行为”。湖南大学岳麓书院花威副教授的报告题为《德性何为？奥古斯丁德性与基督教国家》。华东师范大学外语学院罗峰副教授的报告《赫利俄斯的龙车：欧里庇得斯〈美狄亚〉中的修辞与启蒙》主要探讨了美狄亚的形象，以及如何评价美狄亚的问题。上海大学文学院肖有志副教授的报告《哈姆莱特的智慧：莎士比亚〈哈姆莱特〉义疏》，试图对哈姆雷特本人的独特性格或奇异性情展开深入的理解。

四、启蒙运动以来的现代德性论

华东政法大学政治学系黄涛副教授在题为《作为神圣权利的社会秩序》报告中认为，卢梭所指的神圣权利不是自然权利而是社会秩序。中国社会科学院大学姚啸宇老师的报告题为《有限政府的道德基础及其困难》，他通过对《基督教的合理性》的政治哲学式解读，论述了洛克对基督教教义的改造。浙江省社会科学院政治学所李旭老师的报告《善的在体论轮廓》论述了海德格尔早期对亚里士多德“善好”观念的解释。中山大学博雅学院黄俊松老师基于施特劳斯的《城邦与人》，做了题为《政治哲学、政治科学、政治史学》的报告。同济大学哲学系范海鸣博士的报告《贤人回村的政治伦理追问与反思》，主要关注了古典德性在基层管理实践中的应用。范海鸣博士从“贤人回村”这一当代政治实践入手，探究古典德性中“好”或贤的品质在乡村治理之中的体现。

五、立法与德性

10月25日举行的“《柏拉图〈法义〉研究、翻译和笺注》研讨会”上，来自各个高校与出版社的10余位专家、编辑做了报告，诸多与会学者参与了研讨。《法义》是柏拉图篇幅最长的经典作品，浙江大学哲学系林志猛教授的三卷本著作《柏拉图〈法义〉研究、翻译和笺注》（华东师范大学出版社，2019）出版后，引起了国内学界的广泛关注。该著作是汉语学界首部古希腊经典英德法文集注及研究，在翻译《法义》希腊原文及相关英、德、法文详细笺注的基础上展开深入研究，致力于探讨《法义》涉及的根本性法哲学议题，展现了当今西学研究的一种新范式。

六、总结与展望

林志猛教授对这两天的学术会议做了闭幕总结。林志猛教授首先指出，这次会议聚焦古典德性的议题，深入探讨了修昔底德、柏拉图、亚里士多德、廊下派、普鲁塔克、色诺芬、欧里庇得斯、奥古斯丁等对德性的理解，让我们看到了古典哲人关于德性问题非常丰富和复杂的思想。另外，会议也对现代哲人卢梭、洛克、海德格尔、施特劳斯以及莎士比亚的政治哲学与德性问题，做了深入的探索，使我们充分领略到古典与现代的思想张力，可进一步挖掘古典德性在现代生活和政治中如何保持其活力。

此次学术会议涵盖了古典至现代的多个政治、伦理议题，推动了对中西学研究的深入展开，促进了对古典德性与现代文明关系的深度反思，激发了中西思想研究的活力，以及对德性与知识、德性的多与一、德性与政治哲学和立法等议题的进一步思考。会议深入探讨了德性与政制、法律、诗歌、生活方式之间的密切关系，有益于进一步思考如何激励人追求健全的德性，尽可能走向道德人生，如何形成好的立法以朝向德政。古典德性对现代文明依然有着至关重要的鉴照作用，透过古典哲人的深邃眼光，我们对现代性的诸多问题和困境会有更深切的体悟。

第十四届建构中国生命伦理学研讨会

参加人员：来自湖南、黑龙江、新疆、湖北、广州、上海等地区的100余名专家学者参与会议

主办单位：由东南大学人文学院医学人文系与香港浸会大学应用伦理学中心主办，《医学与哲学》杂志社和《中国医学伦理学》杂志社协办

时间：2020年10月31日

地点：腾讯会议平台

主要议题：围绕中国的生命科学和医学现代化进程中出现的伦理问题展开讨论

香港大学附属医学院余定柽老师分享了他有关“建构道教器官捐赠现代教义诠释”的成果，通过梳理历代道经文献，应用宗教现象学的概念，系统分析主要道派对器官捐赠的可能态度及成因，并提出器官捐赠的教义现代释义。湖北医药学院马菊华教授做了题为《伦理决策视域下的死亡尊严探析》的报告，通过理论分析和实证研究相结合的方式，探讨死亡尊严的概

念及实现死亡尊严的伦理路径。东南大学王乐为我们介绍了“儒家家庭主义文化背景下医疗决策的自主问题”，辨析“病人自主权”作为西方生命伦理概念在引入中国生命伦理时，因文化差异陷入的“个人自主”难以实践的形式主义困境，并提出病人“个体自主”和“家庭自主”如何在我国文化背景下达成和解。深圳大学唐咏教授及其研究团队介绍了他们的研究成果《基于 CitespaceV 的中国 30 年临终关怀研究计量分析》，分析近 30 年我国相关主题的文献，发现总体上讲，我国临终关怀研究呈现繁荣景象，但也存在跨区域协作不足等现象。

陆军军医大学第二附属医院的周吉银副研究员介绍了《新型冠状病毒肺炎临床研究的利益冲突管理》，探讨了新冠肺炎疫情防控的大背景下，相关临床研究可能面临的一系列利益冲突问题，包括常规临床研究申办者、医疗机构、伦理委员会和研究者，以及患者与受试者之间；并提出了一系列对策建议，以便从国家层面更好进行统筹管理，优化利用医疗资源。武汉科技大学孙君恒教授做了题为《新冠肺炎期间隐私保护的思索》的报告，指出由于公共卫生和医疗需要，在新冠肺炎疫情的防控工作中采用了大量健康信息和个人相关信息，这提醒我们在公众利益和个人隐私权之间，需要加以平衡和协调，将确保人民健康放在首位，合法运用个人信息，维护公民合法权益。南京师范大学史文娟介绍了研究《人工智能在医疗护理应用中的伦理问题探析》，从伦理学角度出发，分析人工智能在医疗护理领域主要存在的以人工智能为主体的道德情感有无的判定、道德责任的认定、尊严与隐私的探讨等，并对未来医疗护理领域应用人工智能提出相关对策建议。大连理工大学赵岩博士后为我们带来了题为《人工智能养老的伦理考量》的报告。

本次研讨会的闭幕式由河北医科大学边林教授主持，由西安交通大学王明旭教授、香港城市大学范瑞平教授、东南大学程国斌副教授致闭幕词，他们对本次研讨会进行了简要回顾，并对我国生命伦理学的未来发展进行了展望。与会学者积极参与学术交流，就报告中涉及的生命伦理学重要议题，如知情同意主体、科研伦理原则、安宁疗护等，及其在新冠肺炎疫情防控、人工智能等新的现实背景下所产生的伦理问题展开了热烈的讨论，会议现场气氛活跃，取得了很好的学术交流效果。

第四届中国电影伦理学学术论坛

参加人员：来自北京、南京、上海、武汉、成都、西安、重庆、贵州、云南、广东、福建等省、市的高校和研究机构近百名学者分别采用线上线下两种

方式参与本次会议,其中有30名学者参与线下会议,70余名学者参与线上会议

主办单位:由北京电影学院未来影像高精尖创新中心和西南大学影视传播与道德教育研究所联合举办

时间:2020年11月8日

地点:西南大学

主要议题:本届论坛以“中国电影伦理学的学科研究与学派建设”为主题,与会学者就“中国电影伦理的历史考察及其学科审视”“电影伦理学与相关学科(伦理学、教育学、传播学等)的关系研究”“电影的伦理叙事与叙事伦理及其批评”“中国伦理道德文化在影像文化中的当代性研究”“中国电影伦理学派研究”“电影伦理视角的文本批评及其个案研究”六个议题,进行了广泛的交流和探讨

侯光明教授阐述中国伦理文化具有强大的包容性、生命力与融合发展能力,对于中华文化圈国家有深远影响。他坚信在中国伦理文化影响下,家庭伦理类型成为独具东方特色的一种电影类型,是构建中国电影学派的重要内容。同时,推动中国伦理文化的转化发展及推进中国电影伦理学的时代建构,必须以习近平总书记提出的“四个坚持”为新时代“培根铸魂”。贾磊磊研究员阐释了悖论叙事,他以《策反》《红色恋人》等为例,指出其将革命与人性、正义与亲情尖锐地对立起来,构建出了道德选择的两难境遇,而电影《野火春风斗古城》的处理方式则为这种两难境遇提供了解决之道。最后,他提出越是在这种理论陷落的语境中,伦理的批评就越不能缺席。袁智忠教授作为中国电影伦理学学科建设的创始人及学派建设的发起人,介绍了中国电影伦理学派基于三个观照视角——“新文科”“中国电影学派”“中国电影传播和民族文化软实力视角”进行构建,同时阐述了中国电影伦理学派的建设路径、价值与意义。

下午,论坛以“电影伦理学的深度考察与多元路径”“中国电影学派视野下的电影伦理学学派建设”为主题的两个圆桌分论坛正式开始。其间,各高校、研究机构的专家和学者就“中国电影伦理学派”“电影的伦理叙事与叙事伦理”“中国伦理文化”等学术议题进行了广泛而深入的讨论。中国电影伦理学学术论坛肩负历史和社会赋予中国电影伦理学的使命,在理论与实践相结合的基础上,为中国和世界的影像艺术健康发展提供学术支撑和理论资源。中国电影伦理学学派的建设,是中国电影学派的重要构成,是学术使命和社会责任所在,是中国文化走向世界的重要媒介,也是后疫

情时代人类命运共同体理念下电影的重要发展趋势。

中外生态哲学研译双修学术论坛

参加人员:来自天津外国语大学、哈尔滨工业大学、北京林业大学、南开大学、中国林业出版社、福州大学、南京信息工程大学等学校的50余位专家学者、研究生参加了此次论坛

主办单位:由中国自然辩证法研究会环境哲学专业委员会、中国伦理学会环境伦理学分会和天津外国语大学欧美文化哲学研究所主办

时间:2020年11月8日

地点:天津外国语大学

主要议题:会议主题为“中外生态·环境哲学·研译双修”

论坛开幕式由天津外国语大学欧美文化哲学研究所所长佟立教授主持。在生态文明建设进入新时代、在全球疫情尚未结束的大环境之下,各位专家分别从不同的角度肯定了本次论坛召开的意义。论坛主题报告邀请了哈尔滨工业大学(威海)叶平教授、南开大学薛富兴教授、北京林业大学周国文教授、天津外国语大学佟立教授、哈尔滨工业大学解保军教授、福州大学陶火生教授、南京信息工程大学的徐海红教授,他们分别做了主题发言。

叶平教授的报告以《后疫情时代人与动物的生态文明关系刍议》为题,从“人与动物关系的性质和特征”“人的价值与动物的价值”“人的利益与动物的利益”“把人的需要、价值和利益扩展到人与动物的关系”“微生物的需要、价值和利益”五个方面做了交流,指出后疫情时代重新思考人与动物的关系是当务之急。薛富兴教授的报告以《趣味与德性:动物审美之内在张力——以鹦鹉赋为中心》为题,以传统审美是否经得住现代伦理学的考验为切入点,探讨了人类自然审美意识发展的规律,指出人类驯化鹦鹉、把鹦鹉关起来欣赏是人类变态的举动,有悖于环境伦理要求。

周国文教授的报告以《后疫情时代环境哲学之展望》为题,从以“环境哲学的契机”警醒“危机的挑战”、以“环境哲学的确定性”抵销“危机的不确定性”、以“环境哲学的增量”克服“危机的减量”三个方面做了论述。解保军教授的报告以《论恩格斯重要经典中的生态智慧及当代价值》为题,依托恩格斯的《英国工人阶级状况》《反杜林论》《自然辩证法》等著作阐释了恩格斯的生态智慧,并呼吁我们要正确理解自然规律,学会认识、控制、估计、认清我们生产活动引起的生态后果和社会影响。陶火生教授以《生态哲学是面向生态现实的智慧》为题做了报告,报告立足于生态现实会中形成生

态领域的哲学智慧,提出当今生态哲学三个重大的转变:一个是从以人与自然关系为哲学主题转变为以生态文明为哲学主题;另一个是新的生态哲学的经验来源已经从西方发达国家转到中国;叙事方式的巨大转变就是从批判性叙事方式转变为建构性叙事方式。徐海红教授的报告以《生态劳动的困境、逻辑及实现路径》为题,从马克思主义政治经济学的劳动为出发点,认为社会主义生态文明视域中的劳动具有生态性,生态劳动是人与自然的良性物质变换,由劳动主体、劳动目的、劳动过程构成。倡导消费伦理,为生态劳动实现提供伦理支撑。

本次学术会议紧扣时代,主题明确,思想激荡,观念丛生。当环境哲学走入全球生态问题,它以哲学伦理分析把握生态环境思想理论热点,提炼一系列令人深思的哲学命题。毕竟人类的生态观念来源于正确的环境认识,本次中外生态哲学研译双修学术论坛,积极响应党的十九届五中全会提出的"推动绿色发展,促进人与自然和谐共生"理念,站在环境哲学领域的学术前沿,以研译双修的路径进一步丰富了中外生态哲学思想的内涵,对于深刻认识当代全球社会以气候变化为代表的生态危机,探寻解决人类生存困境和生态环境问题的途径,建设人与自然和谐共生的生态文明社会都具有重要的启示意义。

"科学道德与伦理教育"——中科院学部2020科技伦理研讨会

参加人员:相关领域院士专家莅临会议,参与讨论

主办单位:由中国科学院学部科学道德建设委员会主办,中科院武汉分院、中国科学院学部科学规范与伦理研究支撑中心承办

时间:2020年11月10日

地点:武汉

主要议题:与会嘉宾围绕"科学道德与伦理教育"主题,针对"我国科学道德与伦理教育的现状与问题""关于加强我国科学道德与伦理教育的建议"这几个议题展开卓有成效的研讨,提出中肯的建议

中国科学院学部科学道德建设委员会主任裴钢院士代表主办方致辞。裴钢院士强调了举办本次研讨会的重大意义。研讨会安排的6个主旨报告,有思想,有观点,有案例,有数据。朱邦芬院士提出,学术诚信建设是培育世界一流大学、人才、科技期刊最重要的一个环节,而衡量学术诚信是否好转的关键指标是看科技界的"自查""自纠""自净"能力。张启发院士详细介绍了华中农业大学的"交通法规式的学术治理体系",提出在学术不端

行为治理中应强调基层单位法人主体的责任和作用，相关罚则应有交通法规式的精细化的、刚性的制度。杨卫平局长具体分析了六大类科研不端行为的具体表现以及认定科研不端行为的四个要件，为处理科研不端行为提供了一个具体的、可操作的范本，并分享了一系列案例。李伦教授从工程伦理教育的角度，分享了大连理工大学的经验。李真真研究员从人工智能伦理教育的角度，分享了可信人工智能的规范。彭耀进研究员从生命科学伦理教育的角度，分享了一系列调查研究数据和研究成果。

与会嘉宾从价值理念的层面，提出我国在科学道德与伦理教育方面存在的问题需要标本兼治、知行合一，需要坚持实事求是、追求真理，并从具体操作性层面，讨论了未来我国科学界和教育界需要开展的工作。道德委员会翟明国院士对研讨会进行了总结。他指出，科学道德与科技伦理是不同维度的问题，科学道德主要涉及科学共同体的自律和他律，而科技伦理关乎人与自然、人与社会的关系问题。近年来，科学道德和科技伦理问题日益受到社会公众的关注，其原因是多方面的，既有我国科技创新在一些有争议的领域，如转基因、基因编辑等领域取得显著成绩，也存在着“指挥棒”错位形成了科学界急于求成的浮躁氛围，科学严谨性有所降低。在科学道德和伦理教育方面，既需要伦理学的学者参与，也需要具体科技领域的学者参与，两者相辅相成，缺一不可。

第六届全国马克思主义伦理学论坛

参加人员：各地专家学者

主办单位：由清华大学高校德育研究中心、中国人民大学伦理学与道德建设研究中心、福建师范大学马克思主义学院共同主办，《理论与评论》编辑部承办

时间：2020 年 11 月 14 日

地点：福建师范大学

主要议题：以“2020 年的世界和我们：从马克思主义的伦理视角看”为主题

开幕式由福建师范大学马克思主义学院常务副院长傅慧芳教授主持。福建师范大学副校长杨玉盛教授，中国人民大学伦理学与道德建设研究中心主任、中国伦理学会副会长曹刚教授，清华大学马克思主义学院副院长、青年长江学者李义天教授分别致辞。

杨玉盛指出，当今世界正经历百年未有之大变局，这次新冠肺炎疫情

突如其来、前所未有,给人类生存带来空前挑战,也给世界各国交流合作造成困局,是对人类社会的一次集体大考。面对自然和社会的双重挑战,学术界亟待从人类社会的伦理规范和道德价值层面进行反思,激浊扬清、正本清源,形成关于人类命运共同体的伦理自觉。他强调,马克思主义伦理学是一门厚重而青春的学问,有着悠久丰厚的文化传统和话语资源。

曹刚用“春天”和“朝阳”形容马克思主义伦理学发展的广阔前景。他认为,新时代马克思主义伦理学发展之所以能超越旧有的伦理学体系,其具有四个特点:第一,它不但具有理论上深刻性和彻底性,而且应该成为人们道德实践中的行动纲领;第二,它不但具有时代性,能够指导解决当代中国社会发展中所遇到的道德问题,而且作为一种未来导向的伦理学,还能够为我们所可能碰到的未来世代的道德难题提供理论资源和思想指导;第三,它不但是一种主流的意识形态,还是一种精深的道德知识体系;第四,它不但是由前辈学者开辟和传承的中国伦理学研究和教学的传统,而且有了一支致力于马克思主义伦理学研究和教学的以青年学者为主体的研究队伍。

李义天指出,每一年都构成历史的进程,但不是每一年都构成历史的意义,2020年注定是不平凡的一年,也是必将载入人类史册的一年。他从马克思主义伦理视角提出“三个没有变”,认为人类生存的基本矛盾没有变、人类的基本社会结构没有变、人类对积极价值和美好生活的向往没有变。卫建国、王淑芹、龙静云、柴艳萍、韩东屏、余达淮、吕梁山、黄云明、杨国才、陈桂蓉、王露璐、王文东分别做了大会的主题报告。曲红梅、沈永福、武卉昕围绕着马克思主义伦理思想的道德内涵,张彦、魏传光、宋建丽、李旸、范伟伟、陈思敏围绕着马克思主义平等与正义观,林育川、王贵贤、包大为、杨荣围绕着马克思主义伦理中的生命政治意蕴,肖祥、张鲲、项溢煦、晏扩明围绕着马克思主义伦理思想的叙事方式和理论特质,蒋颖荣、刘昂、陈苏珍、曹周天围绕着马克思主义伦理学在具体治理实践中的理论与实践彰显分别做了主题汇报。中国人民大学哲学院副院长张霄、福建师范大学马克思主义学院党委书记张爱民分别做了总结发言。

湖南省伦理学会2020年学术年会

参加人员:来自省内省外各个高校、科研院所近150名专家学者与研究生参加

主办单位:由湖南省伦理学学会主办,湖南理工学院马克思主义学院

和岳阳市哲学学会承办

时间:2020年11月14日

地点:岳阳

主要议题:聚焦“后疫情时代的伦理秩序建构”这一主题,进行了深入的交流探讨

会议开幕式由湖南省伦理学学会副会长李培超教授主持,湖南理工学院卢先明校长致欢迎辞,对学者们的到来表示热烈欢迎。会议邀请华中科技大学雷瑞鹏教授做了题为《高科技时代的伦理使命》的主旨报告。会议期间,左高山教授、向玉乔教授、彭柏林教授、陈万球教授、周谨平教授、彭定光教授、陈科华教授、贺汉魂教授八位学者分别围绕“疾病隐喻与身体治理”“道德记忆与记忆道德”“中国现代慈善组织治理与监督机制:经验与改革展望”“构建适合中国国情的生物安全治理体系”“如何走出社会偏见的阴霾”“制度伦理的两个层面”“N95:一片口罩引发的公共卫生伦理问题”“精准把握效率优先中‘优先’的内涵”等主题做了学术报告。

湖南省伦理学学会会长李建华教授在闭幕式做会议总结,对为本次会议成功举办默默奉献的组织者、提供精彩讲座的与会嘉宾,对所有拨冗参会此次会议的与会人员表达衷心感谢和诚挚的祝福。李建华教授认为各位学者的主旨报告创新性很强,具有重大的理论和实践意义,同时他强调湖南伦理学人应当要更多关注现实问题,鼓励年轻学人要有“纯粹学术”的情怀,努力打造湖湘伦理学派,为构建具有中国特色、中国风格、中国气派的哲学社会科学体系贡献智慧。

四川省医学会第二十次医学伦理学学术会议

参加人员:来自省内外医疗机构、院校的200多名专家参加大会

主办单位:由四川省医学会主办,四川省医学会医学伦理学专业委员会、成都中医药大学马克思主义学院联合承办

时间:2020年11月13日—15日

地点:成都

主要议题:本次会议主题是“践行医者仁心,构建医患命运共同体”

成都中医药大学校党委书记、四川省第八届医学伦理学专委会主任委员刘毅主持开幕式、闭幕式并做主旨报告。刘毅在开幕式致辞中指出,值此全国医疗卫生战线深入学习贯彻十九届五中全会精神、深学细悟习近平总书记在全国抗击新冠肺炎疫情表彰大会上的重要讲话精神之际,四川省医学会举

办第二十次医学伦理学学术会议，共谋四川医学创新发展，意义重大。

四川省卫生健康委员会主任何延政出席会议，并提到，党的十九届五中全会顺利召开预示着我国开启了全面建设社会主义现代化强国的新征程。实现社会主义现代化建设目标离不开全民健康，医学伦理学专委会作为四川省支撑医学卫生健康事业的高端智库，在以后的医学伦理建设中应做到时刻把握新趋势、汲取新成果，不断加强学术交流、提升职业素养，立足医学实践、助力健康中国。

会议邀请到西安交通大学公共卫生学院卫生改革与发展研究中心主任、中华医学会医学伦理学分会副主任委员王明旭教授，四川省医学会第八届医学伦理专委会主任委员、成都中医药大学党委书记刘毅教授，成都中医药大学附属医院呼吸科副主任张传涛教授、四川大学华西医院临床研究管理部部长陈蕾教授等专家学者进行交流发言。在闭幕致辞中，刘毅教授指出，本次会议呈现出三大亮点。一是主题鲜明，切合实际。以“践行医者仁心，构建医患命运共同体”作为本次会议主题，在我国疫情防控阻击战取得重大战略成果之际，能够使我们更加深刻地理解构建医患命运共同体的重要性和有效途径。二是内容丰富，精彩纷呈。会议聚焦前沿焦点问题，与会专家分享最新学术进展、探讨医学伦理学面临的机遇和挑战。三是群贤毕至，少长咸集。会议受到广泛关注、高度重视，既是一次理论的研讨会，也是一次管理者、专家学者和实践者的互动交流会。

第八届教育伦理学术研讨会

参加人员：来自北京师范大学、华东师范大学、中山大学、上海师范大学、首都师范大学、湖南师范大学、南京师范大学、华南师范大学、广州大学、湖北大学等50多所高校与教育机构的120多位专家、学者、教育工作者齐聚一堂

主办单位：中国伦理学会教育伦理学专业委员会主办，遵义医科大学马克思主义学院协办

时间：2020年11月13日—15日

地点：遵义医科大学

主要议题：以“新时代立德树人、教师道德与教育现代化”为主题

大会开幕式由湖南师范大学道德文化研究院王泽应教授主持。遵义医科大学党委副书记、校长刘建国代表学校党政领导对来自全国的与会专家表示热烈欢迎。他指出，教育伦理学是当代教育学与伦理学的新型交叉

学科，是研究教育中伦理道德问题的学问。中国伦理学会会长、清华大学人文学院院长万俊人教授在委托代表向大会致辞中指出，中国伦理学会教育伦理专业委员会成立以来，在组织和带领全国有关专家开展中国特色社会主义教育伦理学理论建构，为全国和地方开展师德建设实践提供决策咨询，创建全国师德实践与创新基地，加强新媒体师德传播等方面做出了重要贡献。中国伦理学会教育伦理学专业委员会会长、上海师范大学王正平教授在全体大会上发表了题为《新时代教育伦理的使命与我国教育现代化》的会议主题演讲。

一、会议主题报告阶段

主题报告的第一阶段，由南京师范大学吴贻芳研究中心钱焕琦教授主持。中山大学马克思主义学院林滨教授做了题为《立德树人的时代伦理意蕴》的报告。上海师范大学知识与价值研究所何云峰教授做了题为《劳动教育与立德树人》的报告，他提出，“劳动创造人”有普遍进化和个人成为人的两个意义，人通过劳动创造而自我成就，需要个人内生动力、社会的公众辅助和他人的美德与博爱的支持。华东师范大学马克思主义学院余玉花教授做了题为《德配其位：师德建设的伦理维度》的报告，她指出，要通过制度规则建设和营造“敬重教师、信任教师”的社会氛围来促进教师的自我修养，提升师德水平，使教师德配其位，保持品德修养与职业地位的一致。上海师范大学教育学院刘次林教授做了题为《教育惩戒的伦理维度》的报告，他指出，目前一些学校违规程度判定上的混乱是造成惩戒失范、师德事件的主要原因，我们应该根据所违反规范的性质来判定违规程度和应该给予的惩戒强度。湖北大学教育学院靖国平教授做了题为《当前师生关系中的突出伦理问题探析》的报告，针对当前师生关系中的某些突出和热点伦理问题，提出了构建“多维师生关系”、重估教师的伦理价值、重申教师的智慧伦理、构建师生道德发展共同体、改善教育的生态环境的应对之策。华南师范大学哲学与社会发展学院江雪莲教授在点评中指出，各位专家的理论探讨既高效、又有深度，富有启发性，同时还有“学术留白”，关于教育伦理的学术研究应当探索真理，完善社会。

主题报告的第二阶段，由华东师范大学马克思主义学院余玉花教授主持。南京师范大学吴贻芳研究中心钱焕琦教授做了题为《当前家校关系中存在的问题及伦理调试》的报告，她认为教师与家长的关系应当在注重道德威望、社会责任、主动协调特点的基础上，通过双向合作关系最终体现平等和友善。广州大学马克思主义学院党委书记罗明星教授做了题为《教育伦理视野中的大学生身份定位》的报告，他指出，我们的社会应该以“成年公民”给大学生进行稳定的身份定位，通过教育制度的系统性设计等多种途径，营造大学生“成年公民”生活的全时空环境。上海师范大学哲学与法政学院张自慧教授做了题为《论师德建设的法律向度——以教师职业“复魅”与“祛魅”为视角》的报告，她指出，法律作为一种外在的规训力量，对教师职业的合理“复魅”与“祛魅”具有重要作用，通过底线师德立法，不仅能够规范教师行为，而且能为教师的正当利益提供法律保护。遵义医科大学马克思主义学院郑宏颖副教授做了题为《红色医学的教育公平实践及其当代启示》的报告，提出红色医学教育的公平实践是以社会理想为内在感召力的，在受教育者所处的社会群体中形成了以社会主义美德为特征的伦理纽带，这种美德与规范相结合的教育伦理对当代教育具有启示作用。首都师范大学教师工作部部长苏寄宛教授做了题为《新时代师德建设形势任务与认识思考》的报告，她提出，教师肩负着传播知识、传播思想、传播真理，塑造灵魂、塑造生命、塑造新人的时代重任，师德师风建设要从当前的师德实践需要出发，增强每个教师教书育人、立德树人的道德责任感。南京晓庄学院原党委书记王国聘教授在点评中指出，各位专家的学术探讨有鲜明的问题导向，有新的视角，提出了新的观点，给出了解决问题的新的方法，对师德实践中的重点与难点做出了积极的回应。

二、会议研讨阶段

全体与会专家分三个小组，围绕本次会议的主要议题“新时代教书育人、立德树人研究”“抗击新冠肺炎疫情、在线教学与教师道德研究”“提高教师‘三个地位’与师德师风建设研究”“劳动教育与青少年道德品德养成研究”“教育公正、教育自由、教育平等与教育现代化研究”“大中小学师德评价研究”“教学伦理研究”“当前我国师生、家校关系中突出伦理问题研究”“中外教育伦理比较研究”“大中小学师德建设实践经验交流”等问题，进行了热烈的理论研讨、思辨和探究。

三、会议总结交流阶段

最后的总结交流阶段，由遵义医科大学马克思主义学院院长谷松岭教授主持。全体与会专家学者认真听取了三个小组交流发言代表陈洪教授、陈洪涛教授、刘竑波副教授的发言。本次学术研讨会主题聚焦，内容丰富，观点新颖，互动良好，富有启发。对新时代立德树人、教师道德与教育现代化进行了深入的理论探讨。

世界百年未有之大变局与中国生态文明理论和实践创新暨2020年中国环境伦理学环境哲学学术年会

参加人员：来自哈尔滨工业大学（威海分校）、南京师范大学、广西大学、北京林业大学、东南大学、南京林业大学、南京工业大学、北京正易森林医学研究院、北京京师律师事务所等高校和单位的100余名学者参加了会议

主办单位：由中国伦理学会环境伦理学专业委员会、中国自然辩证法研究会环境哲学专业委员会、北京森林医养研究院主办，北京博后企业管理咨询有限公司协办

时间：2020年11月21日—22日

地点：北京

主要议题：参会学者就"后疫情时代的环境伦理学环境哲学研究""中国特色社会主义生态文明理论和实践创新研究""中国特色社会主义生命健康伦理学""森林医养学和大健康实践案例研究""近40年中国生态哲学思想史研究""体验自然与环境美德研究"等议题积极发言

中国伦理学会环境伦理学分会会长叶平教授和与会代表探讨了近40年中国生态哲学思想史的研究框架，分析了其总体问题、主要研究对象和内容。认为我国生态哲学孕育于三大方面的需求：即改革开放解放思想，要求经济转向依靠科技的轨道，在发展的同时保护环境的需要；国内环境科学和生态学扩展到人类生态包括精神生态的需要；学习并借鉴国外生态哲学使其中国化的需要。中国伦理学会环境伦理学分会副会长王国聘教授就深化生态文明教育的三大着力点主题展开发言，指出人类健康和动物健康、生态健康关系密切，并提出需要从生态规律教育要先行、生态情感教育要强化、生态文明的规范教育和美德教育要并重这三方面提升公民生态素养，培养公众生态思维。环境哲学专业委员会会长曹孟勤教授做了改造自然界与道德责任的主题报告，并指出对改造自然界的实践活动负道德责任，就是对自然世界负道德责任、对人本身负道德责任；广西大学杨通进教授认为，新冠肺炎疫情暴露出人与动物的关系失范，需要从多角度进行正义研究。其中罗尔斯的正义理论经过现时代转化和创新发展是可能的。华南师大科技与社会研究院肖显静教授介绍中国特色生态哲学研究的概况及其推进概况，指出生态哲学研究要多学科、跨学科交叉研究。中国石油大学叶立国教授认为新冠肺炎疫情暴露出自然复杂系统的历史性、隐蔽性和时滞性，从"敬畏生命"走向"畏惧自然"值得讨论。哈尔滨工业大学

(威海)迟学芳副教授从生命健康伦理学的视域,提出生态与文明关系的双向生命依赖原理,认为生态文明和文明生态的核心和本质在于生命至上的理念,关键在于运用生命文化方法论建构并指导实践。北京正易森林医学研究院陈志权副院长介绍实践“两山”理论的森林环境促进人体健康预防重大疾病的科研工作情况。北京京师律师事务所高级合伙人、京师(全国)刑事专业委员会副主任刘志民律师从《中华人民共和国民法典》理论和应用视角,对大健康产业发展案例与刑事合规法律风险防范的关系进行了分析和讨论。参会教授、专家就人类需要什么样的生态环境,生态环境需要什么样的环境伦理和环境哲学思想,生态文明思想和实践的创新进行思考和探索,各自汇报了研究成果,并形成了多达六百多页的论文集,可谓成果丰硕。

会议最后举行了“中国伦理学会环境伦理学研究会”的工作总结和换届选举。叶平教授总结了担任会长12年来的工作情况。与会专家学者对学会发展及取得的成绩给予高度评价,通过投票选举的方式推举叶平教授为荣誉会长,广西大学杨通进教授为新任会长,清华大学雷毅教授任执行会长。

2020年第十一届伦理学名家论坛

参加人员:清华大学长聘教授、博士生导师、教育部青年长江学者、国家社科基金重大项目首席专家李义天教授,厦门大学特聘教授、博士生导师徐梦秋教授,广东伦理学学会会长李萍教授,副会长林滨教授、朱刚教授、杨绍刚教授、宋婕教授、学会副秘书长童建军副教授等及广东伦理学学会百余名会员参加了本届论坛

主办单位:由广东伦理学学会、广东哲学学会、中山大学哲学系与中山大学马克思主义哲学与中国现代化研究基地共同举办

时间:2020年11月22日

地点:中山大学

主要议题:主要围绕“德性论”与“规范论”展开讨论

一、“谁是美德伦理学者? 谁不是?”

广东伦理学学会会长李萍教授致开幕辞。李义天教授做了题为《谁是美德伦理学者? 谁不是?》的主题报告,从大众认知切入,层层推进,抽丝剥茧式地解答难题。首先,曾被公认为中国美德伦理学者代表的孔子、孟子为何面临合法性危机或“脱粉”危机。产生这一问题的原因在于,质疑者们

认为儒家伦理学比美德伦理学更复杂，美德伦理学仅是一个西方概念。紧接着，他对反驳“亚里士多德是美德伦理学者”的言论展开分析。反驳者认为亚里士多德的伦理学是健全的实践学，美德伦理学是一个现代概念。随后，他又聚焦“威廉·姆斯等现代学者能否被称为美德伦理学者”，但这些学者同样不被认为是美德伦理学者。总之，“美德是否构成基础”这一标准使得以往被认为是美德伦理学者的思想家都不再成为美德伦理学者。因为“以美德为基础”强调美德的独立性与衍生性，而现有的伦理学没有达到这两大苛刻的条件。因此针对“如何理解以美德为基础，才能既不使其泛化，又不使其狭隘化”这一问题，他给出三点思考：第一，与其将作为基础的美德归为感恩、仁慈等伦理美德，不如将其归为实践智慧；第二，不在发生学而在实践论层面论证美德的优先性；第三，进一步寻求其存在论、心理学等层面的基础。最后，他强调，“研究伦理学不是为了思辨或炫技，而是为了在追求平凡、美好生活中贡献伦理学人的力量”。

朱刚教授认为，这场深刻的主题报告既有中西与古今的宏大视野，又有层层推进的分析逻辑。哲学研究正如报告结语所言，要不忘初心，要促进对生活本身的理解与创造。同时他指出，中西之争与古今之别实际上可归结为主体性问题，即何者为解释的主体，何者为被解释的客体。

二、“规范论的对象、问题和研究路径”

徐梦秋教授做了题为《规范论的对象、问题和研究路径》的主题报告，从六大方面全面系统地剖析规范论。第一，他从规范的外延与内涵出发，解决“什么是规范”这一问题。规范是调控人的心理和行为的、由某种精神力量或物质力量来支持的、具有不同程度之普适性的指示或指示系统。第二，他解释规范问题何以成为哲学问题。规范无所不在，规范问题是一个具有最大普遍性的问题，不研究规范与规范问题就不可能全面地揭示实践活动的机制和自由的本质。第三，他指明规范论的对象。规范论以所有规范构成的规范总体为研究对象，它要对各种各样的规范做统摄性、综合性、贯通性研究。第四，他进一步回答规范论的中心问题和基本问题。其中心问题是“规范形成的充分必要条件是什么”，更确切地说是“使规范从无到有的充分而且必要的条件是什么”，这个大问题内在地包含着“规范性何以可能”的问题。其基本问题包括“规范何以可能、规范与实践、规范与规律、规范与理性……”多重问题。第五，他强调规范论研究的基本路径。由于作为中心问题的“规范何以可能”具有发生学与合理性两层含义，因此规范研究在发生学意义上，可分为个体发生学研究与人类发生学研究；在合理性意义上,可分为规范的形式合理性研究与规范的实质合理性研究。第六,他明确规范论在哲学学科体系中的地位。哲学可分为“关于存在是如何的学科”及“关于实践应如何的学科”,前者包含本体论、认识论、历史哲学、自然哲学等,后者包含道德哲学、法哲学和政治哲学等,但后者也能被分为规范论、价值论等。

朱刚教授指出,研究伦理学离不开规范论,规范论的以往研究仅限于规范伦理学,但此次主题报告突破旧界限、内容丰富。作为国内开创性、奠基性的规范论研究工作,它与国际学术研究接轨,有助于进一步推动哲学研究。

三、总结交流阶段

在交流互动环节,师生们分别围绕两场主题报告就“实践哲学与美德伦理学的关系、规范与权力的关系和发生学意义上的新时代道德规范”等问题,展开对话交流,气氛热烈。

最后,第十一届“伦理学名家论坛”在师生们热烈的掌声中圆满结束,极具启发性的主题报告让与会人员享受了一场精神盛宴,受益匪浅。此次论坛也激励广大会员研读经典、观照现实和服务社会,为进一步推动伦理学研究贡献力量。

“交叉学科背景下的科技伦理”高端论坛

参加人员:上海大学科研管理部有关领导、上海大学科技伦理委员会委员、“智能社会及其伦理建构”创新团队成员、相关部处代表,以及来自上海大学医学院、生命科学学院、机自学院、通信学院、环化学院、外语学院、社会学院、马克思主义学院和哲学系等院系的70余名师生参加了论坛

主办单位:由上海大学学术委员会秘书处与上海大学哲学系联合主办,上海市高水平创新团队“智能社会及其伦理建构”、教育部哲学社会科学研究重大课题攻关项目“人工智能的哲学思研究”以及国家社会科学基金重大项目“人工智能前沿问题的马克思主义哲学研究”课题组协办

时间:2020年11月28日

地点:上海大学

主要议题:与会代表围绕“交叉学科背景下的科技伦理”这一主题进行了广泛而深入的研讨

论坛由学校发展规划处副处长、学术委员会秘书处副秘书长周丽昀教

授主持，学术委员会秘书处秘书长施鹰教授致欢迎辞。随后，几位国内顶尖的科技伦理专家做了主题报告。复旦大学王国豫教授做了题为《面向未来的科技伦理》的报告，中国社会科学院段伟文教授做了题为《国家科技伦理治理与建设性的科技伦理构建》的报告，上海社会科学院成素梅教授做了题为《智能革命时代的伦理挑战》的报告，大连理工大学李伦教授做了题为《利益冲突与科研伦理》的报告，北京师范大学李建会教授做了题为《生命伦理的难题及其解决的基本原则》的报告。这些知名专家既具有深厚的理论研究功底，又具有丰富的科技伦理治理实践经验。他们分别从宏观到微观，从抽象到具体，从理论到实践，从规范到案例，进行了多维度的精彩阐述和分享，在参会师生中引起了热烈的反响和积极的回应，会场气氛十分热烈。

下午，上海大学社科学部(筹)孙伟平教授和王天恩教授主持了研讨会，通信学院张新鹏教授、环化学院曹傲能教授、医学院张川教授等分别就科技伦理审查的流程与规范、生命伦理与人工智能伦理面临的难题、科学技术与人类未来的关系等问题进行了深入热烈的探讨和交流。与会的委员纷纷表示受益匪浅，希望以后类似的活动可以系列化，以更好提升学校科技伦理工作水平和委员们的履职效能，为学校的科技活动保驾护航，有效促进科学文化与人文文化的融通，构建健康良好的学术环境。

“中国马克思主义伦理学与新时代”高层论坛

参加人员：来自全国各地知名高校20余名伦理学研究者出席会议，来自上海师范大学等多所高校100余名研究生参与

主办单位：由上海师范大学马克思主义学院主办，上海市伦理学会、上海师范大学哲学系、上海师范大学经济伦理研究中心协办

时间：2020年12月3日

地点：上海师范大学、腾讯会议平台

主要议题：专家们主要围绕“新时代中国马克思主义伦理学的学科建构问题研究”“马克思主义伦理学与中国特色社会主义事业”“新时代马克思主义伦理学与前沿问题研究”这三个议题展开深入的学术探讨

一、马克思主义伦理学

上海师范大学马克思主义学院张志丹教授指出，从广义上看，坚持马克思主义的立场、观点、方法，研究的伦理学都是马克思主义伦理学。我们之所以要强调马克思主义伦理学，是因为马克思主义伦理学具有独到之

处,这个独到之处就在于它对人类历史发展规律的揭示和洞察。上海师范大学哲学系晏辉教授探究了马克思主义伦理学的问题域以及论证方式问题。晏教授指出,马克思虽未建构一个完整的伦理学体系,但他却构造了一个向民众开放的伦理观念体系。在类型学意义上,马克思主义伦理学内在地蕴含着三种书写方式:马克思主义伦理学发生史、西方马克思主义伦理学演变史和马克思主义伦理学问题史。这三种书写方式同时也是马克思主义伦理学研究的两种致思路向:前两种方式是回归学术,而后一种方式则是面向问题。对于马克思主义伦理学研究而言,它们都是重要的。清华大学马克思主义学院李义天教授将所谓的历史唯物主义语境下的道德合法性问题,称之为马克思主义伦理学的初始问题或者“壹号问题”。如果说处理这样一个道德合法性问题是我们在面对马克思主义伦理学殿堂时要处理的第一个问题,那么马克思主义伦理学的知识合法性问题则是一个比“壹号问题”更加根本和需要急迫处理的问题,李义天教授称这个问题为马克思主义伦理学的“零号问题”。

上海师范大学马克思主义学院周中之教授分析了中国马克思主义伦理学的特质。马克思主义伦理学的特质之一是以实践的方式把握世界。伦理学与其他学科的不同,它的特点就是实践性,或者说是以实践为指向的。马克思主义伦理学的特质之二是以中国传统文化为基石。中国马克思主义伦理学冠之于“中国”,就必须要有中国气派、中国风格,就必须将话语体系植根于中国文化。马克思主义伦理学的特质之三是以规范伦理学为主要内容。中国马克思主义伦理学是指向实践、指向生活的伦理学,它必然要以规范伦理学为主体,提出道德原则规范体系。当然这些规范体系也要随着时代的变迁而不断的守正创新。但以规范伦理学为主体,指导生活,并不排斥描述伦理学和元伦理学。

二、人类命运共同体的责任共担

天津社科院杨义芹研究员以《人类命运共同体的责任共担》为题进行分享。杨义芹指出,构建人类命运共同体,这是中国共产党面对百年未有之大变局给出的中国方案,是中国信心、中国智慧的重要体现;是中国处理外交事务的重要原则和指导思想,体现了中国作为负责任的大国的担当与作为;也是当代中国对世界的重要理论贡献,符合时代发展潮流和人类文明进步方向。构建人类命运共同体,不仅需要不同文明交流互鉴、利益共享,更需要破除强权政治和霸权责任,实现公平正义、责任共担。上海师范大学马克思主义学院张志丹教授强调,人类命运共同体思想是习近平新时代中国特色社会主义思想中非常重要的组成部分。中国也正用实际行动彰显着有担当、有道义的负责任大国的形象，成为维护国际公平与正义、促进共同发展的中坚力量。

河北经贸大学马克思主义学院柴艳萍教授认为，人类命运共同体首先展现为道德共同体，是对人类命运的整体考虑和终极关怀，“共在、共商、共建、共享、共担”是其伦理原则，其中“共担”是关键。新冠肺炎疫情的蔓延使得人类命运共同体理念的崇高价值得以彰显，社会主义制度优越性充分显现。中国人民大学张霄副教授指出国家治理现代化是目前最大的一个问题，国家治理现代化的根本是制度建设，制度建设的根本是规范性秩序，也就是各种制度建设内在的规范性要求。这些要求来自我们的核心价值。上海师范大学哲学系张自慧教授指出，从马克思主义伦理学应该关注中国社会来看，那么，关注中国的传统和时代的重要道德问题，也是马克思主义伦理学研究不可忽视的重要内容。上海师范大学马克思主义学院高惠珠教授指出，中国特色社会主义进入新时代后，人民群众对美好生活的需要成为社会主要矛盾的矛盾一方，由此，对平等的深入探讨，理应成为新时代马克思主义伦理学研究的重要一维。此外，山西大学马克思主义学院刘美玲副教授以《社会主义核心价值观纳入马克思主义伦理学教材体系》为题分享了自己的几点思考。

三、新时代马克思主义伦理学与前沿问题研究

南京师范大学李志祥教授认为，隐私问题应该是大数据时代最重要的问题之一。他从三个方面分析了“大数据时代信息共享与隐私保护的冲突与平衡”问题。上海师范大学马克思主义学院苏令银副教授指出，就目前来看，我们的生活实际上已经被高度的技术化或者说是算法化。许多人在日常生活中使用一些算法工具，用来解决诸如个人问题、目标理想等。苏令银教授从四个方面分析了日常生活算法化的伦理困境问题。同济大学邵龙宝教授探究了人工智能时代，以儒释道为主的传统文化到底具有怎样的智慧魅力问题。他认为，目前人类进入人工智能时代，儒释道对于构建人工智能时代的新的道德哲学，不管是生命伦理学还是马克思主义伦理学，都具有特殊的意义和价值，是最丰富的思想资源。上海师范大学马克思主义学院李晓哲老师以《辩护电车难题思想实验的研究价值》为题，与与会专家展开了深入讨论。上海师范大学马克思主义学院周治华副教授强调推动环境伦理学在中国的本土化发展，必须坚持以马克思主义为指导，立足当代中国生态文明建设实践，坚持以人民为中心的价值立场，用中国话言说环境道德,构建中国特色环境伦理学。

纪念中国伦理学会成立40周年暨2020年中国伦理学大会

参加人员:来自全国各省、市、自治区近400名伦理学人、道德文化工作者出席了本次大会

主办单位:由中国伦理学会、中共无锡市委宣传部及江南大学主办,上海师范大学经济伦理研究中心与中国伦理学会经济伦理专业委员会、上海市伦理学会协办

时间:2020年12月5日

地点:无锡

主要议题:围绕"伦理学与国家治理"这一核心主题展开讨论

本届大会围绕"伦理学与国家治理"这一核心主题,设置一场主题报告会和"伦理学与国家治理""伦理学基础理论""立德树人"等八个专题论坛。大会开幕式上,中国伦理学会会长万俊人、中国伦理学会原会长陈瑛等学者相继发言,他们回顾了中国伦理学会40年发展历程,展望了学科发展的"十四五"目标。中国人民大学曹刚教授、南京师范大学王小锡教授、复旦大学邓安庆教授等分别做主旨报告,现场氛围活跃、互动踊跃。

本次大会还举行了"疫情防控伦理"专题论坛,学者们就"中华民族抗击疫情的道德经验""突发性公共卫生事件中稀缺医疗资源的分配正义探析""试论公共健康伦理中的道德主体责任""新冠疫情后的道德疗伤"等二十余个话题进行发言讨论。大家一致认为,面对全球新冠肺炎疫情流行,各国社会应当坚守"人类命运共同体"这一伦理信念,勇敢迎战"充满不确定性"的未来。作为伦理学人,在特殊的历史时期更应肩负起伦理学使命,为人民生命健康、为人类社会的普遍正义和共同幸福而不懈努力。

大会由中国伦理学会秘书处、无锡市哲学社会科学联合会承办,中国马克思主义基金会、清华大学道德与宗教研究院、中国人民大学伦理学与道德建设研究中心、北京师范大学、南京大学、南京师范大学、湖北大学、浙江师范大学、山西师范大学、河北经贸大学、温州医科大学、《道德与文明》编辑部、《伦理学研究》编辑部等单位作为支持机构予以大力支持。大会期间,三十余家中央及地方新闻媒体参与报道,央广网进行了现场直播。

2020年中国伦理学大会疫情防控伦理论坛

参加人员：来自全国40多位代表参与了此次活动

主办单位：由温州医科大学、中国伦理学会健康伦理专委会主办

时间：2020年12月5日

地点：无锡

主要议题：围绕论坛主题，就疫情防控中的道德问题、国家卫生安全与疫情防控、抗疫精神与伦理、"全"健康、医学人文建设等问题展开了讨论和交流

中国伦理学会健康伦理专委会秘书长刘婵娟教授主持开幕式，中国伦理学会健康伦理学专委会执行主任李恩昌教授致辞，并代表温州医科大学党委书记、中国伦理学会健康伦理学专委会主委吕一军教授对与会代表表示欢迎和感谢。李恩昌教授指出，健康伦理学在我国尚属一门新的交叉学科，它主要研究社会自然与人类健康的伦理关系，WHO近年也在相关文献中专门讨论这一概念。他强调我国伦理工作者应以强烈的责任感，对疫情中的伦理问题做多层次、多角度的思考研究，以推动中国健康伦理学的发展。接着，李恩昌教授介绍了中国伦理学会健康伦理学专委会2018年成立以来的建设发展情况。论坛讨论阶段中，湖南理工学院彭柏林教授论述了重大公共卫生事件防控所应倡导的五大道德理念；李恩昌教授对中国卫生安全面临的挑战与对策进行了探讨；南京邮电大学徐椿梁副教授就命运共同体视域下疫情防控的伦理关切做了演讲；山东师范大学博士研究生杨琪对重大疫情防控中的公民道德建设做了介绍；四川省社会科学院硕士研究生韩壮波就疫情下的人伦依偎发表了自己的学术观点；湖南女子学院周山东副教授对责任优先是公民抗疫精神凝聚的根据做了研究；山东师范大学伦理学专业硕士研究生高超对新冠肺炎疫情后的道德疗伤进行了分析；海南医学院徐海波博士代为宣读了苏玉菊教授的论文，其对健康治理的新范式给予探讨；江阴市人民医院柴斌英主任医师对常态化疫情防控与新医改时代医学人文建设的重要性进行阐述。此外，还有其他学者也相继发表了自己的学术观点。

中国伦理学会副会长、著名伦理学家曹刚教授对会议做了总结发言，强调伦理学研究的落脚点在于运用自己的特殊视角，为解决社会发展中出现的问题提供方案，勉励伦理学人运用掌握的理论知识解决疫情防控中出现的伦理问题，为实现健康中国战略贡献智慧。与会者一致认为，这次论坛讨论深刻、观点鲜明，充分反映了中国伦理人面对疫情大考的责任担当，

尤其是一些年轻学者的发言敢于直面现实问题,拥有深厚的学术功力,反映了我国伦理学事业人才济济、继往开来的光辉未来。

第二届智能社会科学论坛暨"人工智能的治理与伦理"学术研讨会

参加人员:来自北京大学、清华大学、中国科学院、华东政法大学等高校和科研机构的10多位知名学者参加了本次会议并做主旨演讲

主办单位:由华东政法大学人工智能与大数据指数研究院主办

时间:2020年12月6日

地点:上海

主要议题:与会专家就"人工智能及其未来发展趋势""智能社会的伦理挑战和道德建构""区块链技术的应用及其对治理的影响"以及"智能化时代社会科学的变革与发展"等基本议题展开了深入的讨论

会议开幕式由华东政法大学人工智能与大数据指数研究院院长高奇琦教授主持。在基调演讲环节,中国科学院院士褚君浩做了题为《智能时代背景下的人工智能》的基调发言。褚君浩院士首先从科技变革的角度对智能时代进行了整体的定位,并将智能化系统视为我们身处的智能化时代的核心。在主旨演讲环节,清华大学智能社会治理研究院院长苏竣教授做了题为《智能社会的风险、脆弱性与社会实验》的演讲。中国社会科学院哲学研究所科技哲学研究室主任段伟文研究员的演讲主题为"幽灵工作与智能社会的人性化重置"。科技部新一代人工智能发展研究中心副主任、中国科技发展战略研究院李修全研究员的演讲主题为"从社会发展看技术需求:新发展理念下的人工智能发展要求"。上海交通大学中国法与社会研究院院长季卫东教授的演讲以《司法人工智能开发的原则与政策》为题。他从人工智能的逻辑、人工智能引发的法律秩序变化以及司法智能治理的规则体系这三个方面系统探讨了司法人工智能的开发实践。上海社会科学院哲学研究所副所长成素梅教授做了题为《智能革命时代的五大伦理挑战》的演讲。北京大学信息科学技术学院教授、计算机科学技术系系主任黄铁军教授做了题为《类脑智能机器对未来影响》的演讲。

上海大学社会科学学院王天恩教授的演讲主题为"智能化进程中的社会科学走向"。他首先指出人工智能是人的创造力的外化,同时也导致了自然科学和社会科学的一体化发展。北京大学软件与微电子学院陈钟教授做了题为《人工智能与社会治理创新》的基调演讲。复旦大学生命应用伦理学研究中心主任、哲学学院王国豫教授的演讲主题为"人工智能与人

类卫生健康共同体的构建”。武汉大学政治学与公共管理学院刘俊祥教授的演讲主题为“人工智能影响国家治理的赋值研究”。中科院自动化研究所研究员、智源人工智能伦理与安全研究中心主任曾毅做了以《人工智能的近期和长远伦理问题》为题的演讲。中山大学哲学系教授、逻辑与认知研究所副所长熊明辉教授做了题为《法律信息学大要》的演讲。浙江大学科学技术与产业文化研究中心张为志教授做了题为《计算机法律解读技术与多边贸易数字化》的演讲。华东政法大学人工智能与大数据指数研究院院长高奇琦教授做了题为《区块链革命与全球治理体系的重塑》的演讲。

在论坛闭幕式上，高奇琦教授以《智能社会科学的诞生与发展》为题对于本次论坛进行了学术总结。

第二届中国管理思想与商业伦理高端论坛

参加人员：与会者人数超过150人，其主要来自全国30多个地区的50多个不同单位

主办单位：由中国管理现代化研究会管理思想与商业伦理专业委员会、复旦大学东方管理研究院、复旦大学管理学院企业管理系共同主办

时间：2020年12月18日—19日

地点：上海

主要议题：会议围绕“东方管理和管理思想”“企业社会责任”“环境责任与社会创新”“组织员工伦理责任”等方面展开讨论

为从中国管理现实问题出发，针对百年之大变局和疫情影响下企业家和学者关心的管理热点问题进行研讨，探索适用的管理思想，促进新时代中国管理思想与商业伦理的发展，讲好管理学的“中国故事”，推动中国管理研究与实践进步，担当好历史赋予中国管理学者的学术责任和社会责任，由中国管理现代化研究会管理思想与商业伦理专业委员会、复旦大学东方管理研究院、复旦大学管理学院企业管理系共同主办的第二届中国管理思想与商业伦理高端论坛在上海隆重举行。

会上，来自扬州大学、江西财经大学、复旦大学、上海交通大学的四位教授从不同角度和与会者分享了各自的研究成果。来自依视路集团、九如城集团的两位企业家代表也与大家进行了深入的交流。下午，又分别举行了主题为“东方管理和管理思想”“企业社会责任”“环境责任与社会创新”“组织员工伦理责任”的四个分论坛。随后，来自《企业管理》《外国经济与管理》《研究与发展管理》《当代财经》《上海管理科学》等杂志社的负责人举

行了圆桌论坛,围绕期刊发展新趋势和与会者进行了深入的探讨。最后,论坛组委会为获奖论文颁发了证书。会议取得了圆满的成功。

“开源精神与共享伦理”:第七届全国赛博伦理学研讨会

参加人员:来自中国社会科学院、复旦大学、浙江大学、上海交通大学、华中科技大学、中国科技大学、南开大学、中南大学、华南理工大学、大连理工大学、上海大学、湖南师范大学、上海师范大学和香港中文大学(深圳)等高校的230多位专家学者参加会议

主办单位:由中国伦理学会科技伦理专业委员会、中国自然辩证法研究会科学技术与工程伦理专业委员会、国家社科基金重大项目“大数据环境下信息价值开发的伦理约束机制研究”、大连理工大学大数据与人工智能伦理法律与社会研究中心、大连理工大学科技伦理与科技管理研究中心、湖南师范大学人工智能道德决策研究所、中国人民大学伦理学与道德建设研究中心科技伦理研究所、大连理工大学人文与社会科学学部等单位共同主办

时间:2020年12月19日—20日

地点:大连理工大学、腾讯会议平台

主要议题:围绕“开源精神与共享伦理”主题做专题学术报告,就开源精神、开源社区伦理、信息时代精神、数据共享、数字鸿沟、算法公正、人工智能伦理、人机关系等问题展开讨论

一、开源精神、开放科学与信息时代精神

自由软件运动和开放源代码运动是开放科学、开放数据和开放文化的先驱,与会专家就其伦理精神的内涵及其作为时代精神的可能性、开源社区伦理的合理性和认识论基础、开放科学运动的当代意义等进行了深入探讨。

中国社会科学院段伟文研究员认为,开源精神促成了开放科学的兴起,开放科学运动旨在消除学术交流,研究数据以及协议和协议的访问障碍,在人工智能时代推进开放科学运动具有重要意义。

大连理工大学李伦教授认为,开源精神和共享伦理将理想与现实深度结合,从软件领域拓展到技术、科学和文化领域,衍生出开放数据、开放科学、开放硬件和开放文化,迎来了信息时代。他以自由软件运动的影响为例,追问信息时代精神,回答卡斯特之问:如果说资本主义(工业主义)的精神是新教伦理,那么信息时代(信息主义)的精神是什么?他认为,信息时代精神并非海曼诠释的黑客伦理、安德森理论隐含的创客伦理,也非布鲁

克斯的数据主义，而是一种超越物伦理的信息伦理，即以自由、开放和共享为内核的共享伦理。

湖南师范大学孙保学博士认为，开放和共享是信息时代的重要伦理精神，开放获取和自由软件运动都是这种伦理精神的时代展现。南开大学林建武副教授探讨了开源社区伦理的合理性问题，认为软件开发中的“开源”在道德上是合理的，可以得到辩护，开源软件及其所建立的开源社区可以避免“公地悲剧”。浙江大学白惠仁研究员认为，开放获取的理念已经从科学共同体的开放科学运动扩展到了更为广阔的公众的知识共享，从而形成了实践对理论的倒逼。

二、共享伦理、隐私权与知情同意

大数据为经济社会发展注入了强大的动力，同时也对隐私权的保护以及对传统的知情同意等措施等提出了挑战，与会专家以医疗大数据、健康码等为例，探讨了共享伦理与隐私保护等问题。

复旦大学教授王国豫探讨了生物医学大数据共享的困境与出路问题，认为生物医学大数据共享是构建人类卫生健康共同体的科学基础。根据国家涉及人的生物信息保护的有关法律法规，涉及个人的生物医学数据共享需要取得个人的知情同意。然而，传统的知情同意模式存在内在关系预设，这一模式及其内在关系预设都是建立在个人自主价值之上的。华中科技大学雷瑞鹏教授以疫情期间在杭州最先开始推行的健康码为例，探讨了将数据驱动技术应用于疫情防控作为一种新的公共卫生举措引发的伦理问题。中南大学刘星副教授探讨了临床研究数据共享问题，认为在大数据时代通过大数据挖掘得出的数据可以更好地促进临床诊断和治疗决策，从而改善医疗保健。大数据分析在医疗科学范式变革中起关键性作用，可以探究疾病的原因和相关性、优化诊疗过程和标准、促进转化医学发展以及实现个体化医疗。华南理工大学闫坤如教授分析了大数据的共享—隐私悖论，认为大数据正在引起人类社会结构变化，改变人类思维模式，进而引发科学研究的革命，包括方法论和认识论方面的革命，随之而来的是数据使用中的数据共享困境。中国科技大学张贵红副教授认为，共享行为无处不在，而不同的共享行为存在着不同的伦理问题，实物的共享属于“闲置—需求”，而信息的共享属于“价值增值”。

三、数字鸿沟、算法偏见与社会公正

人工智能在整体上造福人类的同时，也引发了数字鸿沟和算法偏见等问题，与会专家就社会排斥、性别平等、可信算法等提出了自己的看法。

上海大学孙伟平教授对智能时代社会排斥和无用阶层进行了伦理反思,认为人工智能时代的到来正在深刻改变社会和个人,而当整个社会被信息化、智能化改造之后,当智能系统承担越来越多的劳动任务,“谁才是合格的劳动者?”就成了不容回避的问题。国际新经济研究院数字经济研究中心、香港中文大学(深圳)高等金融研究院客座教授郑磊认为,人工智能技术应用引发了技术性失业、就业“两极化”、收入不平等问题,造成贫富差距和社会阶层扩大等问题。湖南师范大学余露副教授探讨了基于身份认同的算法对于跨越数字鸿沟的意义。湖南理工学院金春枝博士从赛博女性主义的视角探讨了性别平等问题。上海交通大学闫宏秀教授探讨了智能化背景下算法信任问题,认为算法信任隶属于传统意义上的人与技术之间的信任关系。上海师范大学苏令银副教授以欧盟视角为例,探讨了人工智能的算法歧视及其法律规制。上海交通大学杜严勇教授认为,随着人工智能的快速发展,基于伦理原则的软治理应该在人工智能的社会治理中发挥重要作用,使人工智能伦理从原则落实到行动。

四、人工智能的能动性与责任问题

人工智能的伦理主体地位、机器的道德能动性等问题是人工智能伦理的重要问题,与会专家从能动性和人机联合责任体等方面对此展开了热烈讨论。

大连理工大学郭菁副教授从责任鸿沟问题入手,探讨了基于人机联合行动体的责任归因问题,认为解决问题的关键不在于责任归因的控制条件,而在于行动体的变化。湖南师范大学文贤庆副教授认为,谈论人工智能伦理最重要的一个方面就在于能够定位人工智能的伦理主体地位。湖南师范大学王淑庆博士通过分析机器伦理的两个关键概念,探讨如何从前范式迈向范式的路径。

五、人类增强技术与人—技术关系

人工智能和人类增强技术提出了涉及自身的诸多哲学伦理学问题,也关涉人—技术关系等根本问题,与会专家从记忆伦理和现象学等视角深入探讨了这些问题。

复旦大学杨庆峰教授从记忆研究的角度,讨论了人类增强技术的相关哲学伦理学问题。湖南师范大学李波博士从数据伦理到“物”伦理的进路,认为从大数据到人工智能,物联网到区块链技术,皆以大数据为主要驱动力,以数字、物理和生物系统之间的表征与互动为根本特征,建构人、物与世界的新型视域。大连理工大学陈高华教授通过海德格尔对于 ethos(伦理)词源分析指出,在技术成为统治力量的时代,技术可以说是我们时代的伦理,是人成其本质的敞开之所。

大连理工大学王前教授在大会总结中指出,第七届全国赛博伦理学研讨会选择了一个具有重大理论意义和发展前景的主题,开源精神和共享伦理衍生出了一种新的社会存在形态,在这样的时代背景下,开这样一个研讨会具有重要意义。研讨会的顺利举行展示了丰硕的思想成果,产生了很大的影响,特别是提出了许多新思想、新观点、新方向。通过此次研讨会展现的思想成果,赛博伦理学的研究从研究领域来讲更为广泛,从思想层次来讲更为深入,更加具有前瞻性和现实意义。

2020年"国家治理与社会伦理建设"会议综述

参加人员:北京市社会科学界联合会张瑾、赵英臣老师参加会议,北京伦理学界知名学者、师生90余人参加了研讨交流

主办单位:由北京市社会科学界联合会、北京市哲学社会科学规划办公室主办,北京市伦理学会、首都师范大学、中国马克思主义基金会和中国伦理学会政治伦理专业委员会承办

时间:2020年12月27日

地点:北京

主要议题:与会专家学者主要围绕"国家治理的伦理维度""社会治理的伦理资源""当代社会治理与微观伦理问题"三个方面问题展开研讨

一、国家治理的伦理维度

在开幕式中,中国人民大学教育部基地主任曹刚教授和北京伦理学会常务副会长王淑芹教授分别进行了致辞。曹刚主任认为,国家治理作为国家"十四五"规划的重要内容,是一个重要的议题。我国伦理学界长期关注国家治理中的相关问题,既体现了伦理学所具有的实践性特征,也体现了伦理学者的使命和担当。王淑芹常务副会长认为,提升国家治理效能需要道德的依托。因为良善制度是提升国家治理效能的基础和保证,制度执行者需要具有维护社会正义的勇气和意志,对国家治理在"泥泞中前行"的挑战要具有道德勇气。

中国人民大学张霄副教授从国家治理的伦理系统的概念、功能、构架和运维四个方面进行了阐述。国家治理的伦理系统本质上是规范性的、适应性的生态系统,它主要通过政治行政伦理、职业企业伦理、社会社区伦理的构架来分别处理权利问题、资本问题和人的话语问题;当前国家治理更

重要的是通过一些制度性的安排使之得以落实。北京师范大学田海平教授以马斯克的脑机“接口”事件为切入点,认为在人工智能化的社会,治理形态智能化的本质是对“接口”的寻找,其契合的是解决自我与他人、利己与利他、个人与社会等问题。首都师范大学朱慧玲副教授认为,国家治理以及国家治理能力的现代化需要专家知识和掌握专业知识、专业能力并具备专业精神的专家;专家知识也有其政治伦理的限度,我们应该为专家知识作用范围划定界限。北京市委党校的鄯爱红教授探讨了“基层治理中的德治”问题。她分析了德治的内涵和治理方式以及具体的德治治理案例,认为基层治理应该坚持自治、德治和法治的相互融合,要在把握道德建设规律中传承和发扬优良治理传统,推进基层道德治理。

二、社会治理的伦理资源

社会治理所应考虑的不应该仅仅是治理技术和治理方法,更应该挖掘伦理资源、寻求支撑。中国社会科学院甘绍平研究员认为,传统社会与现代社会的不同使民众的道德伦理观念发生了很大变化,其中一个重要的变化就是现代性所带来的个体化趋势。这种个体化并不必然导致极端自私自利的个体主义。相反,个体正是在进入现代社会的过程中,通过契约使自由有了普遍的界限,从而转变为道德的主体。个体在利他的过程中获得了新的社会化,个体与社会是内在统一关系。中共中央党校靳凤林教授站在中西历史比较的视野下,从三个方面探讨了中西方国家不同的治理逻辑:一是在对待世俗国家的态度以及具体策略选择上有所不同;二是在发展路径上有所不同;三是政党伦理建构上有所不同。

清华大学的李义天教授首先提出并界定了马克思主义伦理学的“零号问题”,并认为,由于马克思、恩格斯以及马克思主义者关注现实道德问题、系统地谈论道德问题并且蕴含着某种指向性的规范,马克思、恩格斯文本中对于道德问题一些消极性的判定和否定性的语言并不能够消解马克思主义伦理学的合法性。中央党校的黄各博士认为,康德道德哲学中的“依赖性问题”,即道德原则与法权原则之间的相互依存关系是一种法权与德性的双重规约,它们并不如独立论者所描述的那样是非此即彼的,从具体的实践意义和人类自我完善的价值取向和卓越性的追求角度来说,法权原则的规约性和德性原则是相互融合和作用的。

三、当代社会治理与微观伦理问题

无论是国家治理还是社会治理,都离不开对具体现实问题和微观层面伦理问题的关注。中国人民大学的肖群忠教授关注“传统孝道与现代养老”。他认为，随着中国人口结构不断发生变化，养老问题显然是未来一个重要的问题。清华大学吴俊副教授以“家庭美德的民事法律保障问题”为主题，探讨了家庭和谐关系中的道德与法律问题。她以“关于夫妻忠实的义务是法律的义务还是道德的义务”为切入点，认为法律条文在制定过程中应更加注重人文关怀；民事法律在尝试促进夫妻和睦家庭美德建设方面应该采取较为谨慎的态度。

北京建筑大学秦红玲教授以“城市设计治理：一种伦理视角的阐释”为主题，分析了城市设计治理的内涵与特征，进而提出了城市设计治理的三个价值原则：保障公共利益、以人为本、公众参与。同时她从公平与效率、实质正义与程序正义两个角度，探讨了治理工具在伦理上是否恰当的问题。北京航空航天大学谢惠媛教授以“非常态处境中的道德选择与情感体认”为主题，探讨了在不可共度的道德冲突中，情感建构所具有的作用。她认为非常态道德困境中情感的认知性、价值断裂的弥合、自我修复与纠错、行为主体的责任意识等等皆可有助于这一问题的解决。中国传媒大学须大为博士探讨了网络暴力与网络道德审判的问题。

大会开幕式由北京伦理学会副会长靳凤林教授主持，会议主题发言分别由中国传媒大学张傅教授和中国社会科学院龚颖研究员主持。大会学术总结由北京信息科技大学赵爱玲教授主持，北京建筑大学高春花教授做了全面到位的大会总结。

主要课题

立项课题

1. 俄罗斯近现代伦理思想史研究，国家社科基金重大项目，武卉昕，东北农业大学

2. 人工智能伦理风险防范研究，国家社科基金重大项目，杜严勇，上海交通大学

3. 人工智能伦理风险防范研究，国家社科基金重大项目，岳瑨，东南大学

4. 中华民族共同体的伦理认同研究，国家社科基金重大项目，关健英，黑龙江大学

5. 人类道德行为的进化与社会文化心理机制研究，国家社科基金重大项目，殷杰，山西大学

6. 当代中国道德观念史与道德实践史研究，国家社科基金重大项目，晏辉，上海师范大学

7. 当代中国家庭正义伦理的哲学建构，国家社科基金西部项目，邱娟，桂林理工大学

8. 元代儒家伦理思想与社会秩序研究，国家社科基金西部项目，邓凌，青海师范大学

9. 构建人类命运共同体的发展伦理研究，国家社科基金西部项目，林春逸，广西师范大学

10. 唐君毅道德文化转型论研究，国家社科基金西部项目，朱平，四川师范大学

11. 蒙古族家风家教及其道德教化形式研究，国家社科基金西部项目，包玉兰，赤峰学院

12. 布伦塔诺《道德知识的本源》翻译与研究，国家社科基金西部项目，张勤富，武警警官学院

13. 边疆民族地区中小学生公民道德教育现状评估及优化研究，国家社科基金西部项目，扈志东，西南林业大学

14. 重大疫情背景下公民道德自觉实践研究,国家社科基金西部项目,刘莉,大理大学

15. 明清之际关学价值论研究,国家社科基金西部项目,俞秀玲,西北政法大学

16. 马克思的文化正义思想及其当代价值研究,国家社科基金西部项目,王文东,天水师范学院

17. 当代中国智能监测的伦理问题及其治理研究,国家社科基金青年项目,吴雯,浙江师范大学

18. 战争形态智能化的伦理约束机制研究,国家社科基金青年项目,张轶瑶,南京航空航天大学

19. 对"宽恕"问题的现象学—伦理学研究,国家社科基金青年项目,肖蓉,湖南科技大学

20. 康德伦理学诠释的帕通—罗尔斯范式研究,国家社科基金青年项目,李科政,天津社会科学院

21. 理学体用观视域下儒家情境伦理思想研究,国家社科基金青年项目,邹啸宇,湖南师范大学

22. 人工智能时代机器换人的伦理规约机制研究,国家社科基金青年项目,张正清,北京航空航天大学

23. 网络空间的道德舆论研究,国家社科基金青年项目,蒋艳艳,东南大学

24. 拟人化人工智能的道德责任归因研究,国家社科基金青年项目,喻丰,武汉大学

25. 马克思主义道德行动理论研究,国家社科基金青年项目,张晓渝,西南大学

26. 刘宗周道德生成论研究,国家社科基金青年项目,陈群,贵州师范大学

27. "道德化"背景下福柯后期思想中的身体研究,国家社科基金青年项目,朱雯琤,东南大学

28. 新时代公民道德实践能力提升研究,国家社科基金青年项目,叶方兴,华东师范大学

29. 新时代家庭道德建设研究,国家社科基金青年项目,史焕翔,哈尔滨工业大学

30. 徐光启"会通儒学"及当代价值研究,国家社科基金青年项目,王

静,山东财经大学

31. 马克思历史意识及其当代价值研究,国家社科基金青年项目,张婷,北京林业大学

32. 马克思恩格斯经典著作对虚无主义的述评及其当代价值研究,国家社科基金青年项目,杨哲,北京林业大学

33.《资本论》“人的解放”思想的整体逻辑及其当代价值研究,国家社科基金青年项目,王一闳,海南大学

34.《正义论》之后西方平等主义理论发展与批判研究,国家社科基金青年项目,徐峰,华东师范大学

35. 中国应对全球突发疫情防控伦理核心价值的相关性研究,国家社科基金一般项目,丛亚丽,北京大学

36. 人工智能医学应用的伦理框架与治理研究,国家社科基金一般项目,王珏,西安电子科技大学

37. 建立活体器官移植医学伦理审查标准化流程的研究,国家社科基金一般项目,江一峰,上海交通大学

38. 中国传统动物伦理思想研究,国家社科基金一般项目,刘永春,湖南师范大学

39. 明末清初的公私之辨及其伦理意义研究,国家社科基金一般项目,谢芳,衡阳师范学院

40. 敦煌藏文文献吐蕃伦理思想研究,国家社科基金一般项目,旦正,青海民族大学

41. 同情伦理学研究,国家社科基金一般项目,张钦,河北师范大学

42. 斯多亚学派的伦理思想研究,国家社科基金一般项目,陶涛,南京师范大学

43. 人类增强技术的政治伦理研究,国家社科基金一般项目,武小西,东南大学

44. 帕菲特的伦理理论及其当代效应研究,国家社科基金一般项目,阮航,湖北大学

45.“牛津萨默维尔四杰”伦理思想及其中国化研究,国家社科基金一般项目,张曦,厦门大学

46. 责任伦理视角下的康德道德哲学研究,国家社科基金一般项目,罗亚玲,复旦大学

47. 儒家伦理的现代困境及其转型路径研究,国家社科基金一般项目,

刘君莉,上海师范大学

48. 规范伦理学与元伦理学视域下的先秦诸子伦理学重构,国家社科基金一般项目,陈乔见,中山大学

49. 生物医学道德增强的伦理问题研究,国家社科基金一般项目,芦文龙,东北财经大学

50. 人工智能时代责任主体的伦理建构研究,国家社科基金一般项目,郭菁,大连理工大学

51. 在线行为广告的伦理失范及其治理研究,国家社科基金一般项目,肖玉琴,南昌大学

52. 人工智能时代的传播伦理与治理框架研究,国家社科基金一般项目,赵瑜,浙江大学

53. 智媒时代网络社交的法律与伦理风险及其应对策略研究,国家社科基金一般项目,胡颖,南京师范大学

54. 敦煌藏文伦理文献的整理与研究,国家社科基金一般项目,索南,西藏大学

55. 基于经济伦理的国家间贸易隐含碳排放共同责任分配核算方案设计研究,国家社科基金一般项目,屈超,东北财经大学

56. 中世纪基督教经济伦理研究,国家社科基金一般项目,刘招静,上海大学

57. 当代英美左翼女性主义家庭伦理思想研究,国家社科基金一般项目,鹿锦秋,山东理工大学

58. 公民道德建设的学校实施机制研究,国家社科基金一般项目,冯建军,南京师范大学

59. 公民道德建设的濡化机制研究,国家社科基金一般项目,陈伟宏,上海对外经贸大学

60. 中国情理主义道德哲学传统的创造性转化研究,国家社科基金一般项目,郭卫华,天津医科大学

61. 中国古代文人画的道德意蕴研究,国家社科基金一般项目,周萍,湖南师范大学

62. 中国古代个体道德生成机制对新时代公民道德建设的启示研究,国家社科基金一般项目,陈金香,安徽工程大学

63. 帕菲特的道德哲学研究,国家社科基金一般项目,葛四友,武汉大学

64. 道德分歧的认识论研究,国家社科基金一般项目,喻郭飞,云南大学

65. 道德哲学视域中的孟子心学重探,国家社科基金一般项目,廖晓炜,华中科技大学

66. 生态系统的道德地位研究,国家社科基金一般项目,葛永林,华南师范大学

67. 人机融合智能的道德风险及其协同治理研究,国家社科基金一般项目,宋春艳,湖南省社会科学院

68. 新时代网络道德失范问题及其规制研究,国家社科基金一般项目,阎国华,中国矿业大学(徐州)

69. 网络空间道德治理的理论逻辑及其实现机制研究,国家社科基金一般项目,王志国,盐城师范学院

70. 公共突发事件中的道德风险及其治理研究,国家社科基金一般项目,罗明星,广州大学

71. 习近平关于公民道德建设重要论述研究,国家社科基金一般项目,闫金红,哈尔滨工业大学

72. 全面推进依法治国进程中的公民道德建设研究,国家社科基金一般项目,李志强,北方工业大学

73. 创新制度安排推进新时代公民道德建设研究,国家社科基金一般项目,储德峰,上海政法学院

74. 先秦道家心性美学及现代价值研究,国家社科基金一般项目,杨锋刚,兰州大学

75. 中国应对全球突发疫情防控伦理核心价值的相关性研究,国家社科基金一般项目,丛亚丽,北京大学

76. 基于历史分析与文化诠释重塑中国古代科技资源的当代价值研究,国家社科基金一般项目,刘邦凡,燕山大学

77. 马克思的生态财富思想及其当代价值研究,国家社科基金一般项目,程建家,中国计量大学

78. 人与人工智能"价值共同体"理念构建中的算法价值与价值算法研究,国家社科基金一般项目,阴昭晖,中国政法大学

79. 儒家仁学思想与社会主义核心价值观内化研究,国家社科基金一般项目,包雅玮,盐城工学院

80. 乡村振兴中农民社会主义核心价值观生活化研究,国家社科基金

一般项目,孙可敬,中原工学院

81. 马克思的劳动正义思想及其新时代价值研究,国家社科基金一般项目,彭文刚,华中农业大学

82. 倾向于弱势群体的分配正义理论研究,国家社科基金一般项目,晋运锋,吉林大学

83. 正义共识在国家治理中的功能与实现研究,国家社科基金一般项目,王春丽,贵州民族大学

84. 人类命运共同体视域下的代际正义问题研究,国家社科基金一般项目,沈昊驹,华中科技大学

85. 新时代分配正义原则及其实现路径研究,国家社科基金一般项目,刘钊,湖南第一师范学院

86. 改革开放以来中国共产党社会公平正义思想研究,国家社科基金一般项目,郜志刚,江西科技师范大学

87. 马克思主义正义理论的当代建构及其现实观照,国家社科基金一般项目,魏传光,暨南大学

88. 马克思的劳动正义思想及其新时代价值研究,国家社科基金一般项目,彭文刚,华中农业大学

89. 新时代中国特色社会主义公正观研究,国家社科基金一般项目,刘泾,中共上海市委党校

90. 重大疫情防控的伦理研究,国家社科基金重点项目,史军,暨南大学

91. 跨国移民伦理研究,国家社科基金重点项目,杨通进,广西大学

92. 当代马克思主义伦理学的学术定位研究,国家社科基金重点项目,曲红梅,吉林大学

93. 新兴科技伦理共识与风险治理研究,国家社科基金重点项目,韩来平,河北师范大学

94. 新时代我国社会利益关系的道德调节优化理路研究,国家社科基金重点项目,马永庆,山东师范大学

95. 习近平新时代中国特色社会主义思想的价值观研究,国家社科基金重点项目,杨信礼,中共中央党校(国家行政学院)

96. 思想史视域下中国特色社会主义制度人民至上价值研究,国家社科基金重点项目,李萍,中山大学

97. 平等主义之后的哲学研究,国家社科基金重点项目,姚大志,浙江

师范大学

98. 国外马克思主义前沿问题研究,教育部人文社会科学重点研究基地重大项目,王凤才,复旦大学

99. 西方马克思主义经典著作的当代解读研究,教育部人文社会科学重点研究基地重大项目,张双利,复旦大学

100. 比较视野下的伊斯兰与现代性研究,教育部人文社会科学重点研究基地重大项目,王宇洁,中国人民大学

101. 马克思政治经济学批判思想的历史性质与当代价值研究,教育部人文社会科学重点研究基地重大项目,马天俊,中山大学

102. 康德政治哲学研究,教育部哲学社会科学研究后期资助项目(重大项目),卞绍斌,东南大学

103. 微时代社会主义核心价值观的实证研究与传播策略,教育部哲学社会科学研究后期资助项目(一般项目),刘强,电子科技大学

104. 当代中国大学生道德状况调查与分析研究,教育部哲学社会科学研究后期资助项目(一般项目),杨峻岭,中国地质大学(北京)

105. 面向局限性的人之发展研究,教育部哲学社会科学研究后期资助项目(一般项目),刘志洪,中国人民大学

106.《资本论》哲学思想解读史研究,教育部哲学社会科学研究后期资助项目(一般项目),王庆丰,吉林大学

107.《尼各马可伦理学》的翻译与注疏研究,教育部哲学社会科学研究后期资助项目(一般项目),李涛,中国社会科学院大学

108.《康德〈道德形而上学奠基〉系统释义》的翻译研究,教育部哲学社会科学研究后期资助项目(一般项目),刘作,东南大学

109.《黑格尔、尼采与哲学:论自由》(译著),教育部哲学社会科学研究后期资助项目(一般项目),李仙飞,厦门大学

110. 基于推进个人品德建设的网络道德自律精神培育研究,教育部人文社会科学研究规划基金项目,华秀梅,安庆师范大学

111. 基于人民美好生活需要的社会主义劳动修复研究,教育部人文社会科学研究规划基金项目,罗建文,湖南科技大学

112. 高校思政课“八个统一”的教育哲学体系建构研究,教育部人文社会科学研究规划基金项目,沈璿,西安理工大学

113. 马克思正义观念的古典政治哲学遗产及其当代价值研究,教育部人文社会科学研究规划基金项目,乔戈,西南政法大学

114. 当代政治哲学中的宗教与公共理性关系问题研究，教育部人文社会科学研究规划基金项目，夏庆波，安徽工业大学

115. 意向性与人工智能建模基础问题研究，教育部人文社会科学研究规划基金项目，高新民，华中师范大学

116. 休谟的概念理论研究，教育部人文社会科学研究规划基金项目，Yun Pen、Asher Jiang，清华大学

117. 胡塞尔和马克思的哲学思维方法的歧异与会通研究，教育部人文社会科学研究规划基金项目，李鹏，山西财经大学

118. 新世纪中国类型电影叙事伦理批评与传播研究，教育部人文社会科学研究规划基金项目，张权生，贵州民族大学

119. 中国传统德育哲学思想体系及其文化价值研究，教育部人文社会科学研究规划基金项目，游柱然，绍兴文理学院

120. 马克思主义幸福观视域下的人民幸福感提升研究，教育部人文社会科学研究规划基金项目，赵军魁，甘肃政法大学

121. 荀子与亚里士多德的政治哲学比较研究，教育部人文社会科学研究规划基金项目，宋宽锋，陕西师范大学

122. 先秦"德"观念的演变及其思想史维度研究，教育部人文社会科学研究规划基金项目，孙董霞，兰州文理学院

123. 爱德华·苏贾的空间正义理论及其对我国城市化发展的启示研究，教育部人文社会科学研究青年基金项目，刘亚品，北京中医药大学

124. 基于美好生活视角下的《神圣家族》研究，教育部人文社会科学研究青年基金项目，任帅军，复旦大学

125.《资本论》及其手稿中的经济发展思想与当代价值研究，教育部人文社会科学研究青年基金项目，翟青，哈尔滨理工学

126. 现代性困境视野下马克思社会关系思想与人类命运共同体研究，教育部人文社会科学研究青年基金项目，刘兴盛，吉林大学

127. 家庭变迁背景下未成年人道德养成研究，教育部人文社会科学研究青年基金项目，杨静慧，江苏师范大学

128. 资本逻辑批判及其当代价值研究，教育部人文社会科学研究青年基金项目，姜英华，兰州大学

129. 唯物史观视野下价值哲学的重构研究，教育部人文社会科学研究青年基金项目，张宗岱，郑州大学

130. 朗西埃平等主义哲学的批判性研究，教育部人文社会科学研究青

年基金项目,单传友,安徽师范大学

131. 二十世纪欧美主要伦理学家对康德义务论的批评与重构研究,教育部人文社会科学研究青年基金项目,涂江波,长江大学

132. 智能化信息时代的集体责任问题研究,教育部人文社会科学研究青年基金项目,邬桑,东北大学

133. 中国特色社会主义空间正义理论与实践研究,教育部人文社会科学研究青年基金项目,王红阳,河南财经政法大学

134. 人类命运共同体视域下的全球空间伦理问题研究,教育部人文社会科学研究青年基金项目,赵海亭,河南财经政法大学

135. 麦克道尔经验论、语言哲学、道德哲学三重统一思想研究,教育部人文社会科学研究青年基金项目,苏瑞,黑龙江大学

136. 莱布尼茨宗教认识论思想研究,教育部人文社会科学研究青年基金项目,卢钰婷,湖北经济学院

137. 儿童医学试验的伦理问题及其规制研究,教育部人文社会科学研究青年基金项目,李彩虹,湖南第一师范学院

138. 从人的经验到机器的"经验"——机器认识论研究,教育部人文社会科学研究青年基金项目,薛永红,华北科技学院

139. 道德话语的自然主义诠释研究,教育部人文社会科学研究青年基金项目,梅轩,华南理工大学

140. 公共理性的内在逻辑与适用范围研究,教育部人文社会科学研究青年基金项目,叶金州,华中科技大学

141. 现代性批判与存在论辩证法思想研究,教育部人文社会科学研究青年基金项目,周丽,南京信息工程大学

142. 对话伦理学的"应用"转向研究,教育部人文社会科学研究青年基金项目,陈太明,山东财经大学

143. "结构——文化主义"范式的马克思主义话语隐喻研究,教育部人文社会科学研究青年基金项目,马援,山西大学

144. 超越规范主义与自然主义——语言意义的解释与辩护问题研究,教育部人文社会科学研究青年基金项目,赵晓聃,山西大学

145. 人工智能语境下科学表征的方法论困境及其趋向研究,教育部人文社会科学研究青年基金项目,杨烨阳,山西医科大学

146. 18世纪英国的伦理思想转型研究,教育部人文社会科学研究青年基金项目,苏光恩,陕西师范大学

147. 基于技术调解理论的人工智能伦理内在路径研究，教育部人文社会科学研究青年基金项目，贾璐萌，天津大学

148. 里夫译注版《尼各马可伦理学》翻译及研究，教育部人文社会科学研究青年基金项目，孔祥润，天津理工大学

149. 应用德性的深度研究，教育部人文社会科学研究青年基金项目，黎松，西南大学

150. 黑格尔《伦理体系》翻译与研究，教育部人文社会科学研究青年基金项目，翁少龙，厦门大学

151. 列斐伏尔的空间批判理论及其当代效应研究，教育部人文社会科学研究青年基金项目，高晓溪，中南财经政法大学

152. 东亚“情”之概念的起源与思想发展研究——以中、韩、日“情感争辩”为中心，教育部人文社会科学研究青年基金项目，Heejung SEO，中山大学

153. 法国当代哲学家的古希腊阐释：以逻各斯为核心的研究，教育部人文社会科学研究青年基金项目，张逸婧，中山大学

154. 沃尔特佩特伦理美学思想及其当代意义研究，教育部人文社会科学研究青年基金项目，徐薇，上海工程技术大学

155. 康德式道德主体的建构与证成研究，教育部人文社会科学研究青年基金项目，陈晓川，贵州师范大学

156. “整体性”哲学视域下红色基因融入大学生理想信念教育的机制研究，教育部人文社会科学研究专项任务项目（高校辅导员研究），杨建锋，福建工程学院

157. 明清家训中德育思想及其当代价值研究，教育部人文社会科学研究专项任务项目（高校辅导员研究），楚亚萍，贵州师范学院

158. 风险社会中当代大学生信仰的哲学反思研究，教育部人文社会科学研究专项任务项目（高校辅导员研究），张子娇，黑龙江生态工程职业学院

159. 中国传统文化涵养下的高校生态德育研究，教育部人文社会科学研究专项任务项目（高校辅导员研究），王祎黎，南京工程学院

160. 高校思政工作中德育与美育协同创新研究，教育部人文社会科学研究专项任务项目（高校辅导员研究），王会，中国石油大学（华东）

161. 马克思美好生活观及其启示研究，教育部人文社会科学研究专项任务项目（中国特色社会主义理论体系研究），肖冬梅，湖南科技大学

162. 基于《资本论》内在逻辑的马克思主义整体性研究,教育部人文社会科学研究专项任务项目(中国特色社会主义理论体系研究),石建水,上海电机学院

163. 大学生人工智能伦理素养教育内容、载体和机制研究,高校思想政治理论课教师研究专项(一般项目:教学研究项目),田凤娟,北京邮电大学

结项课题

1. 生态文明建设中的伦理问题研究,国家社科基金年度项目重点项目,卢风,清华大学,良好

2. 社会转型期道德动因多元及引导研究,国家社科基金年度项目重点项目,彭怀祖,南通大学,良好

3. 中华传统美德的继承创新与实现中国梦研究,国家社科基金年度项目重点项目,肖群忠,中国人民大学,合格

4. 中国社会核心价值观变迁历程研究,国家社科基金年度项目重点项目,邱吉,中国人民大学,合格

5. 消费主义伦理在20世纪初美国小说中的肇始与建构,国家社科基金年度项目一般项目,张俊萍,江南大学,合格

6. 我国公民政治认同的伦理基础研究,国家社科基金年度项目一般项目,蒋德海,华东政法大学,合格

7. 翻译伦理学研究,国家社科基金年度项目一般项目,陈志杰,南京信息工程大学,良好

8. 基督教德性伦理的中国叙事研究,国家社科基金年度项目一般项目,韩思艺,兰州大学,合格

9. 敦煌文献中的藏族伦理思想演变研究,国家社科基金年度项目一般项目,久仙加,西北民族大学,合格

10. 慈善伦理的文化血脉与价值导向研究,国家社科基金年度项目一般项目,周中之,上海师范大学,合格

11. 法治体育视域下中国竞技体育伦理研究,国家社科基金年度项目一般项目,曹景川,山西师范大学,合格

12. 胡塞尔现象学伦理学研究,国家社科基金年度项目一般项目,曾云,河南大学,良好

13.《万国公报》与近代中西伦理思想的交流与冲突研究,国家社科基金

金年度项目一般项目，武占江，河北经贸大学，良好

14. 坚定“四个自信”与泛道德化批判哲学思维制约研究，国家社科基金年度项目一般项目，黄明理，河海大学，合格

15. 草原牧俗与道德生活研究，国家社科基金年度项目一般项目，斯仁，内蒙古师范大学，合格

16. 环境美德研究，国家社科基金年度项目一般项目，姚晓娜，华东师范大学，合格

17. 少数民族社会主义核心价值观培育的认知维度与实践路径研究，国家社科基金年度项目一般项目，于兰，宁夏回族自治区广播电视大学，良好

18. 我国社会主义核心价值观的公民认同问题研究，国家社科基金年度项目一般项目，张宜海，郑州大学，合格

19. 当前中国社会秩序的价值基础研究，国家社科基金年度项目一般项目，于树贵，苏州大学，良好

20. 媒介话语在“个体化”社会背景中的文化价值构建，国家社科基金年度项目一般项目，李敬，上海社会科学院，合格

21. 中外社会主义价值观源流与比较研究，国家社科基金年度项目一般项目，张传鹤，中共山东省委党校，良好

22. 城市化进程中的“城—乡”关系与社会文明价值建构——近三十年中国小说书写研究，国家社科基金年度项目一般项目，张继红，天水师范学院，良好

23. 社会主义核心价值观在回族地区的大众认同及践行路径研究，国家社科基金西部项目，张琳，北方民族大学，良好

24. 日常生活中诚信价值观的培育与践行研究，国家社科基金年度项目一般项目，吴继霞，苏州大学，良好

25. 老庄德论及其价值观研究，国家社科基金年度项目一般项目，尚建飞，内蒙古大学，合格

26. 社会主义核心价值观培育中的问题及对策研究，国家社科基金年度项目一般项目，华雷，中共黑龙江省委党校，合格

27. 社会主义核心价值观助推中国梦实现路径研究，国家社科基金年度项目一般项目，曹学娜，中共黑龙江省委党校，合格

28. 价值虚无主义对马克思主义信仰养成的影响与对策研究，国家社科基金年度项目一般项目，张有奎，厦门大学，合格

29. 新媒体时代西部欠发达地区社会主义核心价值观培育研究,国家社科基金年度项目一般项目,高太平,甘肃省社会科学院,合格

30. 西方现当代机会平等理论跟踪研究,国家社科基金年度项目一般项目,刘宏斌,湖南大学,合格

31. 当前中国社会秩序的价值基础研究,国家社科基金年度项目一般项目,于树贵,苏州大学,良好

32. 居住空间正义研究,国家社科基金年度项目一般项目,李春敏,同济大学,良好

33. 工程正义视域下"邻避冲突"及其防范研究,国家社科基金年度项目一般项目,欧阳聪权,昆明理工大学,合格

34. 全球视野下的马克思正义批判理论及当代价值研究,国家社科基金年度项目一般项目,宋建丽,厦门大学,合格

35. 我国环境正义问题的理论维度研究,国家社科基金年度项目一般项目,王云霞,陕西师范大学,良好

36. 工程风险的分配正义研究,国家社科基金年度项目一般项目,张铃,洛阳师范学院,合格

37. 军事精神医学伦理研究,国家社科基金青年项目,常运立,海军军医大学,合格

38. 我国养老保障制度的价值基础研究——基于代际公平与家庭伦理的视阈,国家社科基金青年项目,王珏,西安电子科技大学,良好

39. 混合式学习环境下教学资源应用的信息伦理问题研究,国家社科基金青年项目,王英,湖北大学,良好

40. 布鲁姆斯伯里集团美学伦理研究,国家社科基金青年项目,郝琳,山西大学,合格

41. 现代技术风险伦理学前沿问题追踪研究,国家社科基金青年项目,牛俊美,南京医科大学,合格

42. 杜威功能实践学说的伦理意蕴及当代价值研究,国家社科基金青年项目,郦平,河南财经政法大学,良好

43. 西方文学与道德关系理论的逻辑探究和历史批判研究,国家社科基金青年项目,郭玉生,黑龙江大学文学院,合格

44. 当代中国青年道德心理特点及教育对策研究,国家社科基金青年项目,王云强,南京师范大学,良好

45. 索尔仁尼琴创作中的道德意识与政治理念研究,国家社科基金青

年项目,许传华,北京第二外国语学院,良好

46. 以赛亚·伯林道德哲学研究,国家社科基金青年项目,杨晓,郑州轻工业大学,良好

47. 亚里士多德德性类型及其统一性研究,国家社科基金青年项目,陈庆超,华侨大学,合格

48. 大学生网络素养与社会主义核心价值观认同研究,国家社科基金青年项目,黄渊基,长沙理工大学,免于鉴定

49. 婚姻价值变迁视角下的转型期农村离婚问题研究,国家社科基金青年项目,陈讯,贵州省社会科学院,合格

50.《周易正义》研究,国家社科基金青年项目,潘忠伟,四川师范大学,良好

51. 转型时期量刑公正与社会认同的契合路径研究,国家社科基金青年项目,刘春花,江苏大学,合格

52. 文学伦理的现代嬗变与价值构建研究,国家社科基金西部项目,杨红旗,西华师范大学,合格

53. 唯物史观中的身体思想及其当代价值研究,国家社科基金西部项目,刘兴章,吉首大学,良好

54. 中国特色社会主义价值认同研究,国家社科基金西部项目,杨全海,重庆文理学院,合格

55. 马克思主义生态思想的承续及现实价值研究,国家社科基金西部项目,杨莉,兰州理工大学,合格

56. 新媒体时代新闻传播伦理评价体系的建构,教育部人文社会科学研究一般项目,方艳,湖北第二师范学院

57. 新时代高校师生伦理冲突及消解研究,教育部人文社会科学研究一般项目,李英林,吉林农业大学

58. 基于分配正义的"美好生活"实践逻辑研究,教育部人文社会科学研究一般项目,魏传光,暨南大学

59. 公共教育信任危机的精神伦理分析,教育部人文社会科学研究一般项目,吕寿伟,江苏大学

60. 究校园足球核心价值体系与路径选择,教育部人文社会科学研究一般项目,侯学华,聊城大学

61. 监督型与信任型治理、高管反治理和股东价值,教育部人文社会科学研究一般项目,李胜楠,天津大学

62. 我国对外贸易对环境的影响:基于全球价值链下贸易内涵污染的研究,教育部人文社会科学研究一般项目,党玉婷,天津理工大学

63. 研究生德育目标分类体系研究,教育部人文社会科学研究一般项目,许慧霞,浙江师范大学

64. 司法程序公正视野下的庭审话语立场研究,教育部人文社会科学研究一般项目,罗桂花,中南林业科技大学

65. 高校践行"立德树人"根本任务协同机制研究,教育部人文社会科学研究一般项目,常青,东北师范大学

66. "心理——道德教育"原理及其模式研究,教育部人文社会科学研究一般项目,沈贵鹏,江南大学

67. 17年农村合作化小说的伦理叙事研究,教育部人文社会科学研究一般项目,曹金合,洛阳师范学院

68. 艺术设计伦理概论研究,教育部人文社会科学研究一般项目,王志强,南京工业大学

69. 当代西方法学中的融贯论及其在中国法律体系地方化进程中的思想价值,教育部人文社会科学研究一般项目,侯学勇,山东政法学院

70. 国家价值链重构下西部地区产业承接与价值链提升,教育部人文社会科学研究一般项目,郭丽娟,西南交通大学

71. 基于价值创造视角的东北老工业基地创新生态系统研究,教育部人文社会科学研究一般项目,宋洋,吉林大学

72.《资本论》及其手稿中的社会批判思想及其当代价值研究,教育部人文社会科学研究一般项目,付文军,浙江大学

73. 个体正义与政制正义:亚里士多德正义思想及其现代意义研究,教育部人文社会科学研究一般项目,郝亿春,中山大学

74. 大学生社会主义核心价值观认同的内在机理与培育路径研究,教育部人文社会科学研究一般项目,何小春,广东石油化工学院

75. 工业4.0环境下制造企业创新生态系统研究:共创价值视角,教育部人文社会科学研究一般项目,胡京波,江西财经大学

76. 马克思正义思想及其当代境遇研究,教育部人文社会科学研究一般项目,蓝春娣,江西师范大学

77. 网络科技信息情报价值判断的理论、方法与实证研究,教育部人文社会科学研究一般项目,邹益民,浙江师范大学

78. 社会主义核心价值观建设的文化路径研究,教育部人文社会科学

研究一般项目,佟斐,中南民族大学

79. 生态环境损害中修复责任的构造研究,教育部人文社会科学研究一般项目,胡卫,贵州大学

80. 新常态下大学生生态伦理教育的路径创新研究,教育部人文社会科学研究一般项目,肖明,湖南环境生物职业技术学院

81. 黑人暴力书写与伦理思想表达:约翰·怀德曼小说研究,教育部人文社会科学研究一般项目,张琼,江西师范大学

82. 推进国家治理现代化的价值观视角研究,教育部人文社会科学研究一般项目,王秀华,沈阳航空航天大学

83. 儒家传统、隐性规则与企业非伦理行为:基于非正式制度视角的理论与实证研究,教育部人文社会科学研究一般项目,淦未宇,西南政法大学

84. 列宁的信仰思想及其当代价值研究,教育部人文社会科学研究一般项目,谢俊,西南政法大学

85. 古典时代雅典公共铭文与民主政治研究,教育部人文社会科学研究青年基金项目,阴元涛,东北师范大学

86. 道德教化的当代话语建构及实践创新研究,教育部人文社会科学研究青年基金项目,沈小勇,复旦大学

87. 劳动与自由:马克思的正义观研究,教育部人文社会科学研究青年基金项目,彭文刚,华中农业大学

88. 先秦墨家生态伦理思想及其意义研究,教育部人文社会科学研究青年基金项目,魏艾,南京农业大学

89. 中国生态治理制度性话语权研究,教育部人文社会科学研究青年基金项目,邵光学,南京审计大学

90. 儒家礼乐教化思想与当代德性教育内在机理研究,教育部人文社会科学研究青年基金项目,张斯珉,西安电子科技大学

91. 网络用户隐私关注与主动披露隐私的悖论:完全理性和有限理性双元视角的探究,教育部人文社会科学研究青年基金项目,王乐,西安交通大学

92. 马克思的科技与生态互动思想及当代价值研究,教育部人文社会科学研究青年基金项目,刘建涛,辽宁工业大学

93. 大数据时代的数据新闻生产与伦理研究,教育部人文社会科学研究青年基金项目,张超,山东大学

94. 传统乡贤文化的教育价值探寻——基于华北一个教育世家为中心

的考察,教育部人文社会科学研究青年基金项目,王彩霞,山东管理学院

95. 文化价值取向与催产素能系统对共情内群体偏向的交互影响,教育部人文社会科学研究青年基金项目,罗思阳,中山大学

96. 网络制播青春剧的叙事发展及其对女大学生价值观的影响研究,教育部人文社会科学研究青年基金项目,田园,重庆交通大学

97. 水利公共品的公正生成机制研究,教育部人文社会科学研究青年基金项目,胡伟,东南大学

98. 我国运动员运动道德行为的归因研究,教育部人文社会科学研究青年基金项目,陈华东,福建医科大学

99. 自然与德性:尼采晚期思想研究,教育部人文社会科学研究青年基金项目,韩玮,复旦大学

100. 谦虚心的内隐效应及青少年谦虚心道德德育模式建构,教育部人文社会科学研究青年基金项目,谢威士,合肥师范学院

101. 当代大学生社会主义核心价值观日常生活化培育路径研究,教育部人文社会科学研究青年基金项目,彭红赟,河南理工大学

102. 生态正义问题制度之维研究,教育部人文社会科学研究青年基金项目,郑湘萍,深圳大学

103. 临终关怀的道德哲学研究,教育部人文社会科学研究青年基金项目,张鹏,天津商业大学

104. 性别审视:中国古代女性图像的女性主义视角考察,教育部人文社会科学研究青年基金项目,范银花,扬州大学

105. 大股东社会关系网络、关联交易与企业价值,教育部人文社会科学研究青年基金项目,苏忠秦,浙江工业大学

106. 网络环境条件下社会主义核心价值观认同机制研究,教育部人文社会科学研究青年基金项目,郑海祥,浙江师范大学

107. 美国本土裔小说正义主题研究,教育部人文社会科学研究青年基金项目,杨恒,中央民族大学

108. 广西左右江少数民族聚居地区培育和践行社会主义核心价值观研究,教育部人文社会科学研究青年基金项目,张艳敏,百色学院

109. 正念冥想促进青少年道德认同的干预研究,教育部人文社会科学研究青年基金项目,肖前国,重庆文理学院

110. 基于新经济地理学视角下西部欠发达地区环境污染与环境公正研究,教育部人文社会科学研究青年基金项目,戴其文,广西师范大学

111. 基于生态服务价值的喀斯特生态脆弱区贫困农村土地利用优化研究，教育部人文社会科学研究青年基金项目，韩会庆，贵州理工学院

112. 大数据环境下面向隐私保护的版权管理关键问题研究，教育部人文社会科学研究青年基金项目，莫佳，华东交通大学

113. 基于北京冬奥会申办情境下的体育环境伦理与环境教育研究，教育部人文社会科学研究青年基金项目，郭振，清华大学

114. 莱纳·弗斯特正义理论研究，教育部人文社会科学研究青年基金项目，蒋颖，山东大学

115. 马克思的人民主体思想及其当代价值研究，教育部人文社会科学研究青年基金项目，刘真金，邵阳学院

116. 重构马克思伦理理论的一种尝试，教育部人文社会科学研究青年基金项目，李志，武汉大学

117. 改革开放以来中国共产党社会公正思想研究，教育部人文社会科学研究青年基金项目，黄娟，燕山大学

118. 电子商务中的隐私冲突及其协调机制研究，教育部人文社会科学研究青年基金项目，赵静，郑州航空工业管理学院

119. 气候变化伦理问题研究，教育部人文社会科学研究青年基金项目，徐保风，中南林业科技大学

120. 博弈论与社会选择视角下的过程偏好与程序公正，教育部人文社会科学研究青年基金项目，丁建峰，中山大学

121. 法律道德主义的证立结构和实践探究，教育部人文社会科学研究青年基金项目，郑玉双，中央财经大学

122. 司汤达的情感哲学与小说诗学，教育部人文社会科学研究青年基金项目，王斯秧，北京大学

123. 大学生社会主义核心价值观的内隐认同及提升路径研究，教育部人文社会科学研究青年基金项目，陈红敏，北京工商大学

124. 基于自我认知的大学生网络道德的心理机制研究，教育部人文社会科学研究青年基金项目，杨帅，重庆邮电大学

125. 清末民初"人道主义"概念研究，教育部人文社会科学研究青年基金项目，章可，复旦大学

126. 医患信任危机视阈下群际信任关系建设的实证研究，教育部人文社会科学研究青年基金项目，崔诣晨，南京晓庄学院

127. 传统家训中的德育思想及其当代转化研究，教育部人文社会科学

研究青年基金项目,姜玉峰,浙江师范大学

128. 全球价值链视角下中国出口的贸易利益与环境代价研究,教育部人文社会科学研究青年基金项目,潘安,中南财经政法大学

129. 基于媒体场域语言腐败治理的社会主义核心价值话语体系研究,教育部人文社会科学研究规划基金项目,李凌燕,东华大学

130. 伦理诗学中的民族性问题研究,教育部人文社会科学研究规划基金项目,张同胜,兰州大学

131. 全媒体环境下大学生性道德引导与纠偏机制研究,教育部人文社会科学研究规划基金项目,王宇航,浙江财经大学

132. 友善价值观探究,教育部人文社会科学研究规划基金项目,朱书刚,中南财经政法大学

133. 社会主义核心价值观融入民间舆论场的载体建设研究,教育部人文社会科学研究规划基金项目,王宇,广西科技大学

134. 基层管理者道德型领导对其本人、下属及团队产出的影响,教育部人文社会科学研究规划基金项目,陈万思,华东理工大学

135. “微时代”高校社会主义核心价值观教育的方式方法创新研究,教育部人文社会科学研究规划基金项目,张军成,兰州理工大学

136. 谢幼伟孝道思想及相关文化论争研究,教育部人文社会科学研究规划基金项目,胡志刚,常州大学

137. 我国社会公正的评价体系研究,教育部人文社会科学研究规划基金项目,彭富明,河南科技大学

138. 从马克思看传统文化的价值,教育部人文社会科学研究规划基金项目,谢劲松,华中科技大学

139. 诠释学学视角下马克思主义中国化的文化价值研究,教育部人文社会科学研究规划基金项目,李颖,绍兴文理学院

140. 尼采的生命价值论伦理思想研究,教育部人文社会科学研究规划基金项目,杨茂明,深圳大学

141. 冬学与建国前后农民价值观塑造的历史经验和现实意义,教育部人文社会科学研究规划基金项目,郭夏云,太原理工大学

142. 作为第一哲学的伦理学:斯宾诺莎伦理理论研究,教育部人文社会科学研究规划基金项目,梁晓蓓,同济大学

143. 南宋儒家价值观大众化的历史启示研究,教育部人文社会科学研究规划基金项目,朱爱胜,无锡职业技术学院

144. 构建高校社会主义核心价值观微传播教育体系的探索与实践研究，教育部人文社会科学研究规划基金项目，王建南，福建师范大学

145. 转型期企业伪社会责任行为的动因及发生机理：价值观视角，教育部人文社会科学研究规划基金项目，何斌，广东工业大学

146. 地域文化视角下的孤竹国历史文化及其当代价值研究，教育部人文社会科学研究规划基金项目，秦学武，河北科技师范学院

147. “立德树人”背景下我国青少年体育价值观塑造研究，教育部人文社会科学研究规划基金项目，雷鹏，河南科技学院

148. 人类增强的伦理社会基础与监管机制，教育部人文社会科学研究规划基金项目，冯烨，河南师范大学

149. 大众文化语境下畅销书译介的伦理研究，教育部人文社会科学研究规划基金项目，陆秀英，华东交通大学

150. 儒家道德的当代境遇研究，教育部人文社会科学研究规划基金项目，王雅，辽宁大学

151. 对理性和自利的反思：基于跨时选择和博弈实验的企业高管激励机制研究，教育部人文社会科学研究规划基金项目，阮青松，同济大学

152. 公益组织社会价值创造：内涵界定、绩效评价与驱动策略，教育部人文社会科学研究规划基金项目，刘艳彬，浙江大学宁波理工学院

153. 虚拟地理环境哲学研究，教育部人文社会科学研究规划基金项目，刘凯，河南财经政法大学

154. 面向卓越工程师培养的工程伦理教育研究，教育部人文社会科学研究规划基金项目，曾永卫，湖南工程学院